합격의 **DO! MINO**

KB134851

도미노는 예문사 국가기술자격 수험서의 새 브랜드입니다.

25년의 노하우로 축적된
최고의 적중률!

다년간의 개정을 통한
엄선된 기출문제 수록!

용접산업기사
필기

유기섭 · 정치환

스마트폰
수강가능
주경야독 동영상강의
yadoc.co.kr

이 책의
구성

PART 01 용접야금 및 용접설비제도 | PART 02 용접구조설계
PART 03 용접일반 및 안전관리 | PART 04 기출문제

예문사

　　용접분야의 자격증은 조선, 플랜트 및 발전소, 각종 건설현장과 인테리어 · 금속 관련 제조업 등에서 꼭 필요한 자격 요건임에도 실상 그 중요성이 부각되지 못하고 있었던 것이 사실입니다. 하지만 최근 매스컴에서 접하는 용접 관련 현장에서의 사고들을 보면 아주 사소한 부주의와 실무자의 무지로 인해 돌이킬 수 없는 큰 재난이 일어나게 되는 것을 알 수 있습니다.

　　용접산업기사 자격시험에서는 기초적인 용접 기술 내용과 함께 실무에서 반드시 숙지하여야 하는 내용들을 다루고 있기에 최근 삼성과 같은 대기업을 시작으로 실무자들에게 필수적으로 용접관련 자격증을 요구하는 분위기가 확산되고 있습니다.

　　용접산업기사 이론을 공부하다 보면 실무에서 보고 느꼈던 부분과 차이가 나는 점도 분명 있을 것입니다. 하지만 다양한 용접의 종류와 그 쓰임 그리고 여러 가지 재질의 금속과 제도의 기초 이론, 무엇보다 작업 안전 등을 학습하며 지식을 쌓아가다 보면 현장 실무에서 얻게 되는 자신감과 더불어 자격증 취득이라는 목표를 빠르게 달성할 수 있을 것이라 생각합니다.

　　이에 이 책은 저자의 경험과 노하우를 최대한 반영하여 수험자들이 가장 효율적으로 자격증을 취득할 수 있도록 구성하였습니다.

◑ 이 책의 특징

> 첫째, 이론 부분에서는 필수로 알아야 할 기초 내용들을 간략히 정리하여 시험에 반드시 출제되는 내용들을 익히도록 하였습니다.
> 둘째, 풍부한 기출문제와 쉬운 해설을 통해 수험자들의 실전능력을 향상할 수 있도록 하였습니다.
> 셋째, 수험자들이 어려워하는 계산문제는 충분한 해설과 더불어 관련 유형의 문제도 충분히 수록하였습니다.

　　추후 부족한 부분은 계속해서 보완해 나갈 것을 약속드리며, 끝으로 출판을 위해 애써주신 도서출판 예문사 관계자분 모두에게 진심으로 감사드립니다.

저자

출 제 기 준

직무분야	재료	중직무분야	금속재료	자격종목	용접산업기사	적용기간	2017. 1. 1. ~ 2020. 12. 31.

○ 직무내용 : 제품제작 과정에서 필요한 하나의 제품 또는 구조물을 완성하기 위한 용접작업 수행 및 관리, 용접에 관한 설계와 제도, 이에 따르는 비용계산, 재료준비 등의 직무 수행

필기 검정방법	객관식	문제수	60	시험시간	1시간 30분

필기 과목명	문제수	주요 항목	세부항목	세세항목
용접야금 및 용접설비 제도	20	1. 용접부의 야금학적 특징	1. 용접야금기초	1. 금속결정구조 2. 화합물의 반응 3. 평형상태도 4. 금속조직의 종류
			2. 용접부의 야금학적 특징	1. 가스의 용해 2. 탈산, 탈황 및 탈인반응 3. 고온균열의 발생원인과 방지 4. 용접부 조직과 특징 5. 저온균열의 발생원인과 방지 6. 철강 및 비철재료의 열처리 7. 용접부의 열영향 및 기계적 성질
		2. 용접재료 선택 및 전후처리	1. 용접재료 선택	1. 용접재료의 분류와 표시 2. 용가제의 성분과 기능 3. 슬래그의 생성반응 4. 용접재료의 관리
			2. 용접 전후처리	1. 예열 2. 후열처리 3. 응력풀림처리
		3. 용접 설비 제도	1. 제도 통칙	1. 제도의 개요 2. 문자와 선 3. 도면의 분류 및 도면관리
			2. 제도의 기본	1. 평면도법 2. 투상법 3. 도형의 표시 및 치수 기입 방법 4. 기계재료의 표시법 및 스케치 5. CAD기초
			3. 용접제도	1. 용접기호 기재 방법 2. 용접기호 판독 방법 3. 용접부의 시험 기호 4. 용접 구조물의 도면해독 5. 판금, 제관의 용접도면해독

필기 과목명	문제수	주요 항목	세부항목	세세항목
용접구조 설계	20	1. 용접설계 및 시공	1. 용접설계	1. 용접 이음부의 종류 2. 용접 이음부의 강도계산 3. 용접 구조물의 설계
			2. 용접시공 및 결함	1. 용접시공, 경비 및 용착량 계산 2. 용접준비 3. 본 용접 및 후처리 4. 용접온도분포, 진류 응력, 변형, 결함 및 그 방지 대책
		2. 용접성 시험	1. 용접성 시험	1. 비파괴 시험 및 검사 2. 파괴 시험 및 검사
용접일반 및 안전관리	20	1. 용접, 피복 아크용접 및 가스용접의 개요 및 원리	1. 용접의 개요 및 원리	1. 용접의 개요 및 원리 2. 용접의 분류 및 용도
			2. 피복아크 용접 및 가스용접	1. 피복아크용접 설비 및 기구 2. 피복아크용접법 3. 가스용접 설비 및 기구 4. 가스용접법 5. 절단 및 가공
		2. 기타 용접, 용접의 자동화	1. 기타 용접 및 용접의 자동화	1. 기타용접 2. 압접 3. 납땜 4. 용접의 자동화 및 로봇용접
		3. 안전관리	1. 용접안전관리	1. 아크, 가스 및 기타 용접의 안전장치 2. 화재, 폭발, 전기, 전격사고의 원인 및 그 방지 대책 3. 용접에 의한 장해 원인과 그 방지대책

이책의 **차례**

PART 01. 용접야금 및 용접설비제도

PART 02 용접구조설계

이 책의 차례

PART 03 용접일반 및 안전관리

PART 04 기출문제

이책의 **차례**

PART 01

용접야금 및 용접설비제도

SECTION 01 금속의 성질

1. 금속의 일반적 성질

① 상온에서 고체이다.(단, 수은(Hg)은 예외)
② 고유의 색과 광택이 있다.
③ 전성, 연성이 커 소성가공이 가능하다.
④ 열과 전기가 잘 통하는 양도체이다.
⑤ 비중, 경도가 크고 용융점이 높다.

2. 금속의 성질(개념 정리)

① 물리적 성질

- 비중 : 4℃의 순수한 물을 기준으로 가볍고 무거운 정도를 수치로 표시
- 용융점 : 고체가 액체로 변하는 온도(녹는 온도)
- 선 팽창계수 : 물체의 길이에 대해 온도가 1℃ 높아지는 데 따른 늘어난 막대길이의 양
- 열전도율 : 거리 1cm에 대해 1℃의 온도차가 있을 때 1초간 전해지는 열의 양
- 전기 전도율(물질 내에서 전류가 잘 흐르는 정도)

> 은(Ag) > 구리(Cu) > 금(Au) > 알루미늄(Al) > 마그네슘(Mg) > 아연(Zn) > 니켈(Ni) > 철(Fe) > 납(Pb) > 안티몬(Sb)

② 기계적 성질

- 항복점 : 인장시험에서 변형이 급격히 증가하는 점
- 연성 : 늘어나는 성질
- 전성 : 충격을 가했을 때 깨지지 않고 옆으로 퍼지는 성질(연성과 비례 = 가단성)
- 인성(강인성) : 파괴에 대한 저항도(충격에 견디는 성질)
- 취성(메짐) : 깨지고 부서지는 성질
- 가공경화 : 금속이 가공에 의해 강도, 경도가 커지고 연신율이 감소되는 성질
- 강도 : 물체가 외력에 저항할 수 있는 힘
- 경도 : 단단함의 정도

3. 금속의 합금시 변하는 성질

① 강도와 경도, 주조성과 내열성이 증가

② 용융점, 전기 및 열전도율 감소

4. 경금속과 중금속(물의 비중 : 1)

① 경금속 : 비중이 4보다 작은 것으로 Ca, Mg, Al, Na 등이 있다.

② 중금속 : 비중이 4보다 큰 것으로 Au, Fe, Cu 등이 있다.

5. 가장 가벼운 금속

Li(리튬, 0.53)

> ⊙참고 **실용 금속 중 가장 가벼운 금속**
> Mg(마그네슘, 1.74)

SECTION 02 금속의 변태와 가공

1. 금속의 변태

① 동소 변태

- 고체 내에서 원자의 배열상태가 변하는 것을 말함
- 순철은 A_4 변태와 A_3 변태를 한다.

② 자기 변태

- 자기의 강도가 변화되는 것을 말하며
- 순철은 A_2 변태점(768℃)에서 자기변태를 한다.
- 자기변태가 이루어지는 온도점을 퀴리점(Quire Point)이라고 한다.
- 순철은 세 개의 변태점을 가지고 있다.(A_2, A_3, A_4)

2. 회복과 재결정

① 회복 : 가공 경화된 금속에 열을 가해 처음 상태와 같이 응력이 제거되어 본래의 상태로 되돌아오는 성질

② 재결정 : 회복이 된 금속의 경도는 변하지 않으므로 더욱 가열하면 결정의 슬립이 해소되고, 새로운 핵이 생겨 전체가 새로운 결정이 되는 것을 말하며 이때의 온도를 재결정 온도라고 함

3. 열간 가공과 냉간 가공

재결정 온도보다 높은 온도에서 가공하는 것을 열간 가공이라 하며, 재결정 온도보다 낮은 온도에서 가공하는 것을 냉간 가공이라고 함

4. 소성 가공

금속을 변형시켜 필요한 모양으로 만드는 것

SECTION 03 금속의 결정 구조와 내부 결함

1. 금속의 결정 구조

① 결정계(Crystal system) : 금속의 결정 내 원자가 만드는 가장 간단한 격자를 단위격자(Unit cell)라고 하며 단위 격자의 한 변의 길이를 격자 정수(Lattice constant)라고 한다. 또한 결정의 대칭성은 점(point), 선(line) 면(plane)으로 구분한다.

② 밀러지수(Miller index) : 밀러지수는 결정면(Crystal plane)과 결정 방향(Crystal direction)을 나타내는 데 사용되며 각 원자의 위치를 나타내는 것보다는 원자로 구성되어 있는 원자배열의 방향을 상대적으로 나타내므로 슬립 면이나 방향을 알아내는 데 편리하다.

③ 금속의 결정 구조
- 면심입방격자(FCC, Face Centered Cubic lattice)
- 체심입방격자(BCC, Body Centered Cubic lattice)
- 조밀육방격자(HCP, Hexagonal Closed Packed lattice)
- 단순입방격자(Simple Cubic lattice)
- 저심입방격자(Base Centered Cubic lattice)

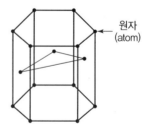

| 체심입방격자(BCC) | 면심입방격자(FCC) | 조밀육방격자(HCP) |

원자(atom)

▼ 결정 구조의 특징

결정 구조	단위 격자 소속원자 수	배위 수	충진율
BCC	2	8	68
FCC	4	12	74
HCP	2	12	74

2. 고용체

두 개 이상의 이종 금속을 합금 첨가(용질 원자)하는 경우 고용체가 만들어지는데, 용질 원자가 모체의 원자에 치환되어 들어가는 치환형 고용체와 원사 반시름의 작은 원사가 나른 원사가 배열하고 있는 틈새로 들어가는 침입형 고용체 그리고 이러한 배열이 규칙적으로 일어나는 규칙격자형 고용체 등으로 분류된다.

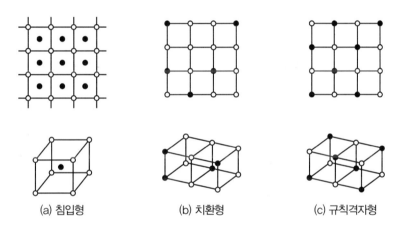

(a) 침입형   (b) 치환형   (c) 규칙격자형

01 금속의 물리적 성질에서 자성에 관한 설명 중 틀린 것은?

① 연철(鍊鐵)은 잔류자기는 작으나 보자력이 크다.
② 영구자석재료는 쉽게 자기를 소실하지 않는 것이 좋다.
③ 금속을 자석에 접근시킬 때 금속에 자석의 극과 반대의 극이 생기는 금속을 상자성체라 한다.
④ 자기장의 강도가 증가하면 자화되는 강도도 증가하나 어느 정도 진행되면 포화점에 이르는 이 점을 퀴리점이라 한다.

02 금속에 대한 설명으로 틀린 것은?

① 리튬(Li)은 물보다 가볍다.
② 고체 상태에서 결정구조를 가진다.
③ 텅스텐(W)은 이리듐(Ir)보다 비중이 크다.
④ 일반적으로 용융점이 높은 금속은 비중도 큰 편이다.

해설 이리듐은 금속 중 가장 비중이 큰 것으로 22.5이다.(텅스텐 19.3)

03 상자성체 금속에 해당되는 것은?

① Al   ② Fe
③ Ni   ④ Co

해설 **상자성체(Al, Mn, Pt, Sn, Ir)**
자계 안에 넣으면 자계 방향으로 약하게 자화되고, 자계가 제거되면 자화되지 않는 물질이다. 즉 자계에 끌리며 자력선과 평행하게 나열되며, 자화되는 물질이다. 그러나 상자성체는 극성이 약하다.

04 다음의 금속 중 경금속에 해당하는 것은?

① Cu   ② Be
③ Ni   ④ Sn

해설 **비중**
Cu(8.96), Be(1.73), Ni(8.9), Sn(7.3)
비중 4.5를 기준으로 4.5보다 작은 것을 경금속이라 한다.

05 금속 간의 원자가 접합되는 인력 범위는?

① 10^{-4}cm   ② 10^{-6}cm
③ 10^{-8}cm   ④ 10^{-10}cm

해설 금속은 10^{-8}cm(1 Å ; 옹스트롬)에서 원자 간의 인력으로 접합하게 된다.

06 조밀육방격자의 결정구조로 옳게 나타낸 것은?

① FCC   ② BCC
③ FOB   ④ HCP

07 소성변형이 일어나면 금속이 경화하는 현상을 무엇이라 하는가?

① 탄성경화   ② 가공경화
③ 취성경화   ④ 자연경화

08 마우러 조직도에 대한 설명으로 옳은 것은?

① 주철에서 C와 P 양에 따른 주철의 조직관계를 표시한 것이다.
② 주철에서 C와 Mn 양에 따른 주철의 조직관계를 표시한 것이다.
③ 주철에서 C와 Si 양에 따른 주철의 조직관계를 표시한 것이다.

정답 **01** ① **02** ③ **03** ① **04** ② **05** ③ **06** ④ **07** ② **08** ③

④ 주철에서 C와 S 양에 따른 주철의 조직관계를 표시한 것이다.

해설 마우러 조직도는 C(탄소)와 Si(규소)의 조직관계를 나타낸 것이다.

09 용접 시 냉각속도에 관한 설명 중 틀린 것은?

① 예열을 하면 냉각속도가 완만하게 된다.
② 얇은 판보다는 두꺼운 판이 냉각속도가 크다.
③ 알루미늄이나 구리는 연강보다 냉각속도가 느리다.
④ 맞대기 이음보다는 T형 이음이 냉각속도가 크다.

해설 Al, Cu는 열전도도가 우수한 금속으로 냉각속도가 연강보다 빠르다.

10 강의 표준 조직이 아닌 것은?

① 페라이트(Ferrite)
② 시멘타이트(Cementite)
③ 펄라이트(Pearlite)
④ 소르바이트(Sorbite)

해설 **강의 표준조직**
페라이트, 시멘타이트, 펄라이트

11 다음 금속의 기계적 성질에 대한 설명 중 틀린 것은?

① 탄성 : 금속에 외력을 가해 변형되었다가 외력을 제거했을 때 원래 상태로 돌아오는 성질
② 경도 : 금속 표면이 외력에 저항하는 성질, 즉 물체의 기계적인 단단함의 정도를 나타내는 것
③ 취성 : 강도가 크면서 연성이 없는 것, 즉 물체가 약간의 변형에도 견디지 못하고 파괴되는 성질
④ 피로 : 재료에 인장과 압축하중을 오랜 시간 동안 연속적으로 되풀이 하여도 파괴되지 않는 현상

해설 고체 재료에 반복 응력을 연속적으로 가하면 인장강도보다 훨씬 낮은 응력에서 재료가 파괴된다. 이것을 재료의 피로라고 하며, 피로에 의한 파괴를 피로파괴라 한다.

12 순철의 자기변태(A₂)점 온도는 약 몇 ℃인가?

① 210℃
② 768℃
③ 910℃
④ 1,400℃

해설 순철의 자기변태점(퀴리점)은 768℃이다. 1,400℃ (순철의 A_4 변태점), 910℃(순철의 A_3 변태점)
※ 순철에는 세 개의 변태점이 존재한다.

13 질량의 대소에 따라 담금질 효과가 다른 현상을 질량효과라고 한다. 탄소강에 니켈, 크롬, 망간 등을 첨가하면 질량효과는 어떻게 변하는가?

① 질량효과가 커진다.
② 질량효과는 변하지 않는다.
③ 질량효과가 작아지다가 커진다.
④ 질량효과가 작아진다.

14 용접금속의 용융부에서 응고 과정의 순서로 옳은 것은?

① 결정핵 생성 → 결정경계 → 수지상정
② 결정핵 생성 → 수지상정 → 결정경계
③ 수지상정 → 결정핵 생성 → 결정경계
④ 수지상정 → 결정경계 → 결정핵 생성

해설 용융 금속이 응고할 때에 먼저 핵이 생성되고, 이 핵을 중심으로 하여 금속이 규칙적으로 응고하여 수지의 골격을 형성한다. 이와 같은 것을 수지 상정이라고 한다. 인접해서 생성한 다른 수지상정과 만날 때까지 점차 성장하여 늘어나고 동시에 그 수가 증가하여 결국은 수지의 간극이 전부 충전되어 다면체의 외형이 된다.

15 열간가공과 냉간가공을 구분하는 온도로 옳은 것은?

① 재결정 온도

② 재료가 녹는 온도

③ 물의 어는 온도

④ 고온취성 발생온도

16 자기변태가 일어나는 점을 자기 변태점이라 하며, 이 온도를 무엇이라고 하는가?

① 상점   ② 이슬점

③ 퀴리점   ④ 동소점

해설 순철의 자기변태점(퀴리점)은 768℃이다. (자기변태점 : 자성이 변하는 온도)

SECTION 01 철강의 분류

1 철강 재료

1. 철의 제조 과정

철광석 ⟶ 용광로 ⟶ **선철** ⟶ 제강로 ⟶ **강**
(무쇠)1.7%c ⟶ 용선로 (큐폴라) ⟶ **주철**
(1.7~6.67%c)

2. 선철(先鐵)

용광로 속에서 용융되어 처음으로 흘러나온 철

> ⊙참고 **용광로의 크기**
> 24시간 동안에 산출된 선철의 무게를 톤(Ton)으로 표시

3. 선철의 종류

① 백선철 : 단단하고 파면은 흰색
② 회선철 : 연하고 파면은 회색

2 강괴의 종류

1. 강괴의 종류

① 림드강
- 평로나 전로에서 가볍게 탈산
- 순도가 좋으나, 편석이나 기포 등이 발생
- 용접봉 심선의 재료로 사용되고 있음(저탄소 림드강)

② 킬드강
- 노 내에서 강탈산제로 충분히 탈산
- 기포나 편석은 없으나 표면에 헤어 크랙(Hair Crack) 발생
- 상부에 수축관이 발생하여 상부 10~20%를 제거 후 사용해야 함

③ 세미킬드강

킬드강과 림드강의 중간 정도의 강

2. 순철(순수한 철)

① 탄소 함유량은 0.03% 이하
② 주로 전기 재료에 사용됨(변압기, 발전기용 박판에 사용)
③ 용접성이 양호

3 탄소강

1. 탄소강

철과 탄소의 합금으로 0.05~2.1%의 탄소를 함유한 강을 말하며 용도에 따라 적당한 탄소량의 것을 선택하여 사용

2. 탄소강의 성질

표준상태에서 C(탄소)의 양이 많아지면 강도, 경도가 증가하나 인성, 충격치는 감소

3. 탄소강과 종류(카본강)

순수한 철(순철)은 너무 연하기 때문에 기계 구조용 재료로서는 사용이 어려우므로 탄소(C)와 규소(Si), 망간(Mn), 인(P), 황(S) 등을 첨가하여 강도를 높여서 일반 구조용 강으로 만드는데, 이를 탄소강이라 한다.(강의 종류는 탄소의 함량으로 구분한다.)
① 저탄소강 : 탄소 함유량 0.3% 이하
② 중탄소강 : 탄소 함유량 0.3~0.5%
③ 고탄소강 : 탄소 함유량 0.5~1.3%

4. 청열취성

강이 200~300℃에서 상온일 때보다 약하게 되는 성질→P(인)이 원인

5. 적열취성(고온취성)

강이 900~950℃에서 취성을 갖고, 고온 가공성이 나빠짐
→S(황)이 원인[Mn(망간)으로 방지 가능]

6. 상온 취성

P(인)의 작용으로 상온에서 연신율, 충격치가 감소됨

7. 저온 취성

저온에서 강의 충격치가 감소하여 취성을 갖는 성질 → Mo(몰리브덴)으로 저온 취성 방지 가능

8. 탄소량에 따른 탄소강의 종류

종별	탄소 함유량(%)	암기법(근사값)
극연강	0.12 이하	0.1
연강	0.13~0.20	0.2
반연강	0.20~0.30	0.3
반경강	0.30~0.40	0.4
경강	0.40~0.50	0.5
최경강	0.50~0.70	0.6
탄소공구강	0.70~1.50	0.7

4 철강의 분류

1. 철강의 5대 원소

C(탄소), Si(규소), Mn(망간), P(인), S(황)

2. 순철(pure iron)

불순물이 적은 철을 말하며 탄소(C) 함유량이 약 0.02% 이하에 속하는 것을 순철이라 한다.(0.02% 이상 강)

3. 강의 종류

① 아공석강 : 탄소함유량이 0.86% 이하로 페라이트(ferrite)와 펄라이트(pearlite)로 이루어짐
② 공석강 : 탄소함유량이 0.86% 정도 이며 펄라이트(pearlite)로 이루어짐
③ 과공석강 : 탄소함유량이 0.86% 이상으로 펄라이트(pearlite)와 시멘타이트(cementite)로 이루어짐
④ 주철(cast-iron) : 1.7~6.7%의 탄소(C)와 철(Fe)과의 합금을 주철이라 하지만 일반적으로 탄소의 함유량이 약 4.5%까지의 것을 일컬음
  • 아공정 주철 : 탄소함유량 1.7~4.3%
  • 공정 주철 : 탄소함유량 4.3%
  • 과공정 주철 : 탄소함유량 4.3% 이상

01 다음 중 탄소강의 표준 조직이 아닌 것은?

① 페라이트　　　　② 펄라이트
③ 시멘타이트　　　④ 마텐자이트

> **해설 탄소강의 표준조직**
> 페라이트, 시멘타이트, 펄라이트

02 탄소강 중에 함유된 규소의 일반적인 영향 중 틀린 것은?

① 경도의 상승　　　② 연신율의 감소
③ 용접성의 저하　　④ 충격값의 증가

03 고 Mn강으로 내마멸성과 내충격성이 우수하고, 특히 인성이 우수하기 때문에 파쇄 장치, 기차 레일, 굴착기 등의 재료로 사용되는 것은?

① 엘린바(Elinvar)
② 디디뮴(Didymium)
③ 스텔라이트(Stellite)
④ 해드필드(Hadfield)강

> **해설** 고망간강은 내마멸성이 우수하여 기차 레일, 굴착기 등의 재료로 사용되며 해드필드라는 사람이 발명했다 하여 이 같은 이름이 지어지게 되었다.

04 해드필드(Hadfield)강은 상온에서 오스테나이트 조직을 가지고 있다. Fe 및 C 이외의 주요 성분은?

① Ni　　　　　　② Mn
③ Cr　　　　　　④ Mo

> **해설** 해드필드강은 Mn(망간)이 약 10~14% 함유된 고망간강이며 내마멸성이 뛰어나 불도저 등 광산기계, 기차레일의 교차점 등에 사용된다.

05 건축용 철골, 볼트, 리벳 등에 사용되는 것으로 연신율이 약 22%이고, 탄소 함량이 약 0.15%인 강재는?

① 연강　　　　　　② 경강
③ 최경강　　　　　④ 탄소공구강

06 저용융점(Fusible) 합금에 대한 설명으로 틀린 것은?

① Bi를 55% 이상 함유한 합금은 응고 수축을 한다.
② 용도로는 화재통보기, 압축공기용 탱크 안전밸브 등에 사용된다.
③ 33~66%Pb를 함유한 Bi 합금은 응고 후 시효진행에 따라 팽창현상을 나타낸다.
④ 저용융점 합금은 약 250℃ 이하의 용융점을 갖는 것이며 Pb, Bi, Sn, In 등의 합금이다.

> **해설** 저용융점 합금은 Sn(주석)보다 융점(약 250℃)이 낮은 합금을 의미한다.

07 탄소강의 표준 조직을 검사하기 위해 A₃, Acm 선보다 30~50℃ 높은 온도로 가열한 후 공기 중에 냉각하는 열처리는?

① 노멀라이징　　　② 어닐링
③ 템퍼링　　　　　④ 칭

08 일반적으로 강에 S, Pb, P 등을 첨가하여 절삭성을 향상시킨 강은?

① 구조용 강　　　　② 쾌삭강
③ 스프링강　　　　④ 탄소공구강

정답　01 ④　02 ④　03 ④　04 ②　05 ①　06 ①　07 ①　08 ②

09 다음 중 탄소량이 가장 적은 강은?

① 연강   ② 반경강

③ 최경강   ④ 탄소공구강

10 순 구리(Cu)와 철(Fe)의 용융점은 약 몇 ℃인가?

① Cu : 660℃, Fe : 890℃

② Cu : 1,063℃, Fe : 1,050℃

③ Cu : 1,083℃, Fe : 1,539℃

④ Cu : 1,455℃, Fe : 2,200℃

11 탄소강에 관한 설명으로 옳은 것은?

① 탄소가 많을수록 가공 변형은 어렵다.

② 탄소강의 내식성은 탄소가 증가할수록 증가한다.

③ 아공석강에서 탄소가 많을수록 인장강도가 감소한다.

④ 아공석강에서 탄소가 많을수록 경도가 감소한다.

> 해설 탄소 함유량이 많을수록 금속은 단단해지기 때문에 가공 변형은 어렵다.

SECTION 02 금속의 열처리 및 경화법

1 강의 열처리

1. 강의 열처리 종류

　① 담금질
　　• 강의 경화 목적
　　• 담금질 조직과 경도 : 마텐자이트 > 트루스타이트 > 소루바이트 > 오스테나이트

　② 풀림 : 강의 연화, 내부응력 제거 목적
　③ 뜨임 : 인성 부여(담금질 후처리)[Mo(몰리브덴)으로 뜨임취성 방지 가능]
　④ 불림 : 강의 표준조직화, 조직의 미세화

2. 질량 효과

　금속의 질량의 크고 작음에서 나타나는 냉각 속도에 따라 경도의 차이가 생기는 현상을 질량 효과라고 하며, 질량 효과가 작다는 것은 열처리가 잘 된다는 의미

3. 자경성

　담금질의 온도로 가열 후 공랭 또는 노냉해 경화되는 성질

4. M_s 점, M_f 점

　마텐자이트 변태가 일어나는 점을 M_s점, 끝나는 점을 M_f점이라 함

5. 담금질이 잘 되는 액체

　소금물(보통 물보다 담금질 능력이 크다.)

6. 서브제로 처리(Subzero Treatment)

　심랭 처리(영점하의 처리)는 잔류 오스테나이트를 가능한 적게 하기 위하여 0 ℃ 이하(드라이 아이스, 액체 산소 -183 ℃ 등 사용)의 액 중에서 마텐자이트 변태를 완료할 때까지 처리하는 것을 말한다.

7. 항온 열처리

　열처리하고자 하는 재료를 오스테나이트 상태로 가열하여 일정한 온도의 염욕, 연료 또는 200 ℃ 이하에서는 실린더유를 가열한 유조 중에서 담금과 뜨임하는 것

8. 항온 열처리 곡선(TTT 곡선, S 곡선)

온도(Temperature), 시간(Time), 변태(Transformation)의 3가지 변화를 표로 나타낸 것

2 강의 표면 경화법

1. 침탄법(탄소를 침투시켜 표면을 경화)

금속의 표면을 경화시키는 방법으로 0.2% C 이하의 저탄소강을 침탄제(탄소, C)와 침탄 촉진제
와 함께 침탄상자에 넣은 후 침탄로에서 가열하여 0.5~2mm의 침탄층을 만드는 방법

2. 질화법

암모니아 가스(NH_3)를 이용한 표면 경화법

3. 침탄법과 질화법의 비교

침탄법	질화법
• 경도가 낮음 • 침탄 후의 열처리가 필요 • 경화에 의한 변형이 생김 • 침탄층은 질화층보다 강함 • 침탄 후 수정 가능 • 고온으로 가열 시 경도가 낮아짐	• 경도가 높음 • 질화 후의 열처리가 필요 없음 • 경화에 의한 변형이 적음 • 질화층은 약함 • 질화 후 수정 불가능 • 고온으로 가열 시 경도 변화 없음

※ 질화법 위주로 암기(질화법이 대체적으로 우수함)

4. 화염 경화법

① 탄소강을 산소-아세틸렌(가스용접) 화염으로 가열하여 물로 냉각한 후 경화시키는 방법
② 크고 복잡한 형상의 제품도 경화 처리 가능하나 크기에 제한이 있음

5. 금속 침투법

종류	침투제	종류	침투제
세라다이징	Zn	크로마이징	Cr
칼로라이징	Al	실리코나이징	Si

6. 쇼트 피닝

작은 강구 입자를 금속 표면에 고압으로 투사하여 가공 경화층을 형성하는 방법

01 담금질에 대한 설명 중 옳은 것은?

① 정지된 물속에서 냉각 시 대류단계에서 냉각속도가 최대가 된다.

② 위험구역에서는 급랭한다.

③ 강을 경화시킬 목적으로 실시한다.

④ 임계구역에서는 서랭한다.

02 강을 담금질할 때 다음 냉각액 중에서 냉각효과가 가장 빠른 것은?

① 기름   ② 공기

③ 물   ④ 소금물

03 다음 중 담금질에서 나타나는 조직으로 경도와 강도가 가장 높은 조직은?

① 시멘타이트   ② 오스테나이트

③ 소르바이트   ④ 마텐자이트

해설 **담금질 조직의 종류(경도 · 강도가 큰 순서)**
마텐자이트 > 트루스타이트 > 소르바이트 > 오스테나이트

04 다음 중 주조상태의 주강품 조직이 거칠고 취약하기 때문에 반드시 실시해야 하는 열처리는?

① 침탄   ② 풀림

③ 질화   ④ 금속 침투

05 금속 침투법 중 칼로라이징은 어떤 금속을 침투시킨 것인가?

① B   ② Cr

③ Al   ④ Zn

해설 칼로라이징은 Al을 침투시키는 금속침투법이다.

06 금속침투법에서 칼로라이징이란 어떤 원소로 사용하는 것인가?

① 니켈   ② 크롬

③ 붕소   ④ 알루미늄

해설 **금속침투법의 종류**
칼로라이징(Al), 세라다이징(Zn), 크로마이징(Cr), 실리코나이징(Si)

07 강재 부품에 내마모성이 좋은 금속을 용착시켜 경질의 표면층을 얻는 방법은?

① 브레이징(Brazing)

② 쇼트 피닝(Shot Peening)

③ 하드 페이싱(Hard Facing)

④ 질화법(Nitriding)

정답 **01** ③ **02** ④ **03** ④ **04** ② **05** ③ **06** ④ **07** ③

SECTION 03 철강 재료

1 스테인리스강(불수강, 내식강)

1. 스테인리스강(불수강, 내식강)

철에 크롬(Cr)과 니켈(Ni)을 함유시킨 것으로 금속 표면에 산화크롬의 막이 형성되어 녹이 스는 것을 방지해 주는 강

2. 스테인리스강의 종류

① 오스테나이트계
② 페라이트계
③ 마텐자이트계
④ 석출경화형

3. 오스테나이트계 스테인리스강(18－8강, 18% Cr－8% Ni)

① 비자성체(비파괴 검사 중 MT－자분탐상검사를 할 수 없음)
② 인성이 풍부하며 가공 용이
③ 용접성 우수
④ 입계 부식이 생기기 쉬워 예열을 하면 안 됨

4. 마텐자이트계 스테인리스강

기계적 성질이 좋고 내식, 내열성 우수(스테인리스 중 가장 강도가 높음)

2 스테인리스강의 용접

1. 스테인리스강의 불활성 가스 텅스텐 아크 용접(TIG 용접)

① 주로 박판 용접에 사용되며 전류는 직류 정극성(DCSP) 사용
② 토륨 텅스텐봉 사용(아크 안정과 전극 소모가 적고 용접 금속의 오염 방지)
③ 스테인리스강의 용접은 피복금속 아크 용접과 불활성 가스 텅스텐 아크 용접(TIG), 불활성 가스 금속아크 용접(MIG), 서브머지드 아크 용접으로 시공이 가능하나 용접 시 산화, 질화, 탄화물의 석출로 인한 문제가 발생한다. TIG 용접 시공 시 직류정극성(DCSP)이 유리하다.

2. 스테인리스강의 불활성 가스 금속 아크 용접(MIG 용접)

① 전극(와이어)을 사용하여 자동 용접, 반자동 용접
② 직류 역극성 사용
③ 순수한 Ar 가스는 스패터가 비교적 많아 아크 안정을 위해 2~5%의 산소를 혼합하여 사용하기도 함

3 불변강의 종류

① 인바 : 바이메탈 재료, 정밀 기계 부품, 권척, 표준척, 시계 등에 사용
② 초인바 : 인바보다 팽창률이 적은 Fe-Ni 합금. 표준차, 측거의 등에 사용
③ 엘린바 : 시계 스프링, 정밀 계측기 부품에 사용
④ 코엘린바 : 엘린바를 개량한 것
⑤ 플래티나이트 : 전구, 진공관, 유리의 봉입선, 백금 대용으로 사용
⑥ 퍼멀로이 : 전자 차폐용 판, 전로 전류계용 판, 해저 전선의 코일 등에 사용
⑦ 이소엘라스틱 : 항공계기 스케일용, 스프링, 악기의 진동판 등에 사용

4 주철의 종류와 특성

1. 주철

① 철광석을 용광로에서 환원시켜 용융상태에서 뽑아낸 뒤 주선이라 하는 잉곳의 형태로 냉각시켜 제작
② 탄소의 함유량이 1.7~6.67%
③ 강에 비해 용융점(1,150℃)이 낮고 유동성이 좋으며 가격이 싸기 때문에 각종 주물을 만드는 데 사용되며 연성이 거의 없고 가단성이 없기 때문에 주철의 용접은 주로 주물 결함의 보수나 파손된 주물의 수리에 옛날부터 사용됨

2. 주철의 종류

① 백주철 : 백선 백주철이라고도 하며 흑연의 석출이 없고 탄화철(Fe_3C)의 형식으로 함유되어 있는 결과 파면이 은백색으로 되어 있음
② 반주철 : 백주철 중에서 탄화철의 일부가 흑연화해서 파면의 일부가 흑색이 보이는 것을 말함
③ 회주철(일반주철) : 흑연이 비교적 다량으로 석출되어 파면이 회색으로 보이게 되며 흑연은 보통 편상으로 존재하는 주철을 말함

3. 기타 주철

고급 주철(미하나이트주철 – 펄라이트조직), 합금 주철, 구상흑연주철, 가단 주철, 칠드 주철(금속표면을 경화시킨 것으로 압연기의 롤, 기차 바퀴에 사용) 등

① 구상흑연주철(노듈러 주철) : 회주철의 흑연이 편상으로 존재하면 이것이 예리한 노치가 되어 주철이 많은 취성을 갖게 되기 때문에 마그네슘, 세륨 등을 첨가하여 구상 흑연으로 바꾸어서 연성을 부여한 것으로 구상흑연주철 또는 연성 주철(Ductile Cast Iron)이라고 함

② 가단주철 : 칼슘이나 규소를 첨가하여 흑연화를 촉진시켜 미세 흑연을 균일하게 분포시키거나 백주철을 열처리하여 연신율을 향상시킨 주철을 가단주철이라고 함

4. 주철의 장단점

장점	단점
• 주조성이 우수하다.(융점이 낮아 잘 녹으며 유동성이 좋다.) • 크고 복잡한 것도 제작이 용이하다. • 가격이 저렴하다. • 녹이 잘 슬지 않는다.	• 인장강도가 작다. • 충격값이 작아 깨지기 쉽다.

5. 마우러 조직도

탄소와 규소의 양과 냉각속도에 따른 주철의 성질 변화를 표로 나타낸 것

6. 흑연화

철과 탄소의 화합물인 시멘타이트(Fe_3C)는 $900 \sim 1,000\,℃$로 장시간 가열하면, $Fe_3C \rightleftarrows 3Fe + C$의 변화를 일으켜 시멘타이트가 분해되어 흑연이 되는데 이를 흑연화라 함

7. 흑연화 촉진원소와 방해원소

① 흑연화 촉진원소 : $Si > Al > Ti > Ni > P > Cu > Co$

② 흑연화 방해원소 : $Mn > Cr > Mo > V$

8. 주철의 성장과 방지법

높은 온도에서 오랜 시간 유지하거나 가열과 냉각을 반복하면 주철의 부피가 팽창하여 변형과 균열이 발생하는 현상

> **참고** **성장 방지법**
> • 흑연의 미세화
> • C(탄소) 및 Si(규소)의 양을 감소시킴
> • 흑연화 방지제, 탄화물 안정제 등을 첨가
> • 편상 흑연을 구상 흑연화시킴

9. 주철 용접이 어려운 이유

① 연강에 비해 여리며(깨지기 쉬우며) 주철의 급랭에 의한 백선화로 기계 가공이 곤란할 뿐 아니라 수축이 많아 균열 발생
② 용접 시 일산화탄소 가스가 발생하여 용착 금속에 블로홀(Blow Hole) 발생
③ 주철의 용접 시 모재 전체를 500~600℃의 고온에서 예열하며 후열도 반드시 실시해야 함

10. 주철 용접 시 주의사항

① 보수 용접을 행하는 경우는 본 바닥이 나타날 때까지 잘 깎아낸 후 용접
② 파열의 보수는 파열의 연장을 방지하기 위해 파열의 끝에 작은 구멍(정지구멍)을 만듦
③ 용접 전류는 필요 이상 높이지 말고, 직선 비드를 배치하며, 용입을 깊게 하지 않을 것
④ 용접봉은 가는 지름의 것을 사용
⑤ 비드의 배치는 짧게 여러 번 실시
⑥ 예열과 후열 후 서랭 작업(천천히 냉각)을 반드시 실시

5 주강의 특징

1. 주강

구조재 중에서 단조로는 만들 수 없는 형상의 것으로, 주철로 제작하기에는 강도가 좋지 않을 경우에 주강이 사용된다. 탄소 0.1~0.5%, 망간 0.4~1.0%, 규소 0.2~0.4%, 인 0.005% 이하, 황 0.006% 이하 조성의 강을 전기로에서 녹여 주물로 한다. 여러 주강 중 흔히 사용되는 것은 탄소강 성분의 탄소강주강이다. 금속조직이 균일해 기계적 성질이 좋고 용접이 용이한 반면, 수축률이 크고 용융 온도가 주철에 비해 높으며, 주조결함이 나오기 쉬운 약점이 있다.

2. 주강의 특징

탄소 함유량이 약 0.1%로 주철(C% 1.7~6.67%)에 비해 탄소 함유량이 적은 주조용 강을 말하며 저합금강, 고망간강, 스테인리스강, 내열강 등을 만드는 데 사용
① 주철에 비해 용융점이 높아 주조하기 어려움
② 주철에 비해 강도가 우수해 구조용 강으로 사용 가능
③ 용접성이 주철에 비해 뛰어남

01 스테인리스강의 종류에 해당되지 않는 것은?

① 마텐자이트계 스테인리스강

② 레데뷰라이트계 스테인리스강

③ 석출경화형 스테인리스강

④ 페라이트계 스테인리스강

해설 **스테인리스강의 종류**
오스테나이트계, 페라이트계, 마텐자이트계, 석출경화형

02 내식강 중에서 가장 대표적인 특수 용도용 합금강은?

① 주강　　　　　② 탄소강

③ 스테인리스강　④ 알루미늄강

해설 스테인리스강은 내식성이 좋아 불수강(녹이 슬지 않는 강)이라고도 한다.

03 18-8형 스테인리스강의 특징을 설명한 것 중 틀린 것은?

① 비자성체이다.

② 18-8에서 18은 Cr%, 8은 Ni%이다.

③ 결정구조는 면심입방격자를 갖는다.

④ 500~800℃로 가열하면 탄화물이 입계에 석출되지 않는다.

해설 18-8형 스테인리스강은 예열 시 탄화물이 입계에 석출하는 단점이 있다. 보기 ①~③은 출제가 잘 되는 내용이므로 반드시 암기하도록 하자.

04 페라이트계 스테인리스강의 특징이 아닌 것은?

① 표면 연마된 것은 공기나 물에 부식되지 않는다.

② 질산에는 침식되나 염산에는 침식되지 않는다.

③ 오스테나이트계에 비하여 내산성이 낮다.

④ 풀림 상태 또는 표면이 거친 것은 부식되기 쉽다.

05 스테인리스강 중 내식성이 제일 우수하고 비자성이나 염산, 황산, 염소가스 등에 약하고 결정입계 부식이 발생하기 쉬운 것은?

① 석출경화계 스테인리스강

② 페라이트계 스테인리스강

③ 마텐자이트계 스테인리스강

④ 오스테나이트계 스테인리스강

해설 오스테나이트(18-8강)은 비자성체이며 결정입계 부식이 잘 발생한다. 그리고 위의 보기는 모두 스테인리스강의 종류이므로 반드시 암기하도록 하자.

06 주요 성분이 Ni-Fe 합금인 불변강의 종류가 아닌 것은?

① 인바　　　　　② 모넬메탈

③ 엘린바　　　　④ 플래티나이트

해설 **불변강의 종류**
인바, 초인바, 엘린바, 코엘린바, 플래티나이트, 퍼멀로이, 이소엘라스틱

07 주철의 보수용접 방법에 해당되지 않는 것은?

① 스터드법　　　② 비녀장법

③ 버터링법　　　④ 백킹법

해설 **주철 보수용접의 종류**
버터링법, 스터드법, 비녀장법, 로킹법

08 주철의 일반적인 성질을 설명한 것 중 틀린 것은?

① 용탕이 된 주철은 유동성이 좋다.

② 공정 주철의 탄소량은 4.3% 정도이다.

③ 강보다 용용 온도가 높아 복잡한 형상이라도 주조하기 어렵다.

④ 주철에 함유하는 전 탄소(Total Carbon)는 흑연+화합탄소로 나타낸다.

정답　01 ②　02 ③　03 ④　04 ②　05 ④　06 ②　07 ④　08 ③

해설 주철은 강에 비해 용융온도가 낮고 유동성이 좋아 주조하기 용이하다.

09 조성이 2.0~3.0% C, 0.6~1.5% Si 범위의 것으로 백주철을 열처리로에 넣어 가열해서 탈탄 또는 흑연화 방법으로 제조한 주철은?

① 가단 주철
② 칠드 주철
③ 구상 흑연 주철
④ 고력 합금 주철

10 주조 시 주형에 냉금을 삽입하여 주물 표면을 급랭시키는 방법으로 제조되어 금속 압연용 롤 등으로 사용되는 주철은?

① 가단주철   ② 칠드주철
③ 고급주철   ④ 페라이트주철

11 다음 중 주철 용접 시 주의사항으로 틀린 것은?

① 용접봉은 가능한 한 지름이 굵은 용접봉을 사용한다.
② 보수 용접을 행하는 경우는 결함부분을 완전히 제거한 후 용접한다.
③ 균열의 보수는 균열의 성장을 방지하기 위해 균열의 양 끝에 정지 구멍을 뚫는다.
④ 용접 전류는 필요 이상 높이지 말고 직선비드를 배치하며, 지나치게 용입을 깊게 하지 않는다.

해설 주철은 탄소의 함유량이 높아 순간적인 열이 가해지면 균열이 발생하기 쉽다. 때문에 용접 시에는 지름이 가는 용접봉을 사용한다.

12 주철에 관한 설명으로 틀린 것은?

① 주철은 백주철, 반주철, 회주철 등으로 나눈다.
② 인장강도가 압축강도보다 크다.
③ 주철은 메짐(취성)이 연강보다 크다.
④ 흑연은 인장강도를 약하게 한다.

13 보통 주강에 3% 이하의 Cr을 첨가하여 강도와 내마멸성을 증가시켜 분쇄기계, 석유화학 공업용 기계부품 등에 사용되는 합금 주강은?

① Ni 주강   ② Cr 주강
③ Mn 주강   ④ Ni-Cr 주강

14 다음은 주강에 대한 설명이다. 잘못된 것은?

① 용접에 의한 보수가 용이하다.
② 주철에 비해 기계적 성질이 우수하다.
③ 주철로서는 강도가 부족할 경우에 사용한다.
④ 주철에 비해 용융점이 낮고 수축률이 크다.

SECTION 04 | 비철 금속 재료

1 구리의 특징과 구리합금의 종류

1. 구리(Cu)의 특징

① 비중 : 약 8.9(철 7.9)

② 융점 : 1,083℃(비자성체)

③ 부식이 잘 안 됨

④ 색과 광택이 좋으며 가공이 쉬움

⑤ 전연성이 우수

⑥ 열전도도, 전기전도도가 우수(Ag > Cu > Au > Al…)하여 전선으로 사용

⑦ 주로 Zn(아연), Sn(주석) 등의 금속과 합금하여 사용

⑧ 종류

  • 정련구리 : 전기동을 반사로에서 정련한 구리

  • 무산소구리 : 산소의 함유량을 0.06% 이하로 탈산한 구리

2. 구리합금의 종류

① 황동[Cu(구리) + Zn(아연)]

② 청동[Cu(구리) + Sn(주석)]

3. 황동의 종류

종류	성분	명칭	용도	종류	성분	명칭	용도
톰백 (Cu 80% 이상)	95Cu − 5Zn	길딩메탈	동전, 메달	네이벌 황동	6 · 4 황동 − 1% Sn	네이벌 황동	내식성 우수 (열교환기)
	90Cu − 10Zn	커머셜 브라스	톰백의 대표	철황동	6 · 4 황동 − 1% Fe	델타메탈	고온 강도, 내식성 우수
	85Cu − 15Zn	레드브라스	내식성 우수	듀라나 메탈	7 · 3 황동 − 1% Fe	−	−
	80Cu − 20Zn	로브라스	전연성 우숙(악기)	니켈 실버	7 · 3 황동 − 7% Ni	양은 (은백색)	식기, 가정용품
7 · 3 황동	70Cu − 30Zn	카트리지브 라스	가공용 구리				
6 · 4 황동	60Cu − 40Zn	문츠메탈	인장강도 가장 우수				
연입 (납)황동	6 · 4황동 − 1.5~3.0% Pb	쾌삭황동	가공성 우수 (시계의 기어)				

4. 청동의 종류

종류	성분	특징
포금	• Sn 8~12% • Zn 1~2% • 나머지 Cu	• 대포의 포신용으로 사용(건메탈) • 내식성이 좋아 선박용 부품에 사용
인청동	• P 0.05~0.5%(청동 탈산제) • 나머지 Cu	• 유동성, 내마모성이 개선되고 경도, 강도가 증가됨 • 펌프 부품, 선반용, 화학 기계용
코슨 합금	• Ni 4% • Si 1% • 나머지 Cu	전화선 용도로 사용
켈밋	• Pb 30~40% • 나머지 Cu	열전도도가 양호하며, 베어링용
오일리스 베어링 합금	• Cu • Sn • 흑연 분말	• 구리, 주석, 흑연 분말을 가압 성형하며, 700~705℃의 수소 기류 중에서 소결 • 기름 보급이 곤란한 곳에 베어링으로 사용

2 알루미늄(Al)과 그 합금

1. 알루미늄(Al)

① 면심입방격자(FCC)

② 비중 : 2.7(철 7.9)로 가벼움

③ 용융점 : 660℃ 산화막의 융점(약 2,060℃)

④ 알루미늄의 접합은 TIG 용접이 많이 사용되며 주로 직류역극성(DCRP) 또는 교류 고주파
(ACHF)를 이용한 용접이 가장 효율적으로 사용됨

 교류 고주파 전류의 특징
- 용접 전류에 높은 전압과 고주파를 첨가한다.
- 고주파 전류는 금속산화막을 뚫어 용접 전류가 통과할 수 있는 통로를 만들어 전극봉과 모재간의 간격
  을 뛰어넘을 수 있는 특징이 있다.
- 비드의 형상은 정극성과 역극성의 중간 형태이다.
- Al(알루미늄), Mg(마그네슘)과 같은 경금속 용접에 적합하다.

2. 알루미늄 합금

종류	합금	명칭	특징	용도
주조용 Al 합금	Al – Si계	실루민	주조성 우수	–
	Al – Mg계	하이드로 날륨	내식성 우수	다이캐스팅용
	Al – Cu – Si계	라우탈	실루민 개량형	피스톤 기계부품
내열용 Al 합금	Al – Cu – Ni – Mg	Y합금	고온 강도 우수	내연기관 실린더
	Al – Cu – Ni – Mg – Si	Lo – Ex (로엑스 합금)	Y합금 개량형	피스톤 재료
단련용 Al 합금	Al – Cu – Mg – Mn – Si	두랄루민	경량, 내식성, 강도 우수	항공기, 자동차 재료

3 기타 비철합금의 특징

1. 마그네슘(Mg)

① 조밀육방격자(HCP)

② 비중 : 1.74

③ 용융점 : 650℃

④ 금속 방식용 재료로 사용

2. 마그네슘 합금

① 다우메탈 : Mg – Al 합금

② 일렉트론 : Mg – Al – Zn 합금

3. 니켈(Ni)

① 면심입방격자(FCC)

② 비중 : 8.9(철의 비중 : 약 7.9)

③ 용융점 : 1,455℃

④ 강자성체(Fe, Ni, Co : 강자성체)

⑤ 색상 : 은백색

⑥ 내식, 내열성 우수

4. 니켈구리계 합금

① 콘스탄탄 : 40~50% Ni-Cu 합금, 전기 저항이 높고 내산, 내열성이 좋고 가공성이 좋으며 온도계수가 낮아 정밀 교류 계측기, 통신기기 저항선, 열전선 등으로 사용

② 모넬메탈 : 60~70% Ni-Cu 합금(구리, 철, 망간, 규소), 바닷물, 묽은 황산에 대한 내식성(耐蝕性)이 커서 각종 산(酸)의 용기 · 염색기계 · 화학공업용 펌프 · 터빈의 날개 등에 사용

③ 어드밴스 : 44% Ni, 54% Cu, 1% Mn의 합금으로 전기 저항의 값이 커서 정밀한 전기 기계의 저항선에 사용

5. 아연(Zn)

① 조밀육방격자(HCP)

② 비중 : 약 7.1

③ 용융점 : 419℃

④ 색상 : 백색

⑤ 주로 금속 방식용 도금 재료로 사용

6. 납(Pb)

① 면심입방격자(FCC)

② 비중 : 11.35

③ 용융점 : 327℃

④ 방사능 차폐용 재료 및 땜납, 연판, 연관, 활자 합금, 도료, 축전기 전극, 전선의 피복 등

7. 주석(Sn)

① 비중 : 7.3

② 용융점 : 232℃

③ 선박, 위생용 튜브, 식기 및 구리, 철 표면의 부식 방지용

8. 저용융 합금

① Sn(주석)의 용융점(231.9℃)보다 낮은 금속의 총칭

② 우드 메탈

③ 비스무트 합금

④ 로즈 메탈

4 고장력강의 용접

1. 고장력강

연강의 강도를 높이기 위하여 적당한 합금 원소를 소량 첨가한 것이며 HT(High Tensile)라 함. 대체로 인장강도 $50kg/mm^2$ 이상인 것을 고장력강이라고 하며 HT60(인장강도 60~70 kg/mm^2), HT70, HT80($80~90g/mm^2$) 등이 사용된다.

2. 고장력강의 용접

① 용접봉은 저수소계를 사용하며 사용 전에 300~350℃로 2시간 정도 건조시킨다.
② 용접 개시 전에 용접부 청소를 깨끗이 한다.
③ 아크 길이는 가능한 한 짧게 유지하도록 한다.
④ 위빙 폭은 봉 지름의 3배 이하로 한다. 위빙 폭이 너무 크면, 인장강도가 저하하고 기공이 발생할 수 있다.

01 7 : 3 황동에 1% 내외의 Sn을 첨가하여 열교환기, 증발기 등에 사용되는 합금은?

① 코슨 황동   ② 네이벌 황동
③ 애드미럴티 황동   ④ 에버듀어 메탈

02 구리에 5~20% Zn을 첨가한 황동으로, 강도는 낮으나 전연성이 좋고 색깔이 금색에 가까워, 모조금이나 판 및 선 등에 사용되는 것은?

① 톰백   ② 켈밋
③ 포금   ④ 문츠메탈

해설 구리합금에는 황동($Cu-Zn$)과 청동($Cu-Sn$)이 있으며 구리에 아연이 20% 함유된 황동을 톰백이라고 한다. 이는 메달 등 금 대용 장식품으로 사용된다.

03 포금(Gun Metal)에 대한 설명으로 틀린 것은?

① 내해수성이 우수하다.
② 성분은 8~12% Sn 청동에 1~2% Zn을 첨가한 합금이다.
③ 용해주조 시 탈산제로 사용되는 P의 첨가량을 많이 하여 합금 중에 P를 0.05~0.5% 정도 남게 한 것이다.
④ 수압, 수증기에 잘 견디므로 선박용 재료로 널리 사용된다.

해설 포금은 내식성이 우수하여 옛날 대포의 포신용으로 사용된 청동의 한 종류로 Cu(구리)에 Sn(주석) 8~12%, Zn(아연) 1~2%로 구성된 구리합금이다.

04 구리(Cu)합금 중에서 가장 큰 강도와 경도를 나타내며 내식성, 도전성, 내피로성 등이 우수하여 베어링, 스프링 및 전극재료 등으로 사용되는 재료는?

① 인(P) 청동   ② 규소(Si) 동
③ 니켈(Ni) 청동   ④ 베릴륨(Be) 동

05 7 : 3 황동에 주석을 1% 첨가한 것으로 전연성이 좋아 관 또는 판을 만들어 증발기, 열교환기 등에 사용되는 것은?

① 문츠메탈   ② 네이벌 황동
③ 카트리지 브라스   ④ 애드미럴티 황동

해설 7 : 3 황동(70% Cu – 30% Zn)에 주석을 1% 첨가한 것을 애드미럴티 황동이라 한다.

06 납 황동은 황동에 납을 첨가하여 어떤 성질을 개선한 것인가?

① 강도   ② 절삭성
③ 내식성   ④ 전기전도도

07 순 구리(Cu)와 철(Fe)의 용융점은 약 몇 ℃인가?

① Cu : 660℃, Fe : 890℃
② Cu : 1,063℃, Fe : 1,050℃
③ Cu : 1,083℃, Fe : 1,539℃
④ Cu : 1,455℃, Fe : 2,200℃

08 구리(Cu)에 대한 설명으로 옳은 것은?

① 구리의 전기 전도율은 금속 중에서 은(Ag)보다 높다.
② 구리는 체심입방격자이며, 변태점이 있다.
③ 전기 구리는 O_2나 탈산제를 품지 않는 구리이다.
④ 구리는 CO_2가 들어 있는 공기 중에서 염기성 탄산구리가 생겨 녹청색이 된다.

정답   01 ③   02 ①   03 ③   04 ④   05 ④   06 ②   07 ③   08 ④

해설 전기 및 열의 전도율
Ag > Cu > Au > Al 등, 구리는 면심입방격자(FCC)이다.

09 산소나 탈산제를 품지 않으며, 유리에 대한 봉착성이 좋고 수소취성이 없는 시판동은?

① 무산소동　　　　② 전기동
③ 전련동　　　　　④ 탈산동

10 용해 시 흡수한 산소를 인(P)으로 탈산하여 산소를 0.01% 이하로 한 것이며, 고온에서 수소 취성이 없고 용접성이 좋아 가스관, 열교환관 등으로 사용되는 구리는?

① 탈산구리　　　　② 정련구리
③ 전기구리　　　　④ 무산소구리

11 고강도 Al 합금으로 조성이 Al – Cu – Mg – Mn인 합금은?

① 라우탈　　　　　② Y – 합금
③ 두랄루민　　　　④ 하이드로날륨

12 알루미늄을 TIG 용접법으로 접합하고자 할 경우 필요한 전원과 극성으로 가장 적합한 것은?

① 직류 정극성　　　② 직류 역극성
③ 교류 저주파　　　④ 교류 고주파

13 두랄루민(Duralumin)의 합금 성분은?

① Al + Cu + Sn + Zn　② Al + Cu + Si + Mo
③ Al + Cu + Ni + Fe　④ Al + Cu + Mg + Mn

해설 두랄루민의 조성을 묻는 문제는 자주 출제되므로 반드시 암기하도록 하자.

14 컬러 텔레비전의 전자총에서 나온 광선의 영향을 받아 섀도 마스크가 열팽창하면 엉뚱한 색이 나오게 된다. 이를 방지하기 위해 섀도 마스크의 제작에 사용되는 불변강은?

① 인바　　　　　　② Ni – Cr강
③ 스테인리스강　　④ 플래티나이트

해설 인바는 온도에 따른 선팽창 계수가 적어 권척, 표준척, 정밀 기계부품 등의 제작에 사용된다.

　　　불변강의 종류
　　　인바, 초인바, 엘린바, 코엘린바, 플래티나이트, 퍼멀로이, 이소엘라스틱

15 실온까지 온도를 내려 다른 형상으로 변형시켰다가 다시 온도를 상승시키면 어느 일정한 온도 이상에서 원래의 형상으로 변화하는 합금은?

① 제진합금　　　　② 방진합금
③ 비정질합금　　　④ 형상기억합금

16 주위의 온도에 의하여 선팽창 계수나 탄성률 등의 특정한 성질이 변하지 않는 불변강이 아닌 것은?

① 인바　　　　　　② 엘린바
③ 슈퍼인바　　　　④ 베빗메탈

17 Mg(마그네슘)의 특성을 나타낸 것이다. 틀린 것은?

① Fe, Ni 및 Cu 등의 함유에 의하여 내식성이 대단히 좋다.
② 비중이 1.74로 실용금속 중에서 매우 가볍다.
③ 알칼리에는 견디나 산이나 열에는 약하다.
④ 바닷물에 대단히 약하다.

정답 09 ①　10 ①　11 ③　12 ④　13 ④　14 ①　15 ④　16 ④　17 ①

18 Mg(마그네슘)의 융점은 약 몇 ℃인가?

① 650℃

② 1,538℃

③ 1,670℃

④ 3,600℃

해설 마그네슘(Mg)의 융점은 알루미늄(Al)의 융점(660℃)과 비슷하다. 마그네슘은 아연과 함께 조밀육방정계의 금속에 속한다.

19 마그네슘(Mg)의 특성을 설명한 것 중 틀린 것은?

① 비강도가 Al 합금보다 떨어진다.

② 비중이 약 1.74 정도로 실용금속 중 가장 가볍다.

③ 항공기, 자동차 부품, 전기기기, 선박, 광학기계, 인쇄제판 등에 사용된다.

④ 구상흑연 주철의 첨가제로 사용된다.

해설 마그네슘은 실용금속 중 가장 가벼운 금속이며 비강도가 Al 합금보다 우수하다.

20 합금강이 탄소강에 비하여 좋은 성질이 아닌 것은?

① 기계적 성질 향상

② 결정입자의 조대화

③ 내식성, 내마멸성 향상

④ 고온에서 기계적 성질 저하 방지

21 다이캐스팅 합금강 재료의 요구조건에 해당되지 않는 것은?

① 유동성이 좋아야 한다.

② 열간 메짐성(취성)이 적어야 한다.

③ 금형에 대한 점착성이 좋아야 한다.

④ 응고수축에 대한 용탕 보급성이 좋아야 한다.

22 가볍고 강하며 내식성이 우수하나 600℃ 이상에서는 급격히 산화되어 TIG 용접 시 용접토치에 특수(Shield Gas) 장치가 반드시 필요한 금속은?

① Al

② Ti

③ Mg

④ Cu

23 저합금강 중에서 연강에 비하여 고장력강의 사용 목적으로 틀린 것은?

① 재료가 절약된다.

② 구조물이 무거워진다.

③ 용접공 수가 절감된다.

④ 내식성이 향상된다.

해설 보통 강보다 인장강도가 강한 강으로 인장강도가 $50kg/mm^2$ 이상인 강을 의미한다. 0.2% 정도의 탄소를 함유한 탄소강에 규소 · 망간 · 니켈 · 크롬 · 구리 등을 첨가하여 성능을 향상시킨 것이다.

SECTION 01 제도의 기본 이해

1 제도의 개요

1. 제도

기계의 제작 시 사용 목적에 맞게 계획, 계산, 설계하는 전 과정을 기계 설계라 하며 이 설계에 의해 도면을 작성하는 과정을 제도라 함

2. 제도의 공업 규격

국명	기호
국제표준	ISO(Interational Organization for Standardization)
한국	KS(Korean Industrial Standards)
영국	BS(British Standards)
독일	DIN(Deutsch Industrie Normen)
미국	ASA(American Standard Association)
일본	JIS(Japanese Industrial Standards)

3. 한국공업기준(KS)에 따른 분류

기호	부문
A	기본
B	기계
C	전기
D	금속

4. 도면의 종류

① 사용 목적에 따른 분류 : 계획도, 제작도, 주문도, 승인도, 견적도, 설명도
② 내용에 따른 분류 : 조립도, 부분조립도, 부품도, 상세도, 공정도, 접속도, 배선도, 배관도, 계통도, 기초도, 설치도, 배치도, 장치도, 외형도, 구조선도, 곡면선도, 구조도, 전개도
③ 도면 성질에 따른 분류 : 원도, 트레이스도, 복사도(트레이스도를 복사)

2 도면에 사용되는 선의 종류

1. 도면에서 사용하는 선의 종류

용도에 의한 명칭	선의 종류		용도
외형선	굵은 실선	———	물체의 보이는 부분을 나타내는 선(기본 형태)
은선	중간 크기의 파선	--------	물체의 보이지 않는 부분을 표시
중심선	가는 일점 쇄선 또는 가는 실선	—·—·	도형의 중심을 표시
치수선, 치수 보조선	가는 실선	———	치수를 기입하기 위한 선
지시선	가는 실선	———	지시하기 위한 선
절단선	가는 1점 쇄선으로 하고 그 양끝 및 굴곡부 등의 주요한 곳은 굵은 선을 사용	┤ ├	단면을 그리는 경우, 절단 위치를 표시하는 선
파단선	가는 실선 (불규칙한 선)	〜〜〜	물품의 일부를 파단한 곳을 표시하는 선 또는 끊어낸 부분을 표시하는 선
가상선	가는 2점 쇄선	—··—	• 도시된 물체의 앞면을 표시하는 선 • 인접 부분을 참고로 표시하는 선 • 가공 전후의 모양을 표시하는 선 • 이동하는 부분의 이동 위치를 표시하는 선 • 공구, 지그 등의 위치를 참고로 표시하는 선 • 반복을 표시하는 선 • 도면 내에 그 부분의 다면형을 90° 회전하여 나타내는 선
피치선	가는 1점 쇄선	—·—·	중심이나 피치 등을 나타내는 선
해칭선	가는 실선	/////////	절단면 등을 명시하기 위하여 쓰는 선
특수한 용도의 선	가는 실선	———	• 외형선과 은선의 연장선 • 평면이라는 것을 표시하는 선
	아주 굵은 실선	■■■	얇은 부분의 단선 도시를 명시하는 데 사용하는 선

❸ 도면 작도의 기본

1. 도면의 크기와 치수

제도지의 치수	세로×가로
A0	841×1,189
A1	594×841
A2	420×594
A3	297×420
A4	210×297
A5	148×210

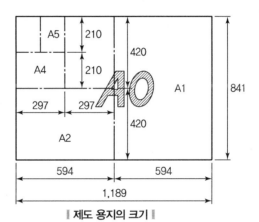

‖ 제도 용지의 크기 ‖

2. 도면의 크기에 따른 테두리 선의 치수

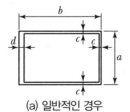

(a) 일반적인 경우   (b) A4 이하에서 길이 방향을 아래위로 하는 경우

‖ 도면의 테두리 ‖

제도지	철을 하지 않는 경우	철을 하는 경우
A0, A1	20mm	25mm
A2, A3, A4, A5	10mm	25mm

3. 척도(Scale)

① 사물의 크기와 실물의 크기의 비율을 척도(Scale)라고 함

② 도면에 기입하는 각 부의 치수는 반드시 척도에 관계없이 실물의 치수를 기입

③ 치수와 비례하지 않을 때는 숫자 아래에 "－"를 긋거나 척도란에 "비례척이 아님" 또는 "NS"를 표시

4. 척도의 종류

현척	$\frac{1}{1}(1:1)$
축척(축소)	$\frac{1}{2}(1:2),\ \frac{1}{5}(1:5),\ \frac{1}{100}(1/100)$
배척(확대)	$\frac{2}{1}(2:1),\ \frac{5}{1}(5:1),\ \left(\frac{100}{1}\right)100:1$

5. 제도기

① 디바이더 : 치수를 옮기거나 선, 원 등의 간격을 등분할 때 사용하며 원을 그리는 용도로는 불가

② 운형자 : 작은 곡선을 그리는 데 사용

01 도면에서 반드시 표제란에 기입해야 하는 항목으로 틀린 것은?

① 재질
② 척도
③ 투상법
④ 도명

해설 재질은 부품표에 기입을 한다.

02 기계제도에서의 척도에 대한 설명으로 잘못된 것은?

① 척도란 도면에서의 길이와 대상물의 실제 길이의 비이다.
② 축척의 표시는 2 : 1, 5 : 1, 10 : 1 등과 같이 나타낸다.
③ 도면을 정해진 척도값으로 그리지 못하거나 비례하지 않을 때에는 척도를 'NS'로 표시할 수 있다.
④ 척도는 표제란에 기입하는 것이 원칙이다.

해설 축척(축소)의 표시는 1 : 2, 1 : 5, 1 : 10 등으로 나타낸다.

03 기계 제작 부품 도면에서 도면의 윤곽선 오른쪽 아래 구석에 위치하는 표제란을 가장 올바르게 설명한 것은?

① 품번, 품명, 재질, 주서 등을 기재한다.
② 제작에 필요한 기술적인 사항을 기재한다.
③ 제조 공정별 처리방법, 사용공구 등을 기재한다.
④ 도번, 도명, 제도 및 검도 등 관련자 서명, 척도 등을 기재한다.

04 기계제도에서 가는 2점 쇄선을 사용하는 것은?

① 중심선
② 지시선
③ 피치선
④ 가상선

해설 가는 2점 쇄선은 가상선으로 사용된다.

05 선의 종류와 명칭이 잘못된 것은?

① 가는 실선 – 해칭선
② 굵은 실선 – 숨은선
③ 가는 2점 쇄선 – 가상선
④ 가는 1점 쇄선 – 피치선

해설 숨은선은 가는 파선으로 표시한다.

06 선의 종류와 용도에 대한 설명의 연결이 틀린 것은?

① 가는 실선 : 짧은 중심을 나타내는 선
② 가는 파선 : 보이지 않는 물체의 모양을 나타내는 선
③ 가는 1점 쇄선 : 기어의 피치원을 나타내는 선
④ 가는 2점 쇄선 : 중심이 이동한 중심궤적을 표시하는 선

07 무게 중심선과 같은 선의 모양을 가진 것은?

① 가상선
② 기준선
③ 중심선
④ 피치선

해설 무게 중심선은 가는 2점 쇄선으로 나타낸다.

08 용도에 의한 선의 명칭 분류에서 선의 종류가 모두 가는 실선인 것은?

① 치수선, 치수보조선, 지시선

② 중심선, 지시선, 숨은선

③ 외형선, 치수보조선, 해칭선

④ 기준선, 피치선, 수준면선

해설 숨은선(가는 파선), 외형선(굵은 실선), 피치선(가는 1점 쇄선)

09 도면의 밸브 표시방법에서 안전밸브에 해당하는 것은?

①

②

③

④

SECTION 02 도면에 사용되는 도형의 표시법

1 투상도법

1. 제1각법과 제3각법

① 제1각법 : 물체를 제1각 안에 놓고 투상하며, 투상면의 앞쪽에 물체를 위치

> 눈 → 물체 → 투상면

② 제3각법 : 물체를 제3각 안에 놓고 투상하는 방법으로, 투상면 뒤쪽에 물체를 위치

> 눈 → 투상면 → 물체

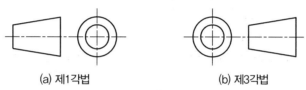

(a) 제1각법　　　(b) 제3각법

‖ 투상법의 표시기호(사각형이 정면도) ‖

2. 투상도

① A 방향에서 본 투상 : 정면도
② B 방향에서 본 투상 : 평면도
③ C 방향에서 본 투상 : 좌측면도
④ D 방향에서 본 투상 : 우측면도
⑤ E 방향에서 본 투상 : 저면도
⑥ F 방향에서 본 투상 : 배면도

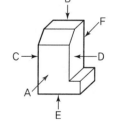

‖ 입체의 투상 방향 ‖

⑦ 투상도의 상대적인 위치 : 2개의 정투상법을 동등하게 이용할 수 있다.

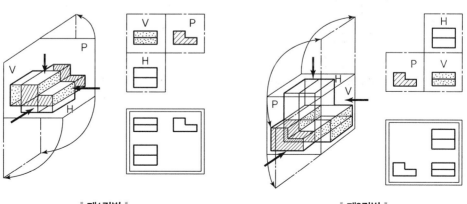

‖ 제1각법 ‖　　　　　　‖ 제3각법 ‖

3. 제1각법

정면도(A)를 기준으로 하여 다른 투상도는 다음과 같이 배치한다.

① **평면도(B)** : 아래쪽에 둔다.

② **저면도(E)** : 위쪽에 둔다.

③ **좌측면도(C)** : 오른쪽에 둔다.

④ **우측면도(D)** : 왼쪽에 둔다.

⑤ **배면도(F)** : 형편에 따라 왼쪽 또는 오른쪽에 둔다.

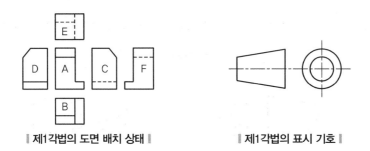

‖ 제1각법의 도면 배치 상태 ‖   ‖ 제1각법의 표시 기호 ‖

4. 제3각법

정면도(A)를 기준으로 하여 다른 투상도는 다음과 같이 배치한다.

① **평면도(B)** : 위쪽에 둔다.

② **저면도(E)** : 아래쪽에 둔다.

③ **좌측면도(C)** : 왼쪽에 둔다.

④ **우측면도(D)** : 오른쪽에 둔다.

⑤ **배면도(F)** : 형편에 따라 왼쪽 또는 오른쪽에 둔다.

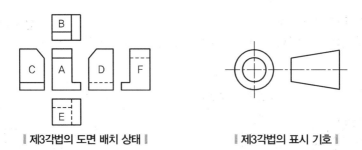

‖ 제3각법의 도면 배치 상태 ‖   ‖ 제3각법의 표시 기호 ‖

5. 제1각법과 제3각법의 도면 배치

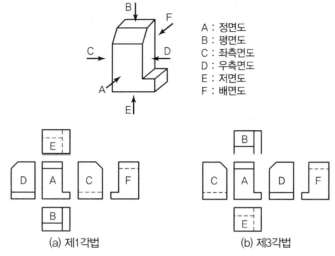

A : 정면도
B : 평면도
C : 좌측면도
D : 우측면도
E : 저면도
F : 배면도

(a) 제1각법   (b) 제3각법

‖ 도면의 표준 배치 ‖

6. 투시도법

시점과 물체의 각 점을 연결하여 원근감은 잘 나타내지만 실제 크기가 잘 나타나지 않으므로 제작
도에는 잘 쓰이지 않고, 설명도나 건축 제도의 조감도 등에 사용

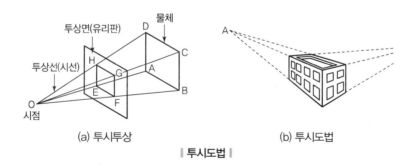

(a) 투시투상   (b) 투시도법

‖ 투시도법 ‖

7. 등각 투상도

X, Y, Z축을 서로 120°씩 등각으로 하고
α, β의 경사각은 30°로 투상시킨 것

8. 부등각 투상도

α, β가 다르게 된 것으로 x, y, z축이 각
각 다름

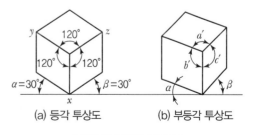

(a) 등각 투상도   (b) 부등각 투상도

‖ 등각 및 부등각 투상도 ‖

9. 정면도의 선택

① 물체의 특징을 명료하게 나타내는 투상도를 정면도로 선택하며 이것을 중심으로 측면도, 평면도를 보충

② 은선은 되도록 쓰지 않는다.

2 단면의 도시법 및 해칭법

1. 단면도

물체 내부의 모양 또는 복잡한 것을 일반 투상법으로 나타내면 많은 은선이 만들어져 도면을 읽기 어려운 경우가 있다. 이와 같은 경우 어느 면으로 절단하여 나타낸 형상을 단면도라 한다.

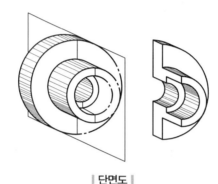

‖ 단면도 ‖

2. 단면의 법칙

① 단면을 도시할 때는 해칭(Hatching)이나 스머징(Smudging)을 한다.

② 투상도는 어느 것이나 전부 또는 일부를 단면으로 도시할 수 있다.

③ 절단면은 기본 중심선을 지나고 투상면에 평행한 면을 선택하는 것을 원칙으로 한다.

④ 절단면 뒤에 있는 은선 또는 세부에 기입된 은선은 그 물체의 모양으로 나타내는 데 필요한 것만 긋는다.

3. 단면도의 종류

① **전단면도(온단면도)** : 중심선을 기준으로 대칭인 경우 물체를 2개로 절단(1/2)하여 도면 전체를 단면으로 나타낸 것으로, 절단 평형이 물체를 완전히 절단하여 전체 투상도가 단면도로 표시되는 도법이다.

② **반단면도** : 물체의 1/4을 잘라내고 도면의 반쪽을 단면으로 나타내는 방법이다.

③ **부분 단면도** : 필요한 곳 일부만 절단하여 나타낸 것을 부분 단면도라 한다.

④ **계단 단면도** : 절단한 부분이 동일 평면 내에 있지 않을 때, 2개 이상의 평면으로 절단하여 나타낸다.

⑤ 회전 단면도 : 절단한 부분의 단면을 90° 우회전하여 단면 형상을 나타낸다.

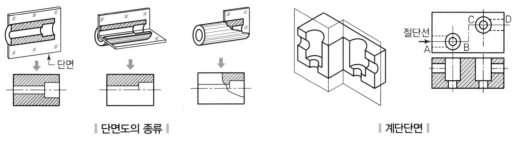

‖ 단면도의 종류 ‖　　　　　　　　　　　‖ 계단단면 ‖

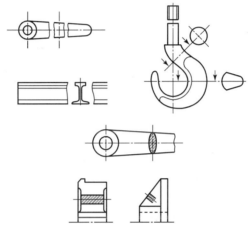

‖ 회전 단면의 방법 ‖

4. 단면을 도시하지 않는 부품

① 속이 찬 원기둥 및 모기둥 모양의 부품

- 축
- 볼트
- 너트
- 핀
- 와셔
- 리벳
- 키
- 나사
- 볼 베어링의 볼

② 얇은 부분

- 리브
- 웨브

③ 부품의 특수한 부분

- 기어의 이
- 풀리의 암

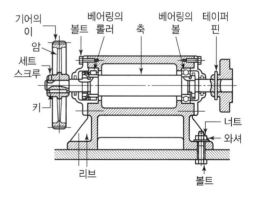

‖ 단면을 도시하지 않는 부품 ‖

5. 얇은 판의 단면

패킹, 박판처럼 얇은 것을 단면으로 나타낼 때는 한 줄의 굵은 실선으로 단면을 표시한다. 이들 단면이 인접해 있는 경우에는 단면선 사이에 약간의 간격을 둔다.

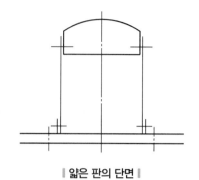

‖ 얇은 판의 단면 ‖

6. 해칭법

단면이 있는 것을 나타내는 방법으로 해칭이 있으나, 규정으로는 단면이 있는 것을 명시할 때에만 단면 전부 또는 주변에 해칭을 하거나 스머징(Smudging, 단면부의 내측 주변을 청색 또는 적색 연필로 엷게 칠하는 것)하도록 되어 있다.

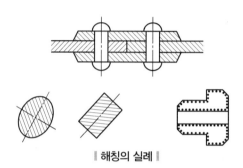

‖ 해칭의 실례 ‖

7. 해칭의 원칙

① 가는 실선을 사용하는 것을 원칙으로 하나, 혼동될 우려가 없을 때에는 생략하여도 무방하다.

② 기본 중심선 또는 기선에 대하여 45° 기울기로 2~3mm 간격으로 긋는다. 그러나 45° 기울기로 분간하기 어려울 때는 해칭의 기울기를 30°, 60°로 한다.

③ 해칭할 부분이 너무 큰 경우 해칭선 대신 단면 둘레에 청색 또는 적색 연필로 엷게 칠할 수 있다.(스머징)

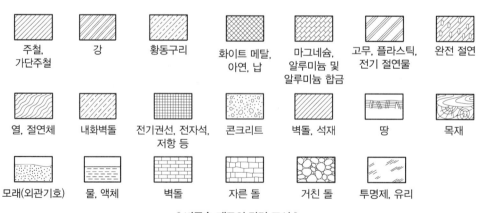

‖ 비금속 재료의 단면 표시 ‖

01 제1각법과 제3각법에 대한 설명 중 틀린 것은?

① 제3각법은 평면도를 정면도의 위에 그린다.

② 제1각법은 저면도를 정면도의 아래에 그린다.

③ 제3각법의 원리는 눈 → 투상면 → 물체의 순서가 된다.

④ 제1각법에서 우측면도는 정면도를 기준으로 본 위치와는 반대쪽인 좌측에 그린다.

해설 저면도는 물체의 아래에서 본 도면으로 정면도의 위쪽에 그린다. (3각도법의 반대)

02 다음 투상도 중 표현하는 각법이 다른 하나는?

①   ②

③   ④

해설 ③번의 경우 우선 사각형을 정면도라고 보고 우측의 원이 오른쪽에 있는데 그것이 보는 방향, 즉 오른쪽에서 본 우측면도의 도면이 맞다면 제3각도법이며 아니라면 제1각도법이다. ③번의 경우 우측에 있는 원은 사각형의 왼쪽에서 보이는 모습을 오른쪽에 도시한 것이기 때문에 제1각도법이며 나머지는 모두 3각도법이다.(이해가 가지 않는다면 생수병을 옆으로 돌려보면 이해가 쉽다.)

03 정투상법의 제1각법과 제3각법에서 배열위치가 정면도를 기준으로 동일한 위치에 놓이는 투상도는?

① 좌측면도   ② 평면도

③ 저면도   ④ 배면도

해설 정면도와 배면도는 제1각법과 제3각법에서 위치가 동일하다.

04 그림과 같은 입체도에서 화살표 방향을 정면으로 할 때 평면도로 가장 적합한 것은?

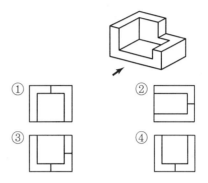

05 보기의 도면은 정면도와 우측면도만이 올바르게 도시되어 있다. 평면도로 가장 적합한 것은?

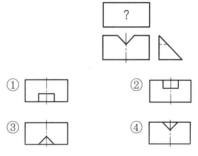

06 그림의 입체도를 제3각법으로 올바르게 투상한 투상도는?

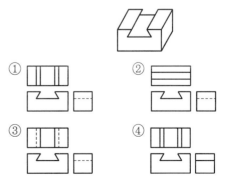

07 그림과 같은 입체도의 제3각 정투상도로 적합한 것은?

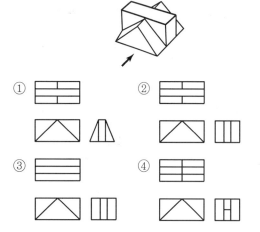

08 그림과 같은 입체도에서 화살표 방향에서 본 투상을 정면으로 할 때 평면도로 가장 적합한 것은?

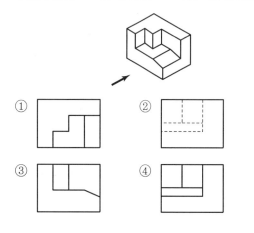

09 그림과 같은 제3각 정투상도의 3면도를 기초로 한 입체도로 가장 적합한 것은?

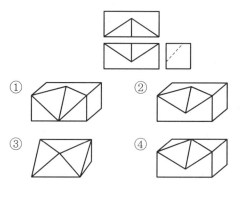

10 다음과 같은 배관의 등각 투상도(Isometric Drawing)를 평면도로 나타낸 것으로 맞는 것은?

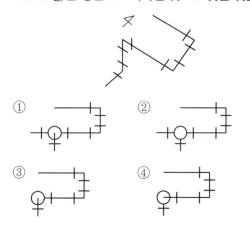

11 리벳 이음(Rivet Joint) 단면의 표시법으로 가장 올바르게 투상된 것은?

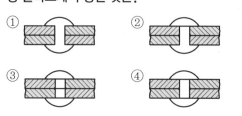

12 그림과 같은 단면도에서 "A"가 나타내는 것은?

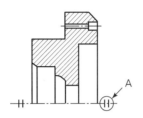

① 바닥 표시 기호
② 대칭 도시 기호
③ 반복 도형 생략 기호
④ 한쪽 단면도 표시 기호

13 다음 중 대상물을 한쪽 단면도를 올바르게 나타낸 것은?

①   ②

③   ④

14 그림과 같이 파단선을 경계로 필요로 하는 요소의 일부만을 단면으로 표시하는 단면도는?

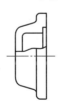

① 온 단면도   ② 부분 단면도
③ 한쪽 단면도   ④ 회전 도시 단면도

15 다음 중 도면에서 단면도의 해칭에 대한 설명으로 틀린 것은?

① 해칭선은 반드시 주된 중심선에 45°로만 경사지게 긋는다.
② 해칭선은 가는 실선으로 규칙적으로 줄을 늘어놓는 것을 말한다.
③ 단면도에 재료 등을 표시하기 위해 특수한 해칭(또는 스머징)을 할 수 있다.
④ 단면 면적이 넓을 경우에는 그 외형선에 따라 적절한 범위에 해칭(또는 스머징)을 할 수 있다.

16 단면을 나타내는 해칭선의 방향이 가장 적합하지 않은 것은?

①   ②

③   ④

17 다음 중 원기둥의 전개에 가장 적합한 전개도법은?

① 평행선 전개도법
② 방사선 전개도법
③ 삼각형 전개도법
④ 역삼각형 전개도법

해설 원이나 각기둥 전개에는 평행선 전개도법이 사용된다.

SECTION **03** 도면의 치수기입법

1 도면의 치수기입

1. 도면에 사용되는 치수의 기입

① 단위는 밀리미터(mm)를 사용하며 단위 기호는 생략한다.

② 치수 숫자는 자릿수가 많아도 3자리마다 (,)를 쓰지 않는다.

2. 치수 기입의 구성요소

치수를 기입하기 위해 치수선, 치수 보조선, 화살표, 치수 숫자, 지시선이 필요하다.

3. 치수선

① 치수선은 0.2mm 이하의 가는 실선을 치수 보조선에 직각으로 긋는다.

② 치수선은 외형선에서 10~15mm쯤 떨어져서 긋는다.

③ 많은 치수선을 평행하게 그을 때는 간격을 서로 같게 한다.

4. 치수 보조선

① 치수를 표시하는 부분의 양 끝에 치수선에 직각이 되도록 긋는다.

② 치수 보조선의 길이는 치수선보다 2~3mm 정도 길게 그린다.

③ 치수선과 교차되지 않도록 긋는다.

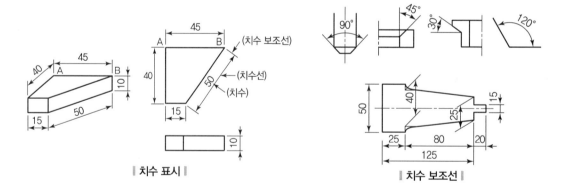

∥ 치수 표시 ∥   ∥ 치수 보조선 ∥

5. 치수 기입법

① 수평 방향의 치수선에 대하여는 치수 숫자의 머리가 위쪽으로 향하도록 하고, 수직 방향의 치수선에 대하여는 치수 숫자의 머리가 왼쪽으로 향하도록 한다.

② 치수선이 수직선에 대하여 왼쪽 아래로 향하여 약 30° 이하의 각도를 가지는 방향(해칭부)에는 되도록 치수를 기입하지 않는다.

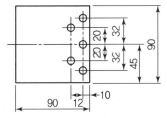

‖ 치수 숫자의 방향 ‖

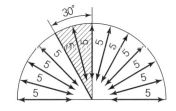

‖ 경사진 부분에서의 숫자 기입 방향 ‖

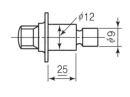

‖ 비례척이 아닌 숫자의 표시 ‖

② 치수에 사용하는 기호 및 각종 표시법

1. 치수에 함께 사용하는 기호

기호	설명	기호	설명
ϕ	지름 기호	구면(s) R	구면의 반지름 기호
□	정사각 기호	C	45° 모따기 기호
R	반지름 기호	P	피치(Pitch) 기호
구면(s) ϕ	구면의 지름 기호	t	판의 두께 기호

2. 호, 현, 각도 표시법

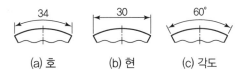

(a) 호   (b) 현   (c) 각도

‖ 호, 현, 각도의 표시 ‖

3. 구멍의 치수 기입

① 구멍의 치수는 지시선을 사용해 지름을 나타내는 숫자 뒤에 "드릴"이라 쓴다.

② 원으로 표시되는 구멍은 지시선의 화살을 원의 둘레에 붙인다.

③ 원으로 표시되지 않는 구멍은 중심선과 외형선의 교점에 화살을 붙인다.

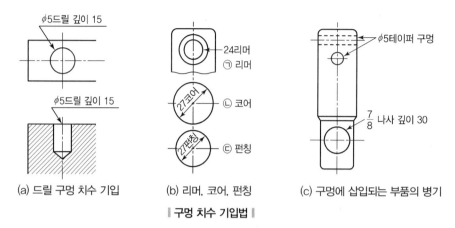

(a) 드릴 구멍 치수 기입   (b) 리머, 코어, 펀칭   (c) 구멍에 삽입되는 부품의 병기

‖ 구멍 치수 기입법 ‖

④ **같은 치수인 다수의 구멍에 대한 치수 기입** : 같은 종류의 리벳 구멍, 볼트 구멍, 핀 구멍 등이 연속되어 있을 때는 대표적인 구멍만 그리며 다른 곳은 생략하고 중심선으로 그 위치만 표시한다.

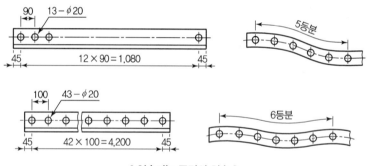

‖ 연속되는 구멍의 치수 ‖

4. 기울기 및 테이퍼의 치수 기입

① 한쪽만 기울어진 경우를 기울기 또는 구배라고 하며 중심에 대하여 대칭으로 경사를 이루는 경우를 테이퍼라 한다.

② 기울기는 경사면 위에 기입하고, 테이퍼는 대칭 도면 중심선 위에 기입한다.

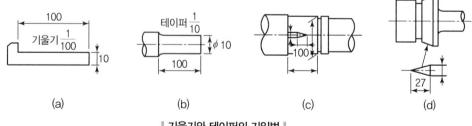

(a)   (b)   (c)   (d)

‖ 기울기와 테이퍼의 기입법 ‖

5. 치수 기입의 원칙

① 가능한 한 치수는 정면도에 기입하도록 한다.

② 치수는 중복해서 기입하지 않는다.

③ 치수는 계산할 필요가 없도록 기입해야 한다.

④ 치수의 단위는 mm로 하고 기입은 하지 않는다.

⑤ 치수선은 외형선에서 10~15mm 띄어서 긋는다.

⑥ 치수 숫자의 소수점은 자릿수가 3자리 이상이어도 세 자리마다 콤마(,)를 표시하지 않는다.

⑦ 비례척에 따르지 않을 때는 치수 밑에 밑줄을 긋거나, 표제란의 척도란에 NS(Non-Scale) 또는 비례척이 아님을 도면에 표시한다.

⑧ 치수선 양단에서 직각이 되는 치수 보조선은 2~3mm 정도 지나게 긋는다.

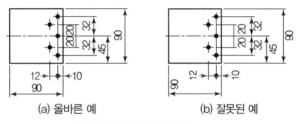

(a) 올바른 예   (b) 잘못된 예

▮ 치수 숫자의 기입 방향 ▮

③ 재료의 기호 표기법

1. 재료 기호

재료 기호는 일반적으로 3위(부분) 기호로 표시하나 때로는 5위(부분) 기호로 표시하는 경우도 있다.

▼ **첫째 자리 : 재질**

기호	의미	기호	의미
Al	알루미늄(원소 기호)	MgA	마그네슘 합금(Magnesium Alloy)
AlA	알루미늄 합금(Al Alloy)	NbS	네이벌 황동(Naval Brass)
B	청동(Bronze)	NiB	양은(Nickel Silver)
Bs	황동(Brass)	PB	인청동(Phosphor Bronze)
C	초경 합금(Carbide Alloy)	Pb	납(원소 기호)
Cu	구리(원소 기호)	S	강(Steel)
Fe	철(Ferrum)	W	화이트 메탈(White Metal)
HBs	강력 황동(High Strength Brass)	Zn	아연(원소 기호)
K	켈밋(Kelmet Alloy)		

▼ 둘째 자리 : 제품명, 규격

기호	의미	기호	의미
B	바 또는 보일러(Bar or Boiler)	GP	가스 파이프(Gas Pipe)
BF	단조봉(Forging Bar)	HN	질화 재료(Nitriding)
C	주조품(Casting)	J	베어링재(로마자)
BMC	흑심가단주철(Black Malleable Casting)	K	공구강(로마자)
WMC	백심가단주철(White Malleable Casting)	NiCr	니켈크롬강(Nickel Chromium)
EH	내열강(Heat－resistant Alloy)	SKH	고속도강(High Speed Steel)
FM	단조재(Forging Material)	F	단조품(Forging)

▼ 셋째 자리 : 재료의 종별, 최저 인장강도, 탄소 함유량, 열처리 종류 등

구분	기호	의미
종별	A	갑
	B	을
	C	병
	D	정
	E	무
가공법 · 용도 · 형상	D	냉각 일반, 절삭, 연삭
	CK	표면 경화용
	F	평판
	C	파판, 아연철판
	E	강판
	E	평강
	A	형강 일반용 연강재
	B	봉강
알루미늄 합금의 열처리	F	열처리를 하지 않은 재질
	O	풀림 처리한 재질
	H	가공 경화한 재질
	W	담금질 후 시효경화 진행 중 재료
	$\frac{1}{2}$H	반경강
	T_2	풀림 처리한 재질(주물용)
	T_6	담금질한 후 뜨임 처리한 재료
	O_6	풀림된 재료
	T_3	담금질 후 풀림

2. 재료 기호 예시

기호	첫째 자리	둘째 자리	셋째 자리
SS 55(일반 구조용 압연 강재 5종)	S(강)	S(일반 구조용 압연 강재)	55(최저 인장강도)
S 10C(기계 구조용 탄소 강재 1종)	S(강)	10(탄소 함유량 0.10%)	C(화학성분 표시)
SWPA(피아노선 A종)	S(강)	WP(피아노선)	A(A종)
BC 1(청동 주물 1종)	B(청동)	C(주조품)	1(제1종)
GC 10(회주철 1종)	G(회주철)	C(주조품)	10(제1종, 인장강도 $10kg/mm^2$ 이상)

3. 기계 재료의 표시 기호

명칭	KS 기호	명칭	KS 기호
일반 구조용 압연 강재	SB	기계 구조용 탄소 강재	SM
일반 배관용 압연 강재	SPP	합금 공구강(주로 절삭, 내충격용)	STS
아크 용접봉 심선재	SWRW	합금 공구강(주로 내마멸성 불변형용)	STD
피아노 선재	PWR	합금 공구 강재(주로 열간 가공용)	STF
냉간 압연 강관 및 강재	SBC	탄소 주강품	SC
용접 구조용 압연 강재	SWS	일반 구조용 탄소강관	SPS
기계 구조용 탄소강관	STKM	회주철품	GC
고속도 공구강재	SKH	구상흑연주철	DC
탄소공구강	STC	흑심 가단주철	BMC
탄소강 단조품	SF	백심 가단주철	WMC
보일러용 압연 강재	SBB	스프링강	SPS

01 치수 기입 방법이 틀린 것은?

①

②

③

④

02 다음 중 현의 치수 기입을 올바르게 나타낸 것은?

①

②

③

④

03 다음 중 치수 기입의 원칙에 대한 설명으로 가장 적절한 것은?

① 중요한 치수는 중복하여 기입한다.
② 치수는 되도록 주 투상도에 집중하여 기입한다.
③ 계산하여 구한 치수는 되도록 식을 같이 기입한다.
④ 치수 중 참고 치수에 대하여는 네모 상자 안에 치수 숫자를 기입한다.

04 그림과 같은 치수 기입 방법은?

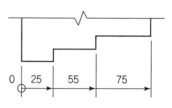

① 직렬 치수 기입법   ② 병렬 치수 기입법
③ 조합 치수 기입법   ④ 누진 치수 기입법

05 관의 구배를 표시하는 방법 중 틀린 것은?

①  1/200

②  0.2%

③ 5°

④  0.5

06 그림과 같은 원뿔을 전개하였을 경우 나타난 부채꼴의 전개각(전개된 물체의 꼭지각)이 150°가 되려면 *l*의 치수는?

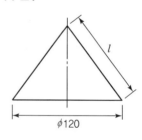

① 100   ② 122
③ 144   ④ 150

해설 부채꼴의 중심각을 구하는 공식을 이용한다.

$\theta = 360 \times \dfrac{r}{l}$ 이므로 $150 = 360 \times 60/l$ 계산식에 의해 풀이를 하면 빗변의 길이는 144mm이다.

여기서, θ : 부채꼴의 중심각
r : 원뿔의 반지름
l : 원뿔 빗변의 길이

07 그림의 형강을 올바르게 나타낸 치수 표시법은?(단, 형강 길이는 K이다.)

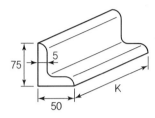

① L 75×50×5×K ② L 75×50×5−K
③ L 50×75−5−K ④ L 50×75×5×K

08 그림과 같은 경 ㄷ형강의 치수 기입 방법으로 옳은 것은? (단, L은 형강의 길이를 나타낸다.)

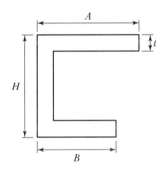

① ㄷA×B×H×t−L ② ㄷH×A×B×t−L
③ ㄷB×A×H×t−L ④ ㄷH×B×A×L−t

09 그림과 같은 용접기호의 설명으로 옳은 것은?

① U형 맞대기 용접, 화살표 쪽 용접
② V형 맞대기 용접, 화살표 쪽 용접
③ U형 맞대기 용접, 화살표 반대쪽 용접
④ V형 맞대기 용접, 화살표 반대쪽 용접

해설 점선이 표시된 부위(화살표 아래쪽)에 아무런 표시가 없고 그 위 실선에 U자 모양이 있는 것은 화살표 방향의 용접을 의미한다. 반대로 점선 부위에 U자 모양이 표시되었다면 화살표 반대방향의 용접을 의미한다.

10 그림과 같은 원추를 전개하였을 경우 전개면의 꼭지각이 180°가 되려면 ϕD의 치수는 얼마가 되어야 하는가?

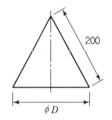

① $\phi 100$ ② $\phi 120$
③ $\phi 180$ ④ $\phi 200$

해설 부채꼴의 중심각을 구하는 공식을 이용한다.
$\theta = 360 \times \dfrac{r}{l}$ 이므로 $180 = 360 \times r/200$ 계산식에 의해 풀이를 하면 원뿔 밑변의 지름은 200mm이다.

여기서, θ : 부채꼴의 중심각
r : 원뿔의 반지름
l : 원뿔 빗변의 길이

11 도면에서의 지시한 용접법으로 바르게 짝지어진 것은?

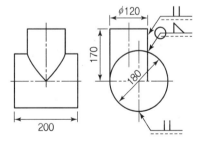

① 이면 용접, 필릿 용접
② 겹치기 용접, 플러그 용접
③ 평형 맞대기 용접, 필릿 용접
④ 심 용접, 겹치기 용접

12 일반적으로 치수선을 표시할 때, 치수선 양 끝에 치수가 끝나는 부분임을 나타내는 형상으로 사용하는 것이 아닌 것은?

① →｜

② →／

③ →●

④ →↗

13 배관 제도 시 밸브 도시기호에서 일반 밸브가 닫힌 상태를 도시한 것은?

① ▷◁

② ▷

③ ▷◀

④ ◀▶

14 다음 중 배관용 탄소 강관의 재질 기호는?

① SPA

② STK

③ SPP

④ STS

15 다음 중 저온 배관용 탄소 강관 기호는?

① SPPS

② SPLT

③ SPHT

④ SPA

> **해설** SPLT(배관용 탄소 강관) L(low, 낮다.)

16 KS 재료 기호에서 고압 배관용 탄소 강관을 의미하는 것은?

① SPP

② SPS

③ SPPA

④ SPPH

> **해설** SPPH
> 고압 배관용 탄소 강관. 여기서 H는 High를 의미한다.

17 KS 재료기호 중 기계 구조용 탄소강재의 기호는?

① SM 35C

② SS 490B

③ SF 340A

④ STKM 20A

18 KS 재료기호 SM10C에서 10C는 무엇을 뜻하는가?

① 제작방법

② 종별 번호

③ 탄소함유량

④ 최저인장강도

정답 12 ④ 13 ④ 14 ③ 15 ② 16 ④ 17 ① 18 ③

SECTION 04 기계 요소의 표시 및 스케치 방법

1 나사의 호칭

1. 수나사와 암나사

원통의 바깥 면을 깎은 나사를 수나사, 구멍의 안쪽 면을 깎은 나사를 암나사라 하며 수나사는 바깥지름, 암나사는 암나사에 맞는 수나사의 바깥지름의 호칭 치수로 한다.

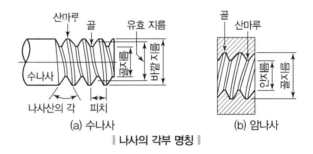

(a) 수나사　　　　(b) 암나사

‖ **나사의 각부 명칭** ‖

2. 피치와 리드

인접한 두 산의 직선 거리를 측정한 값을 피치(Pitch)라 하고, 나사가 1회전하여 축 방향으로 진행한 거리를 리드(Lead)라고 한다.

$$L = np$$

여기서, L : 리드
n : 줄 수
p : 피치

3. 오른나사와 왼나사

시계 방향으로 돌려서 앞으로 나아가거나 잠기는 나사를 오른나사, 반대의 경우를 왼나사라고 한다.

4. 나사의 표시법

나사의 표시는 나사의 잠긴 방향, 나사산의 줄 수, 나사의 호칭, 나사의 등급 순으로 나타낸다.

　예 좌 2줄 M50×3-2 : 왼나사 2줄 미터 가는 나사 2급

5. 나사의 호칭

나사의 호칭은 나사의 종류, 표시 기호, 지름 표시 숫자, 피치 또는 25.4mm에 대한 나사산의 수로 다음과 같이 나타낸다.

① 피치를 mm로 나타내는 나사의 경우

> 나사의 종류를 표시한 기호 나사의 종류를 표시하는 숫자 × 피치

　예 M16×2 : 미터 보통 나사는 원칙적으로 피치를 생략하나 M3, M4, M5에는 피치를 붙여 표시한다.

② 피치를 산의 수로 표시하는 나사(유니파이 나사는 제외)의 경우

> 나사의 종류를 표시한 기호 나사의 종류를 표시하는 숫자 산 산의 수

　예 TW20산6 : 관용 나사(Pipe Thread)는 산의 수를 생략한다. 또 각인에 한하여 '산' 대신 하이픈(−)을 사용할
　수 있다.

③ 유니파이 나사의 경우

> 나사의 종류를 표시한 기호 − 산의 수 나사의 종류를 표시하는 숫자

　예 $\frac{1}{2} - 13$UNC

6. 나사의 종류

구분	나사의 종류		나사의 종류를 표시하는 기호	나사의 호칭에 대한 표시방법의 표기	관련 규격
일반용	미터 보통 나사		M	M 8	KS B 0201
	미터 가는 나사			M 8×1	KS B 0204
	유니파이 보통나사		UNC	3/8 − 16 UNC	KS B 0203
	유니파이 가는 나사		UNF	No.8 − 36 UNF	KS B 0206
	관용 테이퍼 나사	테이퍼 나사	PT	PT 3/4	KS B 0222
		평행 암 나사	PS	PS 3/4	
	관용 평행 나사		PF	PF 1/2	KS B 0221

7. 나사의 등급 표시 방법

나사의 정도를 구분한 것을 말하며 숫자 및 문자의 조합으로 나타낸다. 미터 나사는 급수가 작을수록,
유니파이 나사는 급수가 클수록 정도가 높다.

나사의 종류	미터나사			유니파이 나사						관용 평행 나사	
등급	1급	2급	3급	3A급	3B급	2A급	2B급	1A급	1B급	A급	B급
표시 방법	1	2	3	3A	3B	2A	2B	1A	1B	A	B

① 미터 나사는 숫자가 작은 것이 정밀급에 속한다.
② 유니파이 나사는 숫자가 큰 것이 정밀급에 속한다.
③ A는 수나사, B는 암나사를 나타낸다.

❷ 볼트와 너트의 호칭

1. 볼트와 너트

① 볼트의 호칭

규격 번호	종류	다듬질 정도	나사의 호칭×길이	–	나사의 등급	재료	지정 사항
KS B 0112	육각 볼트	중	M 42×150	–	2	SM20C	둥근 끝

규격 번호는 생략 가능하며 지정 사항은 자리 붙이기, 나사부의 길이, 나사 끝 모양, 표면 처리 등을 필요에 따라 표기한다.

② 너트의 호칭

규격 번호	종류	모양의 구별	다듬질 정도	나사의 호칭	–	나사의 등급	재료	지정 사항
KS B 1020	육각 너트	2종	상	M 42	–	1	SM25C	H=42

규격 번호는 생략 가능하며 지정 사항은 나사의 바깥 지름과 동일한 너트의 높이(H), 한 계단 더 큰 부분의 맞변 거리(B), 표면 처리 등을 필요에 따라 표기한다.

2. 리벳의 종류

① 용도별 : 일반용, 보일러용, 선박용 등
② 리벳 머리의 종류별 : 둥근 머리, 접시 머리, 납작 머리, 둥근 접시 머리, 얇은 납작 머리, 냄비 머리 등

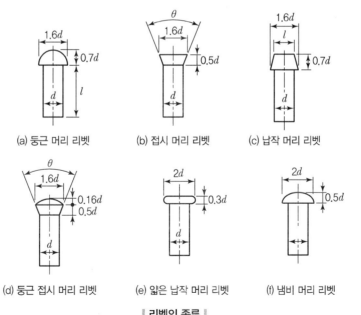

(a) 둥근 머리 리벳 (b) 접시 머리 리벳 (c) 납작 머리 리벳

(d) 둥근 접시 머리 리벳 (e) 얇은 납작 머리 리벳 (f) 냄비 머리 리벳

‖ 리벳의 종류 ‖

3. 리벳의 호칭

규격 번호	종류	호칭 지름	×	길이	재료
KS B 0112	열간 둥근 머리 리벳	16	×	40	SBV 34

규격 번호를 사용하지 않는 경우에는 종류의 명칭 앞에 "열간" 또는 "냉간"을 기입한다.

3 가공법의 약호와 스케치도

1. 가공법의 약호

가공 방법	약호		가공 방법	약호	
선반 가공	L	선반	줄 다듬질	FF	줄
드릴 가공	D	드릴	스크레이퍼 다듬질	FS	스크레이퍼
볼 머신 가공	B	볼링	리머 가공	FR	리머
밀링 가공	M	밀링	연삭 가공	G	연삭
벨트 샌딩 가공	GB	포연	주조	C	주조

2. 스케치도의 종류

① 프리핸드법 : 자 등을 사용하지 않고 손으로 자연스럽게 그리는 방법
② 본 뜨기법(모양 뜨기) : 물체를 종이 위에 놓고 그 윤곽을 연필로 그리는 방법
③ 프린트법 : 부품 표면에 광명단, 흑연을 바르거나 기름걸레로 문지른 다음, 종이를 대고 눌러서 원형을 구하는 방법

3. 원도, 트레이스도, 복사도

① 원도 : 연필로 처음에 그린 도면
② 트레이스도 : 연필이나 먹으로 그린 도면을 말하며, 복사의 원지가 되는 것
③ 복사도 : 트레이스도를 복사한 것(청사진도, 백사진도 등)

4. 표제란과 부품표

① 표제란 : 도면상에 도면 번호, 도면 명칭, 기업(단체)명, 책임자, 도면 작성 연월일, 척도, 투상법 등이 기입되어 있는 칸을 말한다.
② 부품표 : 부품의 부품 번호, 부품명, 재질, 수량, 중량, 공정 등을 기입한 표를 말한다.(도면에 그린 부품에 대하여 모든 조건을 기입하는 표로서 위의 사항을 기입한다.)

01 열간 성형 리벳의 종류별 호칭길이(L)를 표시한 것 중 잘못 표시된 것은?

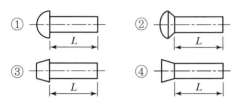

① ② ③ ④

> 해설 ④의 접시머리 리벳은 전체의 길이를 호칭길이로 표시한다.

02 나사 표시가 "L 2N M50×2 – 4h"로 나타날 때 이에 대한 설명으로 틀린 것은?

① 왼 나사이다.
② 2줄 나사이다.
③ 미터 가는 나사이다.
④ 암나사 등급이 4h이다.

03 리벳의 호칭 방법으로 옳은 것은?

① 규격 번호, 종류, 호칭지름×길이, 재료
② 명칭, 등급, 호칭지름×길이, 재료
③ 규격번호, 종류, 부품 등급, 호칭, 재료
④ 명칭, 다듬질 정도, 호칭, 등급, 강도

04 도면에 아래와 같이 리벳이 표시되었을 경우 올바른 설명은?

| KS B 1101 둥근 머리 리벳 25×36 SWRM 10 |

① 호칭 지름은 25mm이다.
② 리벳 이음의 피치는 400mm이다.
③ 리벳의 재질은 황동이다.
④ 둥근 머리부의 바깥지름은 36mm이다.

> 해설 리벳의 호칭

규격 번호	종류	호칭 지름	×	길이	재료 연강선재
KS B 1101	둥근 머리 리벳	25	×	36	SWRM 10

SECTION 05 도면 판독의 이해

1 용접부의 기호 판독

1. 용접부의 기호 판독

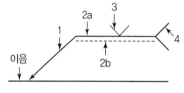

1. 화살표(지시선)
2a. 기준선(실선)
2b. 동일선(파선)
3. 용접기호(이음 용접)
4. 꼬리

‖ 표시방법 ‖

① 기준선은 실선으로, 동일선은 파선으로 표시하며, 동일선인 파선은 기준선 위 또는 아래 중 어느 쪽에나 표시할 수 있다.

② 화살표 및 기준선과 동일선에는 모든 관련 기호를 붙인다. 또한 꼬리 부분에는 용접방법, 허용 수준, 용접자세, 용가재 등 상세항목을 표시하는 경우가 있다.

2. 기준선에 대한 기호의 위치

① 용접의 기본 기호는 기준선의 위 또는 아래에 표시할 수 있다.

② 용접부가 이음의 화살표 쪽에 있는 경우 용접 기호는 실선 쪽의 기준선에 기입한다.

③ 용접부가 이음의 화살표 반대쪽에 있는 경우 용접 기호는 파선 쪽의 기준선에 기입한다.

(a) 화살표 쪽 용접　　　　　(b) 화살표 반대쪽 용접

‖ 기준선에 따른 기호의 위치 ‖

3. 부재의 양쪽을 용접하는 경우

용접 기호를 기준선의 좌우(상하) 대칭으로 조합시켜 배치할 수 있다.

▼ 대칭 용접부 기호의 예

명칭	도시	기호	명칭	도시	기호
양면 V형 맞대기 용접(X형 이음)		✕	부분 용입 K형 맞대기 용접 (부분 용입 K형 이음)		K
K형 맞대기 용접		K	양면 U형 맞대기 용접(H형 이음)		Ⴗ
부분 용입 양면 V형 맞대기 용접 (부분 용입 X형 이음)		✕			

2 용접부의 도면기호

1. 보조기호

용접부 및 용접부 표면의 형상	기호
평면(동일 평면으로 마름질)	──
凸형	⌒
凹형	⌣
끝단부를 매끄럽게 함	⌣
영구적인 덮개 판을 사용	M
제거 가능한 덮개 판을 사용	MR

2. 용접 도면 기호

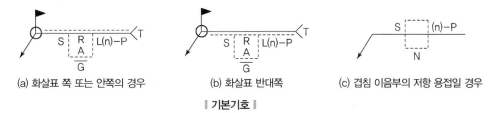

(a) 화살표 쪽 또는 안쪽의 경우   (b) 화살표 반대쪽   (c) 겹침 이음부의 저항 용접일 경우

‖ 기본기호 ‖

① S : 용접부의 단면 치수 또는 강도(그루브의 깊이, 필릿의 다리길이, 플러그 구멍의 지름, 슬롯 홈의 너비, 심의 너비, 점용접의 너깃 지름 또는 한 점의 강도 등)

② R : 루트 간격

③ A : 그루브 각도

④ L : 단속 필릿 용접의 용접 길이, 슬롯 용접의 홈 길이 또는 필요한 경우 용접 길이

⑤ n : 단속 필릿 용접의 수

⑥ P : 단속 필릿 용접, 플러그 용접, 슬롯 용접, 점용접 등의 피치(피치 : 용접부의 중앙선과 인접 용접 부분 중앙선의 거리)

⑦ T : 특별 지시사항(J형, U형 등의 루트 반지름, 용접방법, 비파괴 시험의 보조기호, 기타)

⑧ ─ : 표면 모양의 보조기호

⑨ G : 다듬질 방법의 보조기호

⑩ N : 점 용접, 심 용접, 스터드, 플러그, 슬롯, 프로젝션 용접 등의 수

3. 필릿 용접의 도면 표시법

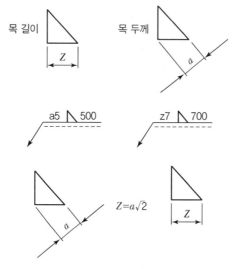

∥ **필릿 용접의 치수 표시 방법** ∥

필릿 용접의 경우 용입 깊이의 치수를 s8a6△와 같이 표시하는 경우도 있다.

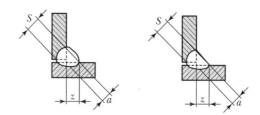

∥ **필릿 용접의 용입 깊이 치수 표시방법** ∥

01 모떼기의 치수가 2mm이고 각도가 45°일 때 올바른 치수 기입 방법은?

① C2
② 2C
③ 2−45°
④ 45°×2

02 그림과 같은 KS 용접 보조기호의 설명으로 옳은 것은?

① 필릿 용접부 토우를 매끄럽게 함
② 필릿 용접 끝단부를 볼록하게 다듬질
③ 필릿 용접 끝단부에 영구적인 덮개 판을 사용
④ 필릿 용접 중앙부에 제거 가능한 덮개 판을 사용

03 KS에서 규정하는 체결부품의 조립 간략 표시 방법에서 구멍에 끼워 맞추기 위한 구멍, 볼트, 리벳의 기호 표시 중 공장에서 드릴 가공 및 끼워 맞춤을 하는 것은?

①
②
③
④

04 다음 용접기호에서 "3"의 의미로 올바른 것은?

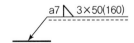

① 용접부 수
② 필릿 용접 목두께
③ 용접의 길이
④ 용접부 간격

> **해설** a7(목두께가 7mm), 직각삼각형(필릿용접), 3(용접부의 개수), 50(용접선의 길이), 160(피치 : 용접부 간의 중심거리)

05 다음 중 지시선 및 인출선을 잘못 나타낸 것은?

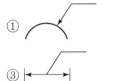

06 기계제도 도면에서 "t120"이라는 치수가 있을 경우 "t"가 의미하는 것은?

① 모떼기
② 재료의 두께
③ 구의 지름
④ 정사각형의 변

07 다음 배관 도면에 포함되어 있는 요소로 볼 수 없는 것은?

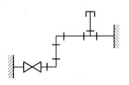

① 엘보
② 티
③ 캡
④ 체크밸브

08 다음 중 이면 용접 기호는?

① ◯   ②

③ ◡   ④

해설 이면이란 뒷면(Back)을 말한다.

09 배관의 간략도시방법 중 환기계 및 배수계의 끝장치 도시방법의 평면도에서 그림과 같이 도시된 것의 명칭은?

① 배수구   ② 환기관
③ 벽붙이 환기 삿갓   ④ 고정식 환기 삿갓

10 다음 용접기호의 설명으로 옳은 것은?

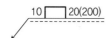

① 플러그 용접을 의미한다.
② 용접부 지름은 20mm이다.
③ 용접부 간격은 10mm이다.
④ 용접부 수는 200개이다.

해설 지시선 위의 사각형은 플러그 용접을 의미하며 용접부의 지름은 10mm, 용접부의 개수는 20개, 용접부의 중심거리(피치)는 200mm이다.

11 그림은 배관용 밸브의 도시 기호이다. 어떤 밸브의 도시 기호인가?

① 앵글 밸브   ② 체크 밸브
③ 게이트 밸브   ④ 안전 밸브

12 다음 중 게이트 밸브를 나타내는 기호는?

① ▷◁   ② ⋈

③ ◈   ④ ▷◁

13 그림과 같은 용접기호는 무슨 용접을 나타내는가?

① 심 용접   ② 비트 용접
③ 필릿 용접   ④ 점 용접

정답   08 ③   09 ④   10 ①   11 ②   12 ①   13 ③

용접구조설계

SECTION 01 | 용접 이음의 종류와 형태

1. 용접 이음의 종류

맞대기 이음(Butt Joint), 모서리 이음(Corner Joint), T이음(Tee Joint), 겹치기 이음(Lap Joint), 변두리 이음(Edge Joint) 등 크게 5가지로 구분한다.

(a) 맞대기 이음   (b) 모서리 이음   (c) T이음   (d) 겹치기 이음   (e) 변두리 이음

∥ 이음의 종류 ∥

2. 필릿 이음

직교하는 두 면을 용접하여 삼각상의 단면을 가진 용접

3. 하중의 방향에 따른 분류

① **전면 필릿 용접** : 용접선과 부재 응력이 수직
② **측면 필릿 용접** : 용접선과 부재 응력이 수평
③ **경사 필릿 용접** : 용접선과 부재 응력이 직각 이외의 각을 이루는 경우

(a) 전면 필릿 용접   (b) 측면 필릿 용접   (c) 경사 필릿 용접

∥ 하중의 방향에 따른 필릿 용접 ∥

4. 비드의 연속성인 측면에 따른 분류

① 연속 필릿 용접
② 단속 필릿 용접(병렬과 지그재그식으로 구분)

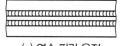 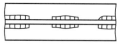 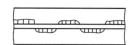

(a) 연속 필릿 용접   (b) 단속 필릿 용접(병렬)   (c) 단속 필릿 용접(지그재그)

∥ 연속 및 단속 필릿 용접 ∥

5. 표면 비드의 모양에 따른 분류

① 볼록한 필릿 용접

② 오목한 필릿 용접

6. 플러그, 슬롯 용접

두 금속판 중 하나에 구멍을 뚫고 그 구멍을 용접하여 접합시키는
방법으로, 구멍이 원형이면 플러그 용접이라 하며, 구멍이 타원형이
면 슬롯 용접이라 한다.

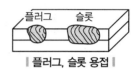

‖ 플러그, 슬롯 용접 ‖

7. 덧살올림 용접

내식성, 내마열성 등이 뛰어난 용착 금속을 모재 표면에 피복할 때
이용한다.

‖ 덧살올림 용접 ‖

SECTION 02 용접 이음 설계와 강도 계산

1. 용접 이음 설계 시 고려사항

① 가급적 아래보기 용접을 많이 한다.

② 용접 이음부가 집중되지 않도록 한다.

③ 가능한 한 용접량이 최소가 되는 홈(Groove) 방식을 선택한다.

④ 맞대기 용접은 뒷면 용접을 가능토록 하여 용입 부족이 없도록 한다.

⑤ 필릿 용접은 되도록 피하고 맞대기 용접을 하도록 한다.

⑥ 용접선이 교차하는 경우에는 한쪽은 연속 비드를 만들고, 다른 한쪽은 부채꼴 모양으로 모재
를 가공하여(스캘럽, Scallop) 시공토록 설계한다.

⑦ 내식성을 요하는 구조물은 이종 금속 간 용접 설계는 피한다.

2. 스캘럽(Scallop)

용접선이 서로 교차하는 것을 피하기 위하여 한 쪽의 모재에 가공한 부채꼴 모양의 노치

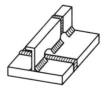

‖ 스캘럽 ‖

3. 목 두께 (도면상 기호 : a)

용접부의 크기는 목 두께, 다리 길이 등으로 표시하며 설계의 강도계산에서는 이론 목 두께로 계산

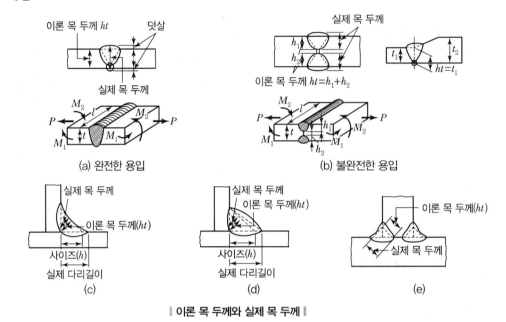

‖ 이론 목 두께와 실제 목 두께 ‖

4. 안전율

재료의 인장강도(극한 강도) σ_u와 허용 응력 σ_a의 비

$$안전율 = \frac{극한\ 강도(\sigma_u)}{허용\ 응력(\sigma_a)}$$

5. 사용 응력

기계나 구조물의 각 부분이 실제적으로 사용될 때 하중을 받아서 발생하는 응력

$$\sigma_w(사용\ 응력) = \frac{실제\ 사용\ 하중(P_w)}{단면적(A)}$$

6. 강도 계산

① 맞대기 이음 또는 T형 필릿 이음
- 완전 용입인 경우

$$인장응력(\sigma) = \frac{하중(P)}{단면적(A)} = \frac{하중(P)}{모재의\ 두께(t) \times 용접선의\ 길이(\ell)}$$

- 부분 용입인 경우

$$\text{인장응력}(\sigma) = \frac{\text{하중}(P)}{\text{단면적}(A)} = \frac{\text{하중}(P)}{\text{이론 목두께}(h_1 + h_2) \times \text{용접선의 길이}(\ell)}$$

② 겹치기 필릿 이음

$$\text{인장응력}(\sigma) = \frac{\text{하중}(P)}{\text{단면적}(A)} = \frac{\text{하중}(P) \times 0.707}{\text{다리길이}(h) \times \text{용접선의 길이}(\ell)}$$

③ 굽힘 응력 (맞대기 이음의 경우 난순 굽힘의 경우)

$$\sigma_b(\text{굽힘 응력}) = \frac{M(\text{모멘트})}{W_b(\text{굽힘단면계수})}$$

- 완전 용입인 경우

$$W_b = \frac{\ell t^2}{6} \text{에서} \quad \sigma_b = \frac{6M}{\ell t^2}$$

- 부분 용입인 경우

$$W_b = \frac{h\ell(3t^2 - 6ht + h^2)}{6} \text{에서} \quad \sigma_b = \frac{3tM}{h\ell(3t^2 - 6ht + 4h^2)}$$

④ 단순 굽힘을 받는 T형 맞대기 용접 이음

$$\sigma_b(\text{굽힘 응력}) = \frac{P(\text{하중}) \times L(\text{이음부에서 하중까지 거리})}{W_b(\text{굽힘단면계수})}$$

㉠ 정면 필릿 이음(하중이 용접선과 수직)
  - 완전 용입인 경우

$$W_b = \frac{\ell t^2}{6} \text{에서} \quad \sigma_b = \frac{6P(\text{하중}) \times L(\text{이음부에서 하중까지 거리})}{\ell t^2} = \frac{6M(\text{모멘트})}{\ell t^2}$$

  - 부분 용입인 경우

$$W_b = \frac{h\ell(3t^2 - 6ht + 4h^2)}{3} \text{에서} \quad \sigma_b = \frac{3tPL}{h\ell(3t^2 - 6ht + 4h^2)} = \frac{3tM}{h\ell(3t^2 - 6ht + 4h^2)}$$

ⓒ 측면 필릿 이음(하중이 용접선과 평행)

- 완전용입인 경우

$$W_b = \frac{\ell t^2}{6} \text{에서} \quad \sigma_b = \frac{6PL}{\ell^2 t} = \frac{P}{\ell t^2}$$

- 부분 용입인 경우

$$\sigma_b = \frac{P(\text{하중}) \times L(\text{이음부에서 하중까지 거리})}{W_b(\text{굽힘단면계수})}$$

⑤ 필릿 이음의 이론 목두께와 각장

$$\text{이론 목두께}(h_t) = \text{다리길이}(h) \times \cos 45° = 0.707h$$

⑥ 전면 필릿 이음의 인장강도

- 완전 용입인 경우

$$\text{인장응력}(\sigma) = \frac{\text{하중}(P)}{\text{단면적}(A)} = \frac{\text{하중}(P)}{\text{모재두께}(t) \times \text{목두께}(h_t)}$$

- 부분 용입인 경우

$$\text{인장응력}(\sigma) = \frac{\text{하중}(P)}{\text{단면적}(A)} = \frac{\text{하중}(P)}{\text{용접선의 길이}(\ell) \times \text{목두께}(h_1 + h_2)}$$

SECTION 03 용접 홈 형상의 종류

1. 용접 홈 형상의 종류

① I형 홈 : 6mm 이하의 박판 용접에 사용

② V형 홈 : 국가자격시험에서 사용되는 홈의 가공법이며 용접에 의해서 완전 용입을 얻으려고 할 때 사용(6~20mm)

③ X형 홈(양면 V형) : X형 홈은 용접 시 생기는 변형을 줄이고자 할 때 사용되는 가공방법이며 또한 양쪽에서의 용접에 의해 완전한 용입을 얻는 데 적합(6~20mm)

④ U형 홈 : 두꺼운 판을 한쪽에서의 용접에 의해서 충분한 용입을 얻으려고 할 때 사용 (20mm 이상) [한쪽면 용접 시 가장 두꺼운 형태의 용접 홈 가공법]

⑤ H형 홈(양면 U형) : 두꺼운 판을 양쪽 용접에 의하여 충분한 용입을 얻고자 할 때 사용[양면 용접 시 가장 두꺼운 형태의 용접 홈 가공법]

⑥ K형 홈(양면 ν(베벨)형) : 양쪽 용접에 의해 충분한 용입을 얻으려는 홈의 형태

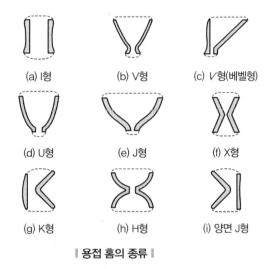

┃ 용접 홈의 종류 ┃

SECTION 04 용접 준비작업과 용착법

1. 가용접

① 본 용접을 실시하기 전에 좌우의 홈 부분을 임시적으로 고정하기 위한 짧은 용접

② 피복 아크 용접에서는 슬래그 섞임, 용입 불량, 루트 균열 등의 결함을 수반하기 쉬우므로, 이음의 끝부분, 모서리 부분을 피해야 함

③ 본 용접보다 지름이 약간 가는 용접봉을 사용

④ 가용접도 중요한 용접이므로 기량이 있는 전문 용접사가 직접 해야 한다.

2. 용착법

① 단층 용접법 : 전진법(Progressive Method), 후진법(Back Step Method), 대칭법(Symmetric Method), 비석법

② 다층 용접법 : 빌드업법(Build Up Sequence), 캐스케이드법(Cascade Sequence), 전진 블록법(Block Sequence)

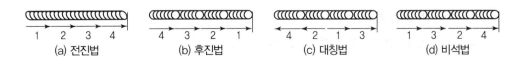

 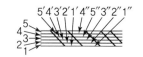

(e) 빌드업법(덧살올림법) (f) 캐스케이드법(용접 중심선 단면도) (g) 전진 블록법(용접 중심선 단면도)

▮ 용착법 ▮

SECTION 05 용접작업의 원칙

1. 용접 순서

① 같은 평면 안에 많은 이음이 있을 때는 수축은 가능한 한 자유단(아무런 지지 또는 구속을 받고 있지 않는 부재단)으로 보낼 것

② 물건의 중심에 대하여 항상 대칭으로 용접을 진행

③ 수축이 큰 이음을 먼저 하고 수축이 작은 이음을 뒤에 용접

④ 용접물의 중립축을 생각하고 그 중립축에 대하여 용접으로 인한 수축력 모멘트의 합이 0이 되도록 할 것(용접 방향에 대한 굴곡이 없어짐)

2. 본 용접 시 주의사항

① 비드의 시작점과 끝점이 구조물의 중요 부분이 되지 않도록 한다.

② 비드의 교차를 가능한 한 피한다.

③ 아크 길이는 가능한 한 짧게 한다.

④ 용접의 시점과 끝점에 결함의 우려가 많으며 중요한 경우 엔드 탭(End Tap)을 붙여 결함을 방지한다.

⑤ 필릿 용접은 언더컷이나 용입 불량이 생기기 쉬우므로 가능한 한 아래보기 자세로 용접한다.

SECTION 06 용접의 후처리 방법

1. 노(盧) 내 풀림법

제품 전체를 가열로 안에 넣고 적당한 온도에서 일정시간 유지한 다음, 노 내에서 서랭하는 방법(여기서 풀림법이란 재료의 잔류응력(Stress)을 제거해 주는 방법)

2. 강의 노 내 풀림 온도

유지온도 $625\pm25℃$, 판 두께 25mm에 대해 1~2시간

3. 국부 풀림법

노 내에 넣을 수 없는 큰 제품의 경우 용접부 부근만을 풀림하는 것이며 이 방법은 용접선의 좌우 양측을 각각 약 250mm의 범위 혹은 판 두께의 12배 이상의 범위를 가열

4. 저온 응력 완화법

제품의 양측을 가스 불꽃에 의하여 너비 60~130mm에 걸쳐서 150~200℃ 정도의 비교적 낮은 온도로 가열한 다음 곧 수랭하는 방법

5. 기계적 응력 완화법

제품에 하중을 주어 용접부에 약간의 소성변형을 일으킨 다음, 하중을 제거하는 방법

6. 피닝법

치핑해머로 용접부를 연속적으로 가볍게 때려 용접부 표면상에 소성변형을 주는 방법

7. 변형 교정법

① 얇은 판에 대한 점 가열
② 형재에 대한 직선 가열
③ 가열한 후 해머로 두드리는 방법
④ 두꺼운 판에 대하여는 가열 후 압력을 걸고 수랭하는 방법

8. 도열법

용접부에 구리 덮개판이나 수랭 또는 물기가 있는 석면, 천 등을 두고 모재에 대한 용접 입열을 막음으로써 변형을 방지하는 방법이다.

9. 억제법

널리 이용되는 방법이며 공작물을 가접 또는 지그 홀더 등으로 장착하고 변형의 발생을 억제하는 방법, 잔류 응력이 생기는 단점이 있다.

10. 점 수축법

얇은 판의 변형이 생긴 경우 500~600℃로 약 30초 정도 20~30mm 주위를 가열한 다음 수랭시키는 작업을 수 차례 반복하는 방법

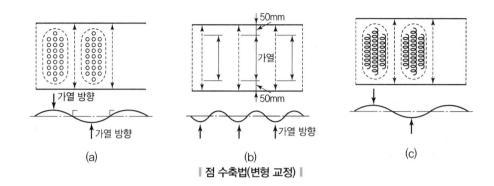

┃ 점 수축법(변형 교정) ┃

11. 역변형법

용접 후에 예상되는 변형 각도만큼 용접 전에 반대방향으로 굽혀 놓고 용접하면 원상태로 돌아오는 방법(용접 전 변형방지법)

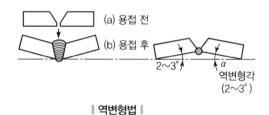

┃ 역변형법 ┃

SECTION 07 용접 결함의 종류와 보수방법

1. 결함의 보수

- 기공과 슬래그 섞임 : 해당 부분을 깎아낸 후 다시 용접한다.
- 언더컷 : 작은 용접봉으로 용접한다.
- 오버랩 : 해당 부분을 깎아내거나 갈아내고 다시 용접한다.
- 균열 : 균열일 때는 균열의 성장 방향 끝에 정지구멍(Stop Hole)을 뚫은 후 균열 부분을 파내고 (가우징 또는 스카핑 등) 다시 용접한다.

① 슬래그 혼입(Slag Inclusions)

슬래그가 완전히 부상하지 못하고 용착금속 속에 섞여 있는 상태로서 용접부를 취약하게 하며, Crack을 일으키는 주원인이 된다.

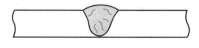

발생원인	• 전층의 슬래그 제거가 불완전하다. • 용접 개선 및 전극 와이어의 각도가 부적당하다. • 소전류, 저속도로 용착량이 너무 많다. - 슬래그가 부상할 시간이 없다. • 모재가 아래로 경사져 슬래그가 선행한다. • 전진법이 후퇴법보다 슬래그 선행의 가능성이 높다.
방지대책	• 전층의 슬래그를 브러시 및 그라인더로 완전히 제거한다. • 적당한 용접각도를 유지한다. • 적당한 용접조건을 설정한다. • 모재의 경사 정도에 따라 적당한 운봉(Weaving)을 한다.

② 기공(Porosity : Blow Hole)

용접부에 작은 구멍이 산재되어 있는 형태로서 가장 취약적
인 상황으로 용접부를 완전 제거한 후 재용접하여야 한다.

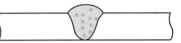

발생원인	• 가스의 유량이 부족하거나 가스에 불순물이 혼입되어 있다. • 노즐에 스패터가 많이 부착되어 가스의 흐름을 방해한다. • 와이어가 흡습되었거나 오염되어 있다. • 강풍(2m/sec)으로 Shielding 효과가 충분하지 못하다. • 아크의 길이가 너무 길다. • 용접부의 급랭(가스가 부상하기 전에 냉각되어 기공 형성) • 모재에 습기, 녹, 페인트, 기름 등 오염물질이 있다. • 가용접 불량 및 용접봉 선정이 잘못되어 있다.
방지대책	• 적당한 용접조건을 설정한다. • 노즐을 수시로 체크하여 스패터를 제거한다. • 모재 및 와이어에 부착된 불순물을 사전 점검하여 제거한다. • 전극 와이어는 완전히 건조한 후 사용한다. • 바람이 2m/sec 이상이면 방풍벽을 설치한 후 사용한다. • 가용접은 기량이 뛰어난 사람이 행하되 후처리를 정확히 한다. • 용접봉 선정을 정확히 한다.

③ 언더컷(Under Cut)

용접의 변 끝을 따라 모재가 파이고 용착금속이 채워지지 않고
홈으로 남아 있는 부분

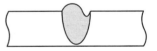

발생원인	• 용접전류 및 전압이 지나치게 높다. • 전극 와이어의 송급속도보다 용접속도가 빠르다. • 전극 와이어의 송급이 불규칙하다. • 용접속도가 지나치게 빠르다. • 토치 각도 및 운봉조작이 부적당하다.
방지대책	• 적당한 용접조건을 선정한다. • 용융금속이 충분히 용착될 수 있도록 용접속도를 선정한다. • 전극 와이어의 송급속도가 일정하도록 Wire Feeding 장치 및 토치 내부를 수시점검한다. • 토치 각도 및 운봉조작을 규정대로 한다.

④ 용입불량(Incomplete Fusion)

모재의 어느 한 부분이 완전히 용착되지 못하고 남아 있는
현상

발생원인	• 용접속도가 빠르다. • 용접전류가 너무 낮다. • 토치의 겨냥 각도가 나쁘다. • 다층용접의 경우 전층의 비드가 매우 불량하다. • 아크의 길이가 너무 길다.
방지대책	• 적당한 용접조건을 선정한다. • 토치의 겨냥 위치와 운봉속도를 조절하여 Slag가 선행하지 않도록 한다. • 전층의 비드의 괴형상을 제거한다. • 루트 간격 및 표면의 치수를 조절한다.

⑤ 오버랩(Over Lap)

용착금속이 변 끝에서 모재에 융합되지 않고 겹친 부분

발생원인	• 용접속도가 너무 느리다. • 용접전류가 너무 낮다. • 토치의 겨냥 위치가 부적당하다.(특히 H Fil의 경우)
방지대책	• 적당한 용접조건을 선정한다. • 토치의 겨냥 위치와 운봉속도를 조절한다.

⑥ 스패터(Spatter)

용융금속 중의 일부 입자가 모재로 이행하면서 용접부를 이
탈해 용착되는 용융방울로서 사용되는 Sheilding Gas의 종
류에 따라 발생 정도가 달라진다.

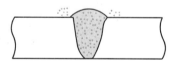

다음은 순수한 CO_2 Gas를 사용하였을 때의 과도한 Spatter 발생 원인 및 대책을 열거한다.

발생원인	• 용접전류 및 전압이 너무 높다. • 아크의 길이가 너무 길다.(사용전류 대비) • 전극 와이어에 습기가 함유되어 있다. • 모재에 녹, 페인트 등 이물질이 많다. • 토치의 진행각도가 부적당하다.
방지대책	• 적당한 용접조건을 선정한다. • 전극 와이어는 충분히 건조한 후 사용한다. • 모재의 표면상태를 체크하고, 불순물을 철저히 제거한다. • 적당한 토치 각도를 유지하면서 작업한다.

01 용접선과 하중의 방향이 평행하게 작용하는 필릿용접은?

① 전면　　　　　② 측면
③ 경사　　　　　④ 변두리

> 해설 측면 필릿용접은 용접선과 하중의 방향이 평행하게 작용한다. 전면 필릿용접(수직)

02 하중의 방향에 따른 필릿용접의 종류가 아닌 것은?

① 전면 필릿　　　② 측면 필릿
③ 연속 필릿　　　④ 경사 필릿

> 해설 **하중의 방향에 따른 필릿용접의 종류**
> 전면 필릿용접(수직), 측면 필릿용접(수평), 경사 필릿용접

03 그림과 같은 용접이음 방법의 명칭으로 가장 적합한 것은?

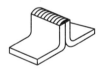

① 연속 필릿 용접
② 플랜지형 겹치기 용접
③ 연속 모서리 용접
④ 플레어형 맞대기 용접

04 용접 이음을 설계할 때 주의사항으로 틀린 것은?

① 구조상의 노치부를 피한다.
② 용접 구조물의 특성 문제를 고려한다.
③ 맞대기 용접보다 필릿용접을 많이 하도록 한다.
④ 용접성을 고려한 사용 재료의 선정 및 열 영향 문제를 고려한다.

> 해설 필릿용접은 용입이 불충분하여 강도상 문제가 생길 것 같은 부위의 용접은 하지 않는다. 때문에 가급적 필릿용접은 하지 않는 게 좋다.

05 그림과 같이 길이가 긴 T형 필릿 용접을 할 경우에 일어나는 용접변형의 영향은?

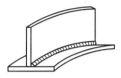

① 회전 변형
② 세로 굽힘 변형
③ 좌굴 변형
④ 가로 굽힘 변형

> 해설 **좌굴 변형**
> 얇은 판을 용접할 때에 내부에 생기는 압축잔류응력 때문에 판이 좌굴하여 생기는 변형을 말한다.

06 강판의 두께가 12mm, 폭 100mm인 평판을 V형 홈으로 맞대기 용접 이음할 때, 이음효율 $\eta = 0.8$로 하면 인장력 P는?(단, 재료의 최저인장강도는 40N/mm³이고, 안전율은 4로 한다.)

① 960N　　　　　② 9,600N
③ 860N　　　　　④ 8,600N

> 해설 이음효율 $= \dfrac{\text{용접시험편의 인장강도}}{\text{모재의 인장강도}}$
>
> 안전률 $= \dfrac{\text{인장강도}}{\text{허용응력}}$
>
> 허용응력 $= \dfrac{\text{인장력}}{\text{단면적}}$
>
> 용접시험편의 인장강도 = 이음효율 × 재료의 인장강도
> $= 0.8 \times 40 = 32[\text{N/m}^2]$
>
> 허용응력 $= \dfrac{\text{인장강도}}{\text{안전율}} = \dfrac{32}{4} = 8[\text{N/m}^2]$
>
> 인장력(하중) $= 8 \times 12 \times 100 = 9,600[\text{N}]$

정답　**01** ②　**02** ③　**03** ④　**04** ③　**05** ②　**06** ②

07 맞대기 이음에서 판 두께 10mm, 용접 길이 300mm, 인장하중이 9,000kgf일 때 인장응력은 몇 kgf/mm²인가?

① 0.3 ② 3
③ 30 ④ 300

해설 인장응력 = $\dfrac{하중}{단면적}$ 이며 단면적은 인장되기 전의 최초단면적을 의미하며 판두께와 용접선의 길이의 곱으로 구할 수 있다. 그러므로 $\dfrac{9,000}{10 \times 300} = 3$

08 시험편의 지름이 15mm, 최대하중이 5,200kgf일 때 인장강도는?

① 16.8kgf/mm² ② 29.4kgf/mm²
③ 33.8kgf/mm² ④ 55.8kgf/mm²

해설 인장강도(극한강도) = $\dfrac{하중}{단면적} = \dfrac{5,200}{(7.5^2 \times 3.14)}$
$= 약\ 29.4$

09 다음 중 용접 설계상 주의해야 할 사항으로 틀린 것은?

① 국부적으로 열이 집중되도록 할 것
② 용접에 적합한 구조의 설계를 할 것
③ 결함이 생기기 쉬운 용접 방법은 피할 것
④ 강도가 약한 필릿 용접은 가급적 피할 것

10 용접 시 발생하는 변형을 적게 하기 위하여 구속하고 용접하였다면 잔류응력은 어떻게 되는가?

① 잔류응력이 작게 발생한다.
② 잔류응력이 크게 발생한다.
③ 잔류응력은 변함없다.
④ 잔류응력과 구속용접과는 관계없다.

해설 금속을 구속하고 용접하면 잔류응력이 크게 발생한다.

11 단면적 10cm²의 평판을 완전 용입 맞대기 용접한 경우의 하중은 얼마인가?(단, 재료의 허용응력을 1,600kgf/ cm²로 한다.)

① 160kgf ② 1,600kgf
③ 16,000kgf ④ 16kgf

해설 허용응력 = $\dfrac{하중}{단면적}$ 이므로 $1,600 = \dfrac{하중}{10}$
그러므로 하중의 값은 16,000kgf

12 맞대기 용접이음에서 모재의 인장강도는 450Mpa이며, 용접 시험편의 인장강도가 470Mpa일 때 이음효율은 약 몇 %인가?

① 104 ② 96
③ 60 ④ 69

해설 이음효율 = $\dfrac{시험편의 인장강도}{모재의 인장강도} \times 100$
$= \dfrac{470}{450} \times 100 = 104.4$

13 다음은 용접 이음부의 홈의 종류이다. 박판 용접에 가장 적합한 것은?

① K형 ② H형
③ I형 ④ V형

해설 I형 이음은 6mm 이하 박판의 용접에 사용된다.

14 다음 그림에서 루트 간격을 표시하는 것은?

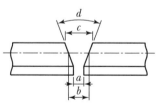

① a ② b
③ c ④ d

15 용접 홈의 형식 중 두꺼운 판의 양면 용접을 할 수 없는 경우에 가공하는 방법으로 한쪽 용접에 의해 충분한 용입을 얻으려고 할 때 사용되는 홈은?

① I형 홈
② V형 홈
③ U형 홈
④ H형 홈

16 모재의 홈가공을 U형으로 했을 경우 앤드탭 (End – Tap)은 어떤 조건으로 하는 것이 가장 좋은 가?

① I형 홈가공으로 한다.
② X형 홈가공으로 한다.
③ U형 홈가공으로 한다.
④ 홈가공이 필요 없다.

해설 앤드탭은 모재의 재질과 홈가공 등을 동일하게 맞추어 주어야 한다.

17 용접부의 중앙으로부터 양끝을 향해 용접해 나가는 방법으로, 이음의 수축에 의한 변형이 서로 대칭이 되게 할 경우에 사용되는 용착법을 무엇이라 하는가?

① 전진법
② 비석법
③ 캐스케이드법
④ 대칭법

18 아래 그림과 같이 각 층마다 전체의 길이를 용접하면서 쌓아 올리는 가장 일반적인 방법으로 주로 사용하는 용착법은?

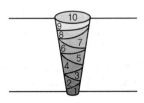

① 교호법
② 덧살올림법
③ 캐스케이드법
④ 전진 블록법

19 용접에서 예열에 관한 설명 중 틀린 것은?

① 용접 작업에 의한 수축 변형을 감소시킨다.
② 용접부의 냉각 속도를 느리게 하여 결함을 방지한다.
③ 고급 내열합금도 용접 균열을 방지하기 위하여 예열을 한다.
④ 알루미늄합금, 구리합금은 50~70℃의 예열이 필요하다.

해설 알루미늄, 구리합금의 예열 온도는 200~400℃이다.

20 용접할 때 용접 전 적당한 온도로 예열을 하면 냉각 속도를 느리게 하여 결함을 방지할 수 있다. 예열 온도 설명 중 옳은 것은?

① 고장력강의 경우는 용접 홈을 50~350℃로 예열
② 저합금강의 경우는 용접 홈을 200~500℃로 예열
③ 연강을 0℃ 이하에서 용접할 경우는 이음의 양쪽 폭 100mm 정도를 40~250℃로 예열
④ 주철의 경우는 용접 홈을 40~75℃로 예열

21 용접 시공 시 발생하는 용접 변형이나 잔류응력 발생을 최소화하기 위하여 용접순서를 정할 때 유의사항으로 틀린 것은?

① 동일 평면 내에 많은 이음이 있을 때 수축은 가능한 한 자유단으로 보낸다.
② 중심선에 대하여 대칭으로 용접한다.
③ 수축이 적은 이음은 가능한 한 먼저 용접하고, 수축이 큰 이음은 나중에 한다.
④ 리벳작업과 용접을 같이 할 때에는 용접을 먼저 한다.

해설 수축이 큰 이음을 먼저 용접한 후 응력을 제거해주고 그 후에 수축이 적은 이음을 용접해야 응력 발생을 최소화할 수 있다.

22 용접 전의 일반적인 준비사항이 아닌 것은?

① 사용 재료를 확인하고 작업내용을 검토한다.
② 용접전류, 용접순서를 미리 정해둔다.
③ 이음부에 대한 불순물을 제거한다.
④ 예열 및 후열처리를 실시한다.

해설 후열처리는 용접 전의 준비사항이 아니다.

23 다음 중 용접용 지그 선택의 기준으로 적절하지 않은 것은?

① 물체를 튼튼하게 고정시켜 줄 크기와 힘이 있을 것
② 변형을 막아줄 만큼 견고하게 잡아줄 수 있을 것
③ 물품의 고정과 분해가 어렵고 청소가 편리할 것
④ 용접 위치를 유리한 용접자세로 쉽게 움직일 수 있을 것

24 용접 길이가 짧거나 변형 및 잔류응력의 우려가 적은 재료를 용접할 경우 가장 능률적인 용착법은?

① 전진법   ② 후진법
③ 비석법   ④ 대칭법

해설 잔류응력의 우려가 적은 경우는 전진법으로 용접한다. 전진법은 용접선이 잘 보이며 비드의 모양이 좋기 때문이다.

25 용접 시 두통이나 뇌빈혈을 일으키는 이산화탄소 가스의 농도는?

① 1~2%   ② 3~4%
③ 10~15%   ④ 20~30%

해설 이산화탄소의 농도가 3~4%(두통 뇌빈혈), 15% 이상(위험), 30% 이상(치사량)

26 용접 후 변형 교정 시 가열 온도 500~600℃, 가열 시간 약 30초, 가열 지름 20~30mm로 하여, 가열한 후 즉시 수랭하는 변형교정법을 무엇이라 하는가?

① 박판에 대한 수랭 동판법
② 박판에 대한 살수법
③ 박판에 대한 수랭 석면포법
④ 박판에 대한 점 수축법

27 용접 변형 방지법의 종류에 속하지 않는 것은?

① 억제법   ② 역변형법
③ 도열법   ④ 취성파괴법

28 다음 중 정지구멍(Stop Hole)을 뚫어 결함부분을 깎아내고 재용접해야 하는 결함은?

① 균열   ② 언더컷
③ 오버랩   ④ 용입 부족

해설 강재 균열의 발생 시 균열이 더 커지는 것을 막기 위해 균열의 양끝단에 구멍을 뚫는다.

29 용접부에 결함 발생 시 보수하는 방법 중 틀린 것은?

① 기공이나 슬래그 섞임 등이 있는 경우는 깎아내고 재용접한다.
② 균열이 발견되었을 경우 균열 위에 덧살올림 용접을 한다.
③ 언더컷일 경우 가는 용접봉을 사용하여 보수한다.
④ 오버랩일 경우 일부분을 깎아내고 재용접한다.

해설 균열이 발생되었을 경우 균열부위를 바닥이 드러날 때까지 잘 깎아낸 후 재용접한다.

정답 **22** ④ **23** ③ **24** ① **25** ② **26** ④ **27** ④ **28** ① **29** ②

30 피복 아크 용접 결함 중 기공이 생기는 원인으로 틀린 것은?

① 용접 분위기 가운데 수소 또는 일산화탄소 과잉
② 용접부의 급속한 응고
③ 슬래그의 유동성이 좋고 냉각하기 쉬울 때
④ 과대 전류와 용접속도가 빠를 때

해설 용융금속 중의 기공은 서랭이 되어야 방지할 수 있다.

31 용접금속의 구조상의 결함이 아닌 것은?

① 변형   ② 기공
③ 언더컷   ④ 균열

해설 • 구조상 결함 : 기공, 슬래그 섞임, 융합불량, 용입불량, 언더컷, 균열 등
• 치수상 결함 : 변형, 치수불량, 형상불량
• 성질상 결함 : 기계적/화학적/물리적 성질 부족

32 강구조물 용접에서 맞대기 이음의 루트 간격의 차이에 따라 보수용접을 하는데 보수방법으로 틀린 것은?

① 맞대기 루트 간격 6mm 이하일 때에는 이음부의 한쪽 또는 양쪽을 덧붙임 용접한 후 절삭하여 규정 간격으로 개선 홈을 만들어 용접한다.
② 맞대기 루트 간격 15mm 이상일 때에는 판을 전부 또는 일부(대략 300mm 이상의 폭) 바꾼다.
③ 맞대기 루트 간격 6~15mm일 때에는 이음부에 두께 6mm 정도의 뒷댐판을 대고 용접한다.
④ 맞대기 루트 간격 15mm 이상일 때에는 스크랩을 넣어서 용접한다.

해설 맞대기 루트간격 15mm 이상일 때는 판 전부 또는 일부를 바꿔 용접한다.

33 피복 아크 용접 결함 중 용착 금속의 냉각 속도가 빠르거나, 모재의 재질이 불량할 때 일어나기 쉬운 결함으로 가장 적당한 것은?

① 용입 불량   ② 언더컷
③ 오버랩   ④ 선상 조직

해설 **선상 조직(Ice – Flower Structure)**
용접부의 파단면에 나타나는 조직이며 아주 미세한 주상 결정에 서리 모양으로 나란히 있고 그 사이에 현미경적인 비금속 개재물과 기공이 있다. 이 조직을 나타내는 파난면을 선상 파난면이라고 한다.

34 용접 전류가 낮거나, 운봉 및 유지 각도가 불량할 때 발생하는 용접 결함은?

① 용락   ② 언더컷
③ 오버랩   ④ 선상 조직

해설 오버랩은 전류가 낮을 때 발생하는 결함으로 잘 깎아주고 재용접을 해주어야 한다.

35 용접 결함 중 균열의 보수방법으로 가장 옳은 방법은?

① 작은 지름의 용접봉으로 재용접한다.
② 굵은 지름의 용접봉으로 재용접한다.
③ 전류를 높게 하여 재용접한다.
④ 정지구멍을 뚫어 균열부분은 홈을 판 후 재용접한다.

36 용접 결함 중 내부에 생기는 결함은?

① 언더컷   ② 오버랩
③ 크레이터 균열   ④ 기공

정답   30 ③   31 ①   32 ④   33 ④   34 ③   35 ④   36 ④

37 맞대기 용접 이음에서 강판의 두께를 12mm로 하고 최대 2,500N의 인장하중을 작용 시킬 때 필요한 용접 길이는?(단, 용접부의 허용 인장 응력은 10N/mm이다.)

① 약 10.8mm   ② 약 20.8mm

③ 약 50.4mm   ④ 약 85.3mm

해설 인장응력$(\sigma) = \dfrac{하중(P)}{단면적(A)}$

$\quad\quad\quad\quad\quad = \dfrac{하중(P)}{용접선의 길이(\ell)\times목두께(h)}$

$\quad$용접선의 길이$(\ell) = \dfrac{하중(P)}{인장응력(\sigma)\times목두께(h)}$

$\quad\quad\quad\quad\quad\quad\quad = \dfrac{2,500}{10\times20} \fallingdotseq 20.8mm$

38 다음 그림과 같은 완전용입된 연강판 맞대기 이음부에 굽힘모멘트 Mb = 10,000kgf · cm가 작용할 때 용접부에 발생하는 최대 굽힘응력은 약 몇 kgf/cm²인가?(단, 용접길이는 300mm이고, 판 두께는 10mm이다.)

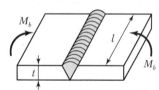

① 0.2   ② 20

③ 200   ④ 2,000

해설 굽힘응력 $= \dfrac{굽힘모멘트}{단면계수} = \dfrac{굽힘모멘트}{\dfrac{용접선의 길이\times두께^2}{6}}$

$\quad\quad\quad = \dfrac{6\times10,000}{30\times1^2} = 2,000$

39 그림과 같은 용접부에 발생하는 인장응력은 약 몇 kgf/mm²인가?

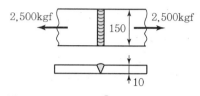

① 1.46   ② 1.67

③ 2.16   ④ 2.66

해설 인장응력$(\sigma) = \dfrac{하중(P)}{단면적(A)} = \dfrac{2,500}{10\times150} \fallingdotseq 16.67$

40 그림과 같은 겹치기 이음의 필릿 용접을 하려고 한다. 허용응력을 5kgf/mm²라 하고 인장 하중을 5,000kgf, 판 두께 12mm라고 할 때, 필요한 용접 유효길이는 약 몇 mm인가?

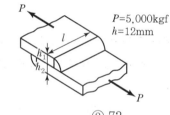

① 83   ② 73

③ 69   ④ 59

해설 허용응력$(\sigma) = \dfrac{하중(P)}{단면적(A)} = \dfrac{P}{(h_1+h_2)\times\ell}$ 이므로

$\quad\quad\ell = \dfrac{1.414P}{\sigma\times(h_1+h_2)} = \dfrac{1.414\times5,000}{5\times(12+12)} = 58.9$

SECTION **01** 파괴검사시험

1. 기계적시험

① 인장시험(금속을 끊어질 때까지 잡아당기는 시험법)

재료의 최대 하중, 인장강도, 항복강도 및 연신율, 단면수축률 등을 측정하는 시험을 말하며 비례한도, 탄성한도, 탄성계수 등의 측정까지 가능

- 인장강도(σ_{max}) : 재료를 인장시킬 때(끌어 당길 때) 균열되지 않고 버틸 수 있는 최대하중을 그 물질의 최초 단면적으로 나눈 값

$$\frac{\text{최대하중}}{\text{원단면적}} = \frac{P_{max}}{A_0} \text{kg/cm}^2 [\text{Pa}]$$

- 항복강도(σ_y) : 하중이 일정한 상태에서 하중이 증가 없이 연신율이 증가되는 힘

$$\frac{\text{상부항복하중}}{\text{원단면적}} = \frac{P_y}{A_0} \text{kg/cm}^2 [\text{Pa}]$$

- 연신율(ε) : 인장 시험 후의 늘어난 길이

$$\frac{\text{연신된 길이}}{\text{표점거리}} \times 100 = \frac{L' - L_0}{L_0} \times 100 = \frac{\Delta}{L_0} \times 100 [\%]$$

- 단면 수축률(ϕ) : 시험편의 인장, 절단 후에 생기는 최소 단면적과 처음 단면적과의 차를 처음 단면적으로 나눈 백분율

$$\frac{\text{원단면적} - \text{파단부단면적}}{\text{원단면적}} \times 100 = \frac{A_0 - A'}{A_0} \times 100$$

- 비례한도 : 하중과 신장이 정비례의 관계를 유지하는 한계의 응력
- 탄성한도 : 물체에 외력을 가해서 변형시킨 뒤, 외력을 없앴을 때에 그 물체가 원래의 형상으로 돌아가는 성질

② 굽힘시험(Bending Test)

형틀이나 롤러 굽힘 시험기에 의해 금속을 굽혀서 용접부의 결함이나 연성의 유무 등을 검사하는 시험법

③ **경도시험**(Hardness Test)

브리넬, 로크웰, 비커즈 경도시험은 일정한 하중을 다이아몬드 또는 강구를 이용하여 시험물에 압입시켜 재료에 생기는 소성 변형에 대한 압입 면적 또는 대각선의 길이 등으로 경도를 나타낸다.

• 브리넬 경도시험법(강구압입자)

$$브리넬\ 경도값 = \frac{P}{A} = \frac{2P}{\pi D(D - \sqrt{D^2 - d^2})}$$

여기서, P : 하중
A : 압입자국의 표면적

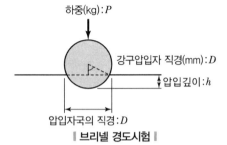

∥ 브리넬 경도시험 ∥

• **로크웰 경도시험법**(B스케일과 C스케일 사용)

• **비커즈 경도시험법**(다이아몬드 압입자)

∥ 비커즈 경도시험 ∥

• **쇼어 경도 시험**(일정한 높이에서 특수한 추를 낙하시켜 그 반발 높이를 측정)

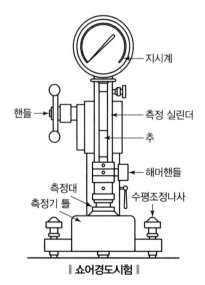

∥ 쇼어경도시험 ∥

④ 동적 시험
- 충격시험 : 재료의 인성과 취성을 시험

  예 샤르피식, 아이조드식 시험법

- 피로시험 : 재료에 반복적인 하중을 가하여 파괴에 이르기 까지의 상태를 시험
- 노치취성 시험법의 종류 : 샤르피 시험, 로버트슨 시험, 밴더빈 시험, 칸티어 시험, 슈나트 시험, 티퍼 시험 등

⑤ 피로시험
용접 구조물에 규칙적인 주기를 가지는 작은 반복하중을 걸이 피로파괴강도를 측정

⑥ 현미경 조직 시험(화학적 시험방법)
금속의 단면을 연마하여 부식시킨 후 현미경 조직을 검사하는 방법(파괴검사)

SECTION 02 비파괴시험법의 종류

1. 비파괴 검사의 종류와 특징
   ① 외관 검사(육안 검사)(VT)
   - 육안으로 제품 외관의 품질, 결함 등을 판정하는 시험(비드의 외관, 비드의 폭과 너비 그리고 높이, 용입 상태, 언더컷, 오버랩, 표면 균열 등 표면 결함의 존재 여부를 검사)
   - 간편, 신속, 저렴

   ② 누설 검사(LT)
   저장탱크, 압력용기 등의 용접부에 기밀, 수밀을 조사하는 목적으로 활용

   ③ 침투 검사(PT)
   - 표면 결함만 검출 가능하며 너무 거칠거나 다공성 물체에서는 검사가 어려움
   - 종류 : 형광 침투 검사(PT－D), 염료 침투 검사(PT－D)

   ④ 초음파 검사(UT)
   - 초음파를 검사물의 내부에 침투시켜 내부의 결함 또는 불균일층의 존재를 탐지
   - 라미네이션 결함 탐지
   - 종류 : 투과법, 펄스반사법(가장 일반적으로 사용), 공진법

   ⑤ 자분 검사(MT)
   - 검사물을 자화한 상태에서 표면 결함에 의해 생긴 누설 자속을 자분으로 검출하여 결함을 검출하는 방법

- 균열, 개재물, 편석, 기공, 용입 불량 등 검출 가능
- 오스테나이트계 스테인리스강과 같은 비자성체에는 사용 불가

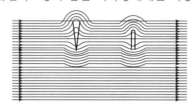

‖ 자기검사의 원리 ‖

⑥ 와류 검사(ET)

와류란 소용돌이치면서 물이 흐름을 뜻하며, 와류 검사란 비파괴 검사의 일종으로 전도체에 한하여 전자장 내에서 형성된 와류가 피검체에 통했을 때 균열 및 이질 금속 등에서 오는 전도율의 차이를 측정하여 결함을 발견하는 방법

⑦ 방사선 투과 검사(RT)

- X선 또는 γ(감마)선을 검사물에 투과시켜 결함의 유무를 조사하는 비파괴 시험법
- 금속 중의 기공은 검은 점으로 나타남

2. 비파괴 검사의 기호

기호	시험의 종류	기호	시험의 종류
VT	육안 시험	MT	자분 탐상 시험
LT	누설 시험	ET	와류 탐상 시험
PT	침투 탐상 시험	RT	방사선 투과 시험
UT	초음파 탐상 시험		

SECTION 03 잔류응력의 측정

1. 잔류응력의 영향

- 용접 제품에 대한 마무리 가공시 잔류응력의 변화로 인한 변형발생
- 교번하중을 받았을 때 약해지는 것
- 저온에서 사용되는 구조물에서 취성파괴를 생기게 하는 경우
- 특수한 분위기 중에서 부식을 발생
- 구속응력이 크게 되는 상태에서는 용접균열이 발생되는 위험

2. 잔류응력 측정방법

잔류응력의 측정방법에는 크게 정성적인 방법과 정량적인 방법이 있으며, 측정시기계적인 파괴를하여 측정하는 기계적인 방법과 비파괴법을 적용하는 물리적방법이 있다.

① 부식법 : 잔류응력이 있는 부분을 적당한 시약으로 부식시키면 주응력선에 직각으로 터지는 성질을 이용하는 방법

② 응력 와니스법 : 취약한 래커를 표면에 바르고 물체에 구멍을 뚫으면 이에 의해서 응력이 변화하며 따라서 래커가 주응력선에 직각으로 금이 가게 됨으로 이것을 이용하여 응력분포를 알 수 있는 것이다.

③ 자기적 방법 : 잔류응력이 자성체에 미치는 영향을 이용하여 잔류응력을 측정하는 방법으로 용접에는 별로 이용되지 않는 방법

④ 응력이완법 : 용접부를 절삭 또는 천공등 기계 가공에 의하여 응력을 해방하고, 이에 생기는 탄성변형을 전기적 또는 기계적 변형도계를 써서 측정하는 경우가 많다. 잔류응력 측정에는 저항선 변형도계가 잘 쓰이며, 이것은 가느다란 $Cu-Ni$ 합금또는 온도계수가 적은 전기 저항선(약120Ω)게이지를 시험편에 붙이고, 시험편과 함께 여기에 하중을 걸면 게이지에 길이 변화가 생기며, 전기저항은 변형에 정비례 함으로 이것을 휘스톤브릿지, 기타를 이용하여 측정함으로써 역으로 변형량을 수 있는 것이다. 그리고 시험편의 탄성변형에 의하여 응력($\sigma=\varepsilon E$, E : 영률)을 알 수 있다.

⑤ X−선 회절법 : 극히 작은 결정입자들이 불규칙하게 모여 있는데 이것을 충분히 열처리 하면 응력이 없는 무 응력상태에서 한 개 한 개의 결정입자중의 원자들은 금속고유의 원자배열을 갖는다. 이때 외력을 작용하면 그 형상에 변화가 생기면서 원자 상호간위치가 변화되며 이 때 각 원자들은 원래 위치로 돌아가려는 반작용으로 응력이 발생된다. 금속의 응력은 결정입자의 극히 미세한 변형에 의하여 발생되므로 X−선 회절법을 이용하여 원자위치의 변위를 측정하여 작용된 응력을 알게 된다. 브라그의 법칙에서 θ를 측정하면 격자상수 d를 알아 낼 수 있고 d의 변화는 θ를 측정하면 격자의 변형률을 알 수 있다.

01 용접부의 표면에 사용되는 검사법으로 비교적 간단하고 비용이 싸며, 특히 자기 탐상 검사가 되지 않는 금속 재료에 주로 사용되는 검사법은?

① 방사선 비파괴 검사 ② 누수 검사
③ 침투 비파괴 검사 ④ 초음파 비파괴 검사

해설 침투 비파괴 검사(PT)는 표면의 균열을 검출하는 시험법이다.

02 용접부 검사법 중 기계적 시험법이 아닌 것은?

① 굽힘 시험 ② 경도 시험
③ 인장 시험 ④ 부식 시험

해설 부식 시험은 화학적 시험법에 해당한다.

03 재료의 인장시험방법으로 알 수 없는 것은?

① 인장강도 ② 단면수축률
③ 피로강도 ④ 연신율

해설 피로강도시험법은 피로시험으로 검사한다.

04 금속재료의 미세조직을 금속현미경을 사용하여 광학적으로 관찰하고 분석하는 현미경시험의 진행순서로 맞는 것은?

① 시료 채취 → 연마 → 세척 및 건조 → 부식 → 현미경 관찰
② 시료 채취 → 연마 → 부식 → 세척 및 건조 → 현미경 관찰
③ 시료 채취 → 세척 및 건조 → 연마 → 부식 → 현미경 관찰
④ 시료 채취 → 세척 및 건조 → 부식 → 연마 → 현미경 관찰

해설 현미경 조직시험은 파괴시험의 일종으로 금속의 일부를 채취하여(파괴 발생) 연마(잘 갈아냄) 후 세척하고 부식을 시킨 후(조직이 잘 보이도록 하기 위해) 현미경으로 관찰하게 된다.

05 용접부의 연성결함의 유무를 조사하기 위하여 실시하는 시험법은?

① 경도 시험 ② 인장 시험
③ 초음파 시험 ④ 굽힘 시험

해설 용접부의 연성(구부러지거나 늘어나는 성질) 유무를 시험하는 시험은 굽힘시험이다.

06 다음 중 용접부의 검사방법에 있어 비파괴 검사법이 아닌 것은?

① X선 투과시험 ② 형광침투시험
③ 피로시험 ④ 초음파 시험

해설 피로시험법은 약한 반복하중을 가해 피로파괴 한도를 검사하는 파괴시험에 속한다.

07 용접 후 인장 또는 굴곡시험으로 파단시켰을 때 은점을 발견할 수 있는데 이 은점을 없애는 방법은?

① 수소 함유량이 많은 용접봉을 사용한다.
② 용접 후 실온으로 수개월 간 방치한다.
③ 용접부를 염산으로 세척한다.
④ 용접부를 망치로 두드린다.

해설 용접금속의 파단면에 나타나는 은백색을 띤 물고기 눈 모양의 결함이며 이는 수소가 관여하여 나타난다고 알려져 있다. 실온으로 수개월 간 방치하면 제거가 가능하다.

정답 **01** ③ **02** ④ **03** ③ **04** ① **05** ④ **06** ③ **07** ②

08 용접부의 시험에서 비파괴 검사로만 짝지어진 것은?

① 인장 시험 – 외관 시험
② 피로 시험 – 누설 시험
③ 형광 시험 – 충격 시험
④ 초음파 시험 – 방사선 투과시험

해설 인장, 피로, 충격시험은 파괴시험에 속한다.

09 초음파 탐상법에서 널리 사용되며 초음파의 펄스를 시험체의 한쪽 면으로부터 송신하여 결함에 코의 형태로 결함을 판정하는 방법은?

① 투과법　　　　② 공진법
③ 침투법　　　　④ 펄스 반사법

해설 초음파 탐상법의 종류에는 펄스 반사법, 투과법, 공진법 등이 있으며 이중 가장 일반적으로 사용되는 것은 펄스 반사법이다.

10 초음파 탐상법에 속하지 않은 것은?

① 펄스 반사법　　② 투과법
③ 공진법　　　　④ 관통법

해설 초음파 탐상법의 종류에는 펄스 반사법, 투과법, 공진법 등이 있다.

11 다음 중 비파괴 시험에 해당하는 시험법은?

① 굽힘 시험
② 현미경 조직 시험
③ 파면 시험
④ 초음파 시험

해설 초음파 시험(UT)은 비파괴 시험에 해당한다.

12 다음 중 용접부 검사방법에 있어 비파괴 시험에 해당하는 것은?

① 피로시험
② 화학분석시험
③ 용접균열시험
④ 침투탐상시험

해설 침투탐상시험(PT)은 강재 표면의 균열을 검사하는 것으로 표면에 염료(PT – D)나 형광물질(PT – F)을 도포하여 검사하는 방법이다.

INDUSTRIAL ENGINEER WELDING

용접일반 및 안전관리

SECTION **01** 용접의 원리와 종류

① 용접의 원리

1. 용접

① 접합하고자 하는 두 개 이상의 재료를 용융, 반용융 또는 고체 상태에서 압력이나 용접 재료를 첨가하여 그 틈새나 간격을 메우는 원리

② 접합하고자 하는 금속을 원자 간의 인력으로 접합하는 것이며, 약 $1\,\text{Å}$(옹스트롬 ; 10^{-8}cm)의 거리에서 접합이 이루어짐(인위적으로 불가능하며 열을 가해야만 $1\,\text{Å}$의 거리로 근접이 가능)

2. 금속 접합법의 종류

① **기계적 접합** : 볼트, 너트, 리벳, 확관 이음 등으로 결합하는 방법

② **야금적 접합** : 고체 상태에 있는 두 개의 금속재료를 열이나 압력, 또는 열과 압력을 동시에 가하여 서로 접합하는 것으로 용접이 이에 속한다.

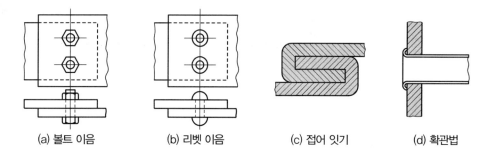

(a) 볼트 이음   (b) 리벳 이음   (c) 접어 잇기   (d) 확관법

3. 금속 야금

금속을 그 광석으로부터 추출 및 정련하여 여러 사용목적에 부합하게 그 조성과 조직을 조정하고 또 필요한 형태로 만드는 기술

② 용접의 분류

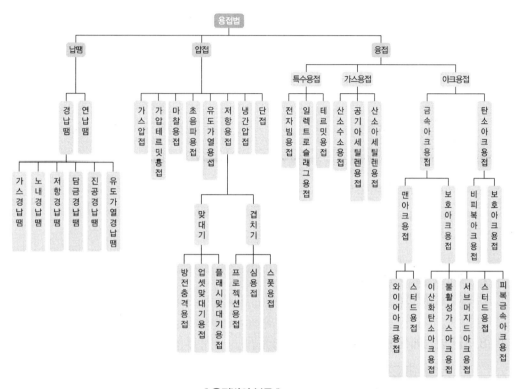

‖ **용접법의 분류** ‖

1. 융접

접합하고자 하는 두 금속의 부재, 즉 모재(Base Metal)의 접합부를 국부적으로 가열 용융시키고, 이것에 제3의 금속인 용가재(Filler Metal)를 용융 첨가시켜 융합(Fusion)하는 것

※ 일반적으로 우리가 아는 용접이 여기에 속한다.

예 아크용접, 가스용접, 특수용접

2. 압접(가압용접)

접합부를 적당한 온도로 가열하여 반용융 상태 또는 냉간 상태로 하고 이것에 기계적인 압력을 가하여 접합하는 방법

예 전기저항용접, 초음파용접(자주 출제됨), 가스압접 등

3. 납땜

접합하고자 하는 모재보다 융점이 낮은 삽입 금속을 용가재로 사용하는데, 땜납(용가재)을 접합부에 용융 첨가하여 이 용융 땜납의 응고 시에 일어나는 분자 간의 흡입력을 이용하여 접합

땜납의 용융점이 450℃ 이상인 경우를 경납땜(Brazing), 450℃ 이하를 연납땜(Soldering)이라고 함

4. 기계적 에너지를 이용한 용접

① 압접
② 단접
③ 초음파용접
④ 마찰용접

5. 전기적 에너지를 이용한 용접

① 아크용접
② 스폿용접
③ 플래시 버트 용접
④ 플라즈마 용접
⑤ 전자빔 용접

6. 화학에너지를 이용한 용접

① 가스용접
② 테르밋 용접
③ 폭발 압접

7. 광에너지를 이용한 용접

레이저 빔 용접

8. 시공방법에 의한 분류

① 수동용접(전기피복 아크용접)
② 반자동용접(CO_2 용접)
③ 자동용접(서브머지드 아크용접)

3 용접이음의 장점과 단점

1. 장점

① 재료 절약
② 제품 성능과 수명 향상
③ 이음효율 높음
④ 구조 간단
⑤ 재료 절약, 공정수 감소
⑥ 제작 원가 절감
⑦ 수밀, 기밀, 유밀성 우수
⑧ 자동화 용이
⑨ 이음효율 우수
⑩ 두께 제한 거의 없음
⑪ 복잡한 모양 제작 가능

2. 단점

① 용접부 재질 변화
② 수축 변형, 잔류 응력 발생
③ 결함 검사의 어려움
④ 용접부 응력 집중
⑤ 용접사의 기술에 의해 이음부 강도 좌우
⑥ 취성 및 균열 발생

4 용접 자세의 종류와 기호

1. 용접 자세의 종류와 기호(영문 약자 암기)

① **아래보기 자세**(F ; Flat Position) : 다른 자세에 비해 20% 정도 높은 전류 사용 가능

② **수직 자세**(V ; Vertical Position) : 위에서 아래로, 아래에서 위로 용접

③ **수평 자세**(H ; Horizontal Position) : 왼쪽에서 오른쪽으로, 오른쪽에서 왼쪽으로 용접

④ **위보기 자세**(OH ; Over Head Position) : E 4311용접봉(고셀룰로오스계) 위보기 자세에 탁월함

⑤ **진 자세**(AP ; All Position) : 네 가지 모든 자세 응용

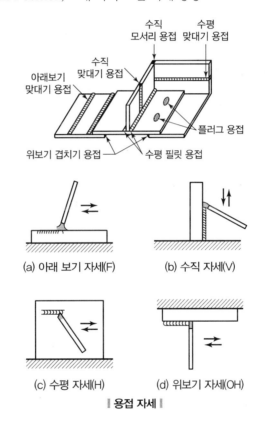

‖ **용접 자세** ‖

01 용접이음 설계 시 충격하중을 받는 연강의 안전율은?

① 12

② 8

③ 5

④ 3

해설

재료의 종류	정하중	반복하중	교번하중	충격하중
강	3	5	8	12
주철	4	6	10	15
구리 등 연질금속	5	6	9	15

강의 충격하중 정도만 숙지

02 다음 중 기본 용접 이음 형식에 속하지 않는 것은?

① 맞대기 이음

② 모서리 이음

③ 마찰 이음

④ T자 이음

03 화재의 분류는 소화 시 매우 중요한 역할을 한다. 서로 바르게 연결된 것은?

① A급 화재 – 유류 화재

② B급 화재 – 일반 화재

③ C급 화재 – 가스 화재

④ D급 화재 – 금속 화재

해설 **A급 화재**
일반화재(고체), B급 화재(유류 화재), C급 화재(전기 화재)

04 불활성 가스가 아닌 것은?

① C_2H_2

② Ar

③ Ne

④ He

해설 C_2H_2(아세틸렌) : 가연성 가스

05 용접에 있어 모든 열적 요인 중 가장 영향을 많이 주는 요소는?

① 용접 입열

② 용접 재료

③ 주위 온도

④ 용접 복사열

06 다음 중 에너지 원으로 화학에너지를 사용하지 않는 용접방법은?

① 테르밋 용접

② 아크 용접

③ 가스 용접

④ 폭발 압접

07 비교적 강도가 큰 곳에 사용하며 용융점이 450℃ 이상인 납을 무엇이라 하는가?

① 연납

② 경납

③ 황동납

④ 아연납

08 용접이 주조에 비해 우수한 점이 아닌 것은?

① 강도가 크다.

② 중량을 가볍게 할 수 있다.

③ 변형이 작다.

④ 수밀, 기밀성이 좋다.

09 다음 [보기]와 같은 용착법은?

① 대칭법

② 전진법

③ 후진법

④ 스킵법

해설 보기는 일명 건너뛰기 용접법인 스킵법(비석법)을 나타낸 것이다.

10 불활성 아크 용접에 관한 설명으로 틀린 것은?

① 아크가 안정되어 스패터가 적다.

② 피복제나 용제가 필요하다.

③ 열 집중성이 좋아 능률적이다.

④ 철 및 비철 금속의 용접이 가능하다.

11 CO_2 가스 아크 용접에서 일반적으로 용접전류를 높게 할 때의 사항을 열거한 것 중 옳은 것은?

① 용접입열이 작아진다.

② 와이어의 녹아내림이 빨라진다.

③ 용착률과 용입이 감소한다.

④ 우수한 비드 형상을 얻을 수 있다.

> **해설** 용접전류를 높게 하면 와이어의 녹아내림이 빨라진다.

12 용접을 크게 분류할 때 압접에 해당되지 않는 것은?

① 저항용접　　　　② 초음파용접

③ 마찰용접　　　　④ 전자빔용접

13 구조물의 본 용접 작업에 대하여 설명한 것 중 맞지 않는 것은?

① 위빙 폭은 심선 지름의 2~3배 정도가 적당하다.

② 용접 시단부의 기공 발생 방지대책으로 핫 스타트(Hot Start) 장치를 설치한다.

③ 용접 작업 종단에 수축공을 방지하기 위하여 아크를 빨리 끊어 크레이터를 남게 한다.

④ 구조물의 끝 부분이나 모서리, 구석부분과 같이 응력이 집중되는 곳에서 용접봉을 갈아 끼우는 것을 피하여야 한다.

> **해설** 용접 작업 종단에 생기는 수축공은 결함이 발생할 위험이 있어 아크를 짧게 한 상태에서 약간 머물러 크레이터의 오목한 부분을 채워야 한다.

14 용접봉에서 모재로 용융금속이 옮겨가는 용적 이행 상태가 아닌 것은?

① 단락형　　　　　② 스프레이형

③ 탭 전환형　　　　④ 글로뷸러형

> **해설** 용적의 이행형식
> 스프레이형, 단락형, 글로뷸러형

15 야금적 접합법의 종류에 속하는 것은?

① 납땜 이음　　　　② 볼트 이음

③ 코터 이음　　　　④ 리벳 이음

> **해설** 야금적 접합이란 용접접합을 의미하며 용접에는 융접, 압접, 납땜으로 분류된다.

16 용접법을 크게 융접, 압접, 납땜으로 분류할 때 압접에 해당되는 것은?

① 전자 빔 용접　　　② 초음파 용접

③ 원자 수소 용접　　④ 일렉트로 슬래그 용접

> **해설** 초음파 용접은 진동에너지에서 생긴 열을 이용해 가압하는 방식으로 접합하는 압접의 한 종류이다.

17 전기 저항 점 용접 작업 시 용접기에서 조정할 수 있는 3대 요소에 해당하지 않는 것은?

① 용접 전류　　　　② 전극 가압력

③ 용접 전압　　　　④ 통전 시간

> **해설** 전기 저항 용접의 3대 요소
> 전류, 압력, 시간

18 주성분이 은, 구리, 아연의 합금인 경납으로 인장강도, 전연성 등의 성질이 우수하여 구리, 구리 합금, 철강, 스테인리스강 등에 사용되는 납재는?

① 양은납　　　　　② 알루미늄납

③ 은납　　　　　　④ 내열납

19 알루미늄 분말과 산화철 분말을 1 : 3의 비율로 혼합하고, 점화제로 점화하면 일어나는 화학반응은?

① 테르밋반응　　　② 용융반응
③ 포정반응　　　　④ 공석반응

해설 테르밋반응은 알루미늄과 산화철 분말의 화학적 반응열을 이용한 용접법으로 용접시간이 빠르고 변형이 적어 주로 기차 레일의 용접에 사용된다.

20 고체 상태에 있는 두 개의 금속 재료를 융접, 압접, 납땜으로 분류하여 접합하는 방법은?

① 기계적인 접합법　　② 화학적 접합법
③ 전기적 접합법　　　④ 야금적 접합법

해설 용접은 야금적 접합법으로 크게 융접, 압접, 납땜으로 나눈다.

21 다음 중 비용극식 불활성 가스 아크 용접은?

① GMAW　　　　② GTAW
③ MMAW　　　　④ SMAW

해설 비용극식 불활성 가스 용접은 텅스텐을 전극으로 사용하는 TIG 용접을 말하는 것이다. 알파벳 T(tungsten)자를 찾으면 된다.

22 두 개의 모재를 강하게 맞대어 놓고 서로 상대운동을 주어 발생되는 열을 이용하는 방식은?

① 마찰 용접　　　② 냉간 압접
③ 가스 압접　　　④ 초음파 용접

23 대전류, 고속도 용접을 실시하므로 이음부의 청정(수분, 녹, 스케일 제거 등)에 특히 유의하여야 하는 용접은?

① 수동 피복 아크 용접
② 반자동 이산화탄소 아크 용접
③ 서브머지드 아크 용접
④ 가스 용접

해설 서브머지드 아크 용접은 자동용접이며 대전류 고속도 용접이 이루어지므로 이음부의 청정과 홈의 가공 등을 정확하게 맞춰주어야 한다.

24 CO_2가스 아크용접을 보호가스와 용극가스에 의해 분류했을 때 용극식의 솔리드 와이어 혼합 가스법에 속하는 것은?

① $CO_2 + C$법　　　② $CO_2 + CO + Ar$법
③ $CO_2 + CO + O_2$법　④ $CO_2 + Ar$법

25 용접의 특징에 대한 설명으로 옳은 것은?

① 복잡한 구조물 제작이 어렵다.
② 기밀, 수밀, 유밀성이 나쁘다.
③ 변형의 우려가 없어 시공이 용이하다.
④ 용접사의 기량에 따라 용접부의 품질이 좌우된다.

26 다음 용접 자세 중 파이프 용접의 경우 45° 각도로 피용접재를 고정시킨 후 용접하는 자세는?

① 1G　　　　　② 2G
③ 5G　　　　　④ 6G

27 다음 용접자세에 사용되는 기호 중 틀리게 나타낸 것은?

① F : 아래보기 자세　② V : 수직 자세
③ H : 수평 자세　　　④ O : 전 자세

해설 • 위보기 자세(O : Over head position)
　　 • 전 자세(AP : All Position)

정답　19 ①　20 ④　21 ②　22 ①　23 ③　24 ④　25 ④　26 ④　27 ④

SECTION 02 피복금속아크용접법

1 피복금속아크용접의 원리

1. 피복금속아크용접(SMAW ; Shielded Metal Arc Welding)

   일반적으로 전기 용접법이라고 불리는 용접법으로, 현재 여러 가지 용접법 중에서 가장 많이 사용되고 있고 이 용접법은 피복제를 바른 용접봉과 피용접물 사이에 발생하는 전기 아크의 열을 이용하며 용접한다.(발생 아크열은 3,500~5,000℃ 정도)

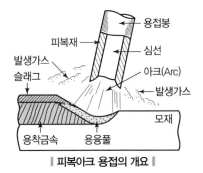

‖ 피복아크 용접의 개요 ‖

2. 용접 시 각 부의 명칭

   ① 용적(용융금속) : 용접봉이 녹아 금속 증기와 녹은 쇳물방울

   ② 용융지(용융풀) : 아크열에 의하여 용접봉과 모재가 녹은 쇳물 부분

   ③ 용입 : 아크열에 의하여 모재가 녹은 깊이

   ④ 용착(Deposit) : 용접봉이 용융지에 녹아들어가는 것

3. 피복제(Flux, 플럭스)

   금속심선(Core Wire) 주위에 유기물 또는 두 가지 이상의 혼합물로 만들어진 비금속 물질로서, 아크 발생을 쉽게 하고 용접부를 보호하며 녹아서 슬래그(Slag)가 되고 일부는 타서 아크 분위기를 만듦

4. 용접 회로(Welding Circuit)

   용접기 → 전극 케이블(2차, 후크메타 거는 위치) → 홀더 → 피복 아크 용접봉 → 아크 → 모재(용접하는 대상 금속, Base Metal) → 접지 케이블(2차)

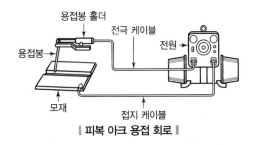

‖ 피복 아크 용접 회로 ‖

2 아크(Arc)의 성질과 원리

1. 아크(Arc)

용접봉(Electrode)과 모재(Base Metal) 간의 전기적 방전에 의해 활 모양의 청백색을 띤 불꽃 방전이 일어나는 현상

2. 아크 길이와 아크 전압

용접 시 아크 길이는 반드시 짧게 유지하고 적정한 아크 길이는 사용하는 용접봉 심선 지름의 1배 이하 정도(3mm 전후)로 하며, 이때의 아크 전압은 아크 길이와 비례하는 관계를 나타낸다.

3. 아크 길이가 긴 경우

① 아크가 불안정해지며 비드 외관이 불량하고 용입(아크열로 모재가 녹은 깊이)이 얕아짐
② 질소 및 산소의 영향으로 용착 금속이 질화·산화되며 기공·균열 발생
③ 스패터도 심해짐
※ 아크를 처음 발생시킬 때 모재를 예열하고자 아크 길이를 길게 하는 방법도 쓰임

4. 용접 속도

아크 전압과 아크 전류를 동일하게 유지하고, 느린 속도에서 속도를 점차로 증가시키면 비드의 너비(폭)는 감소하나 용입은 적당한 속도 이하의 범위에서는 증가하고, 그 이상의 범위에서는 감소

5. 용접 비드(용접의 진행에 따라 만들어진 용착금속의 가늘고 긴 줄) 내기법의 종류

① 직선 비드 내기 : 용접봉을 위빙 없이 한쪽 방향으로 이동시키며 비드를 내는 용접법
② 위빙 비드 내기 : 용접봉을 좌우 또는 상하로 움직이면서 진행하는 방법이며 위빙 폭은 용접봉 심선 직경의 2~3배 정도로 하는 것이 원칙

3 피복 아크 용접봉의 특징과 종류

1. 전기피복아크 용접봉 피복제의 역할 및 성분

① 아크 안정 : 규산칼륨, 규산나트륨, 산화티탄, 석회석 등
② 가스 발생(산화, 질화 방지) : 녹말, 목재 톱밥, 셀룰로오스 등
③ 슬래그 생성(급랭 방지) : 산화철, 루틸, 일미나이트, 이산화망간, 석회석, 규사, 장석, 형석 등
④ 합금 첨가 : 페로망간, 페로실리콘, 페로크롬, 니켈 등
⑤ 고착제(피복제를 심선에 부착) : 규산소다, 규산칼리 등
⑥ 탈산제(산소 제거) : 페로망간(Fe−Mn), 페로실리콘(Fe−Si) 등

2. 용적이행의 종류

① 용적(용접봉에서 나오는 용융금속)이란 용접봉 또는 와이어의 선단으로부터 용융되어 모재로 이행하는 금속의 방울을 의미한다.

② 단락형, 스프레이형, 글로뷸러형

3. 단락형

전극 끝부분의 용적이 용융지에 접촉되어 단락되고, 표면장력의 작용으로 용적이 모재 쪽으로 이동하는 방식(저수소계 용접봉이나 비피복 용접봉 사용 시 발생)

4. 스프레이형

피복제의 일부가 가스화하여 가스를 뿜어냄으로써 용적의 크기가 와이어 직경보다 적게 되어 스프레이와 같이 날려서 모재 쪽으로 옮겨 가는 방식

5. 글로뷸러형(입상 이행형, 핀치 효과형)

용적이 와이어의 직경보다 큰 덩어리로 되어 단락되지 않고 이행하는 방식(서브머지드 용접(SAW)에서 발생)

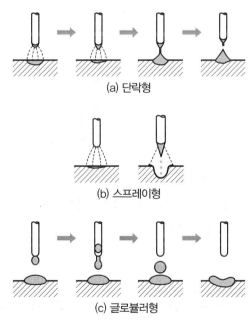

(a) 단락형

(b) 스프레이형

(c) 글로뷸러형

┃ 용적 이행 형식 ┃

4 직류 아크용접의 극성 및 교류용접

1. 직류(DC)와 교류(AC)

가정/공장에서 사용하는 전기는 교류이나 직류에서 더욱 안정적인 전류가 흐르기 때문에 직류 용접기를 사용

2. 직류 아크 중의 전압 분포

$$V_a = V_K + V_P + V_A$$

이 공식은 아크길이가 곧 전압의 크기와 비례한다는 것을 의미한다. 모두 더한다.

3. 직류 아크의 온도 분포

직류 아크의 경우 양극(+) 쪽에 발생하는 열량은 음극(−) 쪽에 발생하는 열량에 비해 높아서 일반적으로 전체 중 60~75%의 열량이 양극 쪽에서 발생 → +쪽이 더 뜨겁다는 의미

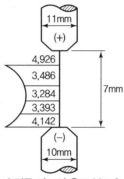

‖ 직류 아크의 온도 분포 ‖

4. 교류 아크의 온도 분포

교류는 전류가 +와 −가 일정한 주기로 바뀌며 전원이 60사이클이면 1초 동안에 60회 양극과 음극이 서로 바뀌므로 두 극에서 발생하는 열량은 거의 같게 된다.

> 참고
> • 1초 동안에 120회 전류의 값이 0이 된다.
> • 교류아크용접기의 종류 : 가동 철심형, 가동 코일형, 탭전환형, 가포화 리액터형

⑤ 직류(DC) 용접 시 극성효과

1. 직류 정극성, 직류 역극성

피복아크용접에서 직류의 용접전원을 사용했을 경우를 직류용접(D.C arc welding)이라 하며, 교류 용접기를 사용하는 경우를 교류용접(A. C arc welding)이라 한다.

① 직류 정극성(DCSP ; Direct Current Straight Polarity) 또는 (DCEN ; DC Electrode Negative)

모재(Base Metal)에 (+)극, 용접봉에 (−)극을 연결하는 것

- 모재의 용입이 깊다.
- 봉의 녹음이 느리다.
- 비드 폭이 좁다.
- 일반적으로 많이 쓰인다.

일반적으로 전자의 충격을 받는 양극(陽極)쪽이 음극(陰極)보다도 발열이 크기 때문에 정극성 쪽이 용접봉의 용융속도가 느리고, 모재 쪽의 용입은 깊어진다.

② 직류 역극성(DCRP ; DC Reverse Polarity) 또는 (DCEP ; DC Electrode Positive)

모재에 (−)극, 용접봉에 (+)극을 연결하는 것

- 용입이 얕다.
- 봉의 녹음이 빠르다.
- 비드폭이 넓다.
- 청정효과가 나타나 Al(알루미늄) 용접 시 사용된다.
- 박판, 주철, 고탄소강, 합금강, 비철금속의 용접에 쓰인다.

역극성에서는 용접봉의 용융이 빠르고 모재 쪽의 용입이 얕아지는 경향이 있다. 따라서 박판 용접에는 녹아 떨어지는 것을 피하기 위해 역극성이 좋다.

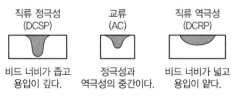

직류 정극성 (DCSP)	교류 (AC)	직류 역극성 (DCRP)
비드 너비가 좁고 용입이 깊다.	정극성과 역극성의 중간이다.	비드 너비가 넓고 용입이 얕다.

‖ 각 극성별 용입 깊이 ‖

6 아크 용접에 사용되는 전기의 특성

1. 부(不) 특성(부저항 특성)

옴의 법칙(Ohm's Law)에 의해 동일한 저항에 흐르는 전류는 그 전압에 비례하는 것이 일반적이지만, 아크의 경우 옴의 법칙과는 반대로 전류가 크게 되면 저항이 작아져 전압도 낮아지는 현상

2. 절연회복 특성

보호 가스에 의해 순간적으로 꺼졌던 아크가 다시 회복되는 특성. 교류에서는 1사이클에 2회씩 전압 및 전류가 0(Zero)이 되고 절연되며, 이때 보호 가스가 용접봉과 모재 간의 순간 절연을 회복하여 전기가 잘 통하게 해준다.

3. 전압회복 특성

아크가 꺼진 후에는 용접기의 전압이 매우 높아지게 되며, 용접 중에는 전압이 매우 낮게 된다. 아크 용접 전원은 아크가 중단된 순간에 아크 회로의 과도 전압을 급속히 상승 회복시키는 특성을 말한다. 이 특성은 아크의 재발생을 쉽게 한다.

4. 아크길이 자기제어 특성

아크 전류가 일정할 때 아크 전압이 높아지면 용접봉의 용융 속도가 늦어지고 아크 전압이 낮아지면 용융 속도가 빨라져 아크 길이를 제어하는 특성을 말한다.

5. 수하 특성

부하 전류가 증가하면 단자 전압이 저하되는 특성으로 전기 피복 아크 용접(SMAW) 시 필요하다. 이는 아크를 안정시키는 데 요구되는 것으로서, 아크 전원의 현저한 특징이다.

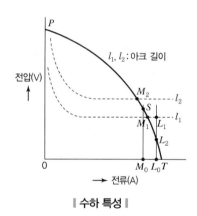

‖ 수하 특성 ‖

6. 무부하 전압(개로 전압)

부하가 걸리지 않은 상태, 즉 용접을 하지 않고 있는 상태의 전압을 말하며, 직류의 경우 50~60V, 교류의 경우 80V 정도가 일반적이다.

7. 정전압 특성

부하 전류가 다소 변하더라도 단자 전압은 거의 변동이 일어나지 않는 특성으로 CP 특성이라고도 한다. SAW, GMAW, FCAW, CO_2 용접 등 자동, 반자동 용접기에 필요한 특성이다.

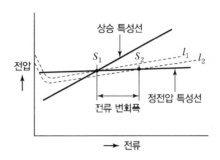

‖ 정전압 및 상승 특성 ‖

8. 정전류 특성

단자전압이 변하더라도 부하전류가 변하지 않는 특성으로 용접 중 작업 미숙으로 아크 길이가 다소 변하더라도 용접 전류 변동값이 적어 입열의 변동이 적다. 그래서 용입 불량이나 슬래그 혼입 등의 방지에 좋을 뿐만 아니라, 용접봉의 용융 속도가 일정해져서 균일한 용접 비드용접이 가능하다.

9. 용접 입열(모재가 용접봉으로부터 받는 열의 양)

$$H = \frac{60EI}{V} \, [\text{Joule/cm}]$$

여기서, E : 아크 전압(Y)
I : 아크 전류(A)
V : 용접 속도(cpm(cm/min))

① 일반적으로 모재에 흡수되는 열량은 전체 입열량의 75~85% 정도(15~25%의 열손실이 일어남)
② 60을 곱해주는 이유는 시간의 단위를 맞추기 위함(1분＝60초)

10. 용접봉의 용융 속도

용접봉의 용융 속도는 단위 시간당 소비되는 용접봉의 길이 또는 무게로써 표시하며 아크 전압과는 관계 없다.

용접봉의 용융 속도＝아크 전류×용접봉 쪽 전압 강하

7 아크 쏠림 현상

1. 아크 쏠림

아크가 용접봉 방향에서 한쪽으로 쏠리는 현상(Arc Blow)으로 비피복 용접봉을 사용했을 때 특히 심하다. 아크 주위에서 발생하는 자장이 용접봉에 대해 비대칭으로 되어 아크가 한 방향으로 강하게 쏠리게 되어 나타난다.

아크 쏠림이 발생하게 되면 아크가 불안정하여 용착금속의 재질 변화가 생기고 슬래그 그 섞임 및 기공이 발생하는 등의 용접부

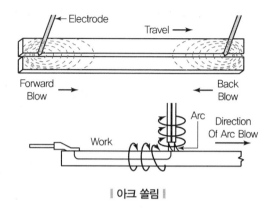

‖ 아크 쏠림 ‖

의 기계적 성질 저하의 원인이 되므로 직류전류 대신 교류전류를 사용하고 모재와 같은 재료의 금속편을 용접선에 연장 사용하여 접지점을 용접부에서 보다 멀리하여 짧은 아크를 사용하는 등의 방지책을 사용하여야 한다.

2. 아크 쏠림 방지책

① 직류 대신 교류용접기 사용
② 엔드탭 사용
③ 접지점을 용접부보다 멀리(여러 개)할 것
④ 후퇴법으로 용접
⑤ 짧은 아크 사용

8 피복아크 용접기의 종류 및 특성

1. 직류 아크 용접기의 종류

① 전동 발전형   ② 엔진 발전형   ③ 정류형(인버터형)

종 류	특 징
발전형 (모터형, 엔진 발전형)	• 완전한 직류 사용 가능 • 교류 전원이 없는 장소에서 사용 가능(발전형만 해당) • 구동부가 있어(회전) 고장 나기 쉽고 소음 발생 • 구동부와 발전부로 되어 있어 고가 • 보수와 점검이 어려움
정류형(인버터형)	• 소음이 없음 • 취급이 간단하며 가격이 저렴 • 완전한 직류를 만들어 내지 못함 • 정류기 파손 가능(셀렌 80℃, 실리콘 150℃ 이상에서 파손) • 보수 점검이 용이

2. 교류 아크 용접기의 종류

① 가동 철심형　　② 가동 코일형　　③ 탭 전환형　　④ 가포화 리액터형

3. 가동 철심형

① 1차 코일과 2차 코일 사이에 가동 철심을 놓고 이를
전후로 이동시킴으로써 전류를 조정하며 일반적으
로 많이 사용

② 미세한 전류 조정은 가능하나 광범위한 전류 조정
은 불가

③ 가동부분 마멸 시 진동과 소음 발생

④ 가동 철심으로 전류 조정

⑤ 현재 가장 많이 사용되고 있음

⑥ 가동 부분의 마멸로 철심에 진동 발생

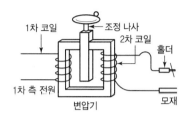

‖ 가동 철심형 교류 아크 용접기의 원리 ‖

4. 가동 코일형

그림과 같이 1차 코일과 2차 코일이 같은 철심에 감겨 있고, 대개 2차 코일을 고정하고 1차 코일을
이동하여 두 코일 간의 거리를 조절하여 전류를 조정

① 1차, 2차 코일 중 하나를 이동하여 전류 조정

② 아크 안정도 높고 소음 없음

③ 가격이 비싸며 현재 사용되지 않음

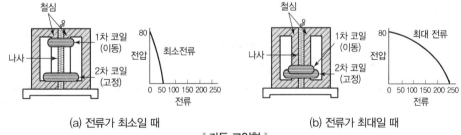

(a) 전류가 최소일 때　　　　　　　　(b) 전류가 최대일 때

‖ 가동 코일형 ‖

5. 탭 전환형

코일의 감긴 수로 전류를 조정하는 방식이며 무부하
전압이 높아져 전격의 위험이 상당히 많은 용접기. 탭
을 수시로 전환하므로 탭의 고장이 일어나기 쉬우며
소형 용접기에 쓰이는 편이나 요즘은 일반적으로 사용
하지 않음

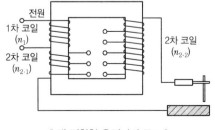

‖ 탭 전환형 용접기의 구조 ‖

① 코일의 감긴 수에 따라 전류 조정
② 무부하 전압이 높아 전격의 위험이 있다.
③ 탭 전환의 소손이 심하다.
④ 넓은 범위는 전류 조정이 어렵다.
⑤ 주로 소형에 많다.

6. 가포화 리액터형

가변 저항의 크기를 변화시켜 원격으로 전류를 조절하는 방식

① 가변 저항의 변화로 용접 전류 조정이 가능하다.
② 전기적 전류 조정으로 소음이 없고 기계 수명이 길다.
③ 원격 조작이 간단하고 원격 제어가 가능하다.

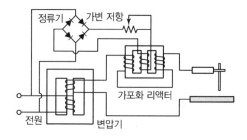

‖ 가포화 리액터형 용접기의 구조 ‖

7. 직류 아크 용접기와 교류 아크 용접기의 비교

비교 항목	직류 아크 용접기	교류 아크 용접기
아크의 안정	우수	약간 떨어짐
비피복봉 사용	가능	불가능
극성 변화	가능	불가능
자기 쏠림 방지	불가능	가능
무부하 전압	약간 낮다.(40~60V)	높다.(70~90V)
전격의 위험	적다.	많다.
구조	복잡	간단
유지	약간 어려움	용이
고장	회전기에 많다.	적다.
역률	매우 양호	불량
소음	회전기에 크고 정류형은 조용함	조용함(구동부가 없으므로)
가격	고가(교류의 몇 배)	저렴

8. 교류 아크 용접기의 규격

용접기의 규격은 AW－200과 같이 나타내며 여기서 AW는 교류 용접기(AC welder), 200은 정격 2차 전류(A)를 뜻함

9. 용접기의 사용률

용접기의 사용률은 높은 전류로 용접기를 계속 사용하면 용접기가 고장 나는데 이를 방지하기 위해 정하는 값이다.

- **피복 아크 용접기이 일반저인 사용률**

  보통 40% 이하이며 정격 사용률이 40%라는 것은 용접기의 고장을 방지하기 위해 정격 전류로 용접했을 때 10분 중에서 4분만 용접하고, 6분을 쉰다는 의미

$$사용률(\%) = \frac{아크\ 시간}{아크\ 시간 + 휴식\ 시간} \times 100$$

10. 허용 사용률

실제 용접의 경우 정격 전류보다는 적은 전류로 용접하는 경우가 많은데, 이때의 사용률을 말함

$$허용사용률(\%) = \frac{(정격\ 2차\ 전류)^2}{(실제\ 사용\ 전류)^2} \times 정격사용률$$

11. 용접기의 역률

용접기로서 입력, 즉 전원 입력(2차 무부하 전압×아크 전류)에 대한 아크 출력(아크 전압×아크 전류)과 2차 측 내부 손실의 합(소비 전력)의 비

$$역률(\%) = \frac{소비\ 전력(kW)}{전원\ 입력(kVA)} \times 100$$

12. 용접기의 효율

또 아크출력과 내부 손실과의 합(소비 전력)에 대한 아크 출력의 비율

$$효율(\%) = \frac{아크\ 출력(kW)}{소비\ 전력(kW)} \times 100$$

소비 전력 : 아크 출력＋내부 손실
전원 입력 : 2차 무부하 전압×아크 전류
아크 출력 : 아크 전압×아크 전류

⑨ 피복금속아크 용접용 기구

1. 용접봉 홀더(Electrode Holder)

① 용접봉의 피복이 없는 노출된 심선 부분(약 25mm)에 용접 전류를 용접 케이블을 통하여 용접봉과 모재 쪽으로 전달하는 기구 홀더는 A형 홀더(안전홀더, 일반적으로 많이 사용)와 B형 홀더로 구분된다.

② **용접봉 홀더의 규격** : 홀더가 100호이면 용접 정격 2차 전류가 100A를, 200호이면 200A를 의미(홀더번호＝정격 2차 전류)

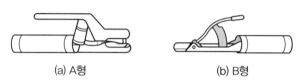

(a) A형 (b) B형

‖ 홀더의 종류 ‖

2. 필터 렌즈(차광렌즈)

① 일명 흑유리라고도 하며 용접 중 발생하는 유해한 광선을 차폐하여 용접 작업자의 눈을 보호하기 위한 유리. 일반 피복 아크 용접에서는 10~11번, 가스 용접에서는 4~6번을 사용하며 필터 렌즈 앞쪽에 투명유리(백유리)를 두어 차광 유리를 보호해주는 역할도 함

② 필터렌즈의 숫자가 높아질수록 시야가 어두워짐

3. 차광막(일종의 커튼의 역할)

차광막은 아크의 강한 유해 광선이 다른 사람에게 영향을 주지 않게 하기 위하여 필요하며 빛을 완전 차단하고, 쉽게 불이 붙지 않는 재료로 사용

4. 용접용 공구 및 측정기

치핑 해머, 와이어 브러시는 용접 후의 비드 표면의 녹(스케일)이나 슬래그 제거와 용접부의 솔질에 사용되며 용접 게이지(Weld Gauge)와 버니어 캘리퍼스(Vernier Calipers)는 용접부의 치수 측정 등에 필요하며, 전류를 측정하기 위한 전류계가 필요함

5. 고주파 발생 장치

① 아크가 안정되고 아크의 발생이 쉬워 용접이 쉽고 무부하 전압(개로전압)을 낮게 할 수 있다. 역률을 개선하며 전격의 위험도 감소 가능

② TIG 용접의 경우 아크 발생 초기에 텅스텐 전극봉을 모재에 접촉시키지 않아도 고주파 불꽃이 튀어 아크 발생이 가능

6. 전격 방지 장치

교류 아크용접기의 경우 무부하 전압이 85~95V로 높아 전격의 위험이 있으므로 용접기의 2차 무부하 전압을 20~30V 이하로 유지시키기 위한 장치

7. 원격 제어 장치(Remote Control)

용접기에서 멀리 떨어져 작업을 할 때 작업 위치에서 전류를 조정할 수 있는 장치로 가동 철심 또는 가동 코일을 소형 모터로서 움직이는 전동기 조작형과 가포화 리액터형으로 구분되며, 가포화 리액터형 교류 아크 용접기에서는 가변 저항기 부분을 분리하여 작업자 위치에 놓고 원격으로 용접 전류를 조정

8. 핫 스타트 장치

용접을 시작하기 전 모재는 냉각되어 있는 상태이므로 아크 발생이 어려운데 초기에 큰 전류를 흘려주어 아크발생을 용이하게 해준다. 또한 시작점의 기공 발생 등 결함 발생을 적게 하여 비드 모양도 개선한다.

9. 전류계

정확한 전류와 전압을 측정하는 데 사용되며 직류의 경우는 2차 측 회로의 케이블선 도중에 분류기의 직류 전류계를 연결하여 측정한다. 전류 측정은 직렬로 연결하여 측정하며, 전압 측정은 2차 측 케이블 접지선과 홀더선을 병렬로 연결하여 측정한다.

‖ 전류계 ‖

🔟 전기 피복 금속 아크 용접봉

1. 전기 피복 아크 용접봉

용접봉 끝과 모재 사이에 아크를 발생하므로 전극봉(Electrode)이라고도 한다. 금속 아크 용접의 용접봉에는 비피복 용접봉과 피복 용접봉이 쓰이는데, 비피복 용접봉은 주로 CO_2용접이나 서브머지드 아크 용접과 같이 자동, 반자동 용접에 사용되고, 피복 아크 용접봉은 수동 아크 용접에 이용된다.

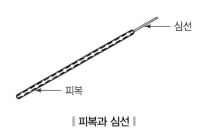

‖ 피복과 심선 ‖

2. 연강용 피복 아크 용접봉 심선

① 심선의 구성원소

- 탄소(C)
- 규소(Si)
- 망간(Mn)
- 인(P)
- 유황(S)
- 구리(Cu)

② 연강용의 경우 저탄소 림드강(Low Carbon Rimmed Steel)을 많이 사용

3. 피복제(Flux, 플럭스)

① 중성 또는 환원성 분위기를 만들어 대기 중의 산소, 질소로부터 침입을 방지하고 용융 금속을 보호

② 아크의 안정 : 교류 아크 용접을 할 때는 전압이 1초에 120번 '0'이 되므로 전류의 흐름이 120번 끊어지게 되어 아크가 연속적으로 발생될 수 없으나 피복 아크 용접봉을 사용하여 용접할 경우, 피복제가 연소해서 생긴 가스가 이온화되어 전류가 끊어져도 이온으로 계속 아크를 발생시키게 되므로 아크가 안정된다. 아크 안정제로는 보통 탄산소다, 석회, 산화티탄, 산화철 등이 쓰인다.

③ 용융점이 낮고 적당한 점성의 가벼운 슬래그 생성 : 불순물을 제거하고 탈산작용을 한다. 보통 유기물, 알루미늄, 마그네슘 등이 사용된다.

④ 용착 금속에 합금 원소 첨가 : 합금 원소로는 규소(Si), 망간(Mn), 규소철(Fe − Si) 등이 있다.

⑤ 용적을 미세화하고 용착 효율을 높인다.

⑥ 용착 금속의 응고와 냉각 속도를 느리게 한다.(서랭)

⑦ 어려운 자세의 용접 작업을 가능하게 한다.

⑧ 비드 모양을 곱게 하며 슬래그 제거도 쉽게 한다.

⑨ 절연 작용(피복제 부위는 전기가 통하지 않음)

4. 아크 안정제

규산칼륨(K_2SiO_3), 규산나트륨(Na_2SiO_3), 산화티탄(TiO_2), 석회석($CaCO_3$) 등

5. 가스 발생제

① 가스를 발생하여 아크 분위기를 대기 중의 산소, 질소부터 차단하여 용융 금속의 산화나 질화를 방지하는 작용을 함

② 녹말, 목재 톱밥, 셀룰로오스(Cellulose), 석회석 등

6. 슬래그 생성제

① 슬래그는 용융금속의 표면을 덮어서 산화나 질화를 방지함과 아울러 그 냉각을 천천히 한다. 더욱 중요한 것은 탈산 작용을 돕고 용융금속의 금속학적 반응에 중요한 작용을 하며, 용접 작업성에도 큰 영향을 끼친다는 점이다.

② 산화철, 루틸(Rutile, TiO_2), 일미나이트(Ilmenite, TiO_2 FeO), 이산화망간(MnO_2), 석회석($CaCO_3$), 규사(SiO_2), 장석($K_2O \cdot Al_2O_3 \cdot 6SiO_2$), 형석($CaF$) 등이 사용된다.

7. 합금 첨가제

용접 시 합금 원소를 첨가할 수 있으며 첨가제로는 페로망간, 페로실리콘, 페로크롬, 니켈, 페로바륨 등이 있다.

8. 고착제

피복제를 심선에 고착시키는 것으로 규산소다(물유리), 규산칼리 등이 있다.

9. 탈산제

① 용착 금속 중의 산소를 제거하는 것으로 Fe − Mn, Fe − Si가 있다.

② 피복제의 성분은 무기물과 셀룰로오스, 펄프 등이 있다.

10. 연강용 피복 아크 용접봉의 기호

$$E\ 43\ \triangle\ \square$$

① E : 전기 용접봉(Electrode)의 첫 자

② 43 : 전 용착 금속의 최저 인장강도(kg/mm^2)

③ △ : 용접 자세(0, 1 : 전 자세, 2 : 아래 보기 및 수평 필릿 자세, 3 : 아래 보기, 4 : 전 자세 또는 특정 자세)

④ □ : 피복제의 종류

실제 시험에서는 E 4316 중 숫자(16)의 의미를 묻는 문제도 출제된다. 마지막 두 자리 숫자는 피복제의 계통 즉 종류를 나타낸다.

11. 일미나이트계(E 4301) 용접봉 → 슬래그 생성계

① 30% 이상의 일미나이트를 포함

② 슬래그의 유동성, 용입과 기계적 성질이 양호

③ 내부 결함이 적고 모든 자세의 용접이 가능

12. 라임 티타니아계(E 4303) 용접봉 → 슬래그 생성계

① 산화티탄을 30% 이상 포함한 슬래그 생성계

② 슬래그의 유동성이 좋고 비드의 외관이 깨끗함

③ 슬래그의 제거가 쉽고 용입이 얕음

④ 일반 강재의 박판 용접에 사용

13. 고셀룰로오스계(E 4311) 용접봉 → 가스실드계

① 셀룰로오스를 30% 정도 함유

② 가스에 의한 산화, 질화를 막고 슬래그 생성이 적음

③ 위보기 자세와 좁은 홈 용접이 가능

④ 용입이 깊으나 스패터가 심하고 비드 파형이 거칠다.

⑤ 보관 중 습기를 흡수하기 쉽다(기공 발생 우려).

⑥ 주로 배관 용접 시 많이 사용

14. 고산화티탄계(E 4313) 용접봉 → 슬래그 생성계

① 산화티탄을 30% 이상 포함한 슬래그 생성계

② 아크가 안정되고 스패터가 적으며, 슬래그 박리성이 좋다.

③ 비드 외관은 미려하지만 고온균열 발생 등 기계적 성질이 약간 낮아 중요한 부재의 용접에는 부적당하다.

④ **용도** : 박판 용접에 주로 사용

15. 저수소계(E 4316)

① **피복제의 주성분** : 유기탄산칼슘($CaCO_3$)과 불화칼슘(CaF_2)을 주성분으로 하여 아크 분위기 중에 수소량이 적은(타 용접봉의 1/10) 용접봉

② 인성과 연성이 풍부하며 기계적 성질이 우수

③ 아크가 불안정하여 작업성이 상당히 떨어짐

④ 염기도가 높아 내균열성 우수하여 후판, 구속력이 큰 구조물, 고장력강, 고탄소강 등에 사용 가능

> ▶참고 **용접봉의 건조**
> • 저수소계 용접봉 300~350℃로 2시간 정도 건조
> • 일반 연강용 피복 아크 용접봉 70~100℃로 30분~1시간 정도 건조

16. 철분 산화티탄계(E 4324)

피복제 주성분 : 고산화티탄계에 철분을 첨가시킨 용접봉

17. 철분 저수소계(E 4326)

피복제 주성분 : 저수소계에 철분을 첨가시킨 용접봉

18. 철분 산화철계(E 4327)

피복제 주성분 : 산화철에 규산염을 첨가하여 산성 슬래그를 생성

19. E 4340 특수계

피복제가 용접봉 종류들 중 어느 계통에도 속하지 않는 것이며 사용성 또는 용접결과가 특수한 목적을 위하여 제작된 것을 포함하여 특수계라 한다.

20. 용접봉의 내균열성

① 피복제의 염기도가 높으면 내균열성(균열에 견디는 성질)이 우수하고 작업성이 저하되고 산성도가 높으면 작업성은 좋아지나 내균열성이 적어짐

② 내균열성이 큰 순서 : 저수소계 > 일미나이트계 > 고산화철계 > 고셀룰로오스계 > 고산화티탄계

21. 스패터링(용접 시 불똥이 튀는 것)

아크 길이가 길거나 전류가 필요 이상으로 높을 시 심해진다.

22. 슬래그

① 전기피복아크 용접 시 용착금속 표면에 생기는 물질로 흔히 용접똥이라고도 부름

② 슬래그의 용융점, 응고 온도, 점성 및 표면 장력 등은 용접봉의 작업성에 영향을 주며 용융 슬래그는 표면 장력이 약할수록 용융금속을 잘 덮어준다.

23. 용접봉의 편심률과 계산식

용접봉은 제조 시 심선과 피복제의 편심 상태를 보고 편심률이 3% 이내의 것을 사용해야 한다.

$$편심률 = \frac{D' - D}{D} \times 100(\%)$$

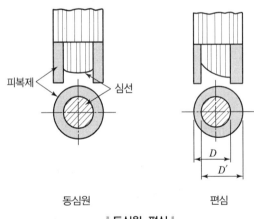

동심원   편심

‖ 동심원, 편심 ‖

01 피복아크용접에 관한 사항으로 아래 그림의 ( )에 들어가야 할 용어는?

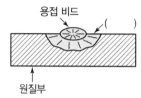

① 용락부   ② 용융지
③ 용입부   ④ 열영향부

해설 열영향부(HAZ ; Heat Affected Zone)

02 피복 아크 용접 회로의 순서가 올바르게 연결된 것은?

① 용접기 – 전극케이블 – 용접봉 홀더 – 피복아크용접봉 – 아크 – 모재 – 접지케이블
② 용접기 – 용접봉홀더 – 전극케이블 – 모재 – 아크 – 피복아크용접봉 – 접지케이블
③ 용접기 – 피복아크용접봉 – 아크 – 모재 – 접지케이블 – 전극케이블 – 용접봉 홀더
④ 용접기 – 전극 케이블 – 접지케이블 – 용접봉 홀더 – 피복아크용접봉 – 아크 – 모재

03 다음 용착법 중에서 비석법을 나타낸 것은?

① $\underset{\rightarrow}{5} \underset{\rightarrow}{4} \underset{\rightarrow}{3} \underset{\rightarrow}{2} \underset{}{1}$ ② $\underset{\rightarrow}{2} \underset{\rightarrow}{3} \underset{\rightarrow}{4} \underset{\rightarrow}{1} \underset{}{5}$
③ $\underset{\rightarrow}{1} \underset{\rightarrow}{4} \underset{\rightarrow}{2} \underset{\rightarrow}{5} \underset{}{3}$ ④ $\underset{\rightarrow}{3} \underset{\rightarrow}{4} \underset{\rightarrow}{5} \underset{\rightarrow}{1} \underset{}{2}$

해설 비석법(스킵법 ; Skip)은 일명 건너뛰기 용착법이라고도 불린다.

04 피복 아크 용접기의 아크 발생 시간과 휴식시간 전체가 10분이고 아크 발생 시간이 3분일 때 이 용접기의 사용률(%)은?

① 10%   ② 20%
③ 30%   ④ 40%

해설 전체 시간 10분을 기준으로 3분 아크 발생일 때의 사용률은 30%이다.
[계산식]
아크발생시간/(아크발생시간＋휴식시간)×100

05 피복아크용접에서 피복제의 성분에 포함되지 않는 것은?

① 피복 안정제   ② 가스 발생제
③ 피복 이탈제   ④ 슬래그 생성제

06 피복 아크 용접봉의 용융속도를 결정하는 식은?

① 용융속도＝아크전류×용접봉 쪽 전압강하
② 용융속도＝아크전류×모재 쪽 전압강하
③ 용융속도＝아크전압×용접봉 쪽 전압강하
④ 용융속도＝아크전압×모재 쪽 전압강하

해설 용융속도는 아크전류와 용접봉 쪽 전압강하의 곱으로 나타낸다.

07 용접봉의 용융금속이 표면장력의 작용으로 모재에 옮겨가는 용적 이행으로 맞는 것은?

① 스프레이형   ② 핀치효과형
③ 단락형   ④ 용적형

해설 표면장력이란 서로 끌어당기는 힘을 말하며 단락형을 용융금속이 모재에 단락된 상태에서 표면장력이 작용하게 된다.

정답   01 ④   02 ①   03 ③   04 ③   05 ③   06 ①   07 ③

08 용접봉에서 모재로 용융금속이 옮겨가는 이행 형식이 아닌 것은?

① 단락형   ② 글로뷸러형
③ 스프레이형   ④ 철심형

해설 **용적의 이행형식**
스프레이형, 단락형, 글로뷸러형

09 피복아크용접에서 위빙(Weaving) 폭은 심선 지름의 몇 배로 하는 것이 가장 적당한가?

① 1배   ② 2~3배
③ 5~6배   ④ 7~8배

해설 위빙 폭은 용접봉 심선 지름의 2~3배 정도로 한다.

10 피복제 중에 산화티탄을 약 35% 정도 포함하였고 슬래그의 박리성이 좋아 비드의 표면이 고우며 작업성이 우수한 특징을 지닌 연강용 피복 아크 용접봉은?

① E 4301   ② E 4311
③ E 4313   ④ E 4316

해설 E 4313(고산화티탄계), E 4301(일미나이트계), E 4311(고셀룰로오스계), E 4316(저수소계)

11 연강용 피복아크 용접봉 중 저수소계 용접봉을 나타내는 것은?

① E 4301   ② E 4311
③ E 4316   ④ E 4327

해설 저수소계 용접봉(E 4316)

12 피복 아크 용접봉에서 피복제의 가장 중요한 역할은?

① 변형 방지   ② 인장력 증대
③ 모재 강도 증가   ④ 아크 안정

13 직류 피복 아크 용접기와 비교한 교류 피복 아크 용접기의 설명으로 옳은 것은?

① 무부하 전압이 낮다.
② 아크의 안정성이 우수하다.
③ 아크 쏠림이 거의 없다.
④ 전격의 위험이 적다.

해설 교류 아크 용접기는 무부하전압이 높아 전격의 위험이 따르며 아크의 안정성이 직류 용접기에 비해 떨어지고 아크쏠림이 생기지 않는다.

14 직류 아크 용접 시 정극성으로 용접할 때의 특징이 아닌 것은?

① 박판, 주철, 합금강, 비철금속의 용접에 이용된다.
② 용접봉의 녹음이 느리다.
③ 비드 폭이 좁다.
④ 모재의 용입이 깊다.

해설 직류 정극성(DCSP)은 용접봉에 −극을 모재에 +극을 연결하며 용입이 깊고 비드의 폭이 좁아 후판용접에 사용된다. 일반적으로 많이 사용되는 극성이다.

15 정류기형 직류 아크 용접기에서 사용되는 셀렌 정류기는 80℃ 이상이면 파손되므로 주의하여야 하는데 실리콘 정류기는 몇 ℃ 이상에서 파손되는가?

① 120℃   ② 150℃
③ 80℃   ④ 100℃

16 다음 중 용접기에서 모재를 (+)극에, 용접봉을 (−)극에 연결하는 아크 극성으로 옳은 것은?

① 직류 정극성   ② 직류 역극성
③ 용극성   ④ 비용극성

해설 14번 문제 해설 참고

정답   08 ④   09 ②   10 ③   11 ③   12 ④   13 ③   14 ①   15 ②   16 ①

17 아크 용접기의 구비조건으로 틀린 것은?

① 구조 및 취급이 간단해야 한다.
② 사용 중에 온도 상승이 커야 한다.
③ 전류 조정이 용이하고, 일정한 전류가 흘러야 한다.
④ 아크 발생 및 유지가 용이하고 아크가 안정되어야 한다.

18 직류 아크 용접에서 용접봉의 용융이 늦고, 모재의 용입이 깊어지는 극성은?

① 직류 정극성   ② 직류 역극성
③ 용극성   ④ 비용극성

19 직류 아크 용접기의 음(−)극에 용접봉을, 양(+)극에 모재를 연결한 상태의 극성을 무엇이라 하는가?

① 직류 정극성   ② 직류 역극성
③ 직류 음극성   ④ 직류 용극성

해설 14번 문제 해설 참고

20 용접에서 직류 역극성의 설명 중 틀린 것은?

① 모재의 용입이 깊다.
② 봉의 녹음이 빠르다.
③ 비드 폭이 넓다.
④ 박판, 합금강, 비철금속의 용접에 사용한다.

해설 극성을 묻는 문제는 매 회차 출제되고 있으며 이 문제는 상대적으로 열의 발생이 많은 +극이 어느 쪽(용접봉 또는 모재)에 접속되는지 파악하면 된다. 직류 역극성(DCRP)는 용접봉 쪽에 +가 접속되기 때문에 용접봉의 녹음이 빠르고 −극이 접속된 모재 쪽은 열전달이 +극에 비해 적어 용입이 얕고 비드폭이 넓어져 주로 박판용접에 사용된다.

21 다음 중 직류 정극성을 나타내는 기호는?

① DCSP   ② DCCP
③ DCRP   ④ DCOP

해설 용입의 깊이에 따라 직류 정극성(DCSP)＞교류(AC)＞직류 역극성(DCRP)

22 아크 용접기에서 부하전류가 증가하여도 단자 전압이 거의 일정하게 되는 특성은?

① 절연 특성   ② 수하 특성
③ 정전압 특성   ④ 보존 특성

해설 정전압 특성(전압이 정지하는, 변하지 않는 특성)

23 MIG 용접이나 탄산가스 아크 용접과 같이 전류 밀도가 높은 자동이나 반자동 용접기가 갖는 특성은?

① 수하 특성과 정전압 특성
② 정전압 특성과 상승 특성
③ 수하 특성과 상승 특성
④ 맥동 전류 특성

해설 자동 반자동 용접기에 사용되는 특성은 정상(정전압/상승)특성이다.

24 아크 전류가 일정할 때 아크 전압이 높아지면 용융 속도가 늦어지고, 아크 전압이 낮아지면 용융 속도는 빨라진다. 이와 같은 아크 특성은?

① 부저항 특성
② 절연회복 특성
③ 전압회복 특성
④ 아크길이 자기제어 특

25 정격 2차 전류 200A, 정격 사용률 40%, 아크 용접기로 150A의 용접전류 사용 시 허용 사용률은 약 얼마인가?

① 51%   ② 61%
③ 71%   ④ 81%

> 해설 허용사용률＝(정격2차전류)^2/(실제사용전류)^2×정격사용률이므로 (200)^2/(150)^2×40＝약 71%

26 용접 중에 아크가 전류의 자기작용에 의해서 한쪽으로 쏠리는 현상을 아크 쏠림(Arc Blow)이라 한다. 다음 중 아크 쏠림 방지법이 아닌 것은?

① 직류 용접기를 사용한다.
② 아크의 길이를 짧게 한다.
③ 보조판(엔드탭)을 사용한다.
④ 후퇴법을 사용한다.

> 해설 교류아크용접기를 사용하면 아크 쏠림(자기불림) 현상을 방지할 수 있다.

27 직류용접에서 발생되는 아크 쏠림의 방지대책 중 틀린 것은?

① 큰 가접부 또는 이미 용접이 끝난 용착부를 향하여 용접할 것
② 용접부가 긴 경우 후퇴 용접법(Back Step Welding)으로 할 것
③ 용접봉 끝을 아크가 쏠리는 방향으로 기울일 것
④ 되도록 아크를 짧게 하여 사용할 것

> 해설 아크 쏠림(자기불림)현상 발생 시에는 용접봉 끝을 아크가 쏠리는 반대방향으로 기울여야 한다. 또한 교류용접기는 아크쏠림이 발생하지 않는다.

28 용접기의 사용률이 40%인 경우 아크 시간과 휴식시간을 합한 전체시간은 10분을 기준으로 했을 때 몇 분 발생하는가?

① 4   ② 6
③ 8   ④ 10

29 전류조정을 전기적으로 하기 때문에 원격조정이 가능한 교류 용접기는?

① 가포화 리액터형
② 가동 코일형
③ 가동 철심형
④ 탭 전환형

> 해설 가포화 리액터형 교류용접기는 가변저항을 사용하여 전기적으로 전류를 조절한다.

30 교류아크 용접기의 종류 중 조작이 간단하고 원격 조정이 가능한 용접기는?

① 가동 코일형 용접기
② 가포화 리액터형 용접기
③ 가동 철심형 용접기
④ 탭 전환형 용접기

> 해설 전류의 원격조정이 가능한 용접기는 가포화 리액터형 용접기이다.

31 발전(모터, 엔진형)형 직류 아크 용접기와 비교하여 정류기형 직류 아크 용접기를 설명한 것 중 틀린 것은?

① 고장이 적고 유지보수가 용이하다.
② 취급이 간단하고 가격이 싸다.
③ 초소형 경량화 및 안정된 아크를 얻을 수 있다.
④ 완전한 직류를 얻을 수 있다.

> 해설 정류기형 직류 아크 용접기는 교류전기를 직류로 전환하는 방식으로 완전한 직류를 얻을 수 없다.

32 교류 아크 용접기의 종류에 속하지 않는 것은?

① 가동 코일형

② 가동 철심형

③ 전동기 구동형

④ 탭 전환형

해설 전동기 구동형은 전동기(모터)가 발전기를 돌려 직류전기를 얻어 용접을 하는 방식의 용접기이다.(직류 용접기는 교류보다 안정적인 아크가 발생된다.)

33 교류와 직류 아크 용접기를 비교해서 직류 아크 용접기의 특징이 아닌 것은?

① 구조가 복잡하다.

② 아크의 안정성이 우수하다.

③ 비피복 용접봉 사용이 가능하다.

④ 역률이 불량하다.

해설 역률이 불량한 것은 교류 용접기이며 전력의 소모가 많다는 의미이다.

34 피복 아크 용접에서 사용하는 아크 용접용 기구가 아닌 것은?

① 용접 케이블　　② 접지 클램프

③ 용접 홀더　　④ 팁 클리너

해설 팁 클리너는 가스용접 시 팁의 구멍이 막혔을 경우 사용하는 기구이다.

35 용접 중 전류를 측정할 때 후크메타(클램프메타)의 측정 위치로 적합한 것은?

① 1차측 접지선

② 피복 아크 용접봉

③ 1차측 케이블

④ 2차측 케이블

해설 용접 전류의 측정은 홀더 측 2차케이블에서 측정을 한다.

36 다음 중 아크 발생 초기에 모재가 냉각되어 있어 용접 입열이 부족한 관계로 아크가 불안정하기 때문에 아크 초기에만 용접 전류를 특별히 크게 하는 장치를 무엇이라 하는가?

① 원격제어장치　　② 핫스타트장치

③ 고주파발생장치　　④ 전격방지장치

37 피복아크 용접봉의 피복제의 주된 역할로 옳은 것은?

① 스패터의 발생을 많게 한다.

② 용착 금속에 필요한 합금원소를 제거한다.

③ 모재 표면에 산화물이 생기게 한다.

④ 용착 금속의 냉각속도를 느리게 하여 급랭을 방지한다.

해설 피복아크 용접봉의 피복제는 적당한 점성의 슬래그를 생성하여 용접부위의 급랭을 방지한다.

38 용접봉의 용융속도는 무엇으로 표시하는가?

① 단위시간당 소비되는 용접봉의 길이

② 단위시간당 형성되는 비드의 길이

③ 단위시간당 용접 입열의 양

④ 단위시간당 소모되는 용접전류

39 피복배합제의 종류에서 규산나트륨, 규산칼륨 등의 수용액이 주로 사용되며 심선에 피복제를 부착하는 역할을 하는 것은 무엇인가?

① 탈산제　　② 고착제

③ 슬래그 생성제　　④ 아크 안정제

40 전기용접봉 E 4301은 어느 계인가?

① 저수소계　　② 고산화티탄계

③ 일미나이트계　　④ 라임티타니아계

정답　**32** ③　**33** ④　**34** ④　**35** ④　**36** ②　**37** ④　**38** ①　**39** ②　**40** ③

41 피복 아크 용접봉의 피복 배합제의 성분 중에서 탈산제에 해당하는 것은?

① 산화티탄(Ti)

② 규소철(Fe-Si)

③ 셀룰로오스(Cellulose)

④ 일미나이트(Ti·FeO)

해설 피복 배합제의 탈산제로 Fe-Mn,(페로망간) Fe-Si(페로실리콘), Fe-Ti(페로티탄), Fe-Al(페로알루미늄) 및 Mn, Si, Ti, Al 등이 주로 사용된다.

42 피복 아크 용접봉은 피복제가 연소한 후 생성된 물질이 용접부를 보호한다. 용접부의 보호방식에 따른 분류가 아닌 것은?

① 가스 발생식   ② 스프레이형

③ 반가스 발생식   ④ 슬래그 생성식

해설 **피복 아크 용접봉의 피복제가 용접부를 보호하는 방식**
가스발생식, 반가스발생식, 슬래그 생성식(스프레이형은 용적의 이행형식 중 하나이다.)

43 연강용 피복금속 아크 용접봉에서 다음 중 피복제의 염기성이 가장 높은 것은?

① 저수소계   ② 고산화철계

③ 고셀룰로스계   ④ 티탄계

해설 피복제의 염기도가 가장 높은 용접봉은 저수소계(E 4316) 용접봉이며 내균열성이 높으나 용접성이 떨어지는 단점을 가지고 있다.

44 수소함유량이 타 용접봉에 비해서 1/10 정도 현저하게 적고 특히 균열의 감소성이나 탄소, 황의 함유량이 많은 강의 용접에 적합한 용접봉은?

① E 4301   ② E 4313

③ E 4316   ④ E 4324

해설 저수소계 용접봉(E 4316)은 수소의 함유량이 타 용접봉에 비해 1/10 정도로 적다.

45 아크용접에서 피복제의 역할이 아닌 것은?

① 전기 절연작용을 한다.

② 용착금속의 응고와 냉각속도를 빠르게 한다.

③ 용착금속에 적당한 합금원소를 첨가한다.

④ 용적(Globule)을 미세화하고, 용착효율을 높인다.

해설 피복제는 적당한 점성의 슬래그를 생성하여 용착금속의 냉각속도를 느리게 한다.

정답 **41** ② **42** ② **43** ① **44** ③ **45** ②

가스용접 및 절단법

1 가스용접법의 이해

1. 가스용접

아세틸렌 가스, 수소 가스, 도시 가스, LP 가스 등의 가연성 가스와 산소(지연성 또는 조연성 가스)와의 혼합 가스의 연소열을 이용하여 용접하는 방법이며 산소 – 아세틸렌 가스 용접(oxygen – acetylene gas welding)이 일반적으로 많이 사용되고 있다.

2. 가스 용접의 장점과 단점

장점	• 전기가 필요 없음 • 응용 범위가 넓음 • 운반이 편리 • 아크 용접에 비해서 유해 광선의 발생이 적음 • 열량 조절이 자유로움(토치 손잡이에 유량조절 밸브가 있음) • 시공비가 저렴하며 어느 곳에서나 설비가 쉬움
단점	• 두꺼운 판(후판)의 용접은 어려움 • 아크 용접에 비해서 불꽃의 온도가 낮음(50%) • 열 집중성이 나쁘고 열의 효율이 낮아 효율성이 떨어짐 • 폭발의 위험성이 있음 • 아크 용접에 비해 가열 범위가 커서 용접 응력이 크고, 가열 시간이 오래 걸림 • 금속의 탄화 및 산화될 가능성이 많음(용접부위를 보호해주는 매체가 없음)

3. 가스 불꽃의 최고온도

아세틸렌(3,430℃) > 수소(2,900℃) > 프로판(2,820℃) > 메탄(2,700℃)

※ 참고 : 프로판은 발열량이 가장 우수한 가스이다.

2 가스의 종류와 특성

1. 아세틸렌 가스

① 아세틸렌 가스는 매우 불안정한 상태의 가스로 기체 상태로 충격을 받으면 분해하여 폭발하기 쉬운 가스

② 순수한 것은 무색 무취의 기체

③ 비중은 0.906 (15℃ 1기압에서 1l의 무게는 1.176g) 이다.

2. 아세틸렌의 용해

아세틸렌은 아래 물질에 대해 일정한 비율로 용해된다.

물 1배, 석유 2배, 벤젠 4배, 알코올 6배, 아세톤 25배

실용 가스용기에는 보통 아세톤에 아세틸렌을 용해시켜 사용

3. 아세틸렌의 발생량

이론상 $1kg \rightarrow 348l$의 아세틸렌 가스가 발생

4. 카바이드

① 물과 화학반응을 일으키며 아세틸렌 가스를 만드는 재료

② 보관 시 물이나 습기와 절대 접촉금지

③ 카바이드가 담겨 있는 통을 따거나 들어낼 때 불꽃(스파크)을 일으키는 공구를 사용해서는 안되며 목재나 모넬메탈(Ni-Cu-Mn-Fe)을 사용

5. 아세틸렌 가스의 폭발성

① 406~408℃ 자연 발화

② 505~515℃에 달하면 폭발

③ 산소가 없어도 780℃ 이상 되면 자연 폭발

④ 아세틸렌 : 산소와의 비가 15 : 85일 때 가장 폭발의 위험이 크게 됨

6. 아세틸렌의 폭발성

아세틸렌 가스는 구리 또는 구리합금(62% 이상 구리 함유), 은(Ag), 수은(Hg) 등과 접촉하면 폭발성 화합물을 생성하므로 가스 통로에 접촉 금지

참고

62% 미만의 동합금은 아세틸렌 용기 제조 시 부속으로 사용 가능

7. 아세틸렌 가스의 청정방법

① 물리적인 청정
- 수세법
- 여과법

② 화학적인 청정
- 페라톨
- 카타리졸
- 플랑클린
- 아카린

8. 산소의 성질

① 비중 1.105(공기보다 무거움)

② 무색 무취(액체 산소는 연한 청색)

③ 다른 물질이 연소하는 것을 도와주는 지연성 또는 조연성 가스

④ 대부분의 원소와 화합 시 산화물을 형성

9. 프로판 가스(LPG)의 성질과 용도

① 액화하기 쉬워 용기에 넣어 수송이 편리함

② 폭발의 위험성이 높고, 발열량이 높음

③ 폭발 한계(=연소범위)가 좁아 안전하며 관리 용이

④ 가스 절단으로 많이 사용하며 경제적

⑤ 가정에서 취사용 등으로 많이 사용(발열량이 높음)

⑥ 프로판과 산소의 사용 비율이 1 : 4.5로 산소를 많이 소모(산소 : 아세틸렌가스=1 : 1)

‖ 프로판 가스 ‖

10. 가연성 가스(아세틸렌, 프로판)의 비교

아세틸렌	프로판

• 불꽃온도 높아 점화가 용이
• 절단 개시까지 시간 빠름
• 박판 절단용
  산소 : 아세틸렌=1 : 1
	• 절단면이 깨끗
	• 슬래그 제거 쉬움
	• 포갬 절단(겹치기 절단) 가능
	• 후판 절단 가능
	  산소 : 프로판=4.5 : 1(산소소비 많음)

11. 수소(수중 절단용)

주로 수중 용접에서 사용되고 있으며 청색의 겉불꽃에 싸인 무광의 불꽃이므로 육안으로는 불꽃을 조절하기 어렵다.

3 가스와 불꽃의 종류와 특성

1. 종류별 발열량, 최고 불꽃 온도

가스의 종류	발열량(kcal/m³)	최고 불꽃 온도(℃)
아세틸렌	12,690	3,430
수소	2,420	2,900
프로판	20,780	2,820
메탄	8,080	2,700
일산화탄소	2,865	2,820

2. 산소 – 아세틸렌 불꽃 구성과 종류

① 백심, 속불꽃, 겉불꽃으로 구성

② 불꽃은 백심 끝에서 2~3mm 부분(속불꽃)이 가장 높으며 약 3,200~3,500℃ 정도로 이 부분으로 용접

③ 산화 불꽃 : 산소의 양이 아세틸렌보다 많을 때 생기는 불꽃 (구리(동)합금 용접에 사용) → 온도가 가장 높은 불꽃

④ 탄화 불꽃 : 산소보다 아세틸렌 가스의 분출량이 많은 상태의 불꽃으로 백심 주위에 연한 제3의 불꽃(아세틸렌 깃=패더)이 있는 불꽃

⑤ 중성 불꽃(표준 불꽃) : 산소와 아세틸렌 가스 1 : 1로 혼합

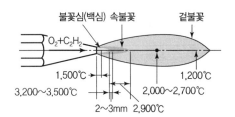

‖ 산소 – 아세틸렌 불꽃의 온도 ‖

▼ 산소 – 아세틸렌 불꽃

적황색(매연 발생)		아세틸렌 불꽃(산소를 약간 혼입)
아세틸렌 깃(담백색)		탄화 불꽃(아세틸렌 과잉 불꽃) $\dfrac{\text{산소}}{\text{아세틸렌}}=\dfrac{0.05\sim0.95}{1}$
백심(회백색)	$C_2H_2=2C+H_2$ $C_2H_2+O_2=2CO+H_2$ 백심(회백색) 바깥 불꽃(투명한 청색) $\begin{cases}2CO+O_2=2CO_2\\H_2+\frac{1}{2}O_2=H_2O\end{cases}$	중성 불꽃(표준 불꽃) $\dfrac{\text{산소}}{\text{아세틸렌}}=\dfrac{1.04\sim1.14}{1}$
산화 불꽃(산소 과잉)		산화 불꽃(산소 과잉) $\dfrac{\text{산소}}{\text{아세틸렌}}=\dfrac{1.15\sim1.70}{1}$

3. 산소 – 아세틸렌 불꽃의 용도

① 중성 불꽃 → 연강(탄소의 함유량이 0.25% 이하인 저탄소강), 주철, 구리 용접 시 사용

② 탄화 불꽃 → 경강(탄소의 함유량 약 0.5%), 스테인리스강, 알루미늄

③ 산화불꽃 → 황동

4 가스 용기의 특징과 취급방법

1. 산소 용기 제조

① 150기압의 높은 압력으로 용기에 충전되며 이음매 없는 강관 제관법(만네스만법)으로 제조

② 인장강도 57kg/mm² 이상, 연신율 18% 이상의 강재가 용기의 강재로 사용

2. 산소 용기의 크기

용기 크기(𝑙)	내용적(𝑙)	용기 높이(mm)	용기 중량(kg)
5,000	33.7	1,285	61
6,000	40.7	1,230	71
7,000	47.7	1,400	74.5

3. 산소 가스의 충전

35℃에서 150기압으로 충전(24시간 방치 후 사용) → 아세틸렌 가스의 충전 15℃에서 15.5기압으로 충전

4. 가스 용기 취급방법

① 산소 용기 이동 시 밸브는 반드시 잠그고 캡을 씌운다.

② 용기는 눕혀서 보관하거나 충격을 가하지 않는다.

③ 기름이 묻은 손이나 장갑을 끼고 취급하지 않는다.

④ 화기로부터 5m 이상 떨어져 사용한다.

⑤ 사용이 끝난 용기는 '빈 병'이라 표시하고 새 병과 구분하여 보관한다.

⑥ 반드시 사용 전에 안전 검사(비눗물 검사 등)를 한다.

⑦ 기름이나 그리스 등 기름류를 묻히거나 가까운 곳에 절대로 두지 않는다.(산소밸브, 압력 조정기, 도관 등에는 절대 주유 금지)

⑧ 통풍이 잘 되고 직사광선이 없는 곳에 보관한다.(보관온도는 40℃ 이하)

⑨ 용기 보관 시 반드시 고정용 장치(쇠사슬 등) 등을 이용하여 넘어지지 않도록 한다.

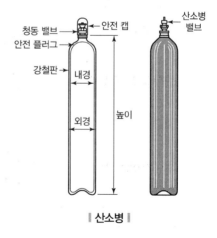

∥ 산소병 ∥

5. 산소 용기의 각인

① 가스의 종류(산소)

② 용기의 기호 및 번호

③ 내용적(용기의 부피) 기호

④ 용기의 중량(무게)

⑤ 제작일 또는 용기의 내압시험 연월

⑥ 내압시험압력기호(kg/cm^2) $-$ TP

⑦ 최고충전압력기호(kg/cm^2) $-$ FP(최저충전압력은 각인되어 있지 않음. 시험에서는 최저충전압력이 보기로 나옴)

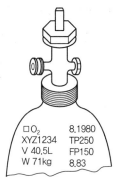

‖ 용기의 각인 예 ‖

6. 아세틸렌 용기의 제조

① 아세틸렌 용기는 고압으로 사용하지 않기 때문에(15℃에서 15.5기압으로 충전하여 사용) 용접하여 제작

② 아세틸렌은 아세톤 흡수 시 다공성 물질(목탄＋규조토)을 넣고 아세틸렌을 용해 압축시켜 사용(아세틸렌 용기 내부에는 스펀지와 같은 다공성 물질에 액상의 아세톤이 충진되어 있음)

7. 아세틸렌 가스의 양 계산

$$C = 905(B - A)[l]$$

여기서, A : 빈 병 무게, B : 병 전체의 무게(충전된 병), C : 용적[l]

용해 아세틸렌 1kg 기화 시 905~910l의 아세틸렌 가스 발생(15℃, 1기압)

8. 아세틸렌 가스 발생기의 종류와 특징

① 투입식 : 물이 담긴 수조에 카바이드를 투입시키는 방식

② 주수식 : 수조에 카바이드를 넣고 필요한 양의 물을 주수하는 방식

③ 침지식 : 수조에 물을 넣고 카바이드 덩어리를 물에 닿게 하는 방식

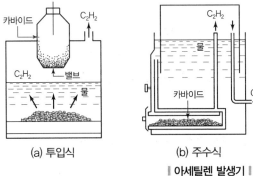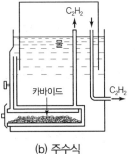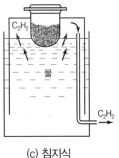

| (a) 투입식 | (b) 주수식 | (c) 침지식 |

‖ 아세틸렌 발생기 ‖

9. 압력 조정기(감압 조정기, 레귤레이터)

재료와 토치의 능력 등 작업조건에 따라 압력을 조절(감압)할 수 있는 기기
① 산소 조정기($1.3kg/cm^2$ 이하)
② 아세틸렌 조정기($0.1\sim0.5kg/cm^2$ 조정)

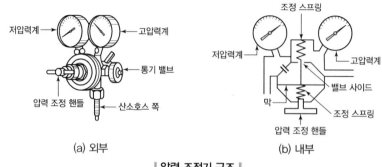

(a) 외부 　　　　　(b) 내부

‖ 압력 조정기 구조 ‖

5 가스 용접 토치

1. 가스 용접 토치의 종류

독일식(A형, 불변압식), 프랑스식(B형, 가변압식)

① **독일식 토치의 특징** : A형, 불변압식 토치라고도
하며 팁 번호는 용접 가능한 모재의 두께를 나타냄
　예 두께가 1mm인 연강판 용접에 적당한 팁의 크기는 1번

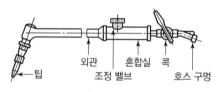

‖ A형(독일식) 용접 토치 ‖

② **프랑스식 토치의 특징** : B형 가변압식 토치라고
도 하며 팁 번호는 표준 불꽃으로 1시간당 용접
할 경우 소비되는 아세틸렌 양을 l로 표시
　예 100번 팁은 1시간 동안 $100l$의 아세틸렌 소비

‖ B형(프랑스식) 용접 토치 ‖

2. 사용 압력에 따른 분류

① **저압식 토치** : $0.07kg/cm^2$ 이하 아세틸렌 가스를 사용
② **중압식 토치** : 아세틸렌 가스의 압력이 $0.07\sim1.3kg/cm^2$ 범위에서 사용
③ **고압식 토치** : $1.3kg/cm^2$ 이상의 고압 아세틸렌 발생기용으로 사용

3. 토치 취급 시 주의점

팁이 과열되었을 때는 산소만 분출시키면서 물속에 넣어 냉각(토치 안으로 물이 들어가는 것을 방지)

6 가스용접 시 재해

1. 역류, 역화 및 인화(가스 용접 시 발생)

① **역류** : 토치 내부에 높은 압력의 산소가 아세틸렌 호스 쪽으로 흘러 들어가는 경우(압력이 안 맞는 경우)

② **역화** : 불꽃이 순간적으로 '빵빵' 소리를 내면서 꺼졌다가 다시 나타나는 현상

③ **인화** : 팁 끝이 순간적으로 가스의 분출이 나빠지고 혼합실까지 불꽃이 들어가는 현상

④ **역류, 역화의 원인**
- 토치 팁 과열
- 가스 압력이 맞지 않는 경우(아세틸렌 가스의 압력 부족)
- 팁, 토치 연결부의 조임이 불확실할 때

7 용제(Flux)와 용접봉 및 기구

1. 가스 용접봉의 종류

① GA46, GA43, GA35, GB32 등 7종으로 구분되며 규격 중의 GA46, GB43 등의 숫자는 용착 금속의 최저 인장강도가 $46kg/mm^2$, $43kg/mm^2$ 이상이라는 것을 의미

② NSR은 응력을 제거하지 않은 상태의 용접봉

③ SR은 응력을 제거(풀림)한 상태의 용접봉

2. 가스 용접의 용제

용제는 금속 표면에 생긴 산화막을 제거해 주는 역할을 하며 산화막이 제거되어야 정상적인 용접이 가능

 황동 파이프 용접 시 붕사를 뿌리는 경우

> **참고 연강**
>
> 탄소의 양이 적고 비교적 연한 탄소강으로 경강에 대응하는 말이며 탄소 함유량 0.2% 전후는 용제를 사용하지 않음

금속	용제	금속	용제
연강	사용하지 않는다.	알루미늄	• 염화리튬 15% • 염화칼리 45% • 염화나트륨 30% • 불화칼리 7% • 황산칼리 3%
반경강	중탄산소다 + 탄산소다		
주철	붕사 + 중탄산소다 + 탄산소다		
동합금	붕사		

3. 용접용 호스(도관)의 색상

① 고무호스 : 아세틸렌용 – 적색, 산소 – 녹색

② 강관 : 아세틸렌은 적색(또는 황색), 산소는 검은색(또는 녹색)

4. 가스용접 시 사용하는 보안경

차광 번호 : 납땜 2~4번, 가스 용접 4~6번(번호가 많아질수록 어두워짐, 전기피복 아크용접 시 일반적으로 11번 사용)

5. 가스 용접 시 사용 가능한 용접봉의 두께를 구하는 관계식

$$D = \frac{T}{2} + 1$$

여기서, D : 용접봉의 지름
T : 모재의 두께

모재의 두께를 2로 나눈 후 1을 더한다.

8 전진법과 후진법

1. 가스용접에서 전진법과 후진법

① 전진법 : 토치를 잡은 오른손이 왼쪽으로 이동하는 방법으로 불꽃이 나오는 팁이 향하는 방향으로 이동하며 보통 5mm 이하의 얇은 판(박판) 용접에 사용되며 토치 이동각도는 45~50°, 용가재 첨가는 30~40°로 이동한다.

② 후진법 : 토치를 잡은 오른손이 오른쪽으로 이동하는 방법으로 가열 시간이 짧아 과열되지 않으며, 용접 변형이 적고 속도가 크다. 두꺼운 판 용접에 사용

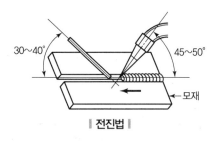

‖ 전진법 ‖

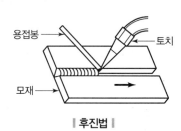

‖ 후진법 ‖

2. 전진법과 후진법의 비교

항목	전진법	후진법
열 이용률	나쁘다.	좋다.
용접 속도	느리다.	빠르다.
비드 모양	보기 좋다.	매끈하지 못하다.
홈 각도	반드시 커야 함(80°)	작아도 됨(60°)
용접 변형	크다.	적다.
용접 모재 두께	얇다.(5mm까지)	두껍다.
산화 정도	심하다.	약하다.
용착 금속의 냉각 속도	급랭된다.	서랭된다.
용착 금속 조직	거칠다.	미세하다.

※ 후진법은 전진법과 비교할 때 기계적 성질이 대체적으로 우수하나 비드의 모양은 좋지 않다.

9 가스 절단법의 이해

1. 가스 절단의 원리

강재의 절단 부분을 팁(Tip)에서 나오는 산소－아세틸렌 가스 불꽃으로 약 850~900℃가 될 때까지 예열한 후, 팁의 중심에서 고압의 산소(절단 산소)를 불어 내면 철은 연소 후 산화철이 되며 그 산화철이 녹음과 동시에 절단이 된다.

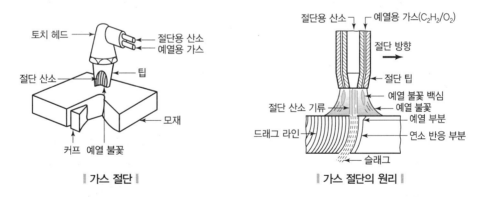

‖ 가스 절단 ‖ 　　　　　‖ 가스 절단의 원리 ‖

2. 가스 절단에서 드래그

가스 절단에서 절단 가스의 입구(절단재의 표면)와 출구(절단재의 이면) 사이의 수평거리를 말하며 표준드래그 길이는 모재 두께의 약 20%(1/5)가 적당하다.

3. 드래그 라인

절단 팁에서 강재의 아랫부분으로 갈수록 산소압력이 저하되고, 슬래그와 용융물질에 의해서 절단된 생성물의 배출이 어려워지며, 산소의 오염, 산소 분출 속도의 저하 등으로 산화 작용이 잘 일어나지 않는다. 절단면에 일정한 간격으로 평행된 곡선이 나타나는 것을 드래그 라인이라고 한다.

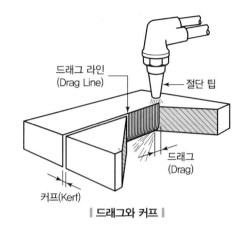

┃ 드래그와 커프 ┃

4. 가스 절단의 조건

① 드래그(Drag)가 가능한 한 작을 것

② 절단면이 평활하며 드래그의 홈이 낮고 노치(Notch) 등이 없을 것

③ 절단면의 표면각이 직각에 가깝고 예리할 것(둥글게 절단되지 않을 것)

④ 슬래그 이탈이 양호할 것

⑤ 경제적인 절단이 이루어질 것(절단가스의 사용을 최소화)

5. 가스 절단 결과물에 영향을 주는 요소

① 절단재의 두께와 폭

② 절단재의 재질

③ 절단용 토치 팁의 크기와 모양

④ 산소 압력과 순도(아세틸렌의 순도는 큰 영향을 주지 않으며 절단 속도는 산소의 압력과 소비량에 따라 비례함. 산소의 순도는 99.5% 이상으로 순도가 높아야 한다.)

⑤ 절단 주행 속도   ⑥ 절단재의 표면 상태

⑦ 예열 불꽃의 세기   ⑧ 팁의 거리 및 각도

6. 절단 속도

모재의 온도가 높을수록 고속 절단이 잘 되며, 절단 산소의 압력이 높고, 산소 소비량이 많을수록 절단의 속도가 빨라진다.

7. 가스 절단방법

팁 끝에서 모재 표면까지의 간격은 백심의 끝단과 모재 표면에서 약 2.0mm 정도 거리가 적당하다. 팁 거리가 너무 가까우면 절단면의 윗 모서리가 직각으로 절단되지 않고, 그 부분이 심하게 변질된다.

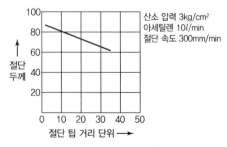

┃ 절단 팁 거리의 영향 ┃

8. 예열불꽃 적정온도

900℃(절단 개시 온도)

9. 가스절단이 잘 되는 금속과 잘 되지 않는 금속

① 절단이 잘 되는 금속

연강, 순철, 주강 등 강재 표면에 생기는 산화물의 용융 온도가 금속 용융 온도보다 낮고 유동성이 있는 조건의 강재

② 절단이 잘 되지 않는 금속

주철, 구리, 황동, 알루미늄, 납, 주석, 아연 등은 가스절단이 어려워 주로 분말절단 사용

🔟 가스 절단팁의 종류

1. 프랑스식 절단 팁(B형 팁, 동심형)

혼합 가스가 분출되는 구멍이 이중으로 된 동심원이며 전후, 좌우 및 직선 절단을 자유롭게 할 수 있으므로 범용으로 많이 사용

2. 독일식 절단 팁(A형 팁, 이심형)

혼합가스가 분출되는 구멍이 두 개, 절단 산소와 혼합 가스가 서로 다른 팁에서 분출되어 이심형 팁이라고 하며, 예열 팁과 산소 팁이 별도로 구성되어 있어 예열 팁이 붙어 있는 방향으로만 절단할 수 있어 주로 직선 절단에서만 사용

▼ 동심형 팁과 이심형 팁 비교

내용	동심형 팁(프랑스식)	이심형 팁(독일식)
곡선 절단	가능	어려움
직선 절단	가능	가능(자동절단 사용 가능)
절단면	보통	상당히 깔끔함

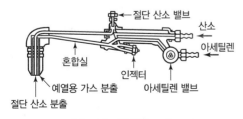

(a) 프랑스식 절단 토치

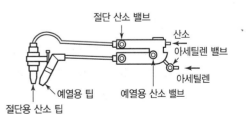

(b) 독일식 절단 토치

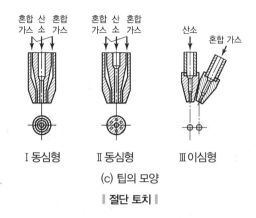

‖ 절단 토치 ‖

3. 슬로 다이버전트 노즐(가스 고속분출용 노즐)

보통의 팁에 비하여 산소 소비량을 같게 할 때 절단 속도 약 20% 정도 향상

⑪ 기타 절단 가공법

1. 분말 절단

가스 절단이 어려운 주철, 비철금속 그리고 스테인리스강 등은 철분 또는 용제를 연속적으로 절단용 산소와 함께 고압으로 공급함으로써 생기는 산화열 또는 용제의 화학작용을 이용하여 절단한다.

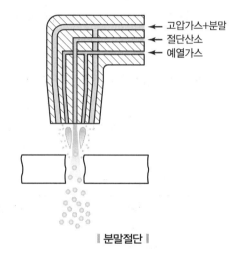

‖ 분말절단 ‖

2. 수중 절단

수중 절단법은 물속에서는 점화가 불가능하기 때문에 토치를 물속에 넣기 전에 점화용 보조 팁에 점화한다. 사용물질로는 아세틸렌, 프로판, 벤젠 등이 있으며, 수소가 가장 많이 사용된다.

3. 산소창 절단

토치 대신 가늘고 긴 강관 속에 고압의 절단용 산소를 흘려 절단하는 방법으로 두꺼운 철판 및 암석의 천공 시에도 사용된다.

‖ 산소창 절단 ‖

4. 가스 가우징

강재의 표면에 깊은 홈을 파내는 가공법으로 용접 부분의 뒷면을 따내거나, U형, H형의 용접 홈(Groove)을 가공하기 위해 사용된다.

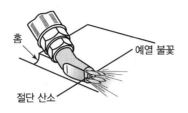

‖ 가스 가우징 ‖

5. 스카핑

강재의 표면을 얇게 깎아내는 가공법으로 표면의 흠집이나 불순물의 층, 탈탄층 등을 제거하기 위하여 사용된다.

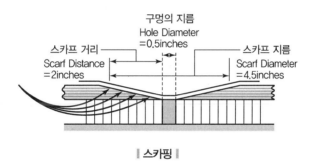

‖ 스카핑 ‖

6. 탄소 아크 절단

전극이 탄소나 흑연으로 구성되며 이를 모재 사이에 아크를 일으켜 절단하는 방법

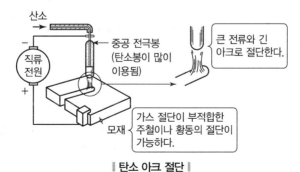

‖ 탄소 아크 절단 ‖

01 다음 중 가스용접의 특징으로 옳은 것은?

① 아크 용접에 비해서 불꽃의 온도가 높다.

② 아크 용접에 비해 유해광선의 발생이 많다.

③ 전원 설비가 없는 곳에서는 쉽게 설치할 수 없다.

④ 폭발의 위험이 크고 금속이 탄화 및 산화될 가능성이 많다.

02 산소 – 아세틸렌 용접에서 표준불꽃으로 연강판 두께 2mm를 60분간 용접하였더니 200L의 아세틸렌가스가 소비되었다면, 다음 중 가장 적당한 가변압식 팁의 번호는?

① 100번   ② 200번

③ 300번   ④ 400번

해설 가변압식(프랑스식) 팁의 번호는 1시간당 소비되는 아세틸렌가스의 양으로 표시하므로 60분(1시간) 동안 200L의 아세틸렌가스가 소비되었으니 팁의 번호는 200번이다.

03 가스 용접에서 후진법에 대한 설명으로 틀린 것은?

① 전진법에 비해 용접변형이 작고 용접속도가 빠르다.

② 전진법에 비해 두꺼운 판의 용접에 적합하다.

③ 전진법에 비해 열 이용률이 좋다.

④ 전진법에 비해 산화의 정도가 심하고 용착금속 조직이 거칠다.

해설 후진법은 용접비드의 모양이 나쁜 것만 제외하고 장점만 가지고 있다.(전진법에 비해 산화의 정도가 심하지 않음)

04 35℃에서 150kgf/cm²으로 압축하여 내부 용적 40.7리터의 산소 용기에 충전하였을 때, 용기 속의 산소량은 몇 리터인가?

① 4,470   ② 5,291

③ 6,105   ④ 7,000

해설 산소의 양 = 내용적 × 충전압력
$$= 40.7 \times 150$$
$$= 6,105$$

05 다음 중 연소를 가장 바르게 설명한 것은?

① 물질이 열을 내며 탄화한다.

② 물질이 탄산가스와 반응한다.

③ 물질이 산소와 반응하여 환원한다.

④ 물질이 산소와 반응하여 열과 빛을 발생한다.

06 가스 절단 작업 시의 표준 드래그 길이는 일반적으로 모재 두께의 몇 % 정도인가?

① 5   ② 10

③ 20   ④ 30

해설 표준드래그 길이는 모재 두께의 약 20%(1/5)이다.

07 아세틸렌 가스의 성질로 틀린 것은?

① 순수한 아세틸렌 가스는 무색무취이다.

② 금, 백금, 수은 등을 포함한 모든 원소와 화합 시 산화물을 만든다.

③ 각종 액체에 잘 용해되며, 물에는 1배, 알코올에는 6배 용해된다.

④ 산소와 적당히 혼합하여 연소시키면 높은 열을 발생한다.

해설 아세틸렌은 구리 또는 구리합금(62% 이상), 은, 수은 등과 접촉하면 폭발성 화합물을 생성한다.

정답 01 ④   02 ②   03 ④   04 ③   05 ④   06 ③   07 ②

08 가스용접에 사용되는 가스의 화학식을 잘못 나타낸 것은?

① 아세틸렌 : C_2H_2

② 프로판 : C_3H_8

③ 에탄 : C_4H_7

④ 부탄 : C_4H_{10}

해설 에탄 : C_2H_6

09 이산화탄소 아크 용접법에서 이산화탄소 (CO_2)의 역할을 설명한 것 중 틀린 것은?

① 아크를 안정시킨다.

② 용융금속 주위를 산성 분위기로 만든다.

③ 용융속도를 빠르게 한다.

④ 양호한 용착금속을 얻을 수 있다.

10 다음 중 아세틸렌(C_2H_2) 가스의 폭발성에 해당되지 않는 것은?

① 406~408℃가 되면 자연 발화한다.

② 마찰, 진동, 충격 등의 외력이 작용하면 폭발위험이 있다.

③ 아세틸렌 90%, 산소 10%의 혼합 시 가장 폭발위험이 크다.

④ 은, 수은 등과 접촉하면 이들과 화합하여 120℃ 부근에서 폭발성이 있는 화합물을 생성한다.

해설 산소 85%, 아세틸렌 15%의 혼합비일 때 폭발의 위험이 크다.

11 수중 절단작업에 주로 사용되는 연료 가스는?

① 아세틸렌　　　② 프로판

③ 벤젠　　　　　④ 수소

12 TIG 용접 및 MIG 용접에 사용되는 불활성 가스로 가장 적합한 것은?

① 수소 가스　　　② 아르곤 가스

③ 산소 가스　　　④ 질소 가스

13 산소 – 아세틸렌가스 용접의 장점이 아닌 것은?

① 용접기의 운반이 비교적 자유롭다.

② 아크용접에 비해서 유해광선의 발생이 적다.

③ 열의 집중성이 높아서 용접이 효율적이다.

④ 가열할 때 열량조절이 비교적 자유롭다.

해설 산소 – 아세틸렌가스 용접은 열의 집중성이 작아 비효율적이다.

14 폭발 위험성이 가장 큰 산소와 아세틸렌의 혼합비(%)는?

① 40 : 60　　　② 15 : 85

③ 60 : 40　　　④ 85 : 15

15 가연성 가스에 대한 설명 중 가장 옳은 것은?

① 가연성 가스는 CO_2와 혼합하면 더욱 잘 탄다.

② 가연성 가스는 혼합 공기가 적은 만큼 완전 연소한다.

③ 산소, 공기 등과 같이 스스로 연소하는 가스를 말한다.

④ 가연성 가스는 혼합한 공기와의 비율이 적절한 범위 안에서 잘 연소한다.

16 다음 가스 중 가연성 가스로만 되어있는 것은?

① 아세틸렌, 헬륨　　② 수소, 프로판

③ 아세틸렌, 아르곤　④ 산소, 이산화탄소

해설 헬륨, 아르곤은 불활성 가스이며 이산화탄소는 불연성 가스이다.

17 35℃에서 150kgf/cm²으로 압축하여 내부용적 45.7리터의 산소 용기에 충전하였을 때, 용기 속의 산소량은 몇 리터인가?

① 6,855   ② 5,250
③ 6,105   ④ 7,005

해설 산소량＝내용적×충전압력
＝45.7×150＝6,855L

18 가연성 가스로 스파크 등에 의한 화재에 대하여 가장 주의해야 할 가스는?

① C₃H₈   ② CO₂
③ He   ④ O₂

해설 C₃H₈(프로판)은 폭발하기 쉬운 가연성 가스이다.

19 가스 중에서 최소의 밀도로 가장 가볍고 확산속도가 빠르며, 열전도가 가장 큰 가스는?

① 수소   ② 메탄
③ 프로판   ④ 부탄

20 가스의 혼합비(가연성 가스 : 산소)가 최적인 상태일 때 가연성 가스의 소모량이 1이면 산소의 소모량이 가장 적은 가스는?

① 메탄   ② 프로판
③ 수소   ④ 아세틸렌

21 다음 중 가스 용접에서 산화불꽃으로 용접할 경우 가장 적합한 용접 재료는?

① 황동   ② 모넬메탈
③ 알루미늄   ④ 스테인리스

해설 일반적으로 동합금(황동) 용접 시에는 산소 과잉불꽃을 사용한다.

22 가스 절단 시 예열불꽃의 세기가 강할 때의 설명으로 틀린 것은?

① 절단면이 거칠어진다.
② 드래그가 증가한다.
③ 슬래그 중의 철 성분의 박리가 어려워진다.
④ 모서리가 용융되어 둥글게 된다.

해설 예열불꽃의 세기가 약하면 드래그가 증가한다.

23 가스용접에서 탄화불꽃의 설명과 관련이 가장 적은 것은?

① 속불꽃과 겉불꽃 사이에 밝은 백색의 제 3불꽃이 있다.
② 산화작용이 일어나지 않는다.
③ 아세틸렌 과잉불꽃이다.
④ 표준불꽃이다.

해설 표준불꽃은 중성불꽃(산소 : 아세틸렌＝1 : 1)이다.(탄화불꽃은 아세틸렌 과잉불꽃)

24 이산화탄소의 특징이 아닌 것은?

① 색, 냄새가 없다.
② 공기보다 가볍다.
③ 상온에서도 쉽게 액화한다.
④ 대지 중에서 기체로 존재한다.

해설 이산화탄소는 공기보다 무겁다.

25 산소 프로판 가스용접 시 산소 : 프로판 가스의 혼합비로 가장 적당한 것은?

① 1 : 1   ② 2 : 1
③ 2.5 : 1   ④ 4.5 : 1

정답 | **17** ① | **18** ① | **19** ① | **20** ③ | **21** ① | **22** ② | **23** ④ | **24** ② | **25** ④

해설 산소 프로판 용접 시 산소는 프로판에 비해 약 4.5배 더 소비된다.

26 산소 – 아세틸렌 가스 불꽃 중 일반적인 가스용접에는 사용하지 않고 구리, 황동 등의 용접에 주로 이용되는 불꽃은?

① 탄화 불꽃
② 중성 불꽃
③ 산화 불꽃
④ 아세틸렌 불꽃

해설 일반적인 동(구리)용접 시 산소과잉불꽃을 사용한다.

27 다음 중 산소용기의 각인 사항에 포함되지 않은 것은?

① 내용적
② 내압시험압력
③ 가스충전 일시
④ 용기 중량

해설 가스충전 일시는 각인 사항에 포함되어 있지 않다.

28 충전가스 용기 중 암모니아 가스 용기의 도색은?

① 회색
② 청색
③ 녹색
④ 백색

29 산소용기의 표시로 용기 윗부분에 각인이 찍혀 있다. 잘못 표시된 것은?

① 용기제작사 명칭 및 기호
② 충전가스 명칭
③ 용기 중량
④ 최저 충전압력

해설 가스용기는 적정 압력 이상 충전을 하면 위험하기 때문에 최고충전압력을 각인한다.

30 가스 용접 시 안전사항으로 적당하지 않은 것은?

① 산소병은 60℃ 이하 온도에서 보관하고, 직사광선을 피하여 보관한다.
② 호스는 길지 않게 하며, 용접이 끝났을 때는 용기 밸브를 잠근다.
③ 작업자 눈을 보호하기 위해 적당한 차광유리를 사용한다.
④ 호스 접속구는 호스 벤드로 죄이고 비눗물 등으로 누설 여부를 검사한다.

해설 가스용기는 40℃ 이하의 온도에서 보관한다.

31 가스용접 작업에서 보통 작업을 할 때 압력 조정기의 산소 압력은 몇 kg/cm² 이하이어야 하는가?

① 6~7
② 3~4
③ 1~2
④ 0.1~0.3

해설 가스용접 시 산소의 압력은 5 이하인 3~4 정도이다.

32 연강용 가스 용접봉에서 "625±25℃에서 1시간 동안 응력을 제거한 것"을 뜻하는 영문자 표시에 해당되는 것은?

① NSR
② GB
③ SR
④ GA

해설 SR(Stress Relief ; 응력 제거), NSR(Non Stress Relief ; 응력 제거하지 않음)

33 가스용접 시 팁 끝이 순간적으로 막혀 가스 분출이 나빠지고 혼합실까지 불꽃이 들어가는 현상을 무엇이라고 하는가?

① 인화
② 역류
③ 점화
④ 역화

해설 고압의 산소가스가 아세틸렌호스 쪽으로 들어가는 것을 역류라고 하며, 불꽃이 순간적으로 팁 끝에 흡인되고 빵빵 소리를 내면서 꺼졌다가 다시 나타나는 현상을 역화라 한다.

34 연강용 가스 용접봉의 시험편 처리 표시 기호 중 NSR의 의미는?

① 625±25℃로써 용착금속의 응력을 제거한 것
② 용착금속의 인장강도를 나타낸 것
③ 용착금속의 응력을 제거하지 않은 것
④ 연신율을 나타낸 것

해설 NSR(Non Stress Relief : 응력 제거하지 않음), SR(Stress Relief : 응력 제거)

35 두께가 6.0mm인 연강판을 가스용접하려고 할 때 가장 적합한 용접봉의 지름은 몇 mm인가?

① 1.6   ② 2.6
③ 4.0   ④ 5.0

해설 가스용접봉의 지름＝모재의 두께/2＋1
＝6.0/2＋1＝4

36 판의 두께(t)가 3.2mm인 연강판을 가스용접으로 보수하고자 할 때 사용할 용접봉의 지름(mm)은?

① 1.6mm   ② 2.0mm
③ 2.6mm   ④ 3.0mm

해설 가스용접봉의 두께＝모재의 두께/2＋1
＝3.2/2＋1＝2.6

37 다음 중 산소 – 아세틸렌 용접법에서 전진법과 비교한 후진법의 설명으로 틀린 것은?

① 용접 속도가 느리다.
② 열 이용률이 좋다.
③ 용접 변형이 작다.
④ 홈 각도가 작다.

해설 가스용접에서 전진법에 비해 후진법의 기계적 성질이 양호하다. 즉 용접속도가 빠르며 열 이용률이 좋고 변형이 작고 홈의 각도를 작게 해도 된다. 단 비드의 모양은 나쁘다는 단점을 가지고 있다.

38 가스용접 작업 시 후진법의 설명으로 옳은 것은?

① 용접속도가 빠르다.
② 열 이용률이 나쁘다.
③ 얇은 판의 용접에 적합하다.
④ 용접변형이 크다.

해설 가스용접 작업 시 전진집법에 비해 후진법은 기계적 성질이 대체적으로 좋다.(단, 비드의 모양 제외)

39 가스용접 작업에서 후진법의 특징이 아닌 것은?

① 열 이용률이 좋다.
② 용접속도가 빠르다.
③ 용접 변형이 작다.
④ 얇은 판의 용접에 적당하다.

해설 가스용접에서 후진법은 전진법에 비해 기계적 성질이 모두 우수하다.(단, 비드의 모양은 나쁨)

40 산소 · 프로판 가스 용접을 사용하는 방법으로 가장 적합한 것은?

① 분말절단   ② 산소창절단
③ 포갬절단   ④ 금속아크절단

해설 포갬절단(겹치기 절단)은 산소 – 프로판 가스 용접을 사용한다.

정답   34 ③   35 ③   36 ③   37 ①   38 ①   39 ④   40 ③

41 가스 절단 시 양호한 절단면을 얻기 위한 품질 기준이 아닌 것은?

① 절단면의 표면 각이 예리할 것
② 절단면이 평활하며 노치 등이 없을 것
③ 슬래그 이탈이 양호할 것
④ 드래그의 홈이 높고 가능한 클 것

해설 드래그는 작을수록 좋으며 표준 드래그 길이는 모재 두께의 1/5 약 20%이다.

42 수중 절단 작업을 할 때에는 예열 가스의 양을 공기 중의 몇 배로 하는가?

① 0.5~1배   ② 1.5~2배
③ 4~8배   ④ 9~16배

43 수동 가스절단 작업 중 절단면의 윗 모서리가 녹아 둥글게 되는 현상이 생기는 원인과 거리가 먼 것은?

① 팁과 강판 사이의 거리가 가까울 때
② 절단가스의 순도가 높을 때
③ 예열불꽃이 너무 강할 때
④ 절단속도가 너무 느릴 때

44 가스용접용 토치의 팁 중 표준불꽃으로 1시간 용접 시 아세틸렌 소모량이 100L인 것은?

① 고압식 200번 팁   ② 중압식 200번 팁
③ 가변압식 100번 팁   ④ 불변압식 100번 팁

해설 가변압식(프랑스식) 팁의 번호는 1시간에 소비되는 아세틸렌의 양으로 나타낸다.

45 가변압식 토치의 팁 번호 400번을 사용하여 표준불꽃으로 2시간 동안 용접할 때 아세틸렌가스의 소비량은 몇 l 인가?

① 400   ② 800
③ 1,600   ④ 2,400

해설 가변압식 토치의 팁번호가 400번이면 1시간당 400 리터의 아세틸렌가스를 소비한다는 것이므로 2시간 동안 800리터의 아세틸렌 가스를 소비하게 된다.

46 가스 절단에서 전후, 좌우 및 직선 절단을 자유롭게 할 수 있는 팁은?

① 이심형   ② 동심형
③ 곡선형   ④ 회전형

해설 동심형(프랑스식, B형) 팁은 자유로운 곡선의 절단이 가능하며 이심형(독일식, A형) 팁은 곡선절단이 불가하나 직선절단이 상당히 깔끔하게 처리된다는 장점이 있다.

47 다음 중 아크에어 가우징에 사용되지 않는 것은?

① 가우징 토치   ② 가우징 봉
③ 압축공기   ④ 열교환기

해설 열교환기는 보일러, 공조기 등에 들어가는 부품이다.

48 스카핑 작업에서 냉간재의 스카핑 속도로 가장 적합한 것은?

① 1~3m/min   ② 5~7m/min
③ 10~15m/min   ④ 20~25m/min

49 다음 절단법 중에서 두꺼운 판, 주강의 슬랙 덩어리, 암석의 천공 등의 절단에 이용되는 절단법은?

① 산소창 절단   ② 수중 절단
③ 분말 절단   ④ 포갬 절단

정답   41 ④   42 ③   43 ②   44 ③   45 ②   46 ②   47 ④   48 ②   49 ①

SECTION 01 특수 절단 및 가공법

1. 아크 절단

용접 시 발생하는 아크열을 이용하여 모재를 용융시켜 절단하는 방법이며 가스 절단에 비해 절단면이 매끄럽지 못하고 최근에는 불활성 가스를 이용한 아크 절단법과 플라즈마 아크 절단 등으로 실용화

2. 금속 아크 절단

일반 피복전기용접봉과 같은 피복봉을 사용하기 때문에 금속 아크 절단(Shield Metal Arc Cutting)이라고도 불린다. 스테인리스 절단에 탁월함

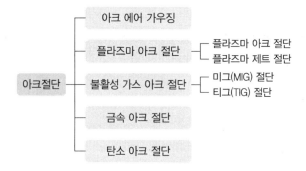

3. 산소 아크 절단

중공(속이 비어 있는)의 피복 용접봉과 모재 사이에서 발생하는 아크열을 이용한 가스 절단법

4. 아크 에어 가우징

① 아크열로 용해한 금속에 압축공기를 연속적으로 분출하여 금속 표면에 홈을 파는 방법
② 직류 역극성(DCRP) 전류 사용
③ 소음이 발생하지 않아 조용함
④ **사용공기 압력** : $5 \sim 7 \text{kg/cm}^2$

5. 플라즈마 아크 절단

아크 플라즈마의 성질을 이용한 절단방법

6. TIG 절단

TIG 용접기를 이용하여 텅스텐 전극과 모재 사이에 고전류의 아크를 발생시켜 모재를 용융시키고 이때 아르곤 가스 등을 공급해서 절단하는 방법

7. MIG 절단

절단부를 불활성 가스로 보호하고 금속 전극에 대전류를 사용하여 절단하는 방법

8. 탄소 아크 절단

탄소 또는 흑연 전극과 모재 사이에 아크를 일으켜 절단하는 방법이며 전류는 보통 직류 정극성이 사용됨

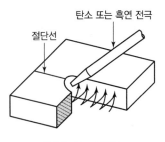

‖ 탄소 아크 절단 ‖

SECTION 02 특수 아크 용접법

1. 불활성 가스 텅스텐 아크 용접(TIG, GTAW)

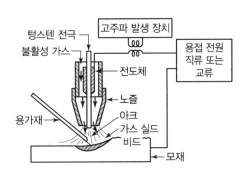

‖ 불활성 가스 아크 용접의 원리 ‖

① **청정작용**(Cleaning Action) **발생** : 직류 역극성(교류도 50% 발생)에서 가스 이온이 모재 표면에 충돌하여 산화막을 제거함으로써 알루미늄과 마그네슘 용접에 효과적이다.
② 불활성 가스가 피복제 및 용제의 역할을 대신한다.(피복제, 용제 불필요)
③ Al(알루미늄), Cu(구리), 스테인리스 등 산화하기 쉬운 금속의 용접이 용이하고 용착부 성질이 우수하다.
④ 아크가 안정되고 스패터가 적다.

⑤ 슬래그나 잔류 용제를 제거하기 위한 작업이 불필요하다.(작업 간단)

⑥ 텅스텐 봉을 전극으로 사용하며 용가재(용접봉 Filler Metal)를 아크로 녹이면서 용접한다.

⑦ 비용극식 또는 비소모식 용접법(전극인 텅스텐 봉을 소모하지 않음)이다.

⑧ 헬륨 – 아크(Helium – arc) 용접법, 아르곤 아크(Argon – arc) 용접법이라고도 불린다.

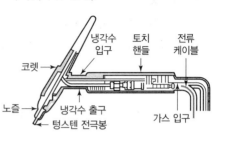

‖ 용접 토치 ‖

2. TIG 용접 시 토치의 각도

① 전진법을 사용

② 용접봉은 직류정극성으로 용접 시 전극 선단의 각도는 30~60°

3. 텅스텐 전극봉

① TIG(불활성 가스 텅스텐 아크) 용접의 전극은 텅스텐(화학원소기호 : W)으로 제작

② 순텅스텐 봉과 토륨 함유량이 1~2%인 토륨 텅스텐, 지르코늄 함유 텅스텐 봉을 사용

③ 토륨이 함유되어 전자방사능력이 현저하게 뛰어남

④ 낮은 전류와 전압에서 아크 발생 용이

4. 텅스텐 전극봉의 색상

① 순텅스텐 봉 : 녹색

② 1% 토륨 텅스텐 봉 : 황색

③ 2% 토륨 텅스텐 봉 : 적색

④ 지르코늄 텅스텐 봉 : 갈색

5. 불활성 가스 금속 아크 용접법(MIG, GMAW)

① CO_2 용접과 유사하며 보호가스로 불활성 가스를 사용하며 용가재(용접봉)인 전극 와이어를 연속적으로 보내서 아크를 발생시키는 방법

② 용극 또는 소모식 불활성 가스 아크 용접법(전극으로 사용되는 와이어가 소모됨)

③ **상품명** : 에어 코매틱(Air Comatic) 용접법, 시그마(Sigma) 용접법, 필러 아크(Filler Arc) 용접법, 아르고노트(Argonaut) 용접법

④ **용접장치** : 용접기와 아르곤 가스 및 냉각수 공급장치, 금속 와이어 송급장치 및 제어장치 등으로 구성

⑤ 사용 전원 : 직류 역극성(DCRP)

⑥ 모재 표면의 산화막(Al, Mg 등의 경합금 용접)에 대한 청정작용 발생

⑦ 전류 밀도가 상당히 높고 능률적이다.

⑧ 용접 속도 : 아크 용접의 4~6배, TIG 용접의 2배

⑨ 용도 : Al(알루미늄), 스테인리스강, 구리 합금, 연강 등

⑩ 아크의 자기 제어 특성이 있어 같은 전류일 때 아크 전압이 커지면 용융 속도는 낮아짐

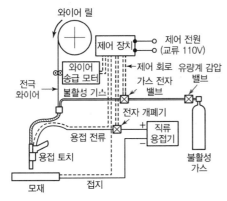

‖ 반자동 불활성 가스 금속 아크 용접 장치 ‖

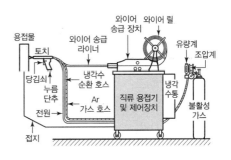

‖ MIG 반자동 용접기 구성 ‖

6. 이산화탄소 아크 용접법(CO_2 arc welding)

MIG(불활성 가스 금속 아크 용접)에서 사용되는 Ar (아르곤), He(헬륨) 등 불활성 가스 대신 이산화탄소 (CO_2), 탄산가스(불활성 가스가 아닌 불연성 가스임) 를 이용한 용극식 용접

7. 이산화탄소(CO_2) 가스

① 불연성 가스(불활성 가스가 아님!)

② 농도가 3~4% 이면 두통이나 뇌빈혈 발생, 15% 이상이면 위험상태가 되며, 30% 이상이면 생명 에 지장

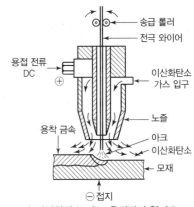

‖ 이산화탄소 아크 용접법의 원리 ‖

③ 고온 중에서는 산화성이 크고 용착금속의 산화가 심하여 기공 및 그 밖의 결함이 발생

④ 이에 대한 대책으로 망간, 실리콘 등의 탈산제를 함유한 망간-규소(Mn-Si)계 와이어와 이 산화탄소-산소(CO_2-O_2) 아크 용접법, 이산화탄소-아르곤(CO_2-Ar), 이산화탄소-아르 곤-산소(CO_2-Ar-O_2), 용제가 들어있는 와이어(Flux Cored Wire ; 플럭스 와이어) 사용

▼ 이산화탄소 아크 용접법의 분류

구분	가스	충진제
솔리드 와이어 이산화탄소법	CO_2	탈산성 원소를 성분으로 가진 솔리드 와이어

구분	가스	충진제
솔리드 와이어 이산화탄소－산소법	$CO_2 - O_2$	탈산성 원소를 성분으로 가진 솔리드 와이어
용제가 들어 있는 와이어 (Flux Cored Wire) 이산화탄소법	• CO_2 • 아르고스(Argos) 아크법 • 퓨즈(Fuse) 아크 • NCG(National Cylinder Gas) 법 • 유니언(Union) 아크법	

8. 용제가 들어 있는 와이어(Flux Cored Wire) 이산화탄소법의 상품명

① 아르고스(Argos) 아크법

② 퓨즈(Fuse) 아크법

③ NCG(National Clinder Gas)법

④ 유니언(Union) 아크법

9. 이산화탄소 아크 용접법의 특징

① 소모식(용극식) 용접방법(전극인 와이어가 소모됨)

② 직류 역극성을 사용한다.

③ 산화성 분위기이므로 Al, Mg용에는 사용하지 않음(연강의 용접에 사용)

④ 보호가스인 CO_2가 저렴하며 와이어로 고속 용접을 하므로 능률이 높고 경제적

⑤ 모재 표면의 녹, 오물 등이 있어도 큰 지장이 없으므로 완전한 청소가 불필요

⑥ 상승 특성을 가지는 전원기기를 사용하여 스패터(Spatter)가 적고 안정된 아크 발생

⑦ 가시 아크(아크가 잘 보임)이므로 시공이 편리

⑧ 용접 전류의 밀도가 커서($100 \sim 300A/mm^2$) 용입이 깊고 속도를 매우 빠르게 가능

10. 이산화탄소 아크 용접장치

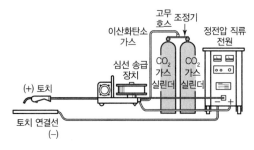

‖ 반자동 이산화탄소 아크 용접장치(공랭식) ‖

11. 이산화탄소 및 MIG 용접장치의 와이어 송급방식

① 푸시(Push)식

② 풀(Pull)식

③ 푸시 풀(Push Pull)식

12. CO_2(이산화탄소 아크 용접)의 시공

① 와이어 용융 속도는 와이어 지름에는 영향이 없음

② 아크 전류에 정비례하여 용접 속도 증가

③ 와이어의 돌출 길이(Extension)가 길수록 빨리 용융

④ 와이어의 돌출부가 너무 길면 비드가 반듯하지 않고 아크가 불안정하게 됨

13. 서브머지드 아크 용접법

① 모재의 이음 표면에 분말 형태의 용제(Flux)를 공급하고, 그 용제 속에 연속적으로 전극 와이어를 송급하여 용접봉 끝과 모재 사이에 아크를 발생시켜 용접(자동용접)

② 아크나 발생 가스가 용제 속에 잠겨 있어 보이지 않음(불가시용접, 잠호용접)

③ 불가시용접법, 잠호용접법, 유니언 멜트 용접법, 링컨 용접법이라는 상품명 등이 있음

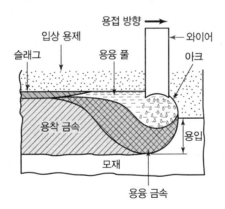

‖ 서브머지드 아크 용접법의 원리 ‖

14. 서브머지드 아크 용접법의 특징

① 와이어에 높은 전류 사용이 가능하고, 용제의 단열작용(열차단)으로 용입이 대단히 깊음

② 용입이 깊으므로(고전류 사용 시) 용접 홈의 크기가 작아도 용입이 깊으며 용접 재료의 소비가 적고 용접 변형이나 잔류 응력이 적음

③ 자동용접이기 때문에 용접사의 기술에 의한 차이가 적어 안정적인 용접 가능

④ 아크가 보이지 않아 용접 진행 상태 확인 불가

⑤ 용접 길이가 짧고 용접선이 구부러져 있을 때에는 비능률적

⑥ 용접 홈의 정밀도가 좋아야 하며, 루트 간격이 너무 크면 용락될 위험이 있음

⑦ 홈 각도 : ±5°, 루트 간격 : 0.8mm 이하(받침쇠가 없을 때), 루트 간격 : 0.8mm 이상(받침쇠 사용 시), 루트면 : ±1mm의 정밀도 요구됨

15. 서브머지드 아크 용접기의 구성

① 심선송급장치, 전압제어장치, 접촉 팁(와이어에 전기를 접촉), 대차(레일에서 이동)로 구성

② 용접헤드

- 와이어 송급장치   • 접촉 팁
- 용제 호퍼   • 전압제어장치

③ 전류 용량에 따라 4,000A, 2,000A, 1,200A, 900A로 구성

④ 와이어의 표면은 전기적 접촉을 원활하게 하고, 부식 방지를 위해 구리 도금처리

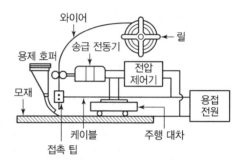

‖ 서브머지드 아크 용접장치 ‖

16. 서브머지드 아크 용접의 용제(Flux)

① **용융형 용제** : 원료를 전기로에서 1,300℃ 이상으로 용융하여 응고 분쇄하여 생산, 조성이 균일하고 흡습성이 작아 현재 가장 많이 사용

② **소결형 용제** : 원료를 점결제와 함께 첨가하여 용해되지 않을 정도의 낮은 온도(300~1,000℃)에서 소정의 입도로 소결(구워서 제작)

③ **혼성형 용제** : 원료에 고착제(물, 유리 등) 첨가 후 저온(300~400℃)에서 건조하여 제조

17. 테르밋 용접법

① 아크열이 아닌 화학적 반응에너지에 의한 용접

② 테르밋 반응(금속산화물이 알루미늄에 의하여 산소를 빼앗기는 반응)을 이용한 화학적 열에너지 용접법 → 약 2,800℃의 열이 발생

③ **테르밋제의 혼합** : 금속산화물 : 알루미늄 =3 : 1

④ 용접작업이 단순하다.

⑤ 변형이 적다.

⑥ 전기가 불필요하다.

⑦ 용접시간이 빠르다.

⑧ 주로 기차레일의 용접에 사용된다.

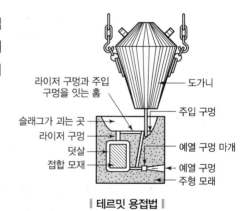

‖ 테르밋 용접법 ‖

18. 원자 수소 아크 용접

① 2개의 텅스텐 전극 사이에 아크를 발생시키고 홀더 노즐에서 수소가스 유출 시 발생되는 발생열(3,000~4,000℃)로 용접하는 방법이다.

② 고도의 기밀, 수밀을 요하는 제품의 용접에 사용한다.

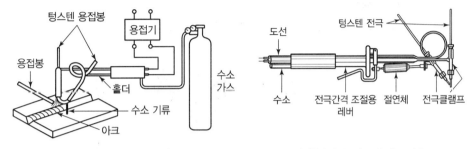

| 원자 수소 아크 용접의 원리 | | 원자 수소 아크 용접 토치 |

19. 일렉트로 슬래그 용접법

① 와이어와 용융 슬래그 사이에 통전된 전류의 저항열을 이용한 용접법

② 용융 슬래그와 용융 금속이 용접부에서 흘러나오지 않도록 용접을 진행시키며, 수랭 구리판을 올리면서 와이어를 연속적으로 공급하여 슬래그 안에서 흐르는 전류의 저항 발열로 와이어와 모재 부분을 용융

③ 연속 주조 방식에 의한 단층 상진 용접을 하는 것

④ 매우 두꺼운 판 용접에 상당히 경제적인 용접법

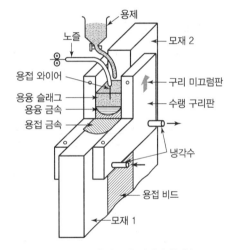

| 일렉트로 슬래그 용접법의 원리 |

20. 일렉트로 가스 아크용접

① 일렉트로 슬래그 용접과 비슷한 용접방법

② 일렉트로 슬래그 용접의 슬래그 용제 대신 CO_2 또는 Ar 가스를 보호 가스로 사용

③ 중후판물의 모재에 적용되는 것이 능률적이고 효과적

④ 용접 속도가 빠름

⑤ 용접 변형도 거의 없고 작업성도 양호

⑥ 재료의 인성이 다소 떨어짐

⑦ 조선, 고압 탱크, 원유 탱크 등에 널리 이용

21. 아크 스터드 용접(Arc Stud Welding)

① 볼트나 환봉 핀 등을 강판이나 형강에 용접하는 방법

② 볼트나 환봉을 홀더에 끼우고 모재와 볼트 사이에 아크를 발생시켜 용접

③ 급열, 급랭을 받기 때문에 저탄소강에 사용되며 용제를 채워 탈산과 아크 안정을 돕는다. — 스터드 주변에 세라믹 재질의 페룰(Ferrule)을 사용한다.

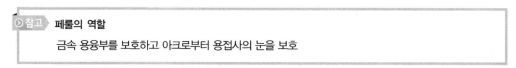

참고 페룰의 역할

금속 용융부를 보호하고 아크로부터 용접사의 눈을 보호

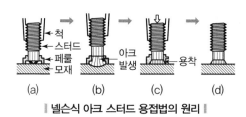

‖ 넬슨식 아크 스터드 용접법의 원리 ‖

22. 플러그 용접

겹치기 용접에서 6mm까지 두께의 강재는 구멍을 뚫지 않은 상태로 용접하고, 7mm 이상의 경우 구멍을 뚫고 플러그 용접을 시공한다.

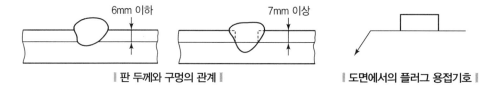

‖ 판 두께와 구멍의 관계 ‖   ‖ 도면에서의 플러그 용접기호 ‖

23. 전자빔 용접법

① 고진공 중에서 용접하므로 불순 가스에 의한 오염이 적고 성질이 양호한 용접이 가능

② 고속의 전자빔을 형성시켜 그 에너지를 용접 열원으로 사용

③ 용융점이 높은 텅스텐, 몰리브덴 등의 용접이 가능하며 이종 금속의 용접도 가능

④ 잔류 응력이 적음

⑤ 열 영향부가 적어 용접 변형이 적으며 정밀 용접이 가능

⑥ 기기가 금액적으로 상당히 비싼 편임

⑦ 제품의 크기에 제한을 받음

⑧ 방사선(X선) 방호가 필요(방사능 차폐는 납 ; Pb이 효율적)

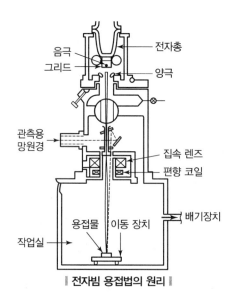

‖ 전자빔 용접법의 원리 ‖

24. 레이저 빔 용접

레이저에서 얻어진 강한 에너지를 가진 광선을 이용한 용접법

① 진공이 필요하지 않음

② 비접촉식 용접 가능

③ 레이저의 종류로는 CO_2, 레이저, Nd-YAG 레이저(박판용)이 있음

④ 얇은 박판의 용접에 적용

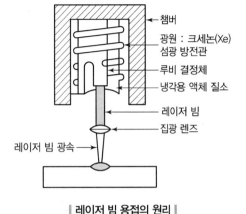

∥ 레이저 빔 용접의 원리 ∥

25. 용사

용사 재료인 금속의 분말을 가열하여 반용융 상태로 피복하는 방법

26. 가스 압접법

접합부를 그 재료의 재결정 온도 이상으로 가열하여 축방향으로 압축력을 가하여 압접하는 방법.
재료의 가열 가스 불꽃으로는 산소-아세틸렌 불꽃이나 산소-프로판 불꽃 등이 사용

① 탈탄층이 생기지 않는다.

② 전기가 필요 없다.

③ 장치가 간단하며 시설비나 수리비가 싸다.

④ 작업자의 숙련도와 관계 없이 작업 가능하다.

⑤ 작업시간이 짧고 용접봉이나 용제가 필요 없다.

⑥ 압접하기 전 이음 단면부의 청결도가 압접 결과에 영향을 끼친다.

27. 초음파 용접(압접)

① 용접물을 겹쳐서 상하부의 앤빌(Anvil) 사이에 끼워 놓고 압력을 가하면서 초음파 주파수로 진동시켜 용접을 하는 방법

② 압착된 용접물의 접촉면 사이의 압력과 진동 에너지의 작용으로 청정작용(용접면의 산화피막 제거)과 응력 발열 및 마찰열에 의하여 온도 상승과 접촉면 사이에서 원자 간 인력이 작용하여 용접

③ 너무 두꺼운 모재의 용접은 어려움(박판 용접용)

④ 이종 금속의 용접도 가능

⑤ 용접장치는 초음파 발진기, 초음파 진동자 및 진동과 압력을 보내주는 기구로 구성

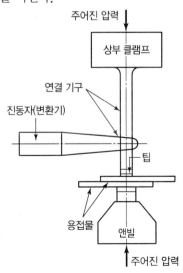

∥ 초음파 용접기의 구조 ∥

28. 냉간 압접(Cold Welding)

냉간과 열간의 차이는 금속의 재결정온도를 기준으로 나누어지는데, 즉 금속 특유의 재결정온도보다 높은 온도에서 가공하면 열간가공, 낮은 온도에서 가공하면 냉간가공이라 구분한다. 깨끗한 2개의 금속면의 원자들을 $\mathring{A}(1\,\mathring{A} = 10^{-8}\text{cm})$ 단위의 거리로 밀착시키면 자유 전자가 공동화되고 결정 격자 간의 양이온의 인력으로 인해 2개의 금속이 결합된다.

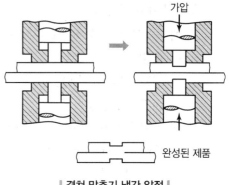

| 겹쳐 맞추기 냉간 압점 |

29. 마찰 용접법

2개의 모재에 압력을 가해 접촉시킨 후, 각각의 모재를 서로 다른 방향으로 회전시켜 접촉면에서 발생하는 마찰열을 이용하여 이음면 부근이 적정 온도에 도달했을 때 강한 압력을 가하는 동시에 상대 운동을 정지해서 압접을 하는 용접법이다. 마찰 용접의 종류에는 컨벤셔널(Conventional)형과 플라이 휠(Fly Wheel)형이 있다.

30. 단접

적당히 가열한 2개의 금속에 충격을 가하는 방식으로 접촉시키는 동시에 강한 압력을 주어 접합하는 방법이다. 가열은 금속이 반용융 상태가 되는 온도까지 하며, 가열할 때 산화가 되지 않는 금속이 단접의 효율성을 증대시킬 수 있다.

SECTION 03 저항 용접법의 개요

1. 저항 용접

압력을 가한 상태에서 대전류를 흘려주면 양 모재 사이 접촉면에서의 접촉 저항과 금속 고유 저항에 의한 저항 발열(줄열, Joule's Heat)을 얻고 이 열로 인하여 모재를 가열, 용융시킨 후 가해진 압력에 의해 접합하는 방법

▼ **저항발열 Q를 구하는 공식**

$$Q = I^2 Rt\,(\text{Joule}) = 0.238\,I^2 Rt\,(\text{cal}) \approx 0.24\,I^2 Rt\,(\text{cal})$$

여기서, I : 용접 전류[A]
R : 저항[Ω]
t : 통전 시간[sec]
$1\text{cal} = 4.2\text{J} \rightarrow 1\text{J} \approx 0.24\text{cal}$

2. 저항 용접의 3요소

① 용접 전류   ② 통전 시간   ③ 가압력

3. 저항 용접의 종류

① 겹치기 용접(Lap Welding)
- 점 용접(Spot Welding)
- 프로젝션 용접(Projection Welding)
- 심 용접(Seam Welding)

② 맞대기 용접(Butt Welding)
- 업셋 버트 용접(Upset Butt Welding)
- 플래시 용접(Flash Welding)
- 퍼커션 용접(Percussion Welding)

SECTION 04 점 용접법

1. 점 용접

① 금속 재료를 2개의 전극 사이에 끼워 놓고 가압 상태에서 전류를 통하면 접촉면에 전기저항 발열이 일어나는데 이 저항열을 이용하여 접합부를 가열 융합하는 방법
② 저항용접의 3요소인 용접 전류, 통전 시간과 가압력 등을 적절히 하면 용접 중 접합면의 일부가 녹아 바둑알 모양의 너깃이 형성되는 용접법

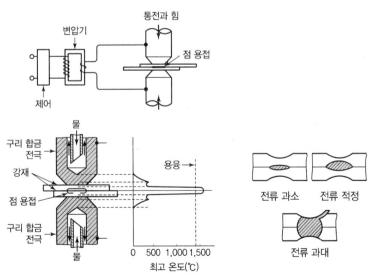

‖ 점 용접의 원리와 온도 분포 ‖   ‖ 용접 전류와 너깃 형상의 관계 ‖

2. 전기저항 점용접에서 전극의 역할

① 통전의 역할

② 가압의 역할

③ 냉각의 역할

④ 모재를 고정하는 역할

3. 전기저항 용접 전극의 종류

① R형 팁(Radius Type) : 전극 전단이 50~200mm 반경 구면으로 용접부 품질이 우수하고, 전극 수명이 길다.

② P형 팁(Pointed Type) : 많이 사용하기는 하나, R형 팁보다는 그렇지 아니하다.

③ C형 팁(Truncated Cone Type) : 원추형의 모따기한 것으로 많이 사용하며 성능도 좋다.

④ E형 팁(Eccentric Type) : 앵글 등 용접 위치가 나쁠 때 사용한다.

⑤ F형 팁(Flat Type) : 표면이 평평하여 압입 흔적이 거의 없다.

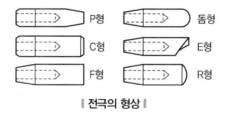

‖ **전극의 형상** ‖

4. 점 용접법의 종류

① 단극식 점 용접

② 다전극 점 용접

③ 직렬식 점 용접

④ 맥동 점 용접

⑤ 인터렉트 점 용접

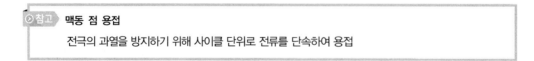

> **참고 맥동 점 용접**
> 전극의 과열을 방지하기 위해 사이클 단위로 전류를 단속하여 용접

SECTION 05 심 용접법

1. 심 용접(기밀, 유밀성을 요하는 제품의 용접)

① 원형 롤러 모양의 전극 사이에 용접물을 끼워 전극에 압력을 가하는 동시에 전극을 회전시켜 모재를 이동시키면서 점 용접을 연속적으로 진행하는 방법

② 주로 기밀, 유밀을 필요로 하는 이음부에 적용된다.

③ 용접 전류의 통전방법 : 단속 통전법, 연속 통전법, 맥동 통전법

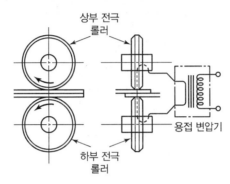

‖ 심 용접의 원리 ‖

SECTION 06 기타 저항 용접법의 종류와 특징

1. 프로젝션 용접(돌기용접)

모재의 한쪽 또는 양쪽에 작은 돌기(Projection)를 만들어 모재의 형상에 의해 전류 밀도를 크게 한 후 압력을 가해 압접하는 방법이다.

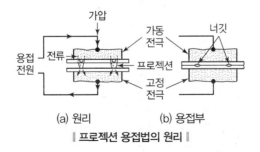

‖ 프로젝션 용접법의 원리 ‖

2. 업셋 용접법

용접재를 맞대고 여기에 높은 전류를 흘려 이음부에서 발생하는 접촉 저항에 의해 발열되어 용접부가 적당한 온도에 도달했을 때, 큰 압력을 주어 용접하는 방법이다.

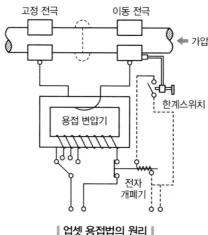

‖ 업셋 용접법의 원리 ‖

3. 플래시 용접

용접할 2개의 금속 단면을 가볍게 접촉시키고 높은 전류를 흘려 접촉점을 집중적으로 가열한다. 접촉점은 과열 용융되어 불꽃으로 흩어지고 그 접촉이 끊어지면 다시 용접재를 내보내어 항상 접촉과 불꽃의 비산을 반복시키면서 용접면을 고르게 가열하여 적당한 온도에 도달하였을 때 강한 압력을 주어 압접하는 방법이다.

4. 플래시 용접의 3단계 : 예열, 플래시, 업셋

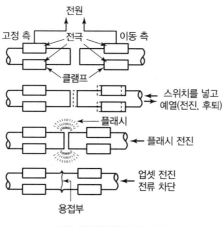

‖ 플래시 용접법의 원리 ‖

5. 퍼커션 용접(충돌용접)

축전된 직류를 사용하며 용접물을 두 전극 사이에 끼운 후에 전류를 통한다. 고속으로 피용접물이 충돌하게 되며, 용접물이 상호 충돌되는 상태에서 용접하는 방법이다.

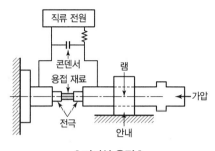

‖ 퍼커션 용접 ‖

SECTION 07 납땜법의 종류와 특징

1. 납땜법(모재를 용융시키지 않고 접합)

같은 종류의 두 금속 또는 이종재료의 금속을 접합할 때 이들 용접 모재보다 융점이 낮은 금속 또는 그들의 합금을 용가재로 사용하여 용가재만을 용융 첨가시켜 두 금속을 이음하는 방법을 납땜이라 한다.

2. 납땜법의 종류

① **연납땜** : 납땜재의 융점 450℃ 이하에서의 납땜
② **경납땜** : 납땜재의 융점 450℃ 이상에서의 납땜

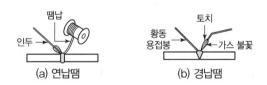

‖ 납땜의 종류 ‖

3. 연납용 용제

연납용 용제로는 염화아연($ZnCl_2$), 염산(HCl), 염화암모늄(NH_4Cl), 송진, 인산(HCL) 등이 사용된다.

4. 경납용 용제

붕사, 붕산, 붕산염, 불화물, 염화물, 알칼리

01 절단의 종류 중 아크 절단에 속하지 않는 것은?

① 탄소 아크 절단   ② 금속 아크 절단
③ 플라스마 제트 절단 ④ 수중 절단

해설 수중 절단은 아크가 아닌 가스를 이용한 절단법이다.

02 탄소 아크 절단에 압축공기를 병용하여 전극 홀더의 구멍에서 탄소 전극봉에 나란히 분출하는 고속의 공기를 분출시켜 용융금속을 불어 내어 홈을 파는 방법은?

① 아크에어 가우징   ② 금속아크 절단
③ 가스 가우징   ④ 가스 스카핑

해설 탄소아크 절단에 압축공기를 병용한 절단법은 아크 에어 가우징(직류역극성 사용)이다.

03 강재의 표면에 개재물이나 탈탄층 등을 제거하기 위하여 비교적 얇고 넓게 깎아내는 가공법은?

① 스카핑   ② 가스 가우징
③ 아크 에어 가우징 ④ 워트 제트 절단

해설 스카핑은 강재의 표면의 불순물을 가능한 한 얇고 넓게 깎아내는 가공법이다.

04 아크 절단법의 종류가 아닌 것은?

① 플라즈마제트 절단 ② 탄소아크 절단
③ 스카핑   ④ 티그 절단

해설 3번 문제 해설 참고

05 TIG 용접에서 가스이온이 모재에 충돌하여 모재 표면에 산화물을 제거하는 현상은?

① 제거효과   ② 청정효과
③ 용융효과   ④ 고주파효과

해설 직류역극성(DCRP)에서 청정효과가 나타나며 교류 (AC)에서도 청정효과가 50% 정도 나타난다.

06 아크 에어 가우징에 가장 적합한 홀더 전원은?

① DCRP
② DCSP
③ DCRP, DCSP 모두 좋다.
④ 대전류의 DCSP가 가장 좋다.

해설 아크 에어 가우징의 전원극성은 직류역극성(DCRP)을 사용한다. 아크 에어 가우징, MIG용접은 직류역극성 전원을 사용함을 반드시 기억하자.

07 다음 중 텅스텐과 몰리브덴 재료 등을 용접하기에 가장 적합한 용접은?

① 전자 빔 용접
② 일렉트로 슬래그 용접
③ 탄산가스 아크 용접
④ 서브머지드 아크 용접

해설 전자 빔 용접은 융점이 높은 텅스텐, 몰리브덴 등의 용접이 가능하며 진공 중에서 용접하여 산화 등에 의한 오염이 적다.

08 서브머지드 아크 용접 시, 받침쇠를 사용하지 않을 경우 루트 간격을 몇 mm 이하로 하여야 하는가?

① 0.2   ② 0.4
③ 0.6   ④ 0.8

해설 서브머지드 아크용접은 자동용접이며 전류밀도가 높아 용입이 깊은 것이 특징이다. 루트간격은 받침쇠를 사용하지 않을 경우 0.8mm 이하이다.

정답 **01** ④ **02** ① **03** ① **04** ③ **05** ② **06** ① **07** ① **08** ④

09 일렉트로 가스 아크용접의 특징 설명 중 틀린 것은?

① 판두께에 관계없이 단층으로 상진 용접한다.
② 판두께가 얇을수록 경제적이다.
③ 용접속도는 자동으로 조절된다.
④ 정확한 조립이 요구되며, 이동용 냉각 동판에 급수 장치가 필요하다.

해설 일렉트로 가스 아크용접은 두꺼운 판에 대해 경제적인 용접이다.

10 텅스텐 전극봉 중에서 전자 방사능력이 현저하게 뛰어난 장점이 있으며 불순물이 부착되어도 전자 방사가 잘되는 전극은?

① 순텅스텐 전극
② 토륨 텅스텐 전극
③ 지르코늄 텅스텐 전극
④ 마그네슘 텅스텐 전극

해설 토륨 텅스텐 전극은 전자 방사능력이 뛰어나 일반적으로 토륨 2%가 함유된 텅스텐 전극봉이 많이 사용되고 있다. (색상은 적색)

11 산업용 용접 로봇의 기능이 아닌 것은?

① 작업 기능　　② 제어 기능
③ 계측인식 기능　④ 감정 기능

12 불활성 가스금속 아크용접(MIG)의 용착효율은 얼마 정도인가?

① 58%　　　　② 78%
③ 88%　　　　④ 98%

해설 불활성 가스금속 아크용접은 전류밀도가 높아 용착효율이 타 용접기에 비해 높은 편이다.

13 다음 중 일렉트로 슬래그 용접의 특징으로 틀린 것은?

① 박판용접에는 적용할 수 없다.
② 장비 설치가 복잡하며 냉각장치가 요구된다.
③ 용접시간이 길고 장비가 저렴하다.
④ 용접 진행 중 용접부를 직접 관찰할 수 없다.

해설 일렉트로 슬래그 용접장치는 용융슬래그 속에서 와이어가 용융되며 용접하는 방식으로 최대 1m 두께이 철판용접도 가능하다.

14 TIG 용접에서 직류 정극성을 사용하였을 때 용접효율을 올릴 수 있는 재료는?

① 알루미늄
② 마그네슘
③ 마그네슘 주물
④ 스테인리스강

해설 스테인리스강은 직류 정극성(DCSP)에서 용접효율을 올릴 수 있다.

15 불활성 가스를 이용한 용가재인 전극 와이어를 송급장치에 의해 연속적으로 보내어 아크를 발생시키는 소모식 또는 용극식 용접방식을 무엇이라 하는가?

① TIG 용접
② MIG 용접
③ 피복아크 용접
④ 서브머지드 아크 용접

해설 TIG(Tungsten Inert Gas)용접, MIG(Metal Inert Gas)용접 두 가지 모두 불활성 가스(Inert Gas)를 이용한 용접이며 TIG용접은 텅스텐 전극봉이 용융되지 않는 비소모식(비용극식) 용접이며 MIG용접은 전극인 와이어가 직접 용융되는 소모식(용극식)용접법이다.

정답　09 ②　10 ②　11 ④　12 ④　13 ③　14 ④　15 ②

16 서브머지드 아크용접에 관한 설명으로 틀린 것은?

① 장비의 가격이 고가이다.
② 홈 가공의 정밀을 요하지 않는다.
③ 불가시 용접이다.
④ 주로 아래보기 자세로 용접한다.

해설 서브머지드 아크용접은 자동으로 용접이 진행되기 때문에 작업의 홈 가공 등의 정밀도가 중요하다.

17 다음 중 불활성 가스(Inert Gas)가 아닌 것은?

① Ar ② He
③ Ne ④ CO_2

해설 CO_2가스는 불연성 가스이다.

18 논가스 아크용접의 장점으로 틀린 것은?

① 보호 가스나 용제를 필요로 하지 않는다.
② 피복아크용접봉의 저수소계와 같이 수소의 발생이 적다.
③ 용접비드가 좋지만 슬래그 박리성은 나쁘다.
④ 용접장치가 간단하며 운반이 편리하다.

해설 **논가스 아크용접**
솔리드 와이어 또는 플럭스가 든 와이어를 써서 탄산가스 등 실드 가스 없이 공기 중에서 직접 용접하는 방법. 비피복 아크용접이라고도 하며, 반자동 용접으로서는 가장 간편한 방법이다. 실드 가스가 필요치 않으므로, 바람이 불어도 비교적 안정되고, 특히 옥외 용접에 적합하다.

19 불활성 가스 텅스텐 아크용접(TIG)의 KS규격이나 미국용접협회(AWS)에서 정하는 텅스텐 전극봉의 식별 색상이 황색이면 어떤 전극봉인가?

① 순텅스텐 ② 지르코늄 텅스텐
③ 1%토륨 텅스텐 ④ 2%토륨 텅스텐

해설 **텅스텐 전극봉의 종류**

종류	화학 첨가물	봉의 색상
토륨 텅스텐	토륨 2%	적색
토륨 텅스텐	토륨 1%	황색
순 텅스텐		녹색
세륨 텅스텐	세륨 2.0%	회색
지르코늄 텅스텐	지르코늄 1.3%	백색

20 CO_2 가스 아크 용접에서 아크전압에 대한 설명으로 옳은 것은?

① 아크전압이 높으면 비드 폭이 넓어진다.
② 아크전압이 높으면 비드가 볼록해진다.
③ 아크전압이 높으면 용입이 깊어진다.
④ 아크전압이 높으면 아크길이가 짧다.

해설 아크전압이 높으면 비드의 폭이 넓어진다.

21 서브머지드 아크 용접의 다전극방식에 의한 분류가 아닌 것은?

① 푸시식
② 텐덤식
③ 횡병렬식
④ 횡직렬식

해설 푸시식(Push)은 와이어 송급방식의 종류이다.

22 볼트나 환봉을 피스톤형의 홀더에 끼우고 모재와 볼트 사이에 순간적으로 아크를 발생시켜 용접하는 방법은?

① 서브머지드 아크 용접
② 스터드 용접
③ 테르밋 용접
④ 불활성 가스 아크 용접

23 불활성 가스 금속아크용접(MIG)에서 크레이터 처리에 의해 전류가 서서히 줄어들면서 아크가 끊어지는 기능으로 용접부가 녹아내리는 것을 방지하는 제어기능은?

① 스타트 시간
② 예비 가스 유출 시간
③ 버언 백 시간
④ 크레이터 충전 시간

24 다음 중 테르밋 용접의 특징에 관한 설명으로 틀린 것은?

① 전기가 필요 없다.
② 용접작업이 단순하다.
③ 용접시간이 길고 용접 후 변형이 크다.
④ 용접기구가 간단하고 작업 장소의 이동이 쉽다.

해설 테르밋 용접 관련 문제는 출제 빈도가 상당히 높은 편이다. 테르밋 용접은 전기를 사용하지 않으며 금속산화철과 알루미늄의 분말을 약 3 : 1로 혼합하여 과산화바륨과 알루미늄 또는 마그네슘등의 점화제를 가해 발생하는 화학적인 반응 에너지로 용접을 하게 되며 변형이 적어 주로 기차레일의 용접에 사용된다.

25 서브머지드 아크용접에 대한 설명으로 틀린 것은?

① 가시용접으로 용접 시 용착부의 육안 식별이 가능하다.
② 용융속도와 용착속도가 빠르며 용입이 깊다.
③ 용착금속의 기계적 성질이 우수하다.
④ 개선각을 작게 하여 용접 패스 수를 줄일 수 있다.

해설 서브머지드 아크용접은 입상의 용제속에서 와이어가 파묻혀 아크를 일으키므로 아크를 육안으로 식별할 수가 없다.

26 이산화탄소 아크 용접에 관한 설명으로 틀린 것은?

① 팁과 모재 간의 거리는 와이어의 돌출길이에 아크길이를 더한 것이다.
② 와이어 돌출길이가 짧아지면 용접와이어의 예열이 많아진다.
③ 와이어의 돌출길이가 짧아지면 스패터가 부착되기 쉽다.
④ 약 200A 미만의 저전류를 사용할 경우 팁과 모재 간의 거리는 10~15mm 정도 유지한다.

27 스터드 용접의 특징 중 틀린 것은?

① 긴 용접시간으로 용접변형이 크다.
② 용접 후의 냉각속도가 비교적 빠르다.
③ 알루미늄, 스테인리스강 용접이 가능하다.
④ 탄소 0.2%, 망간 0.7% 이하 시 균열 발생이 없다.

해설 스터드 아크 용접은 볼트나 환봉 등을 용접할 때 사용된다.

28 MIG용접의 용적이행 중 단락 아크용접에 관한 설명으로 맞는 것은?

① 용적이 안정된 스프레이 형태로 용접된다.
② 고주파 및 저전류 펄스를 활용한 용접이다.
③ 임계전류 이상의 용접 전류에서 많이 적용된다.
④ 저전류, 저전압에서 나타나며 박판용접에 사용된다.

해설 MIG용접은 전류밀도가 높아 용입이 깊어 주로 후판 용접에 사용된다.

29 다음 중 불활성 가스 텅스텐 아크용접에서 중간 형태의 용입과 비드 쪽을 얻을 수 있으며, 청정효과가 있어 알루미늄이나 마그네슘 등의 용접에 사용되는 전원은?

① 직류 정극성
② 직류 역극성
③ 고주파 교류
④ 교류 전원

정답 **23** ③ **24** ③ **25** ① **26** ② **27** ① **28** ④ **29** ③

해설 직류 역극성(DCRP)에서는 청정작용으로 산화막의 융점이 높은 알루미늄의 용접에 사용되고 있으며 교류(AC)에서도 50% 정도의 청정작용 효과가 나타난다.

30 용접용 용제는 성분에 의해 용접 작업성, 용착 금속의 성질이 크게 변화하는데 다음 중 원료와 제조방법에 따른 서브머지드 아크 용접의 용접용 용제에 속하지 않는 것은?

① 고온 소결형 용제　② 저온 소결형 용제
③ 용융형 용제　④ 스프레이형 용제

해설 서브머지드 아크용접의 종류에는 용융형, 소결형, 혼성형이 있다.

31 산화하기 쉬운 알루미늄을 용접할 경우에 가장 적합한 용접법은?

① 서브머지드 아크용접
② 불활성 가스 아크용접
③ 아크용접
④ 피복 아크용접

32 금속산화물이 알루미늄에 의하여 산소를 빼앗기는 반응에 의해 생성되는 열을 이용하여 금속을 접합시키는 용접법은?

① 스터드 용접　② 테르밋 용접
③ 원자수소 용접　④ 일렉트로슬래그 용접

해설 테르밋 용접 관련 문제는 출제 빈도가 상당히 높은 편이다. 테르밋 용접은 전기를 사용하지 않으며 금속산화철과 알루미늄의 분말을 약 3 : 1로 혼합하여 과산화바륨과 알루미늄 또는 마그네슘등의 점화제를 가해 발생하는 화학적인 반응 에너지로 용접을 하게 되며 변형이 적어 주로 기차레일의 용접에 사용된다.

33 CO_2 가스 아크용접에서 일반적으로 용접전류를 높게 할 때의 사항을 열거한 것 중 옳은 것은?

① 용접입열이 작아진다.
② 와이어의 녹아내림이 빨라진다.
③ 용착률과 용입이 감소한다.
④ 우수한 비드 형상을 얻을 수 있다.

해설 용접전류를 높게 하면 와이어의 녹아내림이 빨라진다.

34 불활성 가스 금속 아크용접에서 가스 공급계통의 확인 순서로 가장 적합한 것은?

① 용기 → 감압밸브 → 유량계 → 제어장치 → 용접토치
② 용기 → 유량계 → 감압밸브 → 제어장치 → 용접토치
③ 감압밸브 → 용기 → 유량계 → 제어장치 → 용접토치
④ 용기 → 제어장치 → 감압밸브 → 유량계 → 용접토치

해설 가스용기로부터 용접기까지 순차적으로 부착되어 있는 장비를 점검해 주면 된다.

35 플라스마 아크 용접장치에서 아크 플라스마의 냉각가스로 쓰이는 것은?

① 아르곤과 수소의 혼합가스
② 아르곤과 산소의 혼합가스
③ 아르곤과 메탄의 혼합가스
④ 아르곤과 프로판의 혼합가스

36 MIG용접에서 와이어 송급방식이 아닌 것은?

① 푸시 방식　② 풀 방식
③ 푸시 풀 방식　④ 포터블 방식

정답　30 ④　31 ②　32 ②　33 ②　34 ①　35 ①　36 ④

와이어 송급방식에는 푸시(Push) 방식, 풀(Pull) 방식, 푸시 풀(Push−Pull) 방식이 있다.

37 플라스마 아크용접에 관한 설명 중 틀린 것은?

① 전류 밀도가 크고 용접속도가 빠르다.
② 기계적 성질이 좋으며 변형이 적다.
③ 설비비가 적게 든다.
④ 1층으로 용접할 수 있으므로 능률적이다.

해설 플라즈마 아크용접은 설비비가 많이 드는 단점이 있다.

38 서브머지드 아크용접의 용제 중 흡습성이 높아 보통 사용 전에 150~300℃에서 1시간 정도 재건조해서 사용하는 것은?

① 용제형　　　　　② 혼성형
③ 용융형　　　　　④ 소결형

해설 서브머지드 아크용접의 용제의 종류
용융형(일반적으로 많이 사용), 소결형(흡습성 높음, 용융되지 않을 정도의 온도로 구워서(소결) 제작), 혼성형

39 CO_2 가스 아크용접에서 용제가 들어있는 와이어 CO_2 법의 종류에 속하지 않은 것은?

① 솔리드 아크법　　② 유니언 아크법
③ 퓨즈 아크법　　　④ 아코스 아크법

40 겹치기 저항 용접에 있어서 접합부에 나타나는 용융 응고된 금속 부분은?

① 마크(Mark)　　　② 스포트(Spot)
③ 포인트(Point)　　④ 너깃(Nugget)

41 CO_2 용접작업 중 가스의 유량은 낮은 전류에서 얼마가 적당한가?

① 10~15l/min　　② 20~25l/min
③ 30~35l/min　　④ 40~45l/min

42 다음 전기저항용접법 중 주로 기밀, 수밀, 유밀성을 필요로 하는 탱크의 용접 등에 가장 적합한 것은?

① 점(Spot) 용접법
② 심(Seam) 용접법
③ 프로젝션(Projection) 용접법
④ 플래시(Flash) 용접법

해설 심(Seam) 용접은 전기저항용접의 일종으로 기밀, 수밀, 유밀성을 필요로 하는 제품의 용접에 사용된다.

43 이음형상에 따라 저항용접을 분류할 때 맞대기 용접에 속하는 것은?

① 업셋 용접　　　　② 스폿 용접
③ 심 용접　　　　　④ 프로젝션 용접

44 연납땜 중 내열성 땜납으로 주로 구리, 황동용에 사용되는 것은?

① 인동납　　　　　② 황동납
③ 납−은납　　　　④ 은납

45 납땜에서 경납용 용제에 해당하는 것은?

① 염화아연　　　　② 인산
③ 염산　　　　　　④ 붕산

해설 경납용 용제로는 붕사, 붕산, 붕산염, 불화물, 염화물, 알칼리 등이 있으며 연납용 용제로는 염화아연, 염화암모늄, 인산, 염산 송진 등이 있다.

정답　37 ③　38 ④　39 ①　40 ④　41 ①　42 ②　43 ①　44 ③　45 ④

46 납땜법에 관한 설명으로 틀린 것은?

① 비철 금속의 접합도 가능하다.
② 재료에 수축 현상이 없다.
③ 땜납에는 연납과 경납이 없다.
④ 모재를 녹여서 용접한다.

해설 납땜의 가장 큰 특징은 모재를 녹이지 않고 융점이 낮은 삽입 금속을 모재 사이에 흡인시켜 접합한다는 것이다.

47 납땜 용제가 갖추어야 할 조건으로 틀린 것은?

① 모재의 산화 피막과 같은 불순물을 제거하고 유동성이 좋을 것
② 청정한 금속면의 산화를 방지할 것
③ 납땜 후 슬래그의 제거가 용이할 것
④ 침지땜에 사용되는 것은 젖은 수분을 함유할 것

해설 침지땜에 사용되는 것은 수분을 함유하고 있지 않아야 한다.

48 납땜 시 용제가 갖추어야 할 조건이 아닌 것은?

① 모재의 불순물 등을 제거하고 유동성이 좋을 것
② 청정한 금속면의 산화를 쉽게 할 것
③ 땜납의 표면장력에 맞추어 모재와의 친화도를 높일 것
④ 납땜 후 슬래그 제거가 용이할 것

해설 납땜 시 사용하는 용제는 청정한 금속면의 산화를 방지할 수 있는 조건이어야 한다.

49 연납땜에 가장 많이 사용되는 용가재는?

① 주석 납   ② 인동 납
③ 양은 납   ④ 황동 납

정답 **46** ④   **47** ④   **48** ②   **49** ①

SECTION 01 용접 시 감전의 위험과 예방대책

---

1. 용접 시 감전의 위험

① 10mA : 심한 고통

② 20mA : 근육 수축

③ 50mA : 사망의 우려

④ 100mA : 치명적 위험

2. 감전의 예방대책

① 용접기의 절연상태, 접속상태, 접지상태 등을 작업 전 반드시 확인

② 개로 전압(무부하전압)이 필요 이상으로 높지 않도록 해야 하며, 전격 방지기를 설치

3. 전격

강한 전류를 갑자기 몸에 느꼈을 때의 충격

SECTION 02 용접 안전용구 및 환경관리

---

1. 안전모

① 머리 상부와 안전모 내부 상단과의 간격은 25mm 이상 유지

② 안전모는 공용으로 사용하지 말 것

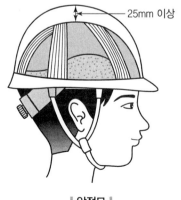

25mm 이상

‖ 안전모 ‖

2. 소화기의 종류와 용도

화재 소화기 종류	A급 화재(보통화재)	B급 화재(기름화재)	C급 화재(전기화재)
포말 소화기	적합	적합	부적합
분말 소화기	양호	적합	양호
CO_2 소화기	양호	양호	적합

※ 포말 소화기는 전기 화재에 부적합

3. 화상

① 제1도 화상 : 피부가 빨갛게 됨(화상 부위가 전신의 30%에 달하면 1도 화상이라도 위험)

② 제2도 화상 : 피부가 빨갛게 되며 물집이 생김

③ 제3도 화상 : 피부 조직이 까맣게 타버림

4. 작업환경

① 통행로 위의 높이 2m 이하에서는 장애물이 없을 것

② 기계와 다른 시설과의 폭은 80cm 이상으로 할 것

③ 조명 : 초정밀작업은 600Lux 이상, 정밀작업은 300Lux 이상, 보통작업은 150Lux 이상, 기타 작업은 60Lux 이상이어야 함

④ 습도 : 50~68%가 작업하기에 가장 적당함

⑤ 작업온도 : 법정온도, 표준온도, 감각온도가 있으며 작업의 종류에 따라 달라 일반적인 작업에서 표준온도는 15~20℃ 정도

01 피복아크용접 시 전격을 방지하는 방법으로 틀린 것은?

① 전격방지기를 부착한다.
② 용접홀더에 맨손으로 용접봉을 갈아 끼운다.
③ 용접기 내부에 함부로 손을 대지 않는다.
④ 절연성이 좋은 장갑을 사용한다.

02 감전의 위험으로부터 용접 작업자를 보호하기 위해 교류 용접기에 설치하는 것은?

① 고주파 발생 장치
② 전격 방지 장치
③ 원격 제어 장치
④ 시간 제어 장치

해설 전격 방지 장치는 약 80V의 무부하 전압을 20V까지 낮추어 용접작업자를 전격으로부터 보호한다.

03 용접 작업 시의 전격에 대한 방지대책으로 올바르지 않은 것은?

① TIG용접 시 텅스텐 전극봉을 교체할 때는 전원 스위치를 차단하지 않고 해야 한다.
② 습한 장갑이나 작업복을 입고 용접하면 강전의 위험이 있으므로 주의한다.
③ 절연홀더의 절연 부분이 균열이나 파손되었으면 곧바로 보수하거나 교체한다.
④ 용접작업이 끝났을 때나 장시간 중지할 때에는 반드시 스위치를 차단시킨다.

04 용접기의 보수 및 점검사항 중 잘못 설명한 것은?

① 습기나 먼지가 많은 장소는 용접기 설치를 피한다.
② 용접기 케이스와 2차측 단자의 두 쪽 모두 접지를 피한다.
③ 가동부분 및 냉각판을 점검하고 주유를 한다.
④ 용접케이블의 파손된 부분은 절연 테이프로 감아준다.

05 100A 이상, 300A 미만의 피복 금속 아크 용접 시 차광유리의 차광도 번호가 가장 적합한 것은?

① 4 ~5번
② 8~9번
③ 10~12번
④ 15~16번

06 사고의 원인 중 인적 사고 원인에서 선천적 원인은?

① 신체의 결함
② 무지
③ 과실
④ 미숙련

07 안전 · 보건표지의 색채, 색도기준 및 용도에서 색채에 따른 용도를 올바르게 나타낸 것은?

① 빨간색 : 안내
② 파란색 : 지시
③ 녹색 : 경고
④ 노란색 : 금지

08 다음 중 목재, 섬유류, 종이 등에 의한 화재의 급수에 해당하는 것은?

① A급
② B급
③ C급
④ D급

해설 A급(일반화재), B급(유류화재), C급(전기화재), D급(금속화재)

정답 01 ② 02 ② 03 ① 04 ② 05 ③ 06 ① 07 ② 08 ①

09 용접작업 시 안전에 관한 사항으로 틀린 것은?

① 높은 곳에서 용접작업을 할 경우 추락, 낙하 등의 위험이 있으므로 항상 안전벨트와 안전모를 착용한다.

② 용접작업 중에 여러 가지 유해가스가 발생하기 때문에 통풍 또는 환기장치가 필요하다.

③ 가연성의 분진, 화약류 등 위험물이 있는 곳에서는 용접을 해서는 안 된다.

④ 가스용접은 강한 빛이 나오지 않기 때문에 보안경을 착용하지 않아도 괜찮다.

10 안전 · 보건 표지의 색채, 색도기준 및 용도에서 문자 및 빨간색 또는 노란색에 대한 보조색으로 사용되는 색채는?

① 파란색
② 녹색
③ 흰색
④ 검은색

11 안전표지 색채 중 방사능 표지의 색상은 어느 색인가?

① 빨강
② 노랑
③ 자주
④ 녹색

12 용접 현장에서 지켜야 할 안전 사항 중 잘못 설명한 것은?

① 탱크 내에서는 혼자 작업한다.

② 인화성 물체 부근에서는 작업을 하지 않는다.

③ 좁은 장소에서의 작업 시는 통풍을 실시한다.

④ 부득이 가연성 물체 가까이에서 작업 시는 화재발생 예방조치를 한다.

해설 탱크 내에서는 반드시 2인 이상 조를 이루어 작업을 해야 한다.

13 CO_2 가스 아크 용접 시 작업장의 CO_2 가스가 몇 % 이상이면 인체에 위험한 상태가 되는가?

① 1%
② 4%
③ 10%
④ 15%

해설 많은 양의 이산화탄소에 노출되면 인체에 위험한 상태가 된다.
이산화탄소의 농도는 3~4%(두통, 뇌빈혈), 15% 이상(위험), 30% 이상(치사량)

14 헬멧이나 핸드실드의 차광유리 앞에 보호유리를 끼우는 가장 타당한 이유는?

① 시력 보호
② 가시광선 차단
③ 적외선 차단
④ 차광유리 보호

해설 차광유리(흑유리)의 가격이 비싸기 때문에 이를 보호하기 위해 보호유리(백유리)를 사용한다.

기출문제

01 주철의 용접 시 주의사항으로 틀린 것은?

① 용접 전류는 필요 이상 높이지 말고 지나치게 용입을 깊게 하지 않는다.
② 비드의 배치는 짧게 해서 여러 번의 조작으로 완료한다.
③ 용접봉은 가급적 지름이 큰 것을 사용한다.
④ 용접부를 필요 이상 크게 하지 않는다.

해설 주철의 경우 탄소(C)의 함유량이 많아 취성이 높기 때문에 가급적 지름이 가는 용접봉을 사용하여 순간적인 입열을 줄여야 한다.

02 다음 중 금속의 일반적 특성으로 틀린 것은?

① 모든 금속은 상온에서 고체이며 결정체이다.
② 열과 전기의 좋은 양도체이다.
③ 전성 및 연성이 풍부하다.
④ 금속적 광택을 가지고 있다.

03 금속재료의 냉간가공에 따른 일반적 성질 변화 중 옳지 않은 것은?

① 인장강도 증가   ② 경도 증가
③ 연신율 감소   ④ 피로강도 감소

해설 냉간가공 시 인장강도, 경도, 피로강도는 증가하고 전연성과 연신율, 수축률은 감소한다.

04 규소(Si)가 탄소강에 미치는 일반적 영향으로 틀린 것은?

① 강의 인장강도를 크게 한다.
② 연신율을 감소시킨다.
③ 가공성을 좋게 한다.
④ 충격값을 감소시킨다.

해설 규소는 경도, 탄성한도, 인장강도를 증가시키며 연신율, 충격치는 감소시킨다.(소성 감소)

05 연강을 0℃ 이하에서 용접할 경우 예열하는 요령으로 올바른 것은?

① 용접 이음의 양쪽 폭 100mm 정도를 40~75℃로 예열한다.
② 용접 이음부를 약 500~600℃로 예열한다.
③ 용접 이음부의 홈 안을 700℃ 전후로 예열한다.
④ 연강은 예열이 필요 없다.

해설 연강을 예열하는 경우 용접 이음의 양쪽 폭 100mm 정도를 40~75℃로 예열한다.

06 고장력강의 용접 시 일반적인 주의사항으로 잘못된 것은?

① 용접봉은 저수소계를 사용한다.
② 용접 개시 전 이음부 내부를 청소한다.
③ 위빙 폭을 크게 하지 말아야 한다.
④ 아크 길이는 최대한 길게 유지한다.

해설 고장력강이란 인장 강도가 일반 강재보다 높고 용접성이 우수한 저탄소 저합금의 구조용 강으로 주로 용접 구조물에 사용된다. 용접 시에는 예열과 후열처리를 하며 아크길이는 최대한 짧게 유지해야 한다.

07 Fe-C 평형상태도에서 γ(감마)-철의 결정 구조는?

① 면심입방격자
② 체심입방격자
③ 조밀육방격자
④ 혼합결정격자

해설 • α(알파)-Fe : 체심입방격자(BCC)
• γ(감마)-Fe : 면심입방격자(FCC)
• δ(델타)-Fe : 체심입방격자(BCC)

정답 01 ③   02 ①   03 ④   04 ③   05 ①   06 ④   07 ①

08 합금강에 첨가한 원소의 일반적 효과가 잘못된 것은?

① Ni-강인성 및 내식성 향상
② Ti-내식성 향상
③ Cr-내식성 감소 및 연성 증가
④ W-고온강도 향상

🔧 Cr(크롬)을 첨가하면 경도, 강도, 내식성, 내열성 및 내마멸성 등이 증가한다.

09 다음 중 적열취성의 주원인이 되는 원소는?

① 질소   ② 황
③ 수소   ④ 망간

🔧 **적열취성**
고온(900℃ 이상)의 적열 상태에서 강을 무르게 하는 성질로, 이때의 취성을 적열취성 또는 고온취성이라고 한다. Mn(망간)은 적열취성 방지제로 사용된다.

10 다음 그림은 체심입방 A·B형 격자를 나타낸 것이다. 격자 내의 B원자 수는?(단, ○: A원자, ● : B원자)

① 8   ② 4
③ 2   ④ 1

🔧 • A원자의 수 : (1/8)×8=1
    • B원자의 수 : 1

11 용접설비제도에 사용하는 문자의 크기에서 일반치수 숫자 및 기술문자의 크기는?

① 2.24~4.5mm   ② 3.15~6.3mm
③ 6.3~12.5mm   ④ 9~18mm

🔧 용접설비제도에서 일반치수 숫자 및 기술문자의 크기는 3.15~6.3mm로 한다.

12 기계제도에서 단면도에 관한 설명으로 틀린 것은?

① 가상의 절단면을 정투상법에 의하여 나타낸 투상도를 말한다.
② 주로 대칭인 물체의 중심선을 기준으로 내부 모양과 외부 모양을 동시에 표현하는 방법이 한쪽 단면도이다.
③ 단면 부분은 단면이란 것을 표시하기 위하여 해칭 또는 스머징을 한다.
④ 해칭을 주된 중심선에 대해서 60°로 굵은 실선의 등간격으로 표시한다.

🔧 해칭선은 일반적으로 45°의 가는 실선의 등간격으로 표시하나 각도는 반드시 45°일 필요는 없다.

13 핸들이나 바퀴 등의 암 및 림, 리브, 훅 등의 절단면을 90° 회전하여 그린 단면도는?

① 온단면도   ② 한쪽 단면도
③ 부분 단면도   ④ 회전 단면도

🔧 회전도시 단면도는 절단한 부분의 단면을 90° 회전하여 단면의 형상을 나타낸다.

14 A0의 도면치수는 얼마인가?(단, 단위는 mm이다.)

① 841×1,189   ② 594×841
③ 841×1,783   ④ 594×1,682

🔧 **제도지의 치수**
 • A0 : 841×1,189
 • A1 : 594×841
 • A2 : 420×594
 • A3 : 297×420
 • A4 : 210×297

정답 08 ③   09 ②   10 ④   11 ②   12 ④   13 ④   14 ①

15 물체의 모양을 가장 잘 나타낼 수 있는 투상면은?

① 평면도 ② 정면도
③ 우측면도 ④ 좌측면도

해설 정면도는 물체의 모양을 가장 잘 나타낼 수 있는 투상면에 속한다.

16 용접부 보조기호 중 끝단부를 매끄럽게 처리하도록 하는 기호는?

① ⌣(기호) ② M(기호)
③ ⌣(기호) ④ ──(기호)

해설 ① 끝단부를 매끄럽게 처리
② 영구적인 덮개판 사용
③ 오목형
④ 평면(동일 평면으로 마름질)

17 다음 용접기호를 설명한 것으로 올바른 것은?

$$C \boxed{} n \times l(e)$$

① C＝슬롯부의 폭
② l＝용접부의 개수(용접수)
③ n＝용접부의 길이
④ (e)＝크레이터 길이

해설 l＝용접부의 길이, n＝용접부의 개수, (e)＝피치

18 다음 용접의 명칭과 기호가 맞지 않는 것은?

① 겹침 이음 : ◥(기호)
② 가장자리 용접 : ‖‖(기호)
③ 서페이싱 : ⌒(기호)
④ 서페이싱 이음 : ══(기호)

해설 ①의 기호는 V형 맞대기 용접이다.

19 다음 용접기호를 바르게 설명한 것은?

$$\boxed{\text{MR}}$$

① 영구적인 덮개판 사용
② 평면(동일평면)으로 다듬질
③ 제거 가능한 덮개판 사용
④ 끝단부를 매끄럽게 다듬질

해설 • MR : 제거 가능한 덮개판 사용
• M : 영구적인 덮개판 사용

20 원 또는 다각형에 감긴 실을 잡아당겨 풀릴 때 실 위의 한 점이 그려가는 것을 이어서 얻은 선을 무엇이라 하는가?

① 포물선
② 쌍곡선
③ 인벌류트 곡선
④ 사이클로이드 곡선

해설 **인벌류트 곡선**
실을 감고 잡아당겨 풀려나갈 때 실의 끝점이 그리는 곡선

21 용접부의 안전율(Safety factor)을 나타낸 것은?

① 안전율＝$\dfrac{극한(인장)강도}{허용응력} \times 100$

② 안전율＝$\dfrac{극한응력}{전단응력} \times 100$

③ 안전율＝$\dfrac{피로강도}{굽힘응력} \times 100$

④ 안전율＝$\dfrac{굽힘응력}{피로응력} \times 100$

해설 안전율＝$\dfrac{극한(인장)강도}{허용응력} \times 100$

정답 **15** ② **16** ① **17** ① **18** ① **19** ③ **20** ③ **21** ①

22 맞대기나 필릿 용접부의 비드표면과 모재의 경계부에 발생하는 용접균열은?

① 힐 균열(Heel crack)
② 토 균열(Toe crack)
③ 비드 밑 균열(Under bead crack)
④ 루트 균열(Root crack)

해설
- 토 균열 : 비드 표면과 모재의 경계 부분에 발생하는 결함
- 힐 균열 : 필릿 용접부 표면의 루트부로부터 발생하는 냉간 균열의 일종

23 두께가 똑같은 재료를 다음 보기와 같이 용접할 때 냉각속도가 가장 빠른 이음은?

①   ②
③   ④

해설 전열면적이 넓을수록 재료의 냉각속도도 빠르다.

24 다음 그림에서 필릿용접의 실제 목두께(Actual throat)를 나타내는 것은?

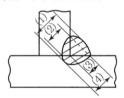

① (1) ② (2)
③ (3) ④ (4)

해설 실제 목두께란 필릿용접에서 바닥면으로부터 비드 표면까지의 최단 거리 목 두께를 가리킨다.

25 용접 준비에서 조립 및 가용접에 관한 설명으로 옳은 것은?

① 변형 혹은 잔류응력을 될 수 있는 대로 크게 해야 한다.
② 가용접은 본용접을 실시하기 전에 좌우의 홈 부분을 잠정적으로 고정하기 위한 짧은 용접이다.
③ 조립순서는 수축이 큰 이음을 나중에 용접한다.
④ 용접물의 중립축에 대하여 용접으로 인한 수축력 모멘트의 합이 100이 되도록 한다.

26 다음 중 냉각속도가 가장 큰 금속은?

① 연강
② 알루미늄
③ 구리
④ 스테인리스강

해설 구리(Cu)는 열전도도가 우수하여 냉각속도가 큰 금속에 속한다.

27 용착부의 인장응력이 5kgf/mm², 용접선 유효길이가 80mm이며, V형 맞대기로 완전 용입인 경우 하중 8,000kgf에 대한 판두께는 몇 mm인가?(단, 하중은 용접선과 직각방향임)

① 10mm ② 20mm
③ 30mm ④ 40mm

해설 허용응력(σ)

$$= \frac{하중(P)}{단면적(A)}$$

$$= \frac{하중(P)}{모재의 두께(t) \times 용접선의 길이(\ell)}$$

이므로,

모재의 두께(t)

$$= \frac{하중(P)}{허용응력(\sigma) \times 용접선의 길이(\ell)}$$

$$= \frac{8,000}{5} \times 80 = 20\text{mm}$$

28 다음 용접 변형 교정방법 중 적합하지 않은 것은?

① 얇은 판에 대한 점 수축법

② 형재에 대한 직선 수축법

③ 가열 후 해머질하는 법

④ 변형된 부위를 줄질하는 법

해설 **용접 변형 교정방법**
- 얇은 판에 대한 점 수축(가열)법
- 형재에 대한 직선 수축(가열)법
- 가열 후 해머질하는 법
- 두꺼운 판을 가열한 후 압력을 걸고 수랭하는 방법

29 용접 이음의 강도는 이음에 어떤 부하가 작용하는지를 생각해야 하는데, 그 부하에 속하지 않는 것은?

① 수직력(P) ② 굽힘 모멘트(H)

③ 비틀림 모멘트(T) ④ 응력강도(K)

해설 용접 이음의 강도는 수직력, 굽힘 모멘트, 비틀림 모멘트 등 작용하는 부하에 큰 영향을 받게 된다.

30 자기검사(MT)에서 피검사물의 자화방법은 물체의 형상과 결함의 방향에 따라서 여러 가지가 사용된다. 그중 옳지 않은 것은?

① 투과법

② 축 통전법

③ 직각 통전법

④ 극간법

해설 투과법은 초음파 탐상법의 한 종류이며 공진법, 투과법, 펄스 반사법도 포함된다.

31 피복아크 용접기에서 AW 300, 무부하 전압 70V, 아크전압 30V를 사용할 때(내부손실 3kW) 역률과 효율은 각각 얼마인가?

① 역률 : 75.8%, 효율 : 57.2%

② 역률 : 72.3%, 효율 : 64.7%

③ 역률 : 67.4%, 효율 : 71%

④ 역률 : 57.1%, 효율 : 75%

해설
- 역률 $= \dfrac{\text{소비 전력}}{\text{전원 입력}} \times 100$

  $= \dfrac{12,000}{21,000} \times 100 = 57.14\%$

- 효율 $= \dfrac{\text{아크 출력}}{\text{소비전력}} \times 100$

  $= \dfrac{9,000}{12,000} \times 100 = 75\%$

- 아크출력 = 아크전압 × 아크전류
  $= 30 \times 300 = 9,000W$

- 소비전력 = 아크출력 + 내부손실
  $= 9,000 + 3,000 = 12,000W$

- 전원입력 = 2차 무부하전압 × 정격 2차 전류
  $= 70 \times 300 = 21,000kVA$

32 계산 또는 필릿용접의 치수 이상으로 표면 위에 용착된 금속은?

① 이면비드 ② 덧붙이

③ 개선 홈 ④ 용접의 루트

해설 비정상적으로 표면 위에 용착된 금속을 '덧붙이'라고 한다.

33 용접이음을 설계할 때 주의사항이 아닌 것은?

① 아래보기 용접을 많이 하도록 한다.

② 용접보조기구 및 장비를 사용하여 작업조건을 좋게 만든다.

③ 용접 진행은 부재의 자유단에서 고정단으로 향하여 용접하게 한다.

④ 부재 전체에 가능한 한 열의 분포가 일정하게 되도록 한다.

정답 28 ④ 29 ④ 30 ① 31 ④ 32 ② 33 ③

> **용접이음 설계 시 주의사항**
> • 수축이 큰 이음을 먼저 용접하고 수축이 작은 이음을 나중에 한다.
> • 용접물의 중립축에 대하여 용접으로 인한 수축력 모멘트의 합이 0이 되도록 한다.
> • 중심에 대하여 항상 대칭으로 용접을 진행한다.
> • 용접 진행 시 같은 평면 안에 많은 이음이 있을 때에는 수축은 되도록 자유단으로 향하도록 용접한다.

34 초음파 탐상법 중 가장 많이 사용되는 검사법은?

① 투과법
② 펄스 반사법
③ 공진법
④ 자기 검사법

> 초음파 탐상법의 종류로는 공진법, 투과법, 펄스 반사법 등이 있으며 이 중 펄스 반사법이 가장 많이 사용되고 있다.

35 아크 전류가 300A, 아크 전압이 25V, 용접 속도가 20cm/min인 경우 용접길이 1cm당 발생되는 용접 입열(J/cm)은?

① 20,000
② 22,500
③ 25,500
④ 30,000

> 용접 입열량$(Q) = \dfrac{60 \times 전류(I) \times 전압(E)}{용접속도(V)}$
> $= \dfrac{60 \times 300 \times 25}{20}$
> $= 22,500 \text{J/cm}$

36 다음 중 이음효율을 구하는 식으로 맞는 것은?

① 용접이음효율 $= \dfrac{용접 이음의 허용응력}{모재의 허용응력} \times 100$

② 용접이음효율 $= \dfrac{모재의 인장강도}{용착금속의 인장강도} \times 100$

③ 용접이음효율 $= \dfrac{용접재료의 항복강도}{용접재료의 인장강도} \times 100$

④ 용접이음효율 $= \dfrac{모재의 인장강도}{시험편의 인장강도} \times 100$

37 다층용접 시 한 부분의 몇 층을 용접하다가 이것을 다음 부분의 층으로 연속하여 전체가 단계를 이루도록 용착시켜 나가는 방법은?

① 후퇴법(Backstep method)
② 캐스케이드법(Cascade method)
③ 블록법(Block method)
④ 덧살올림법(Build-up method)

> 다층쌓기법의 종류 : 캐스케이드법, 전진블록법, 덧살올림법(빌드업법)

38 강판 두께 9mm, 용접선 유효길이 150mm, 홈의 깊이 h_1, h_2가 각각 3mm인 V형 맞대기 용접을 불완전 용입으로 용접하고, 9,000kgf의 하중이 용접선과 직각방향으로 작용하는 경우 압축응력은 몇 kgf/mm²인가?

① 20
② 15
③ 10
④ 5

> 압축응력 $= \dfrac{하중}{단면적}$
> $= \dfrac{하중}{용접선의 길이 \times 홈의 길이}$
> $= \dfrac{9,000}{150 \times (3+3)} = 10$

39 끝이 구면인 특수한 해머로 용접부를 연속적으로 때려 용접표면상에 소성변형을 주어 인장응력을 완화하는 방법은?

① 전진법
② 스킵법
③ 후퇴법
④ 피닝법

해설 대표적인 잔류응력 완화법
- 노내풀림법
- 국부풀림법
- 저온 응력완화법
- 기계적 응력완화법
- 피닝법

40 본용접에서 용착법의 종류에 해당되지 않는 것은?

① 대칭법   ② 풀림법
③ 후퇴법   ④ 스킵법

해설 용착법의 종류 : 전진법, 후진법(후퇴법), 대칭법, 비석법(스킵법) 등

41 가스용접에서 역화의 원인이 될 수 없는 것은?

① 아세틸렌의 압력이 높을 때
② 팁 끝이 모재에 부딪혔을 때
③ 스페터가 팁의 끝부분에 덮였을 때
④ 토치에 먼지나 물방울이 들어갔을 때

해설
- 역화 : 불꽃이 팁 끝에서 순간적으로 폭음을 내며 들어갔다가 꺼지는 현상
- 역류 : 고압의 산소가 아세틸렌 호스 쪽으로 흘러 들어가는 현상
- 인화 : 불꽃이 가스 혼합실까지 들어가는 현상

42 전격방지를 위한 준비작업으로 틀린 것은?

① 피용접물과 용접 케이스를 접지한다.
② 면장갑을 끼고 그 위에 용접용 장갑을 낀다.
③ 우천 시에는 용접기의 과열을 방지하기 위하여 비에 젖도록 하는 것이 좋다.
④ 전격방지장치가 설치된 용접기를 사용한다.

해설 전격이란 강한 전류에 의해 갑작스럽게 주어지는 자극을 말하는 것으로 우천 시 야외에서 용접하는 것은 상당히 위험하다.

43 가스용접에서 산소 압력조정기의 압력조정나사를 오른쪽으로 돌리면 밸브는 어떻게 되는가?

① 잠긴다.
② 중립상태로 된다.
③ 고정된다.
④ 열린다.

해설 산소 압력조정기의 압력조정나사를 오른쪽으로 돌리면 밸브가 열린다.

44 금속과 금속을 충분히 접근시키면 금속원자 사이에 인력이 작용하여 그 인력에 의하여 금속을 영구 결합시키는 것이 아닌 것은?

① 융접   ② 압접
③ 납땜   ④ 리벳이음

해설 용접의 종류로는 융접, 압접, 납땜 3가지가 있으며 이는 원자 간에 발생하는 인력을 이용해 금속을 영구 결합시키는 이음법이다.

45 1차 입력이 22kVA인 피복아크용접기에서 전원 전압이 220V라면 퓨즈는 다음 중 몇 A가 가장 적합한가?

① 50A   ② 100A
③ 200A   ④ 400A

해설
$$\text{퓨즈의 용량} = \frac{1\text{차 입력}(kVA)}{\text{전원입력}(V)}$$
$$= \frac{22{,}000}{220} = 100A$$

46 산소 아세틸렌 가스로 절단이 가장 잘 되는 금속은?

① 연강   ② 알루미늄
③ 스테인리스강   ④ 구리

해설 연강(Mild steel)은 산소−아세틸렌 가스로 가장 절단이 잘 되는 금속이다.

정답   40 ②   41 ①   42 ③   43 ④   44 ④   45 ②   46 ①

47 내용적 40l인 산소용기에 조정기의 고압 측 압력계가 50kgf/cm²를 지시하고 있다면, 이 용기에 잔류 산소는 몇 리터(l)가 있는가?

① 100l
② 200l
③ 1,000l
④ 2,000l

해설 총가스의 양(l) = 내용적(l) × 압력(P)
　　　　 = 40 × 50 = 2,000l

48 피복아크 용접봉의 피복제 중 아크 안정제는?

① 규산칼륨
② 탄가루
③ 마그네슘
④ 페로크롬(Fe－Cr)

해설 아크 안정제 : 규산나트륨, 산화티탄, 석회석, 규산칼륨 등

49 서브머지드 아크 용접의 용제에 대한 설명 중 용융형 용제의 특성이 아닌 것은?

① 비드 외관이 아름답다.
② 흡습성이 높아 재건조가 필요하다.
③ 용제의 화학적 균일성이 양호하다.
④ 용융 시 분해되거나 산화되는 원소를 첨가할 수 있다.

해설 서브머지드 아크용접 용제의 종류 : 용융형(흡습성이 낮아 일반적으로 사용), 소결형, 혼합형

50 직류 아크용접에서 직류 정극성(DCSP)의 특징에 해당되는 것은?

① 용접봉의 용융이 빠르다.
② 비드 폭이 넓다.
③ 모재의 용입이 깊다.
④ 박판 용접에 용이하다.

해설 직류 정극성(DCSP) : 모재에 ＋극, 전극(용접봉)에 －극을 연결하며, 용입이 깊고 비드의 폭이 좁으며 후판(6mm 이상) 용접 시 사용된다.

51 아크용접 시 발생되는 유해한 광선은?

① X－선
② 감마선(γ)
③ 알파선(α)
④ 적외선

해설 아크용접 시에는 인체에 유해한 적외선, 자외선 등이 발생되며 이를 보호하기 위해 필터렌즈가 달린 보호구를 이용한다.

52 단조에 비교하여 용접의 장점이 아닌 것은?

① 재료의 두께에 제한이 없다.
② 시설비가 적게 든다.
③ 수축변형 및 잔류응력이 발생한다.
④ 서로 다른 금속을 접합할 수 있다.

해설 수축변형과 잔류응력이 발생하는 것은 용접의 단점에 해당한다.

53 보호가스와 용극방식에 의한 분류 중 용제가 들어 있는 와이어 CO_2법이 아닌 것은?

① 아코스 아크법
② 스카핑 아크법
③ 퓨즈 아크법
④ 유니언 아크법

해설 용제가 들어 있는 와이어 CO_2법에는 아코스 아크법, 퓨즈 아크법, 유니언 아크법 등이 있다.

54 가스용접에서 판두께가 t(mm)라면 용접봉의 지름 D(mm)를 구하는 식으로 옳은 것은?(단, 모재의 두께는 1mm 이상인 경우이다.)

① $D = t + 1$
② $D = \dfrac{t}{2} + 1$
③ $D = \dfrac{t}{3} + 2$
④ $D = \dfrac{t}{4} + 2$

해설 가스용접 시 용접봉의 두께를 구하는 식
$$D = \frac{t}{2} + 1$$

정답 　47 ④　　48 ①　　49 ②　　50 ③　　51 ④　　52 ③　　53 ②　　54 ②

55 가스용접에서 충전가스 용기의 도색을 표시한 것 중 틀린 것은?

① 산소-녹색　　　② 수소-주황색
③ 프로판-회색　　④ 아세틸렌-청색

> 해설 • 아세틸렌-황색
> • 탄산가스(이산화탄소)-청색
> • 아르곤-회색

56 가스절단법에 사용되는 프로판가스의 성질을 설명한 것 중 틀린 것은?

① 공기보다 가볍다.
② 액화성이 있다.
③ 증발잠열이 크다.
④ 석유 정제 과정의 부산물이다.

> 해설 프로판가스(propane gas)는 LPG(액화석유가스)의 주성분을 이루는 것으로 비중이 약 1.5이며 공기보다 무겁다.

57 다음 중 연납의 종류가 아닌 것은?

① 주석-납　　　② 인-구리
③ 납-카드뮴　　④ 카드뮴-아연

> 해설 연납은 납에 주석을 약 50% 첨가한 것이 가장 널리 사용되며 종류에는 납-카드뮴, 납-은납, 납-아연 등이 있다.

58 플라스마 아크용접법의 종류에 해당되지 않는 것은?

① 중간형 아크법
② 이행형 아크법
③ 용적형 아크법
④ 비이행형 아크법

> 해설 **플라스마 아크용접법의 종류**
> 이행형, 비이행형, 중간형 아크법

59 산소 아세틸렌 불꽃에서 아세틸렌이 이론적으로 완전 연소하는 데 필요한 산소 : 아세틸렌의 연소비는?

① 1.5 : 1　　　② 1 : 1.5
③ 2.5 : 1　　　④ 1 : 2.5

> 해설 산소와 아세틸렌은 2.5 : 1의 비율에서 이론적으로 완전 연소하게 된다.

60 TIG 용접 중 직류 정극성을 사용하여 용접했을 때 용접효율을 가장 많이 올릴 수 있는 재료는?

① 스테인리스강
② 알루미늄 합금
③ 마그네슘 합금
④ 알루미늄 주물

> 해설 직류 정극성-스테인리스, 직류 역극성-알루미늄

정답　55 ④　56 ①　57 ②　58 ③　59 ③　60 ①

01 용접 후 제품의 잔류응력을 제거하는 방법이 아닌 것은?

① 저온 응력완화법
② 노내풀림법
③ 국부풀림법
④ 오스템퍼링

해설 잔류응력 제거방법

노내풀림법, 국부풀림법, 저온 응력완화법, 기계적 응력완화법, 피닝법 등

02 고장력강 용접 시 주의사항 중 틀린 것은?

① 용접봉은 저수소계를 사용한다.
② 아크 길이는 가능한 한 짧게 유지한다.
③ 위빙 폭은 용접봉 지름의 3배 이상으로 한다.
④ 용접 개시 전에 용접할 부분을 청소한다.

해설 일반적인 용접 시 위빙폭은 용접봉 심선지름의 2~3배 정도가 적당하나, 고장력강의 용접에서는 가급적 위빙폭을 작게 해야 결함의 방지가 가능하다.

03 피복아크 용접봉에 습기가 많을 때 나타나는 현상은?

① 아크가 안정해진다.
② 용접부에 기공이나 균열이 생기기 쉽다.
③ 용접비드 폭이 넓어지고 비드가 깨끗해진다.
④ 용접 후 각 변형이 적어진다.

해설 피복아크 용접봉에 습기가 많은 경우 수소의 영향에 의해 용접부에 기공이나 균열이 발생하기 쉬운 상태가 된다.

04 주철 용접이 곤란한 이유로 맞지 않은 것은?

① 수축이 많아 균열이 생기기 쉽다.
② 용융금속 일부가 연화된다.
③ 용착금속에 기공이 생기기 쉽다.
④ 흑연의 조대화 등으로 모재와의 친화력이 나쁘다.

해설 주철은 탄소(C)의 함유량이 많아 단단하고 취성이 발생하기 쉽다.

05 오스테나이트계 스테인리스강의 용접 시 발생하기 쉬운 고온 균열에 영향을 주는 합금원소 중에서 균열의 증가와 가장 관계가 깊은 원소는?

① C(탄소)
② Mo(몰리브덴)
③ Mn(망간)
④ S(황)

해설 황(S)은 고온균열의 원인이 되는 성분이다.

06 순철의 자기변태온도는 약 얼마인가?

① 210℃
② 738℃
③ 768℃
④ 910℃

해설 순철의 경우 768℃에서 자성이 변하게 되는데 이를 순철의 자기변태점(퀴리점)이라 한다.

07 아크용접에서 피복제의 역할에 대하여 틀린 것은?

① 용착금속 보호
② 용착금속에 산소 및 수소 공급
③ 아크의 안정
④ 용착금속의 급랭방지

해설 피복아크용접봉의 피복제는 용착금속 중에 산소와 수소가 침입하는 것을 방지하는 역할을 한다.

08 다음 중 열영향부의 냉각속도에 영향을 미치는 용접조건이 아닌 것은?

① 용접 전류
② 아크 전압
③ 용접 속도
④ 무부하 전압

정답 01 ④ 02 ③ 03 ② 04 ② 05 ④ 06 ③ 07 ② 08 ④

해설 무부하 전압은 아크를 일으키지 않을 때(부하가 걸리지 않은 경우) 용접봉에 걸린 전압으로, 이는 아크의 재발생이 쉽도록 한 것이며 열영향부의 냉각속도와는 관계가 없다.

09 알루미늄의 성질을 설명한 것으로 틀린 것은?

① 비중이 가벼워 경금속에 속한다.
② 전기 및 열의 전도율이 좋다.
③ 산화피막의 보호작용으로 내식성이 좋다.
④ 염산에 아주 강하다.

해설 알루미늄(Al)은 열과 전기의 전도율이 좋은 금속에 속하며 내식성이 좋으나 산에 약한 것이 특징이다.

10 질화법의 종류가 아닌 것은?

① 가스 질화법
② 연 질화법
③ 액체 침질법
④ 고체 질화법

해설 질화법이란 철에 질소를 화합시켜 표면을 단단하게 만드는 방법이다.

11 다음 용접기호에 대한 설명으로 틀린 것은?

① 목두께가 a인 지그재그 단속 필릿용접이다.
② n은 용접부의 개수를 말한다.
③ l은 용접부의 길이로 크레이터부를 포함한다.
④ (e)는 인접한 용접부 간의 거리를 표시한다.

해설 도면상 용접부의 길이는 크레이터부를 포함하지 않는다.

12 다음은 평면도법에서 인벌류트 곡선에 대한 설명이다. 올바른 것은?

① 원기둥에 감긴 실의 한 끝을 늦추지 않고 풀어 나갈 때 이 실의 끝이 그리는 곡선이다.
② 1개의 원이 직선 또는 원주 위를 굴러갈 때 그 구르는 원의 원주 위의 1점이 움직이며 그려 나가는 자취를 말한다.
③ 전동원이 기선 위를 굴러갈 때 생기는 곡선을 말한다.
④ 원뿔을 여러 가지 각도로 절단하였을 때 생기는 곡선이다.

해설 실을 감고 잡아당기면서 풀어나갈 때 실의 끝점이 그리는 곡선을 인벌류트 곡선이라 한다.

13 투상법에서 시점과 대상물의 각 점을 연결하고 대상물의 형태를 투상면에 찍어내기 위한 선은?

① 투상면
② 시점
③ 시선
④ 투상선

해설 투상법에서 시점과 대상물의 각 점을 연결한 선을 투상선이라 한다.

14 도면의 크기에서 A4 제도용지의 크기는?(단, 단위는 mm이다.)

① 594×841
② 420×594
③ 297×420
④ 210×297

해설 제도지의 치수
• A0 : 841×1,189
• A1 : 594×841
• A2 : 420×594
• A3 : 297×420
• A4 : 210×297

15 도면의 작도 시에 패킹, 얇은 판 등의 단면을 표시하는 아주 굵은 선의 굵기는 가는 선의 몇 배 정도인가?

① 1   ② 2
③ 3   ④ 4

해설 도면 작도 시 패킹 등 얇은 판 등의 단면을 표시하는 아주 굵은 선의 굵기는 가는 선의 4배 정도로 한다.

16 다음 중 그림과 같은 리벳이음의 명칭은?

 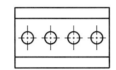

① 1줄 맞대기 이음
② 1줄 겹치기 이음
③ 1줄 지그재그 맞대기 이음
④ 1중 지그재그 겹치기 이음

해설 리벳이음은 강판 또는 형강 등을 영구적으로 결합하는 데 사용되며 잔류응력과 변형이 일어나지 않는 것이 특징이다.

17 특수한 가공을 하는 부분 등 특별한 요구사항을 적용할 수 있는 범위를 표시하는 데 사용하는 선은?

① 굵은 1점 쇄선   ② 지그재그선
③ 굵은 실선   ④ 아주 굵은 실선

해설 특수한 가공을 실시하는 경우 굵은 1점 쇄선을 사용하여 도시한다.

18 용접의 기본기호 중 가장자리 용접을 나타내는 것은?

① ⊕   ② |||
③ ✕   ④ ⊖

19 한쪽 면 K형 맞대기 이음 용접의 기본기호는?

① ||| ② ✕
③ ∨   ④ Y

20 다음의 용접기호 중에서 플러그용접을 나타내는 기호는?

① ⊓   ② ⊖
③ ○   ④ ◺

해설 플러그용접이란 용접물의 한쪽에 구멍을 뚫고 그 구멍에 용접을 하여 접합하는 용접방법이다.

21 용접구조물을 설계할 때 주의해야 할 사항 중 틀린 것은?

① 구조상의 불연속부 및 노치부를 피한다.
② 용접금속은 가능한 한 다듬질 부분에 포함되지 않게 한다.
③ 용접구조물은 가능한 한 균형을 고려한다.
④ 가능한 한 용접이음을 집중, 접근 및 교차하도록 한다.

해설 용접구조물의 설계 시 용접이음의 집중, 접근 및 교차는 하지 않아야 한다.

22 아크용접에서 한쪽 끝에서 다른 쪽 끝을 향해 연속적으로 진행하는 용접방법으로서 용접이음이 짧은 경우나 변형과 잔류응력이 그다지 문제가 되지 않을 때 이용되는 용착방법은?

① 전진법   ② 전진블록법
③ 캐스케이드법   ④ 스킵법

해설 용접이음부의 변형과 잔류응력을 방지하기 위해 스킵법을 사용하며 전진법의 경우 변형과 잔류응력이 문제가 되지 않는 경우 또는 용접이음이 짧은 경우 사용한다.

정답   15 ④   16 ②   17 ①   18 ②   19 ③   20 ①   21 ④   22 ①

23 피닝(Peening)에 대한 설명으로 맞는 것은?

① 특수 해머로 용착부를 한 번 정도 때려 용착부의 균열을 점검한다.

② 특수 해머로 용착부를 한 번 정도 때려 용착부의 굽힘응력을 완화시킨다.

③ 특수 해머로 용착부를 연속으로 때려 용착부의 기공을 점검한다.

④ 특수 해머로 용착부를 연속으로 때려 용착부의 인장응력을 완화시킨다.

> 해설 피닝법은 금속의 응력 제거방법이며 끝이 둥근 해머로 용착부를 연속으로 때려 용착부의 인장응력을 완화시킨다.

24 저온 응력완화법은 일정한 온도로 가열하고 급랭시켜 용접선 방향의 인장 잔류응력을 완화하는 방법이다. 이때 가스열은 용접선을 중심으로 몇 mm를 정속도 이동하며, 몇 ℃ 정도로 가열시키는가?

① 50mm, 50℃

② 100mm, 100℃

③ 150mm, 200℃

④ 200mm, 300℃

> 해설 저온 응력완화법은 용접선으로부터 150mm 떨어진 양측 부분(용접선 방향으로 압축 잔류응력이 존재하는 하는 부분)을 가스토치로 150~200℃로 가열 후 즉시 수랭하여 용접부에 존재하는 용접선 방향의 인장 잔류응력을 제거하는 방법이다.

25 용접 결함의 종류 중 구조상 결함이 아닌 것은?

① 기공, 슬래그 섞임

② 변형, 형상불량

③ 용입불량, 융합불량

④ 표면결함, 언더컷

> 해설 **용접 결함의 종류**
> • 구조상 결함 : 기공, 슬래그 혼입, 용입 부족, 균열 등
> • 치수상 결함 : 변형 및 비틀림, 치수결함 등
> • 성능상 결함 : 기계적 성질, 화학적 성질

26 맞대기 용접이음 홈의 종류가 아닌 것은?

① 양면 J형   ② C형

③ K형   ④ H형

> 해설 맞대기 용접이음 홈의 종류 : I형, V형, U형, X형, H형, K형, 베벨형 등

27 그림과 같은 용접부에 발생하는 인장응력은 약 몇 kgf/mm²인가?

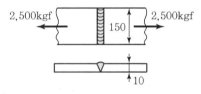

① 1.46   ② 1.67

③ 2.16   ④ 2.66

> 해설 인장응력$(\sigma) = \dfrac{\text{하중}(P)}{\text{단면적}(A)}$
> $= \dfrac{2,500}{10 \times 150} = 1.67$

28 용접구조물 작업 시 고려하여야 할 사항으로 틀린 것은?

① 변형 및 잔류응력을 경감시킬 수 있어야 한다.

② 변형이 발생될 때 변형을 쉽게 제거할 수 있어야 한다.

③ 가능한 한 구속용접을 한다.

④ 구조물의 형상을 유지할 수 있어야 한다.

> 해설 구조물을 구속하여 용접하는 경우 변형은 방지할 수 있으나 잔류응력이 발생할 수 있다.

정답 23 ④ 24 ③ 25 ② 26 ② 27 ② 28 ③

29 용접봉의 소요량 계산에 사용하는 용착효율이란?

① $\dfrac{용착금속의\ 중량}{용접봉의\ 사용중량} \times 100$

② $\dfrac{용접봉의\ 사용중량}{용착금속의\ 중량} \times 100$

③ $\dfrac{용착금속의\ 중량}{용접봉의\ 전\ 중량} \times 100$

④ $\dfrac{용접봉의\ 전\ 중량}{용착금속의\ 중량} \times 100$

30 각종 금속의 예열에 관한 설명으로 잘못된 것은?

① 고장력강, 저합금강, 주철의 경우 용접 홈을 50~350℃로 예열한다.
② 연강을 0℃ 이하에서 용접할 경우 이음의 폭 100mm 정도를 40~75℃ 정도로 예열한다.
③ 열전도도가 높은 구리합금, 알루미늄합금은 예열이 필요 없다.
④ 고급 내열 합금에서도 용접 균열 방지를 위해 예열을 한다.

🔹해설 열전도도가 높은 금속의 용접 시 반드시 예열이 필요하다.

31 잔류응력의 측정법을 정량법과 정성법으로 분류할 때 정량법에 해당하는 것은?

① 부식법
② 분할법
③ 자기적법
④ 응력 와니스법

🔹해설 **잔류응력 측정방법**
• 정성적 방법 : 부식법, Vanish법, 자기적 방법 등
• 정량적 방법 : 응력이완법, 분할법, 절취법 등

32 폭 50mm, 두께 12.7mm인 강판 두 장을 38mm만큼 겹쳐서 전주 필릿용접을 하였다. 여기에 외력 $P = 9,000$kgf의 하중을 작용시킬 때 필요한 필릿용접 이음의 치수(목길이)는 몇 cm인가?(단, 용접부의 허용응력은 $\sqrt{\sigma_a} = 1,020$kgf/cm²이다.)

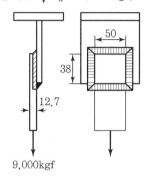

9,000kgf

① 0.99　　　　② 1.4
③ 0.49　　　　④ 0.7

🔹해설 허용응력 $= \dfrac{1.414 \times 하중}{목길이}$ 이므로

하중 $= \dfrac{9,000}{(2 \times 5) + (2 \times 3.8)} = 511.36$

$\therefore$ 목길이 $= \dfrac{1.414 \times 511.36}{1,020} = 0.7$

33 다음 중에서 플레어 용접은?

① 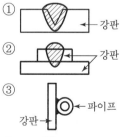 ── 강판

② ── 강판

③ 강판 ── ── 파이프

④ ── 강판

34 용접 시 발생되는 잔류응력의 영향과 관계없는 것은?

① 경도 감소　　　② 좌굴 변형
③ 부식　　　　　④ 취성 파괴

> **해설** 용접 시 발생되는 잔류응력은 주로 변형과 부식, 취성 파괴의 원인과 관계있다.

35 용접부 검사에서 초음파 탐상시험법에 속하는 것은?

① 펄스 반사법
② 코머렐 시험법
③ 킨젤 시험법
④ 슈나트 시험법

> **해설** **초음파 탐상시험법의 종류**
> • 공진법
> • 투과법
> • 펄스 반사법
>
> *참고
> • 노치 취성시험 : 샤르피, 슈나트 시험 등
> • 연성 시험 : 코머렐 시험, 킨젤 시험 등

36 탱크나 용기 용접부의 기밀, 수밀을 검사하는 데 가장 적합한 검사방법은?

① 외관검사　　　② 누설검사
③ 침투검사　　　④ 초음파검사

> **해설** 탱크나 용기 용접부의 기밀, 수밀을 검사하는 경우에는 일반적으로 누설검사(LT)를 사용한다.

37 연강의 맞대기 용접이음에서 인장강도가 28kgf/mm²이고, 안전율이 5일 때 이음의 허용응력은 약 몇 kgf/mm²인가?

① 0.18　　　　　② 1.80
③ 0.56　　　　　④ 5.60

> **해설** 안전율 $= \dfrac{인장강도}{허용응력}$ 이므로,
>
> 허용응력 $= \dfrac{인장강도}{안전율} = \dfrac{28}{5} = 5.60$

38 용접지그를 적절히 사용할 때의 이점이 아닌 것은?

① 용접작업을 쉽게 한다.
② 용접균열을 방지한다.
③ 제품의 정밀도를 높인다.
④ 대량 생산을 할 때 사용한다.

> **해설** 용접지그는 용접하려는 부재의 조립 시 사용하는 고정구이며 용접작업을 쉽게 하여 제품의 정밀도를 높이는 효과가 있다.

39 맞대기 용접부의 접합면에 홈(Groove)을 만드는 가장 큰 이유는?

① 용접결함 발생을 적게 하기 위하여
② 제품의 치수를 맞추기 위하여
③ 용접부의 완전한 용입을 위하여
④ 용접 변형을 줄이기 위하여

> **해설** 후판의 경우 용접부의 완전한 용입을 위해 맞대기 용접부의 접합면에 V, U형의 홈을 만들어 용접하며, 3mm 이하인 박판의 경우 I형으로 홈 없이 용접한다.

40 용접 시 잔류응력을 경감하기 위한 시공법이 아닌 것은?

① 용접부의 수축을 억제한다.
② 용착금속을 적게 한다.
③ 예열을 한다.
④ 비석법에 의한 비드 배치를 한다.

> **해설** 용접부를 구속하여 수축을 억제하면 변형을 방지할 수 있으나 용접부에 잔류응력이 발생할 수 있다.

정답 34 ①　35 ①　36 ②　37 ④　38 ②　39 ③　40 ①

41 잠호용접(서브머지드 아크용접)의 장점에 속하지 않는 것은?

① 대전류를 사용하므로 용입이 깊다.
② 비드 외관이 아름답다.
③ 작업능률이 피복금속 아크용접에 비하여 판두께 12mm에서 2~3배 높다.
④ 용접 시 아크가 잘 보여 확인할 수 있다.

> 해설 서브머지드 아크용접은 와이어가 용제 속에 파묻혀 용접이 되는 형태로 용접 시 아크를 확인할 수 없어 잠호용접 또는 불가시 용접이라고도 불린다.

42 피복금속 아크용접에서 운봉 속도가 너무 느리면 나타나는 결함은?

① 언더컷
② 용입 불량
③ 고운 비드
④ 오버랩

> 해설 운봉속도가 너무 느리면 비드가 넓어지고 오버랩이 생기며, 울퉁불퉁한 비드가 형성된다.

43 피복아크 용접봉 홀더에 관한 설명으로 틀린 것은?

① 무게가 무겁고 전기 절연이 잘 되어 있지 않은 것이 좋다.
② 용접봉을 잡는 기구이다.
③ 케이블을 용접봉 홀더에 접속할 때에는 완전하게 연결하여야 한다.
④ 케이블의 접촉 불량에 의한 저항열이 발생하지 않도록 주의해야 한다.

> 해설 피복아크 용접봉 홀더는 무게가 가볍고 전기절연이 잘 되어야 하며 이는 작업의 편의성과 안전을 위함이다.

44 용접봉 홀더 200호로 접속할 수 있는 최대 홀더용 케이블의 도체 공칭단면적은 몇 mm²인가?

① 22
② 30
③ 38
④ 50

> 해설 용접 홀더의 종류(KS C9607)

종류	정격2차전류	홀더로 잡을 수 있는 용접봉의 지름	케이블의 공칭 단면적
125호	125A	1.6~3.2	22
160호	160A	3.2~4.0	30
200호	200A	3.2~5.0	38
250호	250A	4.0~6.0	50
300호	300A	4.0~6.0	50

45 KS 안전색에서 황적색이 표시하는 사항은?

① 위생
② 방사능
③ 위험
④ 구호

> 해설 · 빨강 − 7.5R(방화, 금지, 정지, 고도의 위험)
> · 주황 − 2.5R(위험)
> · 노랑 − 2.5Y(주의)
> · 초록 − 10G(안전, 피난, 위생, 보호, 구호)
> · 파랑 − 2.5PB(진행, 지시)
> · 자주 − 2.5RP(방사능 표시)

46 가스용접에서 산소용기에 각인되어 있는 것의 설명으로 틀린 것은?

① V − 내용적
② W − 순수가스의 중량
③ TP − 내압시험 압력
④ FP − 최고 충전압력

해설 W − 용기의 질량(kg)

47 독일식 가스용접 토치의 팁번호가 7번일 때 용접할 수 있는 가장 적당한 강판의 두께는 몇 mm인가?

① 4~5 　　　　② 6~8
③ 9~12 　　　　④ 13~15

해설 • 독일식 팁번호 : 용접 가능한 판의 두께
　　• 프랑스식 팁번호 : 1시간당 소비되는 아세틸렌 가스의 양

48 연강용 피복아크 용접봉의 종류 중 철분 산화철계는 어느 것인가?

① E4311
② E4327
③ E4340
④ E4313

해설 • E4311 : 고셀룰로오스계
　　• E4327 : 철분산화철계
　　• E4340 : 특수계
　　• E4313 : 고산화티탄계

49 보통 절단 시 판두께가 12.7mm일 때 표준 드래그(Drag)의 길이는 몇 mm인가?

① 2.4 　　　　② 5.2
③ 5.6 　　　　④ 6.4

해설 표준드래그 길이＝모재 두께의 1/5(20%)이므로, 12.7÷5＝2.54이며 보기 중 근사치 값(2.4mm)을 선택한다.

50 가스용접에서 전진법과 후진법을 비교할 때 각각의 설명으로 옳은 것은?

① 후진법에서 용접변형이 작다.
② 후진법에서 용착금속이 급랭한다.
③ 전진법에서 열 이용률이 좋다.
④ 전진법에서 용접속도가 빠르다.

해설 후진법은 용접변형이 작고 용접속도가 빠르며 열의 이용률이 좋고 용착금속이 서랭되어 전진법에 비교해 장점이 많은 용착법이나, 비드의 모양이 미려(美麗)하지 않은 단점을 가지고 있다.

51 TIG 용접을 직류 정극성으로 하면 비드는 어떻게 되는가?

① 비드 폭이 역극성보다 넓어진다.
② 비드 폭이 역극성보다 좁아진다.
③ 비드 폭이 역극성과 같아진다.
④ 비드와는 관계없다.

해설 **직류 정극성(DCSP)의 특징**
• 용접봉에 (−)극, 모재에 (＋)극 연결
• 용입이 깊고 비드의 폭이 좁음
• 후판의 용접에 사용

52 산소용기의 취급방법으로 틀린 것은?

① 밸브는 기름칠하여 항상 유연하도록 해야 한다.
② 산소병을 뉘어 두지 않는다.
③ 사용 전에 비눗물로 가스누설검사를 한다.
④ 산소병은 화기로부터 멀리한다.

해설 산소가스는 유류와 접촉 시 위험(화학적 반응)하므로 반드시 마른 헝겊으로 닦아 관리한다.

53 아크 빛으로 인해 눈이 충혈되고 부었을 때 우선 조치해야 할 사항으로 가장 옳은 것은?

① 온수로 씻은 후 작업한다.
② 소금물로 씻은 후 작업한다.

③ 심각한 사안이 아니므로 계속 작업한다.

④ 냉습포를 눈 위에 얹고 안정을 취한다.

해설 용접으로 인해 결막염이 발생한 경우 냉습포를 눈에 얹고 안정을 취하도록 한다.

54 미세한 알루미늄과 산화철 분말을 혼합한 테르밋제에 과산화바륨과 마그네슘 분말을 혼합한 점화제를 넣고, 이것을 점화하면 점화제의 화학반응에 의해 ㄱ 발열로 용접하는 것은?

① 가스용접 　　② 전자 빔 용접

③ 플라스마 용접 　④ 테르밋 용접

해설 테르밋 용접은 알루미늄 분말과 금속산화물을 약 1 : 3의 비율로 혼합한 후 점화하여 발생하는 화학적인 반응(테르밋 반응)열을 이용한 용접이며 주로 기차레일의 용접 시 사용된다. 용접속도가 빠르며 변형이 잘 생기지 않는다.

55 불활성 가스 용접법 중 TIG 용접의 상품명으로 불리는 것은?

① 에어코메틱 용접법

② 헬륨 아크 용접법

③ 필러 아크 용접법

④ 아르고 노트 용접법

해설 • TIG 용접법의 상품명 : 헬륨 아크 용접법, 헬리웰드법, 아르곤 아크 용접법
• MIG 용접법의 상품명 : 에어코메틱 용접법, 시그마 용접법, 필러 아크 용접법, 아르고 노트 용접법

56 다음 용접법 중 가장 두꺼운 판을 용접할 때 능률적인 것은?

① 불활성 가스 텅스텐 아크용접

② 서브머지드 아크용접

③ 점 용접

④ 산소-아세틸렌 가스 용접

해설 서브머지드 아크용접은 보기에 열거된 용접의 종류 중 전류밀도가 가장 높아 가장 두꺼운 판의 용접에 능률적이다.

57 연강용 피복아크 용접봉 심선의 철(Fe) 이외의 화학성분에 대하여 KS에서 규정하고 있는 것은?

① C, Si, Mo, P, S, Cu

② C, Si, Cr, P, S, Cu

③ C, Si, Mn, P, S, Cu

④ C, Si, Mn, Mo, P, S

해설 C(탄소), Si(규소), Mn(망간), P(인), S(황), Cu(구리)

58 브레이징(Brazing)은 저온 용가재를 사용하여 모재를 녹이지 않고 용가재만 녹여 용접을 이행하는 방식이다. 섭씨 몇 ℃ 이상에서 이행하는 방식인가?

① 350℃ 　　② 400℃

③ 450℃ 　　④ 600℃

해설 용접은 크게 융접, 압접, 납땜으로 구분되며 이 중 납땜의 종류로는 450℃ 이상에서 용접하는 경납땜(Brazing)과 450℃ 이하에서 용접하는 연납땜(Soldering)이 있다.

59 다음 중 융접에 속하지 않는 것은?

① 아크 용접

② 가스 용접

③ 초음파 용접

④ 스터드 용접

해설 용접의 한 종류인 융접은 용접 시 모재가 용융되는 용접의 종류이며 위 보기 중 초음파 용접은 대표적인 압접방법이다.

60 불활성 가스 금속아크용접(MIG Welding)의 특징에 대한 설명으로 틀린 것은?

① TIG 용접에 비해 용융속도가 느리고 박판 용접에 적합하다.

② 각종 금속 용접에 다양하게 적용할 수 있어 응용범위가 넓다.

③ 보호가스의 가격이 비싸 연강 용접의 경우에는 부적당하다.

④ 비교적 깨끗한 비드를 얻을 수 있고 CO_2 용접에 비해 스패터 발생이 적다.

해설 MIG 용접은 CO_2 용접과 마찬가지로 금속 와이어를 송급하여 용접하며 용접속도가 빠르고 전류밀도가 높은 것이 특징이다.

01 주철의 보수 용접 시 균열의 연장을 방지하기 위하여 용접 전에 균열의 끝에 하는 조치로 다음 중 가장 적합한 것은?

① 정지 구멍을 뚫는다.
② 가접을 한다.
③ 직선 비드를 쌓는다.
④ 리베팅을 한다.

해설 주철은 탄소함유량이 많아 단단하고 내균열성이 떨어지는 특징이 있으므로 주철에 발생하는 균열의 연장을 방지하기 위해서는 용접 양 끝에 정지 구멍을 뚫어야 한다.

02 강의 담금질(Quenching)조직 중 경도가 가장 큰 것은?

① 솔바이트
② 페라이트
③ 오스테나이트
④ 마텐자이트

해설 **강의 담금질 시 나타나는 조직**
• 마텐자이트(경도가 가장 큼)
• 트루스타이트
• 솔바이트
• 오스테나이트

03 용접작업에서 예열의 목적이 아닌 것은?

① 용접부의 냉각속도를 빠르게 한다.
② 용접부의 기계적 성질을 향상시킨다.
③ 용접부의 변형과 잔류응력 발생을 적게 한다.
④ 용접부의 열영향부와 용착금속의 경화를 방지한다.

해설 용접 전 용접부의 냉각속도를 느리게 함으로써 경화를 방지하고 변형과 잔류응력 발생을 경감시키기 위해 예열을 실시한다.

04 오스테나이트계 스테인리스강의 용접 시 고온 균열의 원인이 아닌 것은?

① 아크길이가 짧을 때
② 크레이터 처리를 하지 않을 때
③ 모재가 오염되어 있을 때
④ 구속력이 가해진 상태에서 용접할 때

해설 스테인리스강이 용접 시 아크길이가 긴 경우 용접전압이 상승하여 고온 균열의 원인이 된다.

05 용착금속의 결함이 아닌 것은?

① 기공
② 은점
③ 선상조직
④ 라미네이션

해설 라미네이션 결함은 강의 제조 시 강의 내부에 발생한 기공이 압연 과정을 통해 기다란 선의 형태로 변형된 결함이며 초음파 탐상검사(UT)로 검출할 수 있다.

06 입방정계에 해당하지 않는 결정격자의 종류는?

① 단순입방격자
② 체심입방격자
③ 조밀입방격자
④ 면심입방격자

해설 **금속결정격자의 종류**
㉠ 체심입방격자(BCC ; Body Centered Cubic lattice)
• 단위격자 내의 원자 수 : 2개
• 배위 수 : 8개(체심에 있는 원자를 둘러싼 원자의 수)
• BCC 구조의 금속 : Pt, Pb, Ni, Cu, Al, Au, Ag 등
• 성질 : 용융점이 높으며 단단하다.

㉡ 면심입방격자(FCC ; Face−Centered Cubic lattice)
• 단위격자 내의 원자 수 : 4개
• 배위 수 : 12개
• FCC 구조의 금속 : Ni, Al, W, Mo, Na, K, Li, Cr 등
• 성질 : 전연성이 커서 가공성이 좋다.

정답 **01** ① **02** ④ **03** ① **04** ① **05** ④ **06** ③

ⓒ 조밀육방격자(HCP ; Hexagonal Close-Packed lattice)
- 단위격자 내의 원자 수 : 2개
- 배위 수 : 12개
- HCP 구조의 금속 : Mg, Zn, Be, Cd, Ti 등
- 성질 : 취약하며 전연성이 작다.

07 면심입방격자(FCC)의 슬립(Slip) 면은?

① (111)면
② (101)면
③ (001)면
④ (010)면

해설 **단결정의 탄성과 소성**
슬립에 의한 변형 - 슬립면은 원자밀도가 가장 조밀한 면 또는 가장 가까운 면이고, 슬립방향은 원자간격이 가장 작은 방향이다.
- BCC-Fe : 슬립면{110}, {112}, {123}, 슬립방향⟨111⟩, Mo : 슬립면{110}, 슬립방향⟨111⟩
- FCC-Ag, Cu, Al, Au, Ni : 슬립면{111}, 슬립방향⟨110⟩
- HCP-Cd, Zn, Mg, Ti : 슬립면{0001}, 슬립방향⟨2110⟩

08 철(Fe)의 비중은 약 얼마인가?

① 6.9
② 7.8
③ 8.9
④ 10.4

해설 철의 비중은 약 7.89로 물의 비중(1)에 비해 약 7.89배 무겁다.

09 용접균열은 고온균열과 저온균열로 구분된다. 크레이터 균열과 비드 밑 균열에 대하여 옳게 나타낸 것은?

① 크레이터 균열 - 고온 균열
　비드 밑 균열 - 고온 균열
② 크레이터 균열 - 저온 균열
　비드 밑 균열 - 저온 균열
③ 크레이터 균열 - 저온 균열
　비드 밑 균열 - 고온 균열
④ 크레이터 균열 - 고온 균열
　비드 밑 균열 - 저온 균열

해설 · 크레이터 균열 - 고온 균열
· 비드 밑 균열 - 저온 균열

10 용접결함 중 언더컷의 발생원인이 아닌 것은?

① 전류가 너무 높을 때
② 용접속도가 느릴 때
③ 아크 길이가 길 때
④ 부적당한 용접봉을 사용할 때

해설 용접속도가 느린 경우 오버랩이 발생한다.

11 투상법 중 등각투상도법에 대한 설명으로 가장 적합한 것은?

① 한 평면 위에 물체의 실제 모양을 정확히 표현하는 방법을 말한다.
② 정면, 측면, 평면을 하나의 투상면 위에서 동시에 볼 수 있도록 입체로 그린 투상도 이다.
③ 물체의 주요 면을 투상면에 평행하게 놓고 투상면에 대하여 수직보다 다소 옆면에서 보고 나타낸 투상도이다.
④ 도면의 물체의 앞면과 뒷면을 동시에 표시하는 방법이다.

해설 등각투상도란 정면, 측면, 평면을 하나의 투상면 위에서 동시에 볼 수 있도록 입체로 그린 투상도이다.

12 주문하는 사람이 주문하는 물건의 크기, 형태, 정밀도, 정보 등의 내용을 나타낸 도면은?

① 계획도
② 제작도
③ 견적도
④ 주문도

해설 주문도는 사람이 주문하는 물건의 크기, 형태, 정밀도, 정보 등의 주문내용을 나타낸 도면이다.

정답 07 ① 08 ② 09 ④ 10 ② 11 ② 12 ④

13 그림과 같이 판재를 90°로 중립면의 변화 없이 구부리려고 한다. 판재의 총길이는 몇 mm인가? (단, π는 3.14로 하고, 단위는 mm임)

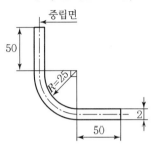

① 135.42　　　　　② 137.68
③ 140.82　　　　　④ 142.39

해설 총길이 = 50 + 50 + 2πr/360 × 90
　　　　 = 100 + 3.14 × 26/2 = 140.82

14 핸들이나 바퀴 등의 암 및 리브, 훅, 축, 구조물의 부재 등 절단면을 표시하는 데 가장 적합한 단면도는?

① 부분 단면도
② 회전도시 단면도
③ 조합에 의한 단면도
④ 한쪽 단면도

해설 **단면도법의 종류**
　• 한쪽 단면도 : 기본 중심선에 대칭인 물체의 1/4만 잘라내어 절반은 단면도로, 나머지 절반은 외형도로 나타내는 단면도법
　• 부분 단면도 : 외형도에 필요한 요소의 일부분만을 부분 단면도로 표시하는 단면도법
　• 회전도시 단면도 : 핸들이나 바퀴 등의 암, 림, 리브, 훅, 축, 구조물의 부재 등의 절단면을 90° 회전시켜 표시하는 단면도법

15 선을 긋는 방법에 대한 설명 중 틀린 것은?
① 평행선은 선 간격을 선 굵기의 3배 이상으로 하여 긋는다.

② 1점 쇄선은 긴 쪽 선으로 시작하고 끝나도록 긋는다.
③ 파선이 서로 평행할 때에는 서로 엇갈리게 긋는다.
④ 실선과 파선이 서로 만나는 부분은 띄어지도록 긋는다.

해설 실선과 파선이 서로 만나는 부분은 띄어지지 않도록 긋는다.

16 선의 용도가 특수한 가공을 하는 부분 등 특별한 요구사항을 적용할 수 있는 범위를 표시하는 데 사용하는 선의 종류는?

① 가는 2점 쇄선
② 굵은 1점 쇄선
③ 가는 1점 쇄선
④ 굵은 실선

해설 특별한 요구나 지시사항을 나타내는 경우 굵은 1점 쇄선을 사용한다.

17 용접기호 중에서 스폿(Spot) 용접을 표시하는 기호는?

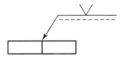

18 그림과 같은 용접기호의 설명으로 올바른 것은?

① 이음의 화살표 쪽에 용접을 한다.
② 양쪽에 용접을 한다.
③ 화살표 반대쪽에 용접을 한다.
④ 어느 쪽에 용접을 해도 무방하다.

해설 지시선의 실선 위에 V기호가 도시되어 있는 경우 이음의 화살표 방향에 V홈 맞대기 이음을 한다.

19 다음 그림과 같은 용접 보조기호를 바르게 설명한 것은?

① 오목하게 처리한 필릿용접
② 용접한 그대로 처리한 필릿용접
③ 볼록하게 처리한 필릿용접
④ 매끄럽게 처리한 필릿용접

20 도형의 치수 기입에 사용되는 기본적인 요소와 관계없는 것은?

① 외형선 　　　　② 치수보조선
③ 지시선 　　　　④ 치수 수치

해설 외형선은 치수 기입과는 관계가 없으며 도형의 외형을 나타내는 선이다.

21 용접선의 양측을 일정 속도로 이동하는 가스불꽃에 따라 너비 약 150mm를 150~200℃로 가열한 후 바로 수랭하는 응력 제거방법은?

① 기계적 응력완화법
② 피닝법
③ 저온 응력완화법
④ 국부 풀림법

해설 저온 응력완화법은 용접선으로부터 150mm 떨어진 부분을 150~200℃의 가스불꽃으로 가열 후 수랭하여 용접부에 존재하는 용접선 방향의 인장 잔류응력을 제거하는 방법이다.

22 B스케일과 C스케일 두 가지가 있는 경도시험법은?

① 브리넬 경도시험법
② 로크웰 경도시험법
③ 비커스 경도시험법
④ 국부 풀림법

해설 **경도시험법의 종류**
• 브리넬 경도시험법(강구 압입자)
• 비커스 경도시험법(다이아몬드 압입자)
• 로크웰 경도시험법(B스케일과 C스케일)
• 쇼어 경도시험법(추를 낙하하는 방식)

23 점용접의 3대 요소 중 하나에 해당되는 것은?

① 용접전극의 모양 　　② 용접전압의 세기
③ 용착량의 크기 　　　④ 용접전류의 세기

해설 점(Spot) 저항용접의 3대 요소
• 전류
• 가압력
• 통전시간

24 다음 그림과 같은 완전용입된 연강판 맞대기 이음부에 굽힘모멘트 $M_b = 10,000 \text{kgf} \cdot \text{cm}$가 작용할 때 용접부에 발생하는 최대 굽힘응력은 약 몇 kgf/cm²인가?(단, 용접길이는 300mm이고, 판두께는 10mm이다.)

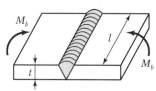

① 0.2 　　　　　② 20
③ 200 　　　　　④ 2,000

해설
$$\text{굽힘응력} = \frac{\text{굽힘모멘트}}{\text{단면계수}}$$
$$= \frac{\text{굽힘모멘트}}{\frac{\text{용접선의 길이} \times \text{두께}^2}{6}}$$
$$= \frac{6 \times 10,000}{30 \times 1^2} = 2,000$$

정답 **19** ④ **20** ① **21** ③ **22** ② **23** ④ **24** ④

25 모재의 인장강도가 50kgf/mm²이고 용접시 편의 인장강도가 25kgf/mm²로 나타났을 때 이음 효율은?

① 40% 　　　　② 50%

③ 60% 　　　　④ 70%

해설 $\text{이음효율} = \dfrac{\text{시험편의 인장강도}}{\text{모재의 인장강도}} \times 100$

$= \dfrac{25}{50} \times 100 = 50\%$

26 용접이음의 충격강도에서 취성파괴의 일반적 인 특징이 아닌 것은?

① 온도가 높을수록 발생하기 쉽다.

② 거시적 파면 상황은 판 표면에 거의 수직이고 평탄하게 연성이 작은 상태에서 파괴된다.

③ 파괴의 기점은 각종 용접결함, 가스절단부 등 에서 발생된 예가 많다.

④ 항복점 이하의 평균 응력에서도 발생한다.

해설 취성파괴는 물체가 외력을 받았을 때 소성 변형이 일 어나지 않고 바로 파괴되는 것으로 온도가 낮은 경우 발생하기 쉽다.

27 응력제거 풀림의 효과에 대한 설명으로 틀린 것은?

① 치수 틀림의 방지

② 열영향부의 템퍼링 연화

③ 충격저항의 감소

④ 크리프 강도의 향상

해설 응력제거 풀림 시 충격저항과 크리프 강도가 증가한다.

28 단위시간당 소비되는 용접봉의 길이 또는 중 량으로 표시되는 것은?

① 용접 길이 　　　　② 용융 속도

③ 용접 입열 　　　　④ 용접 효율

해설 용접봉의 용융속도는 단위시간당 소비되는 용접봉 의 길이 또는 무게(중량)로 나타낸다.

29 용접 변형 방지법 중 냉각법에 속하지 않는 것 은?

① 살수법 　　　　② 수랭동판 사용법

③ 비석법 　　　　④ 석면포 사용법

해설 비석법은 용착법의 한 종류이다.

30 용접 지그의 사용 목적이 아닌 것은?

① 용접작업을 쉽게 해 작업능률을 높인다.

② 용접공의 기능 수준을 높이고 숙련기간을 단축 한다.

③ 대량생산을 하기 위하여 사용한다.

④ 제품의 정밀도와 용접부의 신뢰성을 높인다.

해설 용접 지그(jig)는 작업의 능률을 높이고 제품의 정밀 도와 용접부의 신뢰성을 높이는 데 사용되는 용접용 도구이다.

31 설계단계에서의 일반적인 용접변형 방지법으 로 틀린 것은?

① 용접 길이가 감소될 수 있는 설계를 한다.

② 용착금속을 증가시킬 수 있는 설계를 한다.

③ 보강재 등 구속이 커지도록 구조설계를 한다.

④ 변형이 적어질 수 있는 이음 부분을 배치한다.

해설 용접변형을 방지하기 위해서는 용착금속의 양을 최 소화할 수 있도록 설계해야 한다.

32 일반적으로 용접이음을 설계하는 데 충격하중 을 받는 연강의 안전율은 얼마로 해야 하는가?

① 12 　　　　② 8

③ 5 　　　　④ 3

해설 안전율은 요구되는 강도에 대한 실제 강도의 비를 의미하며 용접이음의 설계 시 연강의 안전율은 12로 한다. (파괴를 피하기 위해서 안전율은 1보다 커야 한다.)

33 용접의 여러 결함 중 내부결함에 해당되지 않는 것은?

① 크레이터 처리 불량 ② 슬래그 혼입
③ 선상 조직 ④ 기공

해설 **내부결함의 종류**
기공, 슬래그 혼입, 선상조직, 라미네이션 등

34 용접부의 연성 결함을 조사하기 위하여 주로 사용되는 시험법은?

① 인장시험 ② 굽힘시험
③ 피로시험 ④ 충격시험

해설 용접부의 연성 결함을 조사하기 위해 굽힘시험을 실시한다.

35 그림과 같이 강판의 두께가 9mm이고 용접길이가 200mm이며 최대 인장하중이 72,000kgf로 작용하고 있을 때 용접부에 발생하는 인장응력은 약 몇 kgf/mm²인가?

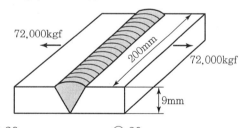

① 20 ② 30
③ 40 ④ 80

해설
$$인장응력(\sigma) = \frac{하중(P)}{단면적(A)}$$
$$= \frac{72,000}{9 \times 200} = 40 \text{kgf/mm}^2$$

36 용접작업에서 가접(Tack weld) 시 주의하여야 할 사항으로 틀린 것은?

① 용접봉은 본용접작업 시에 사용하는 것보다 약간 굵은 것을 사용한다.
② 본용접과 동일한 기량을 갖는 용접자로 하여금 가접을 하게 한다.
③ 본용접과 같은 온도에서 예열을 한다.
④ 가접의 위치는 부품의 끝, 모서리, 각 등과 같이 단면이 급변하여 응력이 집중되는 곳은 가능한 한 피한다.

해설 가용접 시 용접봉은 용접작업 시 사용하는 것보다 얇은 것이 좋다.

37 용접할 때 발생하는 변형을 교정하는 방법으로서 틀린 것은?

① 두꺼운 판에 대한 점 수축법
② 절단에 의하여 성형하고 재용접하는 방법
③ 가열 후 해머링하는 방법
④ 두꺼운 판을 가열한 후 압력을 가하고 수랭하는 방법

해설 점 수축법은 얇은 판의 변형을 교정하는 경우 사용된다.

38 일반적인 각 변형의 방지대책으로 틀린 것은?

① 역변형의 시공법을 사용한다.
② 용접속도가 빠른 용접법을 이용한다.
③ 판 두께가 얇을수록 첫 패스 측의 개선 깊이를 크게 한다.
④ 개선각도는 작업에 지장이 없는 한도 내에서 크게 하는 것이 좋다.

해설 용접 개선각도는 가능한 한 작게 하는 것이 변형 방지에 효과적이다.

39 그림과 같은 필릿 용접에서 목두께를 나타내는 것은?

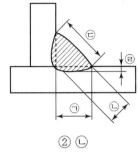

① ㉠
② ㉡
③ ㉢
④ ㉣

해설 목두께란 용접 시 용착 금속이 부풀어 오른 부분을 제외한 단면의 두께를 말한다.

40 용접부의 부식에 대한 설명으로 틀린 것은?

① 입계부식은 용접 열영향부의 오스테나이트 입계에 Cr(크롬)이 석출될 때 발생한다.
② 용접부의 부식은 전면부식과 국부부식으로 분류한다.
③ 틈새 부식은 오버랩이나 언더컷 등의 틈 사이의 부식을 말한다.
④ 용접부의 잔류응력은 부식과 관계가 없다.

해설 금속재료가 인장응력과 부식의 공동작용 결과 일정한 시간 뒤에 균열이 생겨 파괴되는 현상을 응력부식균열이라고 한다.

41 용접기의 구비조건에 대한 설명으로 옳은 것은?

① 역률 및 효율이 좋아야 한다.
② 사용 중에 온도 상승이 커야 한다.
③ 전류 조정이 용이하고 전류 변동이 커야 한다.
④ 아크 발생이 잘 되도록 직류일 경우 무부하 전압이 90V 이상이어야 한다.

해설 용접기는 사용 중에 온도상승이 작은 것을 사용해야 한다.

42 다음 중 용접기의 수하 특성과 가장 관련이 깊은 것은?

① 저항 – 열의 특성
② 전류 – 전력의 특성
③ 전압 – 전류의 특성
④ 전력 – 저항의 특성

해설 일반적인 전기기기는 공급전압이 올라가며 그 기기의 전류도 함께 상승하여 기기가 더 큰 출력을 내게 되지만, 전기용접을 하는 경우 부하 전류가 증가하면 단자 전압을 저하시켜 그 기계의 출력을 같도록 만들게 되는데, 이러한 특성을 수하특성이라고 하며 주로 수동용접기에서 나타나는 특징이다.

43 교류 아크용접기에 해당되지 않는 것은?

① 탭 전환형 아크용접기
② 가동 철심형 아크용접기
③ 가동 코일형 아크용접기
④ 정류기형 아크용접기

해설 **교류아크용접기의 종류**
- 가동 철심형(가장 일반적으로 사용됨)
- 가동 코일형
- 탭 전환형
- 가포화 리액터형

44 납땜에 사용되는 용제가 갖춰야 할 조건으로 틀린 것은?

① 용제의 유효 온도 범위와 납땜 온도가 일치할 것
② 전기저항 납땜에 사용되는 용제는 부도체일 것
③ 모재나 땜납에 대한 부식작용이 최소한일 것
④ 납땜 후 슬래그의 제거가 용이할 것

해설 ② 전기저항 납땜에 사용되는 용제(Flux)는 도체일 것

45 가스용접의 연료가스 중 불꽃온도가 가장 높은 것은?

① 아세틸렌 　　　② 수소
③ 프로판 　　　　④ 천연가스

해설 각종 가스용접의 불꽃온도
- 아세틸렌 : 3,430℃
- 수소 : 2,900℃
- 프로판 : 2,820℃
- 메탄 : 2,700℃

46 교류 아크용접기에서 용접전류의 조정범위는 정격 2차 전류의 몇 % 정도인가?

① 20~110% 　　　② 40~170%
③ 60~190% 　　　④ 80~210%

해설 교류 아크용접기의 최대 사용전류는 정격 2차 전류의 110%이며 최소 사용전류는 정격 2차 전류의 20%이다.

47 다음 금속 중 냉각 속도가 가장 빠른 것은?

① 구리 　　　　　② 알루미늄
③ 스테인리스강 　　④ 연강

해설 열전도도가 높은 순서
Ag > Cu > Au > Al

48 산소 호스는 몇 kgf/cm² 정도의 압력으로 실시하는 내압시험에서 이상이 없어야 하는가?

① 90 　　　　　　② 70
③ 50 　　　　　　④ 10

해설 산소호스는 약 90kgf/cm²의 내압시험에서 이상이 없어야 한다.

49 교류 용접기와 비교한 직류 용접기의 특징에 대한 설명으로 맞는 것은?

① 아크안정이 우수하다.
② 전격의 위험이 많다.
③ 용접기의 고장이 적다.
④ 용접기의 가격이 저렴하다.

해설 직류(DC) 아크용접기의 경우 교류(AC) 아크용접기에 비해 아크의 안정성이 양호하며 전격의 위험이 적은 반면 용접기의 고장률이 높고 가격이 비싸다.

50 초음파 용접법으로 금속을 용접하고자 할 때 금속 모재의 두께는 일반적으로 몇 mm 정도가 가장 좋은가?

① 0.01~2 　　　　② 2~5
③ 8~9 　　　　　④ 10~20

해설 초음파 용접은 대표적인 압접법으로 0.01~2mm의 박판 용접 시 사용되는 용접법이다.

51 피복금속 아크용접법에서 탈산제는 용융금속 중의 무엇을 제거하는 작용을 하는가?

① 질소를 제거하는 작용
② 산소를 제거하는 작용
③ 탄산가스를 제거하는 작용
④ 규소를 제거하는 작용

해설 탈산제는 용융상태의 금속에서 산소를 제거하는 데 사용된다.

52 용접작업이 다음과 같이 진행되는 경우에 (　　) 안에 들어갈 말로 가장 적합한 것은?

용접재료 준비 → 절단 및 가공 → 용접부 청소 → (　　) → 본용접 → 검사 및 판정 → 완성

① 가접 　　　　　② 용접자세
③ 도장 　　　　　④ 전개도

정답 45 ① 　46 ① 　47 ① 　48 ① 　49 ① 　50 ① 　51 ② 　52 ①

가접(가용접)이란 본용접을 실시하기 전에 용접부위를 일시적으로 고정시키기 위해서 용접하는 것을 말한다.

53 일렉트로 슬래그 용접의 특징에 대한 설명으로 틀린 것은?

① 후판 용접에 적당하다.
② 용접능률과 용접품질이 우수하다.
③ 용섭 신행 중 식섭 아크를 눈으로 관찰할 수 없다.
④ 높은 입열로 인하여 용접부의 기계적 성질이 좋다.

해설 일렉트로 슬래그 용접은 두께가 200mm 이상인 강재를 경제적으로 용접할 수 있는 용접방법으로, 양쪽에 수랭 동판을 대고 모재와 수랭 동판으로 둘러싸인 공간을 차례로 용접 금속으로 채워가며 접합한다.

54 가스용접에서 수소가스 충전용기의 도색 표시로 맞는 것은?

① 회색   ② 백색
③ 청색   ④ 주황색

해설 **가스용기의 도색**
아세틸렌(황색), 산소(녹색), 의료용 산소(백색), 수소(주황색), 탄산가스(청색), 염소(갈색), 암모니아(백색), 프로판(회색), 아르곤(회색)

55 산소 – 아세틸렌 토치로 3.2mm 이하의 모재를 용접하는 경우 사용하는 차광유리의 차광도 번호로 가장 적당한 것은?

① 4~5   ② 6~7
③ 8~9   ④ 10~11

해설 가스용접 시 차광유리의 차광도 번호는 4~5번이 적당하다.

56 이산화탄소 가스 아크용접에서 솔리드 와이어 혼합에 속하지 않는 것은?

① $CO_2 + O + N$
② $CO_2 + O_2$
③ $CO_2 + Ar$
④ $CO_2 + Ar + O_2$

해설 **이산화탄소 가스 아크용접의 혼합가스법**
- $CO_2 + O_2$법
- $CO_2 + Ar$법
- $CO_2 + Ar + O_2$법

57 정격 2차 전류 300A의 용접기에서 실제로 200A의 전류로 용접을 하면 허용사용률은 얼마인가?(단, 정격사용률은 60%이다.)

① 43%   ② 90%
③ 135%   ④ 300%

해설
$$허용사용률 = \frac{정격\ 2차\ 전류^2}{실제\ 사용\ 전류^2} \times 정격사용률$$
$$= \frac{300^2}{200^2} \times 60 = 135\%$$

58 가스압접의 특징에 대한 설명으로 틀린 것은?

① 이음부의 탈탄층이 전혀 없다.
② 장치가 간단하여 설비비, 보수비가 싸다.
③ 용가재 및 용제가 불필요하다.
④ 작업이 거의 수동이어서 숙련공만 할 수 있다.

해설 가스압접은 가스에 의해 금속을 용접 가까운 온도까지 가열하고 기계적 압력을 가하여 용접하는 방법으로 작업이 단순하여 숙련공이 아니어도 작업이 가능하다.

59 주로 상하 부재의 접합을 위하여의 부재 한쪽에 구멍을 뚫어 이 구멍 부분을 채우는 형태의 용접 방법은?

① 필릿 용접   ② 맞대기 용접
③ 플러그 용접   ④ 플래시 용접

정답 53 ④ 54 ④ 55 ① 56 ① 57 ③ 58 ④ 59 ③

해설 플러그 용접이란 용접물의 한쪽에 구멍을 뚫고 그 구멍에 용접을 하여 접합하는 방법이다.

60 플래시 용접의 특징에 대한 설명으로 틀린 것은?

① 가열범위 및 열영향부가 좁다.
② 용접면을 아주 정확하게 가공할 필요가 없다.
③ 서로 다른 금속의 용접은 불가능하다.
④ 용접시간이 짧고 전력 소비가 적다.

해설 플래시 용접은 용접하려고 하는 부재를 맞대어 접촉시켜서 대전류를 흘려 접촉시킨 면 사이에 불꽃을 발생시킨 후 불꽃에 의해 용접면 전체가 충분히 가열되었을 때에 강하게 가압하여 접합하는 것으로 종류가 다른 재료도 용접이 가능하다.

01 용접부를 풀림처리했을 때 얻는 효과는?

① 잔류응력 감소 및 경화부가 연화된다.

② 잔류응력이 커진다.

③ 조직이 조대화되며 취성이 생긴다.

④ 별로 변화가 없다.

💬 **열처리의 종류**
- 담금질(퀜칭) : 재료에 경도 부여(취성 우려)
- 뜨임(템퍼링) : 재료에 (강)인성 부여(담금질 후 실시)
- 풀림(어닐링) : 재료의 연화, 잔류응력 제거
- 불림(노멀라이징) : 조직의 균일화·표준화

02 두 종 이상의 금속 원자가 간단한 원자비로 결합되어 성분 금속과는 다른 성질을 가지는 독립된 화합물을 형성할 때 이것을 무엇이라고 하는가?

① 동소변태   ② 금속 간 화합물

③ 고용체   ④ 편석

💬 금속 간 화합물 : 두 종 이상의 금속 원자가 간단한 원자비로 결합되어 성분 금속과는 다른 성질을 가지는 독립된 화합물

03 강의 조직을 표준상태로 하기 위하여 철강 상태도의 A3선 이상의 온도로 가열한 후 공기 중에서 냉각하는 열처리는?

① 담금질   ② 풀림

③ 불림   ④ 뜨임

💬 불림(노멀라이징) 열처리는 조직을 균일화 또는 표준화하기 위해 실시한다.

04 강자성체로만 나열된 것은?

① Fe, Ni, Co   ② Fe, Pt, Sb

③ Bi, Sn, Au   ④ Co, Sn, Cu

💬 강자성체란 철(Fe), 니켈(Ni), 코발트(Co) 등과 같이 외부 자기장에 의해 자화된 후 외부 자기장을 제거해도 자기장이 그대로 남아 있는 물질을 말한다.

05 면심입방격자(FCC) 금속이 아닌 것은?

① Al   ② Pt

③ Mg   ④ Au

💬 **금속결정격자의 종류**
- ㉠ 체심입방격자(BCC ; Body Centered Cubic lattice)
  - 단위격자 내의 원자 수 : 2개
  - 배위 수 : 8개(체심에 있는 원자를 둘러싼 원자의 수)
  - BCC 구조의 금속 : Pt, Pb, Ni, Cu, Al, Au, Ag 등
  - 성질 : 용융점이 높으며 단단하다.
- ㉡ 면심입방격자(FCC ; Face-Centered Cubic lattice)
  - 단위격자 내의 원자 수 : 4개
  - 배위 수 : 12개
  - FCC 구조의 금속 : Ni, Al, W, Mo, Na, K, Li, Cr 등
  - 성질 : 전연성이 커서 가공성이 좋다.
- ㉢ 조밀육방격자(HCP ; Hexagonal Close-Packed lattice)
  - 단위격자 내의 원자 수 : 2개
  - 배위 수 : 12개
  - HCP 구조의 금속 : Mg, Zn, Be, Cd, Ti 등
  - 성질 : 취약하며 전연성이 작다.

06 아크용접에서 발생하는 용접 입열량(H)을 구하는 공식은?[단, E는 아크전압, I는 아크전류(A), V는 용접속도(cm/min)이다.]

① $H(\mathrm{J/cm}) = \dfrac{60EI}{V}$ ② $H(\mathrm{J/cm}) = \dfrac{V}{60EI}$

③ $H(\mathrm{J/cm}) = \dfrac{EI}{60V}$ ④ $H(\mathrm{J/cm}) = \dfrac{60V}{EI}$

정답 01 ① 02 ② 03 ③ 04 ① 05 ③ 06 ①

07 인장시험을 통해 측정할 수 없는 것은?

① 항복강도　　　　② 탄성계수
③ 연신율　　　　　④ 피로강도

해설 인장시험을 통해 인장강도, 탄성한도, 항복점, 연신율, 단면수축률 등을 측정할 수 있다.

08 담금질할 때에 잔류하는 오스테나이트를 마텐자이트화하기 위해 보통 담금질을 한 다음 실온 이하의 온도로 냉각 열처리하는 것은?

① 마템퍼링
② 완전풀림
③ 서브제로처리
④ 구상화풀림

해설 서브제로처리란 담금질한 강을 0℃ 이하의 온도로 냉각하는 것으로 심랭처리라고도 한다. 잔류하는 오스테나이트를 마텐자이트화하기 위해 담금질 후 실온 이하의 온도로 냉각 열처리를 실시한다.

09 주철(Cast Iron)의 특성 설명 중 잘못된 것은?

① 절삭성이 우수하다.
② 내마모성이 우수하다.
③ 강에 비해 충격값이 현저하게 높다.
④ 진동흡수능력이 우수하다.

해설 주철은 절삭성과 내마모성 등이 우수하나 인장강도와 충격값이 작은 것이 특징이다.

10 탄소강에서 용접성을 나쁘게 하는 적열취성을 방지하는 원소는?

① 탄소(C)　　　　② 인(P)
③ 유황(S)　　　　④ 망간(Mn)

해설 망간은 적열취성(고온취성) 방지제로 사용된다.

11 다음 그림과 같은 제3각법 투상도에서 A가 정면도일 때 배면도는?

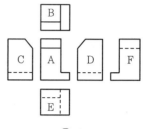

① E　　　　　　　② C
③ D　　　　　　　④ F

해설 배면도란 어떤 물체를 뒤쪽에서 바라본 면을 평면으로 그린 것이다.

12 용접의 명칭에 따른 KS 용접기호 표시가 틀린 것은?

① 이면 용접 : ∨　　② 가장자리 용접 : |||
③ 표면 육성 : ⌒　　④ 표면접합부 : ═

해설 • 이면 용접 : ⌣
　　• V형 맞대기 용접 : ∨

13 다음 그림의 용접기호를 바르게 설명한 것은?

① 경사 접합부　　　② 겹침 접합부
③ 점 용접　　　　　④ 플러그 용접

14 화살표 쪽을 용접하는 필릿 용접기호로 맞는 것은?

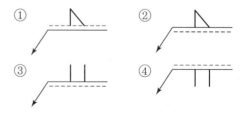

15 스케치도의 필요성에 관한 설명으로 관계가 먼 것은?

① 동일한 기계를 제작할 필요가 있는 경우
② 제작 도면을 오래도록 보존할 필요가 있는 경우
③ 사용 중인 기계의 부품이 파손된 경우
④ 사용 중인 기계의 부품 개조가 필요한 경우

해설 **스케치도**
기계부품이나 구조물의 실물을 보면서 프리핸드(자를 사용하지 않고 그리는 법)로 그린 도면

16 아래 용접기호 설명 중 틀린 것은?

$$C \ominus n \times l(e)$$

① C : 용접부 너비
② n : 용접부 수
③ l : 용접부 길이
④ (e) : 단속용접 길이

해설 (e) : 피치

17 기계제도에 사용하는 문자의 종류가 아닌 것은?

① 한글
② 로마자
③ 아라비아 숫자
④ 상형문자

해설 상형문자는 기계제도에서 사용하지 않는다.

18 선의 종류 중 가는 2점 쇄선의 용도가 아닌 것은?

① 가공 전 또는 후의 모양을 표시하는 데 사용
② 도시된 단면의 앞쪽에 있는 부분을 표시하는 데 사용
③ 가공에 사용하는 공구, 지그 등의 위치를 참고로 나타내는 데 사용
④ 대상물의 보이지 않는 부분의 모양을 표시하는 데 사용

해설 **가상선(가는 이점 쇄선)의 용도**
• 도시된 물체의 앞면 표시
• 인접부분을 참고로 표시
• 가공 전후의 모양 표시
• 이동하는 부분의 이동위치 표시
• 공구, 지그 등의 위치 표시

19 치수의 배치방법 종류가 아닌 것은?

① 직렬치수 배치방법
② 병렬치수 배치방법
③ 평행치수 배치방법
④ 누진치수 배치방법

해설 치수 배치방법의 종류 : 직렬치수 배치법, 병렬치수 배치법, 누진치수 배치법 등

20 그림 (a)와 같이 정면, 평면, 측면을 하나의 투상면 위에 동시에 볼 수 있도록 두 개의 옆면 모서리가 수평선과 30°가 되게 하여 그림 (b)와 같이 세 축이 120°의 등각이 되도록 입체도로 투상한 것은?

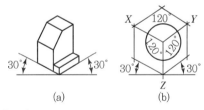

(a)　　　(b)

① 정투상도
② 등각 투상도
③ 부등각 투상도
④ 투시도

해설 등각 투상도는 물체의 x, y, z축이 서로 120°가 되게 하여 이를 동시에 볼 수 있는 한곳의 꼭짓점을 선정하여 세 면을 같은 기울기로 표현할 수 있는 입체 투상도이다.

21 맞대기 용접의 이음효율을 구하는 공식으로 가장 적당한 것은?

① 이음효율 $= \dfrac{용착금속의 \ 인장강도}{모재의 \ 항복강도} \times 100(\%)$

② 이음효율 $= \dfrac{모재의 \ 인장강도}{용착금속의 \ 인장강도} \times 100(\%)$

③ 이음효율 $= \dfrac{용접시험편의 \ 인장강도}{모재의 \ 인장강도} \times 100(\%)$

④ 이음효율 $= \dfrac{용접재료의 \ 항복강도}{용착금속의 \ 인장강도} \times 100(\%)$

22 판의 두께 15mm, 폭 100mm인 V형 홈을 맞대기 용접이음할 때 이음효율을 80%, 판의 허용응력을 35kgf/mm²로 하면 인장력(kgf)은 얼마까지 허용할 수 있는가?

① 35,000kgf

② 38,000kgf

③ 40,000kgf

④ 42,000kgf

> **해설** 허용응력 $= \dfrac{하중(인장력)}{단면적}$ 이므로
> 하중(인장력) = 허용응력 × 단면적
> $= 35 \times 15 \times 100 = 52,500$ 이며
> 이음효율이 80%이므로
> $52,500 \times 0.8 = 42,000$kg까지 허용할 수 있다.

23 양면 용접에 의하여 충분한 용입을 얻으려고 할 때 사용되며 두꺼운 판의 용접에 가장 적합한 맞대기 홈의 형태는?

① J형

② H형

③ V형

④ I형

> **해설** 양면 용접에 의해 충분한 용입을 얻으려고 하는 경우 H형 홈(양면 U형)이 사용된다.

24 가접 시 주의해야 할 사항으로 틀린 것은?

① 본용접자와 동등한 기량을 갖는 용접자가 가용접을 시행한다.

② 본용접과 같은 온도에서 예열을 한다.

③ 개선 홈 내의 가접부는 백치핑으로 완전히 제거한다.

④ 가접의 위치는 부품의 끝 모서리나 각 등과 같이 응력이 집중되는 곳에 한다.

> **해설** 가접(가용접)이란 본용접을 실시하기 전에 용접부위를 일시적으로 고정시키기 위해서 하는 것으로 부품의 끝 모서리나 응력이 집중되는 곳은 피해야 한다.

25 자분탐상법(MT)의 특징에 대한 설명으로 틀린 것은?

① 시험편의 크기, 형상 등에 구애를 받는다.

② 내부 결함의 검사가 불가능하다.

③ 작업이 신속 간단하다.

④ 정밀한 전처리가 요구되지 않는다.

> **해설** 자분탐상법은 자기분말을 이용하여 금속재료의 결함을 조사하는 방법으로 시험편의 크기나 형상 등에 구애를 받지 않는 것이 특징이다.

26 용접 후 처리에서 외력만으로 소성변형을 일으켜 변형을 교정하는 방법은?

① 박판에 대한 점 수축법

② 가열 후 해머링하는 법

③ 롤러에 거는 법

④ 형재에 대한 직선 수축법

> **해설** **용접 후 변형 교정법**
> • 박판에 대한 점 수축법
> • 형재에 대한 직선 수축법
> • 가열 후 해머질하는 방법
> • 후판에 대해 가열 후 압력을 가하고 수랭하는 방법
> • 롤러에 거는 법(*외력만을 이용)
> • 절단하여 정형 후 재용접하는 방법
> • 피닝법

27 일반적으로 용접순서를 결정할 때 주의사항으로 틀린 것은?

① 동일 평면 내에 이음이 많을 경우, 수축은 가능한 한 자유단으로 보낸다.
② 중심선에 대해 대칭을 벗어나면 수축이 발생하여 변형된다.
③ 가능한 한 수축이 작은 이음을 먼저 용접하고 수축이 큰 이음은 나중에 한다.
④ 리벳과 용접을 병용하는 경우에는 용접이음을 먼저 하여 용접열에 의한 리벳의 풀림을 피한다.

해설 **용접 조립의 순서**
· 수축이 큰 이음(맞대기)을 먼저 용접하고 다음에 수축이 작은(필릿) 용접을 한다.
· 큰 구조물을 중앙에서 끝으로 향하여 용접한다.
· 용접선에 대하여 수축력의 합이 0이 되도록 한다.
· 리벳과 함께 쓰는 경우 용접을 먼저 한다.

28 피닝(Peening)법에 관한 설명 중 옳은 것은?

① 용접에 의한 변형을 미리 예측하여 용접하기 전에 변형을 주고 용접하는 법
② 용접부에 냉각속도를 느리게 하기 위해서 다른 재료로 모재를 덮어 놓는 법
③ 맞대기 용접할 때 홈 간격이 벌어지거나 수축되는 것을 방지하는 법
④ 용접부를 구면상의 특수한 해머로 비드를 두드려 용접 금속부의 용접에 의한 수축변형을 감소시키며, 잔류응력을 완화하는 법

해설 피닝법이란 끝이 둥근 해머로 용접부위를 두드려 잔류응력을 완화하는 방법이다.

29 오스테나이트계 스테인리스강을 용접할 때 용접하여 가열한 후 급랭하는 이유로 가장 적합한 것은?

① 고온 크랙(Crack)을 예방하기 위하여
② 기공의 확산을 막기 위하여
③ 용접 표면에 부착한 피복제를 쉽게 털어내기 위하여
④ 일간부식을 방지하기 위하여

해설 오스테나이트계 스테인리스강의 용접 시 고온 크랙과 기공의 확산 등을 방지하기 위해 용접 후 가열하고 급랭한다.

30 불활성 가스 텅스텐 아크용접에서 직류 역극성(DCRP)으로 용집힐 경우 비드 폭과 용입에 대한 설명으로 맞는 것은?

① 용입이 얇고 비드 폭이 넓다.
② 용입이 깊고 비드 폭이 좁다.
③ 용입이 얇고 비드 폭이 좁다.
④ 용입이 깊고 비드 폭이 넓다.

해설 직류 역극성은 전극(용접봉)에 +극, 모재 쪽에 -극을 연결한 것으로, 용접봉이 빨리 녹으며 모재의 용입이 얇고 비드의 폭이 넓다.

31 용접부의 시작점과 끝점에 충분한 용입을 얻기 위해 사용되는 것은?

① 엔드탭   ② 포지셔너
③ 회전지그   ④ 고정지그

해설 엔드탭의 재질과 홈의 가공은 모재와 동일한 조건으로 한다.

32 신축량에 미치는 용접시공의 조건에 대한 설명 중 틀린 것은?

① 루트 간격이 클수록 수축이 크다.
② 구속도가 클수록 수축이 작다.
③ 용접봉 직경이 클수록 수축이 크다.
④ 위빙을 하는 쪽이 수축이 작다.

해설 동일 전류하에서는 용접봉의 직경이 클수록 수축이 작아진다.

33 필릿용접에서 다리길이가 10mm일 때 이론상 목두께는 몇 mm인가?

① 약 5.0mm

② 약 6.1mm

③ 약 7.1mm

④ 약 8.0mm

> 해설 목두께＝다리길이×0.707이므로
> ＝10×0.707＝7.07, 약 7.1mm

34 그림과 같이 강판두께 t = 19mm, 용접선의 유효길이 l = 200mm이고, h_1, h_2가 각각 8mm일 때, 하중 P = 7,000kgf에 대한 인장응력은 약 몇 kgf/mm²인가?

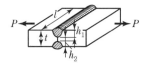

① 0.2

② 2.2

③ 4.8

④ 6.8

> 해설 인장응력(σ) = $\dfrac{\text{하중}(P)}{\text{단면적}(A)}$
> $= \dfrac{P}{(h_1 + h_2) \times \ell}$
> $= \dfrac{7,000}{(8+8) \times 200}$
> $= 2.18$

35 본용접에서 그림과 같은 비드 만들기 순서로 용접하는 용착법은?

$$1 \xrightarrow{} 4 \xrightarrow{} 2 \xrightarrow{} 5 \xrightarrow{} 3$$

① 대칭법

② 후퇴법

③ 스킵법

④ 살수법

> 해설 비석법(스킵법)은 짧은 용접 길이로 나누어 놓고 간격을 두면서 용접하는 방법으로 잔류응력을 최소화해야 하는 경우 사용한다.

36 다음 그림과 같은 필릿 용접이음에서 용접선의 방향과 하중의 방향이 직교한 것을 무슨 이음이라고 하는가?

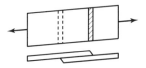

① 전면 필릿이음

② 측면 필릿이음

③ 양면 필릿이음

④ 경사 필릿이음

> 해설 하중의 방향에 따른 필릿 용접이음의 종류
> • 전면 필릿이음 : 하중의 방향과 용접선의 방향이 직교
> • 측면 필릿이음 : 하중의 방향과 용접선의 방향이 평행
> • 경사 필릿이음 : 하중의 방향과 용접선의 방향이 사선

37 용접변형의 경감 및 교정방법에서 용접부에 구리로 된 덮개판을 두거나 뒷면에 용접부를 수랭 또는 용접부 근처에 물기 있는 석면, 천 등을 두고 모재에 용접입열을 막음으로써 변형을 방지하는 방법은?

① 롤링법

② 피닝법

③ 냉각법

④ 억제법

> 해설 용접변형을 방지하기 위해 열전도율이 높은 금속(구리)을 이용하거나 뒷면에 용접부를 수랭하는 방식을 활용한다.

38 TIG 용접 이음부 설계에서 I형 맞대기 용접 이음의 설명으로 적합한 것은?

① 판 두께가 12mm 이상인 두꺼운 판 용접에 이용된다.

② 판 두께가 6~20mm 정도의 다층비드 용접에 이용된다.

③ 판두께가 3mm 정도의 박판 용접에 많이 이용된다.

④ 판 두께가 20mm 이상인 두꺼운 판 용접에 이용된다.

정답 **33** ③ **34** ② **35** ③ **36** ① **37** ③ **38** ③

> 해설 I형 맞대기 용접이음의 경우 주로 박판(3mm 미만)
> 의 용접에 이용된다.

39 아래 그림과 같은 용접부의 종류는?

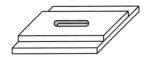

① 플러그 용접   ② 슬롯 용접
③ 플레어 용접   ④ 필릿 용접

> 해설 플러그 용접이란 용접물의 한쪽에 구멍을 뚫고 그 구
> 멍에 용접을 하여 접합하는 용접방법이며 구멍의 형
> 상이 타원인 경우 슬롯 용접이라고 한다.

40 용착금속의 인장 또는 굽힘 시험했을 경우 파
단면에 생기며 은백색 파면을 갖는 결함은?

① 기공   ② 크레이터
③ 오버랩   ④ 은점

> 해설 은점은 수소로 인해 발생하는 결함이며 모양이 물고
> 기의 눈과 흡사하다 하여 Fish-eye(피시 아이)라고
> 도 한다.

41 저항용접법 중 맞대기 용접에 속하는 것은?

① 스폿 용접   ② 심용접
③ 방전충격용접   ④ 프로젝션 용접

> 해설 **전기저항 용접의 분류**
> • 겹치기 용접 : 점용접, 심용접, 프로젝션 용접 등
> • 맞대기 용접 : 플래시 용접, 업셋 용접, 퍼커션(충
> 격) 용접 등

42 피복아크용접에서 아크쏠림현상의 방지대책
으로 틀린 것은?

① 용접봉의 끝을 아크쏠림방향으로 기울인다.
② 교류아크 용접기를 사용한다.

③ 접지점을 용접부로부터 멀리한다.
④ 아크 길이를 짧게 유지한다.

> 해설 **아크쏠림현상(자기불림현상)의 방지법**
> • 교류(AC) 용접기를 사용한다.
> • 아크 길이를 짧게 유지한다.
> • 아크가 쏠리는 반대쪽으로 용접봉을 기울인다.
> • 후퇴법을 이용한다.
> • 접지를 용접부로부터 멀리한다.
> • 엔드탭을 부착한다.

43 저항용접에 의한 압접은 전기저항열로서 모재
를 용융상태로 만들고 외력을 가하여 접합하는 용
접법이다. 이때 발생하는 저항열을 구하는 식은?
(단, Q : 저항열, I : 전류, R : 전기저항, t : 통
전시간[초])

① $Q = 0.24IR^2t$ ② $Q = 0.24I^2R^2t$
③ $Q = 0.24I^2Rt$ ④ $Q = 0.24I^3Rt$

44 아세틸렌 가스의 폭발위험성에 관한 설명으로
틀린 것은?

① 아세틸렌 가스는 매우 타기 쉬운 기체이다.
② 아세틸렌 가스는 매우 안전한 화합물이다.
③ 아세틸렌 가스는 충격, 마찰 등의 외력이 작용
하면 폭발 위험성이 있다.
④ 아세틸렌 가스는 구리, 수은 등과 접촉하면 폭
발 화합물을 생성한다.

> 해설 아세틸렌 가스는 매우 불안정한 화합물로 폭발 위험
> 성이 상당히 큰 물질이다.

45 스테인리스강에 사용되는 플라스마 절단 작동
가스로 가장 적합한 것은?

① 아세틸렌   ② 프로판
③ 아르곤+수소   ④ 질소+수소

정답   39 ②   40 ④   41 ③   42 ①   43 ③   44 ②   45 ④

해설 플라스마 아크절단은 아크 플라스마의 성질을 이용한 절단법으로 전극으로 텅스텐봉이 사용되며, 국부적으로 전류밀도가 상당히 높은 아크 플라스마를 이용해 절단한다.

46 지혈 및 출혈 시 응급조치방법으로 옳지 않은 것은?

① 정맥 출혈 시는 압박붕대나 손에 가제를 대고 누르면서 상처부위를 높게 한다.
② 동맥 출혈 시는 응급조치로 지혈대나 압박붕대, 지압법 등으로 지혈한 후 의사의 조치를 받는다.
③ 피하 출혈 시에는 냉습포를 한 뒤에 온습포를 댄다.
④ 신체의 다른 부분보다 부상당한 팔과 다리를 낮게 해야 한다.

해설 상처를 심장보다 높게 올리면 중력에 의해 심장에서 피를 보내는 힘이 약해지기 때문에 어느 정도 출혈을 늦출 수 있게 된다.

47 가스용접봉 및 용제에 관한 각각의 설명으로 틀린 것은?

① 용제는 건조한 분말, 페이스트 또는 용접봉 표면에 피복한 것도 있다.
② 용제의 융점은 모재의 융점보다 낮은 것이 좋다.
③ 연강의 가스용접에는 용제가 필요하지 않다.
④ 가스용접은 탄화 불꽃이 되기 쉬운 데다 공기 중의 탄소를 흡수하여 용융 금속이 탄화되는 경우가 많다.

해설 가스용접은 공기 중의 산소로 인해 산화되는 경우가 많다.

48 아크용접 시 작업자에게 가장 위험한 부분은?

① 배전반　　　② 용접봉 홀더 노출부
③ 용접기　　　④ 케이블

해설 용접봉 홀더 노출부가 충분히 절연되지 않은 경우 작업자가 전격에 의해 사고를 당할 수 있다.

49 피복아크 용접봉의 선택 시 고려해야 할 사항으로 거리가 먼 것은?

① 아크의 안정성
② 용접봉의 내균열성
③ 스패터링
④ 용착금속 내의 슬래그 양

해설 피복아크 용접봉의 선택 시 아크의 안정성, 용착금속의 내균열성 및 스패터링 등을 고려해야 한다.

50 불활성 가스 아크용접인 것은?

① 테르밋 용접　　　② TIG 용접
③ 산소－수소용접　　④ 플라스마 용접

해설 • TIG(Tungsten Inert Gas, 텅스텐 불활성 가스) 용접
• MIG(Metal Inert Gas, 금속불활성 가스) 용접

51 용접법을 분류한 것 중 융접에 해당되지 않는 것은?

① 아크용접　　　② 가스용접
③ MIG 용접　　　④ 마찰용접

해설 용접의 종류
• 융접 : 모재를 용융시켜 접합(아크용접, 가스용접 등)
• 압접 : 열과 압력을 가해 접합(점용접, 심용접, 초음파 용접, 고주파 용접 등)
• 납땜 : 모재를 용융시키지 않고 접합(연납땜, 경납땜)

52 아크용접에서 피복제의 주된 역할을 설명한 것 중 옳은 것은?

① 전기 통전작용을 한다.
② 용융점이 높은 적당한 점성의 무거운 슬래그를 생성한다.

정답　46 ④　47 ④　48 ②　49 ④　50 ②　51 ④　52 ③

③ 용착금속의 탈산 정련작용을 한다.

④ 용착금속의 냉각속도를 빠르게 한다.

해설 **피복아크용접봉 피복제의 주된 역할**
- 급랭방지 : 슬래그를 형상화하여 용착금속의 급랭을 방지하는 역할
- 탈산작용 : 용융금속 중 산소를 제거하여 용착금속의 기계적 성질 개선
- 필요한 합금 원소첨가
- 절연작용
- 용착금속의 유동성 개선

53 가스용접장치에서 충전가스 용기의 도색이 잘못 연결된 것은?

① 탄산가스 – 청색 ② 염소 – 백색

③ 아세틸렌 – 황색 ④ 아르곤 – 회색

해설 액화 염소가스 용기의 도색은 갈색으로 한다.

54 서브머지드 아크용접법의 설명 중 잘못된 것은?

① 용융속도와 용착속도가 빠르며, 용입이 깊다.

② 비소모식이므로 비드의 외관이 거칠다.

③ 개선각을 작게 하여 용접의 패스 수를 줄일 수 있다.

④ 용접선이 짧거나 불규칙한 경우 수동에 비해 비능률적이다.

해설 **서브머지드 아크용접의 특징**
- 전류밀도가 높아 용접홈의 크기가 작아도 된다.
- 설비비가 고가이다.
- 아래보기 및 수평필릿 자세에 한정된다.
- 홈의 정밀도가 높아야 한다.
- 용접부가 용제로 파묻혀 보이지 않아 불가시용접, 잠호용접이라고도 불린다.

55 15℃, 15기압에서 아세톤 1리터에 대하여 아세틸렌 가스 몇 리터가 용해되는가?

① 285L ② 325L

③ 375L ④ 420L

해설 아세톤 1리터에 아세틸렌가스가 약 25배 용해되므로 1L×15기압×25배=375L

56 철심을 움직여 그로 인하여 발생하는 누설자속을 변동시켜 전류를 조절하는 용접기는?

① 탭 전환형 ② 가동 철심형

③ 가동 코일형 ④ 가포화 리액터형

해설 가동 철심형 교류아크용접기는 용접기 내부의 철심을 움직여 그로 인해 발생하는 누설자속의 변화로 전류를 조절한다. 미세하게 전류를 조절할 수 있으나 광범위한 전류의 조정은 어렵다.

57 탄산가스 아크용접에 대한 설명 중 올바르지 못한 것은?

① 전류밀도가 높아 용입이 깊고 용접속도를 빠르게 할 수 있다.

② 가시(可視) 아크이므로 시공이 편리하다.

③ 특수한 용제를 사용하므로 용접부에 슬래그 섞임이 없고 용접 후의 처리가 간단하다.

④ 용착금속의 기계적 성질 및 금속학적 성질이 우수하다.

해설 탄산가스 아크용접 시 사용하는 보호가스(탄산가스)가 일종의 용제 역할을 하므로 용제를 사용하지 않는다.

58 용접부 외부에서 주어지는 열량을 용접입열(Weld heat input)이라 하는데, 용접입열이 충분하지 못할 때 발생하는 용접결함은?

① 용입불량

② 선상조직

③ 용접균열

④ 은점

해설 전류가 과소하거나 루트간격이 너무 좁으면 용접입
열이 부족하여 용입불량이 발생하게 된다.

59 가스용접에서 산화 불꽃은 어떤 금속의 용접에 가장 적합한가?

① 황동
② 연강
③ 모넬메탈
④ 스텔라이트

해설 **가스용접 시 불꽃의 종류**
- 중성불꽃(산소와 아세틸렌의 비 1 : 1) : 연강용접 시 사용
- 산화불꽃(산소 과잉) : 황동용접 시 사용
- 탄화불꽃(아세틸렌 과잉) : 스테인리스강 용접 시 사용

60 탄산가스(CO_2) 아크용접에서 O_2의 해를 방지하기 위하여 와이어에 Mn을 첨가하여 용접한다. 이때의 반응식 중 올바른 것은?

① $2FeO + Mn = MnO_2$
② $Mn + 2FeO_3 = 2Fe + MnO$
③ $Mn + FeO = Fe + MnO$
④ $FeO_2 + Mn = FeO + MnO$

01 피복배합제의 성분에서 슬래그 생성제로 사용되는 것이 아닌 것은?

① 탄산바륨($BaCO_3$)
② 이산화망간(MnO_2)
③ 석회석($CaCO_3$)
④ 산화티탄(TiO_2)

해설 슬래그 생성제 : 석회석, 형석, 탄산나트륨, 일미나이트 등

02 탄소강의 물리적 성질 변화에서 탄소량의 증가에 따라 증가되는 것은?

① 비중
② 열팽창계수
③ 열전도도
④ 전기저항

해설 탄소량이 증가함에 따라 탄소강의 비중, 열팽창계수 및 열전도도는 감소되지만, 비열, 전기저항 및 항자력은 증가한다.

03 일반적으로 열이 전달되기 쉬운 정도를 표시할 때 열전도율이 사용되고 있다. 용접 입열이 일정할 경우 냉각속도가 가장 느린 것은?

① 연강
② 스테인리스강
③ 알루미늄
④ 구리

해설 합금을 하게 되는 경우 열전도도가 순금속이었을 때보다 저하되므로 냉각속도가 느리다.(스테인리스강은 Fe에 Cr+Ni을 첨가한 합금강이다.)

04 탄소강에 포함된 원소 중 실온에서 충격치를 저하시켜 상온취성의 원인이 되며 결정립을 조대화시키는 것은?

① P
② S
③ Mn
④ Au

해설 P(인)은 강의 5대 원소에 포함되며 상온취성의 원인이 되기도 한다.

05 금속의 공통적인 특성으로 틀린 것은?

① 이온화하면 양(+)이온이 된다.
② 열과 전기의 양도체이다.
③ 전성과 연성이 좋다.
④ 강도, 경도, 비중이 비교적 작다.

해설 **금속의 일반적 성질**
• 상온에서 고체이며 결정체이다.
• 열과 전기의 양도체이다.
• 강도, 경도, 비중이 크고 금속적 광택을 갖는다.
• 이온화하면 양이온이 된다.
• 연성과 전성이 우수하다.

06 동일 금속일 경우 재결정 온도가 낮아지는 원인과 가장 거리가 먼 것은?

① 가공도가 작을수록
② 가공시간이 길수록
③ 금속의 순도가 높을수록
④ 가공 전의 결정입자가 미세할수록

해설 재결정온도는 냉간, 열간가공을 구분하는 온도점이다. 또한 소성변형을 일으킨 결정을 가열 시 내부응력이 감소하고 변형이 잔류하고 있는 원래의 결정입자에서 내부 변형이 없는 새로운 결정의 핵이 발생하는 현상이 발생하는데, 이러한 재결정 현상이 일어나는 온도점을 말한다.

07 2개 성분의 금속이 용해된 상태에서는 균일한 용액으로 되나 응고 후에는 성분금속이 각각 결정이 되어 분리되며, 2개의 성분금속이 고용체를 만들지 않고 기계적으로 혼합될 수 있는 조직은?

① 공정조직
② 공석조직
③ 포정조직
④ 포석조직

해설 Fe−C 평형상태도에서 3개의 불변반응(포정, 공정, 공석)이 일어나며 2개의 성분금속이 고용체를 만들지 않고 기계적으로 혼합될 수 있는 조직을 공정조직이라고 한다.

08 철강을 순철, 강, 주철로 분류할 경우 기준이 되는 것은?

① 황(S) 함유량
② 탄소(C) 함유량
③ 망간(Mn) 함유량
④ 규소(Si) 함유량

해설 철강은 탄소의 함유량에 따라 순철, 강, 주철 등으로 구분된다.

09 금속의 열전도율이 큰 순서대로 나열된 것은?

① Cu > Ag > Al > Au
② Ag > Cu > Au > Al
③ Ag > Al > Au > Cu
④ Au > Cu > Ag > Al

해설 **열전도율이 높은 순서**
Ag > Cu > Au > Al

10 철의 용접이 곤란하고 어려운 이유에 대한 설명으로 틀린 것은?

① 주철은 연강에 비하여 여리며 주철의 급랭에 의한 백선화로 수축이 많아 균열이 생기기 쉽기 때문이다.
② 주철 속에 기름, 흙, 모래 등이 있는 경우에 용착이 불량하거나 모재와의 친화력이 나빠지기 때문이다.
③ 일산화탄소 가스가 발생하여 용착금속에 기공이 생기기 쉽기 때문이다.
④ 크롬 탄화물이 결정입계에 석출하기 쉽기 때문이다.

해설 크롬 탄화물이 결정입계에 석출하기 쉽기 때문에 용접이 곤란한 금속은 철이 아닌 스테인리스강(오스테나이트계)이다.

11 KS규격에서 평면형 평행 맞대기 이음 용접을 의미하는 기호는?

① 八
② ||
③ V
④ X

해설 ① : 양면 플랜지형 맞대기 이음
② : 평면 맞대기 이음
③ : 한쪽 면 V형 맞대기 이음
④ : 양면 V형 맞대기 이음

12 특별한 도시방법에서 도형 내의 특정한 부분이 평면이란 것을 표시할 필요가 있을 경우에 나타내는 표시방법으로 가장 적합한 것은?

① 정사각형 기호(ㅁ)를 사용한다.
② R기호를 사용한다.
③ P기호를 사용한다.
④ 가는 실선의 대각선을 긋는다.

해설 도면에서 도형의 특정 부분이 평면이라는 것을 표시하는 경우 사각형에 가는 실선의 대각선을 긋는다. (⊠)

13 제3각법의 그림 기호 표시를 올바르게 나타낸 것은?

①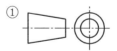
②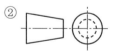
③
④

해설 다각형이 정면도이며 이를 기준으로 배치되어 있는 원형이 좌측 또는 우측면도이다.

정답 08 ② 09 ② 10 ④ 11 ② 12 ④ 13 ④

14 정투상법의 제3각법에서 투상하여 보는 순서는?

① 눈 → 물체 → 투상면
② 눈 → 투상면 → 물체
③ 물체 → 투상면 → 눈
④ 물체 → 눈 → 투상면

해설 • 제1각법 : 눈 → 물체 → 투상면
• 제3각법 : 눈 → 투상면 → 물체

15 기계나 장치 등의 실체를 보고 프리핸드로 그린 도면은?

① 배치도   ② 기초도
③ 장치도   ④ 스케치도

해설 기계나 장치 등의 실체를 보고 프리핸드로 그린 도면을 스케치도라고 한다.

16 현장용접 보조기호 표시를 올바르게 표현한 것은?

①   ② ○

③   ④ ◒

17 도면의 분류에서 설명도의 용도로 가장 적합한 것은?

① 주문자 또는 기타 관계자의 승인을 얻기 위한 도면이다.
② 사용자에게 물품의 구조, 기능, 성능 등을 알려주기 위한 도면이다.
③ 지역 내의 건물 위치나 공장 내부에 기계 등의 설치 위치의 상세한 정보를 나타낸 도면이다.
④ 견적 내용을 나타낸 도면이다.

해설 설명도는 사용자에게 물품의 구조, 기능, 성능 등을 알려주기 위한 도면이다.

18 제도의 목적을 달성하기 위한 기본 요건으로 틀린 것은?

① 대상물의 도형이 있으면 필요한 크기, 모양, 자세, 위치의 정보를 포함하지 않아야 한다.
② 애매한 해석이 생기지 않도록 표현상 명확한 뜻을 갖고 있어야 한다.
③ 무역 및 기술의 국제교류의 입장에서 국제성을 갖고 있어야 한다.
④ 기술의 각 분야에 걸쳐 가능한 한 정확성, 보편성을 갖고 있어야 한다.

해설 제도의 목적을 달성하기 위한 조건으로 대상물의 크기, 모양, 자세, 위치 등의 정보를 정확하게 포함해야 한다.

19 KS규격에서 용접부 및 용접부의 표면 형상 보조기호 설명으로 틀린 것은?

① ⎯⎯ : 평면(동일한 면으로 마감처리함)
② ⌣ : 토(끝단부)를 오목하게 함
③ ⎡M⎤ : 영구적인 이면 판재를 사용함
④ ⎡MR⎤ : 제거 가능한 이면 판재를 사용함

해설 ②의 부호는 끝단부를 매끄럽게 하라는 기호이다.

20 선의 종류에 따른 용도 설명으로 틀린 것은?

① 외형선 : 대상물의 보이는 부분의 모양을 표시하는 선
② 지시선 : 각종 기호나 지시사항을 기입하기 위한 선
③ 파단선 : 절단 위치를 대응하는 그림에 표시하는 선
④ 해칭 : 도형의 한정된 특정 부분을 다른 부분과 구별하는 데 사용하는 선

정답 **14** ② **15** ④ **16** ① **17** ② **18** ① **19** ② **20** ③

^{해설} 파단선은 물체의 일부를 파단한 곳을 표시하는 선으로 불규칙한 파형의 가는 실선 또는 지그재그의 선으로 나타낸다.

21 가접 시 주의해야 할 사항으로 틀린 것은?

① 본용접자와 동등한 기량을 갖는 용접자가 가접을 시행한다.
② 가접위치는 부품의 끝 모서리나 각 등과 같이 응력이 집중되는 곳을 피한다.
③ 본용접과 같은 온도에서 예열을 한다.
④ 용접봉은 본용접 작업 시에 사용하는 것보다 약간 굵은 것을 사용한다.

^{해설} 가용접 시 용접봉은 본용접작업 시에 사용하는 것보다 약간 가는 것을 사용한다.

22 용접부의 부근을 냉각하여 용접변형을 방지하는 냉각법의 종류에 해당되지 않는 것은?

① 석면포 사용법
② 피닝법
③ 살수법
④ 수랭동판 사용법

^{해설} 피닝법은 용접부를 끝이 둥근 해머를 이용해 연속적으로 두드려서 표면에 소성변형을 주는 방식으로 응력을 제거하는 방법이다.

23 용접부 인장시험에서 최초의 길이가 40mm 이고, 인장시험편의 파단 후 거리가 50mm일 경우에 변형률 ε(epsilon)은?

① 10%
② 15%
③ 20%
④ 25%

^{해설}
$$\text{변형률} = \frac{\text{나중 길이} - \text{처음 길이}}{\text{처음 길이}} \times 100$$
$$= \frac{50 - 40}{40} \times 100 = 25\%$$

24 일반적인 용접순서를 결정하는 유의사항 설명으로 틀린 것은?

① 용접 구조물이 조립되어 감에 따라 용접작업이 불가능한 곳이나 곤란한 경우가 생기지 않도록 한다.
② 용접물의 중심에 대하여 항상 대칭으로 용접을 해나간다.
③ 수축이 작은 이음을 먼저 용접하고 수축이 큰 이음(맞대기 등)은 나중에 용접한다.
④ 용접 구조물의 중립축에 대하여 용접수축력의 모멘트 합이 0이 되게 한다.

^{해설} 용접순서의 결정 시 수축이 큰 이음(맞대기)을 먼저 용접하고 수축이 작은 이음은 나중에 한다.

25 판의 홈 용접에서 용접의 진행과 더불어 이동하는 열원의 전방 홈 간격이 열렸다 닫혔다 하는 현상으로, 주로 열원 이동 중에 용융지 부근 모재의 용접선 방향에의 열팽창에 기인하여 생기는 용접변형은?

① 회전변형
② 세로굽힘변형
③ 팽창변형
④ 비틀림변형

^{해설} **회전변형**
맞대기 이음매에서 용접의 진행에 따라 간격이 벌어지거나(용접전류가 높고 용접속도가 빠른 경우), 좁아지는(피복아크용접과 같이 전류가 낮고 용접속도가 늦은 경우) 변형

26 용접하기 전에 적당한 예열을 함으로써 얻는 효과 설명으로 가장 적당한 것은?

① 예열을 하게 되면 용접성은 좋아지나 용접결함을 수반한다.
② 변형과 잔류응력이 많이 발생한다.
③ 용접부의 냉각속도를 느리게 하여 균열 발생이 적어진다.

④ 용접부의 냉각속도가 빨라지고 높은 온도에서 큰 영향을 받는다.

> 📝 예열을 하게 되는 경우 용접부의 냉각속도가 느려져 균열의 발생을 줄일 수 있다.

27 용접 후 처리에서 노치 인성의 설명으로 옳은 것은?

① 수소량이 적어지면 연성의 저하가 심해지는 성질
② 용접 전 굽힘 가공하여 용접부에 균열이 생기는 성질
③ 강이 저온, 충격하중 또는 노치의 응력집중 등에 대하여 견딜 수 있는 성질
④ 강이 고온 충격하중 또는 노치의 응력 분산 등에 의해서 메지게 되는 성질

> 📝 노치(notch)란 응력의 집중도가 높은 부위로 파단이 일어나기 쉬운 부분이며 노치 인성은 응력집중 등에 견딜 수 있는 성질을 의미한다.

28 부재 사이의 휨 부분을 용접하는 것으로 용접부 형상이 V형, X형, K형 등이 있는 용접은?

① 플러그 용접
② 슬롯 용접
③ 플랜지 용접
④ 플레어 용접

> 📝 플레어 용접은 부재 간의 원호와 원호 또는 원호와 직선으로 된 홈 부분에 하는 용접이다.

29 응력제거 풀림에 의해 얻는 효과에 해당되지 않는 것은?

① 용접 잔류 응력이 제거된다.
② 응력 부식에 대한 저항력이 증대된다.
③ 용착금속 중의 수소 제거에 의한 연성이 증대된다.
④ 충격저항이 감소하고 크리프 강도가 향상된다.

> 📝 응력제거 풀림에 의해 충격에 대한 저항력이 증가한다.

30 그림과 같이 폭 60mm, 두께 12mm인 강판을 60mm만을 겹쳐서 전 둘레 필릿 용접을 한다. 여기에 9,000kgf의 하중을 작용시킨다면 필릿 용접의 치수는 약 몇 mm인가?(단, 용접의 허용응력은 1,000kgf/cm²으로 한다.)

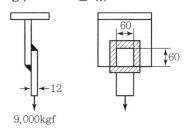

① 5.3
② 9.2
③ 12.1
④ 16.4

> 📝
> • 허용응력$(\sigma) = \dfrac{1.414 \times 하중(P)}{목길이}$
> • 하중$(P) = \dfrac{9,000}{(2 \times 6) + (2 \times 6)} = 375$
> • 목길이 $= \dfrac{1.414 \times 375}{1,000} = 0.53cm = 5.3mm$

31 계산 또는 필릿용접의 치수 이상으로 표면 위에 용착된 금속은?

① 이면비드
② 덧붙이
③ 개선 홈
④ 용접의 루트

> 📝 덧붙이는 필릿용접의 치수 이상으로 표면 위에 용착된 금속을 말한다.

32 용접이음의 설계를 할 때의 주의사항으로 틀린 것은?

① 용접작업에 지장을 주지 않도록 공간을 둔다.
② 용접이음을 한쪽으로 집중되게 접근하여 설계하지 않도록 한다.
③ 용접선을 될 수 있는 한 교차하도록 한다.
④ 가능한 한 아래보기 용접을 많이 하도록 한다.

해설 용접이음의 설계 시 용접선은 가능한 한 교차하지 않도록 하여야 한다.

33 아래 그림과 같은 필릿 용접부의 종류는?

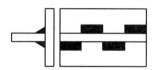

① 연속 병렬 필릿 용접
② 연속 지그재그 필릿 용접
③ 단속 병렬 필릿 용접
④ 단속 지그재그 필릿 용접

34 KS규격에서 E4340 용접봉의 피복제 계통으로 맞는 것은?

① 일미나이트계
② 고산화티탄계
③ 저수소계
④ 특수계

해설 일미나이트계(E4301), 고산화티탄계(E4313), 저수소계(E4316), 특수계(E4340)

35 맞대기 용접이음의 가접 또는 첫 층에서 보이는 세로 균열의 일종으로 약 200℃ 이하의 저온에서 발생하는 균열은?

① 설퍼 균열
② 라미네이션 균열
③ 루트 균열
④ 헤어 균열

해설 루트 균열이란 용접 루트(root)부에 노치에 의한 응력집중으로 인해 생긴 균열을 말한다.

36 맞대기 용접이음에서 강판의 두께가 6mm이고 용접 길이가 200mm, 인장하중이 6,000kgf 작용 시 용접 이음부에 발생하는 인장응력은 몇 kgf/mm²인가?

① 4
② 5
③ 6
④ 7

해설 인장응력$(\sigma) = \dfrac{하중(P)}{단면적(A)} = \dfrac{6,000}{6 \times 200} = 5$

37 용접봉의 선택 기준으로 거리가 먼 것은?

① 모재의 재질
② 제품의 형상
③ 용접 자세
④ 사용 보호구

해설 용접봉의 선택 시 모재의 재질, 제품의 형상, 용접자세 등을 고려하여야 한다.

38 잔류응력이 존재하는 용접구조물에 어떤 하중을 걸어 용접부를 약간 소성 변형시킨 다음 하중을 제거하면 잔류응력이 감소하는 현상을 이용하는 방법은?

① 국부응력제거법
② 저온 응력완화법
③ 피닝법
④ 기계적 응력완화법

해설 기계적 응력완화법은 용접부에 하중을 걸어 소성변형을 일으켜 잔류응력을 제거하는 방법이다.

39 일반적인 용접 변형 교정방법의 종류가 아닌 것은?

① 얇은 판에 대한 점 수축법
② 형재에 대한 직선 수축법
③ 변형된 부위를 줄질하는 법
④ 가열 후 해머링하는 법

해설 **용접 후 변형 교정법**
• 박판에 대한 점 수축법
• 형재에 대한 직선 수축법
• 가열 후 해머질하는 방법
• 후판에 대해 가열 후 압력을 가하고 수랭하는 방법
• 롤러에 거는 법(*외력만을 이용)
• 절단하여 정형 후 재용접하는 방법
• 피닝법

40 용접작업에서 지그 사용 시 얻는 효과로 틀린 것은?

① 대량생산의 경우 용접 조립 작업을 단순화시킨다.
② 제품의 마무리 정밀도를 향상한다.
③ 용접 변형을 억제하고 적당한 역변형을 주어 정밀도를 높인다.
④ 용접작업은 용이, 작업능률이 저하된다.

해설 용접 지그의 사용 시 용접작업이 용이하고 작업능률이 향상된다.

41 아크용접 작업에서 전격의 방지대책으로 가장 거리가 먼 것은?

① 절연 홀더의 절연부분이 파손되면 즉시 교환할 것
② 접지선은 수도배관에 할 것
③ 용접작업을 중단 혹은 종료 시에는 즉시 스위치를 끊을 것
④ 습기 있는 장갑, 작업복, 신발 등을 착용하고 용접작업을 하지 말 것

해설 전격이란 강한 전류에 의해 갑작스럽게 주어지는 자극을 말한다.

42 냉간압접의 장점에 해당되지 않는 것은?

① 접합부가 가공 경화된다.
② 접합부에 열 영향이 없다.
③ 압접기구가 간단하다.
④ 접합부의 전기저항은 모재와 거의 비슷하다.

해설 냉간압접은 부재를 가열하지 않고 상온에서 압력을 가하여 2개의 금속면을 접합하는 용접법이다.

43 피복아크 용접봉에 사용하는 피복제의 주된 역할이 아닌 것은?

① 아크를 안정시킨다.
② 용착금속의 탈산정련작용을 한다.

③ 용착금속의 용적을 미세화하여 용착효율을 낮춘다.
④ 스패터의 발생을 적게 한다.

해설 **피복제의 역할**
• 아크의 안정
• 용착부의 산화, 질화 방지
• 탈산정련작용
• 용적의 미세화
• 전기절연작용
• 슬래그 생성으로 용착부의 급랭방지

44 탄산가스 아크용접에서 중독 및 질식사고의 원인이 되는 가스는?

① 수소
② 암모니아
③ 일산화탄소
④ 아세틸렌

해설 탄산가스 아크용접 시 가장 많이 발생하는 가스는 일산화탄소가스(CO)이며 중독 및 질식사고의 원인이 되므로 주의해야 한다.

45 본용접 전 가접에서의 주의사항 설명으로 틀린 것은?

① 본용접보다도 지름이 굵은 용접봉을 사용한다.
② 강도상 중요한 부분에서는 가접을 피한다.
③ 용접의 시점 및 종점이 되는 끝부분은 가접을 피한다.
④ 본용접자와 비슷한 기량을 가진 용접자가 실시하는 것이 좋다.

해설 가접(가용접)이란 본용접을 실시하기 전에 용접부위를 일시적으로 고정시키기 위해서 용접하는 것으로 부품의 끝 모서리나 응력이 집중되는 곳은 피해야 하며 본용접보다 지름이 얇은 용접봉을 사용한다.

정답 40 ④ 41 ② 42 ① 43 ③ 44 ③ 45 ①

46 다음 보기 중 용접의 자동화에서 자동제어의 장점에 해당되는 사항으로만 조합한 것은?

> a. 제품의 품질이 균일화되어 불량품이 감소한다.
> b. 원자재, 원료 등이 증가된다.
> c. 인간에게는 불가능한 고속작업이 가능하다.
> d. 위험한 사고의 방지가 불가능하다.
> e. 연속작업이 가능하다.

① a, b, d
② a, c, d
③ a, c, e
④ a, b, c, d, e

해설 용접 자동화의 장점
- 제품의 품질이 균일화되어 불량품이 감소한다.
- 인간에게는 불가능한 고속작업이 가능하다.
- 위험한 사고의 방지가 가능하다.
- 연속작업이 가능하다.
- 원료를 절약할 수 있다.

47 서브머지드 아크용접장치의 구성 및 종류에 관한 설명으로 틀린 것은?

① 용접전류는 용접전원으로부터 용접전극을 통하여 공급된다.
② 용접 능률의 향상을 위해 2개 이상의 전극을 동시에 사용하는 다전극 용접기가 실용화되고 있다.
③ 용접전원으로는 직류가 시설비가 싸고 자기 불림 현상이 매우 커서 많이 사용된다.
④ 와이어 송급장치, 전압제어장치, 콘택트 조, 플러스 호퍼를 일괄하여 용접헤드(welding head)라고 한다.

해설 서브머지드 아크용접의 특징
- 전류 밀도가 높아 용접 홈의 크기가 작아도 된다.
- 설비비가 고가이다.
- 아래보기 및 수평필릿 자세에 한정된다.
- 홈의 정밀도가 높아야 한다.
- 용접부가 용제로 파묻혀 보이지 않아 불가시용접, 잠호용접이라고도 불린다.

48 용접부의 안전율로 맞는 것은?

① 안전율 $= \dfrac{인장강도}{허용응력} \times 100(\%)$
② 안전율 $= \dfrac{인장강도}{굽힘응력} \times 100(\%)$
③ 안전율 $= \dfrac{허용응력}{굽힘강도} \times 100(\%)$
④ 안전율 $= \dfrac{인장응력}{피로응력} \times 100(\%)$

49 용접기의 유지보수 및 점검 시에 지켜야 할 사항으로 틀린 것은?

① 용접기는 습기나 먼지가 많은 곳에 가급적 설치하지 말아야 한다.
② 2차 측 단자의 한쪽과 용접기 케이스는 접지를 확실히 해둔다.
③ 탭 전환의 전기적 접속부는 자주 샌드페이퍼 등으로 잘 닦아준다.
④ 용접기는 어떤 부분에도 주유해서는 안 된다.

해설 용접기의 가동부분은 주기적으로 주유하며 관리해야 한다.

50 용접법의 분류에서 압접, 단접, 전기저항 용접을 압접이라고 하는데, 아크 용접, 가스 용접 및 테르밋 용접을 무엇이라 하는가?

① 가압접   ② 에너지법
③ 열용접   ④ 융접

해설 용접의 종류(융접, 압접, 납땜) 중 융접이란 모재를 용융시켜 접합하는 방법으로 아크 용접, 가스 용접, 테르밋 용접 등이 있다.

51 가스아크 용접장치에 해당되지 않는 것은?

① 용접 토치   ② 보호가스 설비
③ 제어 장치   ④ 플럭스 공급장치

정답 46 ③ 47 ③ 48 ① 49 ④ 50 ④ 51 ④

해설 가스아크 용접장치란 TIG, MIG, CO_2 용접 등 보호 가스를 이용한 아크용접을 말한다.

52 피복아크 용접 시 아크 쏠림 방지대책이 아닌 것은?

① 용접봉 끝을 아크 쏠림 반대방향으로 기울인다.
② 직류 용접으로 하지 말고 교류 용접으로 한다.
③ 접지점은 될 수 있는 대로 용접부에서 멀리한다.
④ 긴 아크를 사용한다.

해설 아크 쏠림을 방지하기 위해 아크 길이를 짧게 유지해 야 한다.

53 피복 아크용접에서 용접 전류가 너무 높거나 낮을 때 발생하는 용접 결함의 종류와 가장 거리가 먼 것은?

① 용입 불량   ② 선상조직
③ 오버랩   ④ 언더컷

해설 선상조직이란 용접부의 파단면에 나타나는 조직이 며, 용접 금속을 파단하였을 때 그 일부가 서리 모양 의 미세한 주상정으로 나타나는 것이다. 생성원인은 냉각속도와 응고 과정에서 주상정 간에 생긴 SiO_2, Al_2O_3, Cr_2O_3 등의 탄산생성물 및 수소 등으로 보고 있다. 이를 방지하는 데 급랭을 하지 않고 예열과 후 열을 하며, 건조된 저수소계 피복아크용접봉을 사용 하는 방법 등이 있다.

54 아세틸렌 압력조정기의 구비조건 설명으로 틀 린 것은?

① 가스의 방출량이 많아도 유량이 안정되어 있어 야 한다.
② 조정압력은 용기 내의 가스양이 변해도 항상 일 정해야 한다.
③ 조정 압력과 방출압력의 차이가 클수록 좋다.
④ 얼어붙지 않고 동작이 예민해야 한다.

해설 아세틸렌 압력조정기는 조정압력과 방출압력의 차 이가 적어야 한다.

55 1차 압력이 30kVA인 피복아크용접기에서 전 원 전압이 200V라면 퓨즈의 용량은 몇 A가 가장 적 합한가?

① 75A   ② 100A
③ 150A   ④ 300A

해설
$$퓨즈의 용량 = \frac{1차 \ 입력(VA)}{전원 \ 입력(V)}$$
$$= \frac{30{,}000VA}{200V} = 150A$$

56 KS규격에서 E4324 용접봉의 피복제 계통으 로 맞는 것은?

① 저수소계   ② 철분산화티탄계
③ 특수계   ④ 일미나이트계

해설 **피복아크용접봉의 종류**

KS규격	피복제 계통
E4301	일미나이트계
E4303	라임티타니아계
E4311	고셀룰로오스계
E4313	고산화티탄계
E4316	저수소계
E4327	철분산화철계
E4324	철분산화티탄계

57 가스압접의 특징에 대한 설명으로 틀린 것은?

① 장치가 복잡하고 설비비, 보수비가 비싸다.
② 이음부에 탈탄층이 거의 없다.
③ 작업이 거의 기계적이다.
④ 용가재 및 용제가 필요 없다.

정답 52 ④   53 ②   54 ③   55 ③   56 ②   57 ①

해설 가스압접은 장치가 간단하여 설비비가 저렴하고 보
수도 간단하다.

58 가스용접 시 팁 끝이 순간적으로 막히면 가스 분출이 나빠지고 토치의 가스 불꽃이 혼합실까지 그대로 전달되어 토치가 빨갛게 달구어지는 현상은?

① 역류   ② 난류
③ 인화   ④ 역화

해설 가스용접 시 역류, 역화, 인화 등의 현상이 발생하며
인화란 토치의 가스 불꽃이 혼합실까지 전달되어 토
치가 빨갛게 달구어지는 현상을 말한다.

59 다음 설명에서 A, B에 들어갈 값으로 맞는 것은?

용해 아세틸렌가스는 15℃에서 (A)kgf/cm²로 충전하
며, 15℃, 1kgf/cm²에서 1l의 아세톤은 (B)l의 아세틸
렌 가스를 용해한다.

① A=1.5, B=10   ② A=25, B=35
③ A=15, B=25   ④ A=10, B=15

60 접합할 모재를 용융시키지 않고 모재보다 용융점이 낮은 금속을 사용하여 두 모재 간의 모세관 현상을 이용하여 금속을 접합하는 것은?

① 특수용접   ② 납땜
③ 아크용접   ④ 압접

해설 용접에는 용접, 압접, 납땜 3가지 종류가 있으며 이
중 접합할 모재를 용융시키지 않고 접합하는 것을 납
땜(경납땜, 연납땜)이라 한다.

정답 58 ③   59 ③   60 ②

01 잔류응력 제거방법으로서 용접선의 양측을 가스 불꽃으로 너비 약 150mm에 걸쳐서 150~200℃로 가열한 다음 수랭하는 방법은?

① 기계적 응력완화법
② 피닝법
③ 저온 응력완화법
④ 확산 풀림법

해설 저온 응력완화법은 용접선으로부터 150mm 떨어진 부분을 150~200℃의 가스불꽃으로 가열 후 수랭하여 용접부에 존재하는 용접선 방향의 인장 잔류응력을 제거하는 방법이다.

02 피복아크 용접 시 용융금속 중에 침투한 산화물을 제거하는 탈산제로 쓰이지 않는 것은?

① 망간철   ② 규소철
③ 산화철   ④ 티탄철

해설 용융금속 내의 산소를 제거하는 것이 탈산제의 역할이며 대표적인 탈산제로 규소-철(Si-Fe), 망간-철(Mn-Fe), 알루미늄(Al) 등이 있다.

03 맞대기 용접 이음의 가접 또는 첫 층에서 루트 근방의 열 영향부에서 발생하여 점차 비드 속으로 들어가는 균열은?

① 토 균열
② 루트 균열
③ 세로 균열
④ 크레이터 균열

해설 루트 균열이란 맞대기 용접 이음의 가접 또는 첫 층에서 루트 부근의 열영향부에 발생하여 점차 비드 속으로 들어가는 균열이다.(토 균열 : 비드표면과 모재의 경계부에서 발생, 세로 균열 : 용접비드에 평행하게 발생, 크레이터 균열 : 용접비드의 크레이터부에 발생)

04 포정반응에 대한 설명으로 적합한 것은?

① 하나의 고용체에 다른 액체가 작용하여 다른 고용체를 형성하는 반응
② 2종 이상의 물질이 고체상태로 완전히 융합되는 것
③ 하나의 액체에서 고체와 다른 종류의 액체를 동시에 형성하는 반응
④ 하나의 액체를 어떤 온도로 냉각시키면서 동시에 2개 또는 그 이상의 종류의 고체를 생기게 하는 반응

해설 Fe-C 평형 상태도에는 3개의 불변반응(포정, 공정, 공석)이 일어나며 이 중 포정반응이란 하나의 고용체에 다른 액체가 작용하여 다른 고용체를 형성하는 반응을 말한다.

05 면심입방격자(FCC)에서 단위격자 중에 포함되어 있는 원자의 수는 몇 개인가?

① 2   ② 4
③ 6   ④ 8

해설 **금속결정격자의 종류**

㉠ 체심입방격자(BCC ; Body Centered Cubic lattice)
- 단위격자 내의 원자 수 : 2개
- 배위 수 : 8개(체심에 있는 원자를 둘러싼 원자의 수)
- BCC 구조의 금속 : Pt, Pb, Ni, Cu, Al, Au, Ag 등
- 성질 : 용융점이 높으며 단단하다.

㉡ 면심입방격자(FCC ; Face-Centered Cubic lattice)
- 단위격자 내의 원자 수 : 4개
- 배위 수 : 12개
- FCC 구조의 금속 : Ni, Al, W, Mo, Na, K, Li, Cr 등
- 성질 : 전연성이 커서 가공성이 좋다.

정답 | 01 ③ 02 ③ 03 ② 04 ① 05 ②

ⓒ 조밀육방격자(HCP ; Hexagonal Close-Packed lattice)
- 단위격자 내의 원자 수 : 2개
- 배위 수 : 12개
- HCP 구조의 금속 : Mg, Zn, Be, Cd, Ti 등
- 성질 : 취약하며 전연성이 작다.

06 철강의 용접 시 열 영향부에 대한 설명으로 틀린 것은?

① 탄소의 함량이 많을수록 경화현상이 발생하기 쉽다.
② 오스테나이트까지 가열된 조직은 급랭으로 마텐자이트 조직이 된다.
③ 조직이 마텐자이트가 되면 경도가 증가한다.
④ 조직이 마텐자이트가 되면 연신율이 증가한다.

해설 마텐자이트 조직의 경우 경도가 높기 때문에 연신율이 감소한다.

07 주철의 용접성으로 틀린 것은?

① 수축이 많아 균열이 생기기 쉽다.
② 일산화탄소 가스가 발생하여 용착금속에 기공 발생이 적다.
③ 500~600℃의 예열 및 후열이 필요하다.
④ 주철 속에 기름, 흙, 모래 등이 있는 경우에 용착이 불량하거나 모재와의 친화력이 나쁘다.

해설 주철의 용접 시 가장 많이 발생하는 가스가 일산화탄소(CO)이며 이로 인해 기공이 발생할 가능성이 높다.

08 일반적인 금속 원자의 단위 결정격자의 종류가 아닌 것은?

① 체심입방격자　　② 정밀입방격자
③ 면심입방격자　　④ 조밀육방격자

해설 5번 문제 해설 참고

09 저수소계 피복아크 용접봉의 건조 조건으로 가장 적절한 것은?

① 70~100℃, 1시간
② 200~250℃, 30분
③ 300~350℃, 1~2시간
④ 400~450℃, 30분

해설 용접봉의 건조

용접봉의 종류	건조온도	건조시간
일반 용접봉	70~100℃	30분~1시간
저수소계 용접봉	300~350℃	1~2시간

10 금속을 가열한 다음 급속히 냉각시켜 재질을 경화시키는 열처리 방법은?

① 풀림　　　　　② 뜨임
③ 불림　　　　　④ 담금질

해설 열처리의 종류 중 담금질은 금속을 가열한 다음 급속히 냉각시켜 재질을 경화시키고자 하는 경우 사용되며 담금질 후 반드시 뜨임 열처리를 실시해야 인성을 높일 수 있다.
※ 담금질이 가장 잘 되는 물질은 소금물이다.

11 다음 용접기호의 설명으로 옳은 것은?

① 플러그 용접　　② 뒷면 용접
③ 스폿 용접　　　④ 심 용접

12 치수 기입방법에서 치수선과 치수보조선에 대한 설명으로 틀린 것은?

① 치수선과 치수보조선은 가는 실선으로 긋는다.
② 치수선은 원칙적으로 치수보조선을 사용하여 긋는다.

③ 치수선은 원칙적으로 지시하는 길이 또는 각도를 측정하는 방향으로 평행하게 긋는다.

④ 치수보조선은 지시하는 치수의 끝에 해당하는 도형상의 점 또는 선의 중심을 지나 치수선에 평행으로 긋는다.

해설 치수보조선은 치수를 표시하는 부분의 양 끝 치수선에 직각이 되도록 긋는다.

13 도면의 보관방법 및 출고에 대한 설명으로 가장 거리가 먼 것은?

① 원도는 화재나 수해로부터 안전하도록 방재처리를 한 도면 보관함에 격리하여 보관한다.

② 도면 보관함에는 도면번호, 도면크기 등을 표시하여 사용이 쉽도록 한다.

③ 복사도에는 출고용 도장을 찍지 않아도 사용이 가능하며, 도면이 심하게 파손되었을 때는 현장에서 즉시 태워 버린다.

④ 원도는 도면을 변경하고자 하는 이외에는 출고하지 않으며, 곧바로 생산현장에 출고할 때는 복사도를 출고한다.

해설 복사도는 출고용 도장을 찍어 사용해야 하며 도면이 심하게 파손되었을 경우 도면 보관함에 일정기간 보관 후 폐기하도록 한다.

14 도면의 분류에서 내용에 따른 분류에 해당하지 않는 것은?

① 전개도 ② 부품도
③ 기초도 ④ 조립도

해설 **도면의 분류**
• 내용에 따른 분류 : 배관도, 부품도, 배선도, 공정도, 계통도 등
• 목적에 따른 분류 : 계획도, 주문도, 견적도, 승인도, 제작도, 설명도 등

15 대상물의 보이지 않는 부분을 표시하는 데 쓰이는 선의 종류는?

① 굵은 실선
② 가는 파선
③ 가는 실선
④ 가는 이점 쇄선

해설 대상물의 보이지 않는 부분은 가는 파선을 이용하여 도시한다.

16 경사면부가 있는 대상물에서 그 경사면의 실형을 나타낼 필요가 있는 경우에 그리는 투상도는?

① 보조투상도 ② 부분투상도
③ 국부투상도 ④ 회전투상도

해설 보조투상도는 물체의 경사진 면을 정투상법에 의해 투상하는 경우 경사진 면의 실제 모양이나 크기가 나타나지 않으므로 경사진 면과 나란한 각도에서 투상한 투상도이다.

17 국가 및 기구에 대한 규격기호를 틀리게 연결한 것은?

① 국제표준화기구 − ISO
② 미국 − USA
③ 일본 − JIS
④ 스위스 − SNV

해설 미국 − ANSI

18 CAD 인터페이스 종류 중 소프트웨어 인터페이스가 아닌 것은?

① GKS(Graphical Kernel System)
② IGES(Initial Graphics Exchange Specification)
③ RS − 232C
④ DXF(Date Exchange File)

19 용접 기본기호 중 맞대기 이음 용접기호가 아닌 것은?

① ‖   ② V

③ Y   ④ L

해설 ① : 평면형 평행 맞대기 이음
② : 한쪽 면 V형 맞대기 이음
③ : 부분 용입 한쪽 면 V형 맞대기 이음

20 투상법에서 제3각법은 (a) → (b) → (c) 순서로 투상한다. ( ) 안에 각각 들어갈 용어로 맞는 것은?

① a−눈, b−물체, c−투상면
② a−눈, b−투상면, c−물체
③ a−물체, b−눈, c−투상면
④ a−투상면, b−물체, c−눈

해설 • 제1각법 : 눈 → 물체 → 투상면
• 제3각법 : 눈 → 투상면 → 물체

21 용접 전 예열을 하는 목적에 대한 설명으로 틀린 것은?

① 용접부와 인접된 모재의 수축응력을 증가시키기 위하여 예열을 실시한다.
② 임계온도를 통과하여 냉각될 때 냉각속도를 느리게 하여 열영향부와 용착금속의 경화를 방지하고 연성을 높여준다.
③ 약 200℃의 범위를 통과하는 시간을 지연시켜 용착금속 내 수소의 방출시간을 줌으로써 비드 밑 균열을 방지한다.
④ 온도 분포가 완만하게 되어 열응력의 감소로 변형과 잔류응력 발생을 적게 한다.

해설 예열은 재료를 연화하여 경도 및 모재의 수축응력을 감소시키기 위해 실시한다.

22 특수한 구면상의 선단을 갖는 해머(Hammer)로 용접부를 연속적으로 타격해 줌으로써 표면의 소성변형을 주어 잔류응력을 제거하는 방법은?

① 기계적 응력완화법
② 저온 응력완화법
③ 피닝법
④ 응력제거풀림법

해설 대표적인 잔류응력 완화법
• 노내풀림법
• 국부풀림법
• 저온 응력완화법
• 기계적 응력완화법
• 피닝법

23 맞대기 용접 및 필릿 용접 이음 시 각변형을 교정할 때 이용하는 이면 담금질 방법은?

① 점가열법
② 송엽가열법
③ 선상가열법
④ 격자가열법

해설 용접변형의 교정방법
• 선상가열법
• 점상가열법
• 프레스나 롤러에 의한 교정법 등

24 강의 맞대기 용접이음에서 용착금속의 기계적 성질 중 인장강도가 40kgf/mm², 안전율이 5라면 용접이음의 허용응력(kgf/mm²)은 얼마인가?

① 0.8   ② 8
③ 20   ④ 200

해설 $안전율 = \dfrac{인장강도}{허용응력}$ 이므로

$허용응력 = \dfrac{인장강도}{안전율} = \dfrac{40}{5} = 8$

25 자기탐상검사(MT)가 되지 않는 금속재료의 용접부 표면검사법으로 가장 적합한 것은?

① 외관검사(VT)

② 침투탐상검사(PT)

③ 초음파 탐상검사(UT)

④ 방사선 투과검사(RT)

해설 침투탐상검사는 시험체 표면에 침투액을 적용, 불연속부에 침투시키고 현상제를 적용하여 불연속부에 침투해 있던 침투액을 표면 밖으로 나오게 하여 표면 불연속부의 위치와 크기 등을 검출하는 비파괴검사 방법이다.

26 필릿 용접 이음의 수축 변형에서 모재가 용접선에 각을 이루는 경우를 각변형이라고 하는데, 각변형과 같이 쓰이는 용어는?

① 가로 굽힘

② 세로 굽힘

③ 회전 굽힘

④ 원형 굽힘

해설 용접부의 변형은 근본적으로 용접 과정에서 발생하는 용융금속의 수축에 의한 인장응력 때문에 발생하며 필릿용접이음에서 모재가 용접선에 각을 이루는 경우를 각변형(가로굽힘)이라고 한다.

27 인장시험 결과 시험편의 파단 후 단면적이 20mm²이고 원 단면적이 25mm²일 때 단면수축률은?

① 20%

② 30%

③ 40%

④ 50%

해설 단면수축률

$$= \frac{원단면적 - 파단 후 단면적}{원단면적} \times 100$$

$$= \frac{25 - 20}{25} \times 100 = 20\%$$

28 용접 경비를 적게 하고자 할 때 유의할 사항으로 가장 관계가 먼 것은?

① 용접봉의 적절한 선정과 그 경제적 사용방법

② 재료 절약을 위한 방법

③ 용접 지그의 사용에 의한 위보기 자세의 이용

④ 용접사의 작업능률 향상

해설 용접지그를 사용하여 가능한 한 아래보기 자세를 이용하도록 한다.

29 그림과 같은 겹치기 이음의 필릿용접을 하려고 한다. 허용응력을 5kgf/mm²라 하고 인장하중 5,000kgf, 판 두께 12mm라고 할 때, 필요한 용접 유효길이는 약 몇 mm인가?

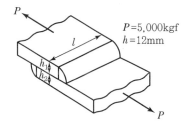

① 83

② 73

③ 69

④ 59

해설 허용응력$(\sigma) = \dfrac{하중(P)}{단면적(A)}$

$$= \frac{P}{(h_1 + h_2) \times l} 이므로$$

$$l = \frac{1.414P}{\sigma \times (h_1 + h_2)} = \frac{1.414 \times 5,000}{5 \times (12 + 12)} = 58.9$$

30 용접이음을 설계할 때 주의사항이 아닌 것은?

① 가급적 아래보기 용접을 많이 하도록 한다.

② 용접작업에 지장을 주지 않도록 공간을 두어야 한다.

③ 용접이음을 한쪽으로 집중되게 접근하여 설계하지 않도록 한다.

④ 맞대기 용접은 될 수 있는 대로 피하고 필릿 용접을 하도록 한다.

해설 **용접조립의 순서**
- 수축이 큰 이음(맞대기)을 먼저 용접하고 다음에 작은(필릿) 용접을 한다.
- 큰 구조물을 중앙에서 끝으로 향하여 용접한다.
- 용접선에 대하여 수축력의 합이 0이 되도록 한다.
- 리벳과 함께 쓰는 경우 용접을 먼저 한다.
- 필릿 용접은 될 수 있는 대로 피하고 맞대기 용접을 하도록 한다.

31 설계단계에서의 일반적인 용접 변형 방지법 중 틀린 것은?

① 용접 길이가 감소될 수 있는 설계를 한다.
② 용착 금속을 감소시킬 수 있는 설계를 한다.
③ 보강재 등 구속이 작아지도록 설계를 한다.
④ 변형이 적어질 수 있는 이음 부분을 배치한다.

해설 구속을 크게 할수록 용접 시 발생되는 변형이 방지되지만 잔류응력이 발생할 우려가 있다.

32 동일한 길이를 용접하는 경우라도 판두께 용접자세, 작업장소 등이 변동되면 용접에 소요하는 작업량도 변하게 되는데 이 작업량에 영향을 주는 것을 각기 계수로 표시하고 이 계수를 실제의 용접 길이에 곱한 것을 무슨 용접 길이라고 하는가?

① 도면상의 용접 길이
② 환산 용접 길이
③ 돌림 용접 길이
④ 가공 후 용접 길이

해설 환산 용접 길이란 각종 변수를 고려하여 작업량에 영향을 주는 것을 계수로 표시하고 이 계수를 실제 용접 길이로 곱한 것을 말한다.

33 다음 그림과 같은 용접 이음의 형상기호 종류는?

① 필릿 용접 X형
② 플러그 용접 K형
③ 모서리 용접 V형
④ 플레어 용접 X형

해설 플레어 용접은 부재 간의 원호와 원호 또는 원호와 직선으로 된 홈 부분에 하는 용접이다.

34 용접시공에 의한 변형 경감법에 해당되지 않는 것은?

① 대칭법
② 후진법
③ 스킵법
④ 도열법

해설 도열법이란 용접부 주위에 물을 적신 석면이나 동판을 접촉시켜 용접열을 흡수하는 변형 방지법이다.

35 용접부에 발생하는 기공(Blow hole)이나 피트(Pit)와 같은 결함의 원인이 될 수 없는 것은?

① 이음부에 녹이나 이물질 부착
② 용접봉 건조 불량
③ 용접 홈 각도의 과대
④ 용접 속도의 과대

해설 용접 홈 각도가 과대한 경우에는 용락이 발생할 우려가 있다.

36 가용접(Tack Welding) 시 주의해야 할 사항이 아닌 것은?

① 본용접자와 동등한 기량을 갖는 용접자가 가용접을 시행할 것
② 본용접과 같은 온도에서 예열을 할 것
③ 가용접 위치는 부품의 끝 모서리나 각 등과 같이 응력이 집중되는 곳을 피할 것
④ 용접봉은 본용접작업 시에 사용하는 것보다 약간 굵은 것을 사용할 것

해설 가접(가용접)이란 본용접을 실시하기 전에 용접부위를 일시적으로 고정시키기 위해서 용접하는 것으로 부품의 끝 모서리나 응력이 집중되는 곳은 피해야 하며 용접봉은 본용접 시 사용하는 것보다 얇은 것을 사용한다.

정답 31 ③ 32 ② 33 ④ 34 ④ 35 ③ 36 ④

37 용접 구조물의 수명과 관련이 있는 것은?

① 작업태도
② 아크 타임률
③ 피로강도
④ 작업률

해설 피로강도는 재료의 피로파괴에 대한 저항의 전반적인 것을 의미하며 용접 구조물의 수명과 큰 관련성을 가진다.

38 용접이음 중에서 접합하는 두 부재 사이에서 양쪽 면에 홈을 파고 용접하는 양쪽 면 홈이음형은?

① I형 홈
② J형 홈
③ H형 홈
④ V형 홈

해설 H형 홈의 경우 양쪽 면에 홈을 파고 용접하는 홈의 형상으로 강판의 두께 40mm 이상의 후판인 경우에 적합하다.

39 레이저 용접장치의 기본형에 속하지 않는 것은?

① 고체 금속형
② 가스 방전형
③ 반도체형
④ 에너지형

해설 레이저 용접장치의 기본형으로는 고체 금속형, 반도체형, 가스 방전형 등이 있다.

40 용접변형 방지법에서 역변형법의 설명에 해당되는 것은?

① 공작물을 가접 또는 지그로 고정하여 변형의 발생을 방지하는 법
② 용접 금속 및 모재의 수축에 대하여 용접 전에 반대방향으로 굽혀 놓고 용접 작업하는 법
③ 비드를 좌우 대칭으로 놓아 변형을 방지하는 법
④ 용접 진행방향으로 띔용접을 하여 변형을 방지하는 법

해설 역변형법은 용접 금속 및 모재의 수축에 대하여 용접 전에 반대방향으로 굽혀 놓고 용접 작업하는 것이다.

41 교류 아크용접기 부속장치 중 아크 발생 시 용접봉이 모재에 접촉하지 않아도 아크가 발생되는 것은?

① 핫 스타트 장치
② 원격제어장치
③ 전격방지장치
④ 고주파 발생장치

해설 고주파 발생장치는 아크의 안정을 확보하기 위해 상용 주피수의 이그 전류 외에 고전압의 고주피 전류를 중첩시키는 방식의 장치로 용접봉이 모재에 접촉하지 않아도 아크가 발생되도록 하는 장치이다.

42 아세틸렌이 접촉하면 화합물을 만들어 맹렬한 폭발성을 가지게 되는 것이 아닌 것은?

① Fe
② Cu
③ Ag
④ Hg

해설 아세틸렌은 Ag, Cu, Hg 등에 접촉 시 폭발성 화합물을 생성하게 된다.

43 피복 아크용접 시 아크 길이가 너무 길 때 발생하는 현상이 아닌 것은?

① 스패터가 심해진다.
② 용입 불량이 나타난다.
③ 아크가 불안정해진다.
④ 용융금속이 산화 및 질화되기 어렵다.

해설 아크 길이가 과도하게 긴 경우 보호가스의 보호를 받지 못해 용융금속이 산화 · 질화되기 쉬워진다.

44 교류용접기에서 무부하 전압 80V, 아크 전압 25V, 아크 전류 300A이며, 내부손실 3kW라 하면 이때 용접기의 효율은 약 몇 %인가?

① 71.4%
② 70.1%
③ 68.3%
④ 66.7%

| 정답 | 37 ③ | 38 ③ | 39 ④ | 40 ② | 41 ④ | 42 ① | 43 ④ | 44 ① |

해설
- 효율 = $\dfrac{\text{아크출력}}{\text{소비전력}} \times 100$

  = $\dfrac{7,500}{10,500} \times 100 = 71.42\%$

- 아크출력 = 아크전압 × 아크전류
  = 25 × 300 = 7,500W

- 소비전력 = 아크출력 + 내부손실
  = 7,500 + 3,000 = 10,500W

45 교류용접기에 역률 개선용 콘덴서를 사용하였을 때의 이점으로 틀린 것은?

① 입력 kVA가 많아지므로 전력요금이 싸진다.

② 전원 용량이 적어도 된다.

③ 배전선의 재료가 절감된다.

④ 전압 변동률이 적어진다.

해설 역률 개선용 콘덴서를 사용하면 입력 kVA가 줄게 되어 전력요금이 싸진다.

46 스터드 용접(Stud Welding)법의 특징 중 잘못된 것은?

① 아크열을 이용하여 자동적으로 단시간에 용접부를 가열 용융하여 용접하는 방법으로 용접 변형이 극히 적다.

② 대체적으로 모재가 급열, 급랭되기 때문에 저탄소강에 용접하기 좋다.

③ 용접 후 냉각속도가 비교적 느리므로 용착 금속부 또는 열영향부가 경화되는 경우가 적다.

④ 철강재료 외에 구리, 황동, 알루미늄, 스테인리스강에도 적용이 가능하다.

해설 스터드 용접은 볼트나 환봉 등을 용접하는 경우 사용되며 짧은 시간 동안 국부적으로 가열하므로 용접부가 급속도로 냉각되고 경화되는 단점을 가지고 있다.

47 TIG, MIG, 탄산가스 아크용접 시 사용하는 차광렌즈의 번호는?

① 12~13   ② 8~10

③ 6~7   ④ 4~5

해설 용접 시 사용하는 차광렌즈의 번호는 그 숫자가 높을수록 차광도가 높아지게 되며 TIG, MIG, 탄산가스 아크용접 시 12~13번의 필터렌즈를 사용한다.

48 아크용접용 로봇에 사용되는 것으로 동작기구가 인간의 팔꿈치나 손목 관절에 해당하는 부분의 움직임을 가지며 회전 → 전회 → 선회운동을 하는 로봇은?

① 극좌표 로봇   ② 관절좌표 로봇

③ 원통좌표 로봇   ④ 직각좌표 로봇

해설 관절좌표 로봇은 인간의 팔꿈치나 손목 관절에 해당하는 부분의 움직임을 갖는 로봇으로 폭넓게 사용되고 있다.

49 두 개의 모재에 압력을 가해 접촉시킨 후 회전시켜 발생하는 열과 가압력을 이용하여 접합하는 용접법은?

① 스터드 용접   ② 마찰용접

③ 단조용접   ④ 확산용접

해설 마찰용접은 두 개의 모재를 접촉시켜 고속 회전시키고 압력을 가하는 동시에 발생하는 마찰열에 의해 가열하고, 다시 밀어붙여서 접합하는 용접방법이다.

50 탄산가스 아크용접에 관한 설명 중 틀린 것은?

① MIG 용접과 같이 비철금속, 스테인리스강을 쉽게 용접할 수 있다.

② MIG 용접에서 불활성 가스 대신 탄산가스를 사용한다.

③ 전자동 용접과 반자동 용접이 주로 이용되고 있다.

④ MIG 용접에 비하여 비드 표면이 깨끗하지 못하다.

해설 탄산가스 아크용접은 연강의 용접 시에만 사용된다.

정답   45 ①   46 ③   47 ①   48 ②   49 ②   50 ①

51 아세틸렌 가스의 성질로 틀린 것은?

① 순수한 아세틸렌 가스는 무색, 무취의 기체이다.
② 각종 액체에 잘 용해되며 알코올에는 25배가 용해된다.
③ 비중이 0.906으로 공기보다 약간 가볍다.
④ 산소와 적당히 혼합하여 연소시키면 약 3,000~3,500℃의 높은 열을 낸다.

해설 아세틸렌 가스는 물에 1배, 석유에 2배, 벤젠에 4배, 알코올에 6배, 아세톤에 25배가 용해된다.

52 산업용 용접 로봇의 일반적인 분류에 속하지 않는 것은?

① 지능 로봇　　　　② 시퀀스 로봇
③ 평행 좌표 로봇　　④ 플레이백 로봇

해설 현재 산업용으로 사용되는 로봇은 단순한 반복작업만을 하는 것을 말하며 그 종류로는 지각 판단 로봇, 지능로봇, 직각좌표로봇, 원통좌표로봇, 극좌표로봇, 다관절로봇, 스칼라형 로봇, 보행로봇 등이 있다.

53 용접구조물의 제작에 가장 많이 사용되는 대표적인 용접이음의 종류에 해당되는 것으로만 구성된 것은?

① 맞대기 이음, 필릿 이음
② 수직 이음, 원형 이음
③ I형 이음, J형 이음
④ 플러그 이음, 슬롯 이음

해설 용접구조물의 제작 시 맞대기 이음과 필릿 이음은 가장 일반적으로 사용되는 용접이음법의 종류이다.

54 불활성 가스 텅스텐 아크용접의 직류 역극성 용접에서 사용 전류의 크기에 상관없이 정극성 때보다 어떤 전극을 사용하는 것이 좋은가?

① 가는 전극 사용　　② 굵은 전극 사용
③ 같은 전극 사용　　④ 전극에 상관없음

해설 직류 역극성의 경우 전극봉이 더 쉽게 가열되기 때문에 정극성의 경우보다 더 굵은 전극을 사용한다.

55 가스 용접 토치에 대한 설명 중 틀린 것은?

① 토치는 손잡이, 혼합실, 팁으로 구성되어 있다.
② 가스 용접 토치는 사용되는 산소가스의 압력에 따라 저압식, 중압식, 고압식으로 분류된다.
③ 토치의 구조에 따라 불변압식과 가변압식으로 분류한다.
④ 불변압식 토치는 분출 구멍의 크기가 일정하고 팁의 능력도 일정하기 때문에 불꽃의 능력을 변경할 수 없다.

해설 가스용접 토치는 사용하는 아세틸렌의 압력에 의해 저압식과 중압식으로 구분한다.

56 전극 물질이 일정할 때 모재와 용접봉 사이의 아크전압에 대한 설명으로 맞는 것은?

① 전류의 증가와 더불어 감소한다.
② 아크의 길이와 더불어 증가한다.
③ 아크의 길이에 관계없다.
④ 전류의 증가와 더불어 증가한다.

해설 아크길이와 아크전압은 비례하여 증가한다.

57 용접 설비의 점검 및 유지에 관한 설명 중 틀린 것은?

① 회전부와 가동부분에 윤활유가 없도록 한다.
② 용접기가 전원에 잘 접속되어 있는지 점검한다.
③ 전환 탭은 사포를 사용해서 깨끗이 청소한다.
④ 용접기는 습기나 먼지 많은 곳에 설치하지 않도록 한다.

해설 용접기의 회전부와 가동 부분에는 적절하게 주유하여 관리한다.

정답　51 ②　52 ③　53 ①　54 ②　55 ②　56 ②　57 ①

58 가스용접에서 판 두께가 t(mm)라면 용접봉의 지름 D(mm)를 구하는 식으로 옳은 것은?(단, 모재의 두께는 1mm 이상인 경우이다.)

① $D=t+1$　　　② $D=\dfrac{t}{2}+1$

③ $D=\dfrac{t}{3}+2$　　　④ $D=\dfrac{t}{4}+2$

59 피복아크용접에서 용융금속의 이행형식에 속하지 않는 것은?

① 단락형　　　② 스프레이형
③ 글로뷸러형　　　④ 리액터형

해설 **용융금속(용적)의 이행형식**
- 단락형
- 스프레이형
- 글로뷸러형

60 피복아크용접에 비해 가스 용접의 장점이 아닌 것은?

① 가열할 때 열량 조절이 비교적 자유롭다.
② 가열범위가 커서 용접력이 크다.
③ 전원설비가 없는 곳에서도 쉽게 설치할 수 있다.
④ 유해광선의 발생이 적다.

해설 **가스용접의 장점**
- 열량의 조절이 자유롭다.
- 보관 이동이 용이하다.
- 전기가 필요 없다.
- 유해광선의 발생이 적다.
- 설비비가 저렴하다.

01 이종의 원자가 결정격자를 만드는 경우 모재원자보다 작은 원자가 고용할 때 모재원자의 틈새 또는 격자결함에 들어가는 경우의 구조는?

① 치환형 고용체
② 변태형 고용체
③ 침입형 고용체
④ 금속 간 고용체

해설 금속 원자가 고용되는 방법에 따라 침입형, 치환형, 규칙격자형 고용체 등이 있으며 모재의 원자보다 작은 원자가 고용할 때 모재 원자의 틈새로 들어가는 구조의 고용체를 침입형 고용체라고 한다.

02 연강용 피복아크 용접봉의 심선에 주로 사용되는 것은?

① 주강
② 합금강
③ 저탄소 림드강
④ 특수강

해설 강의 종류로는 크게 세 가지, 즉 림드강, 킬드강, 세미킬드강이 있으며 연강용 피복아크 용접봉의 심선 재료로 사용되는 것은 탄소 함량이 적은 저탄소 림드강이다.

03 철 – 탄소 합금에서 6.67% C를 함유하는 탄화철 조직은?

① 시멘타이트
② 레데브라이트
③ 페라이트
④ 오스테나이트

해설 주철(Cast iron)은 최대 6.67%의 탄소를 함유하고 있으며 탄소가 대부분 Fe_3C(시멘타이트)의 상태로 구성되어 있다.

04 강의 기계적 성질 중에서 온도가 상온보다 낮아지면 충격치가 감소되는 현상은?

① 저온취성
② 청열인성
③ 상온취성
④ 적열인성

해설 저온취성이란 강의 온도가 상온 이하로 내려가면 재질이 매우 여리게 되고 충격, 피로 등에 대한 저항이 감소하는 성질을 말한다.

05 주철의 종류 중 칼슘이나 규소를 첨가하여 흑연화를 촉진시켜 미세 흑연을 균일하게 분포시키거나 백주철을 열처리하여 연신율을 향상시킨 주철은?

① 반주철
② 회주철
③ 구상흑연주철
④ 가단주철

해설 주철은 주조성이 좋지만 취약하다. 이러한 주철에 풀림 열처리를 하여 어느 정도의 연성을 갖게 한 것이 가단주철이다.

06 공구강이나 자경성이 강한 특수강을 연화 풀림하는 데 가장 적합한 방법은?

① 응력제거 풀림
② 항온 풀림
③ 구상화 풀림
④ 확산 풀림

해설 항온 풀림은 공구강이나 자경성이 강한 특수강을 연화 풀림하는 데 가장 적합한 열처리법이다.

07 가공경화에 의해 발생된 내부응력의 원자배열 상태는 변하지 않고 감소하는 현상은?

① 편석
② 회복
③ 재결정
④ 조질

해설 회복은 금속을 가열하게 되면 재결정이 일어나기 전에 일어나는 단계로 금속 결정립의 이동은 일어나지 않지만, 금속 내의 전위밀도 등이 감소하면서 금속의 물리적 · 기계적인 성질(전기전도도, 강도 등)만 원래대로 되돌아오는 현상을 말한다.

08 KS규격의 연강용 피복 아크용접봉 중 철분산화티탄계는?

① E4311
② E4324
③ E4327
④ E4316

해설 E4311(고셀룰로오스계), E4324(철분산화티탄계), E4327(철분산화철계), E4316(저수소계)

09 금속재료를 일정 온도에서 일정 시간 유지 후 냉각시킨 조직이며 주조, 단조, 기계가공 및 용접 후에 잔류응력을 제거하는 풀림 방법은?

① 연화 풀림
② 구상화 풀림
③ 응력제거 풀림
④ 항온 풀림

해설 **대표적인 잔류응력 완화법**
- 노내풀림법
- 국부풀림법
- 저온 응력완화법
- 기계적 응력완화법
- 피닝법

10 피복아크용접에서 용접 입열(Weld heat input)을 표시하는 식 중 옳은 것은?[단, H : 용접 입열(Joule/cm), E : 아크 전압(V), I : 아크 전류(A), V : 용접 속도(cm/min)]

① $H(\text{J/cm}) = \dfrac{60EI}{V}$
② $H(\text{J/cm}) = \dfrac{80EI}{V}$

③ $H(\text{J/cm}) = \dfrac{100EI}{V}$
④ $H(\text{J/cm}) = \dfrac{120EI}{V}$

11 다음 용접기호에서 보조기호 도시는?

① 필릿 용접기호
② 원둘레 용접기호
③ 현장 용접기호
④ 플러그 용접기호

해설 현장용접의 기호는 깃발 형태의 기호로 도시한다.

12 건설 또는 제조에 필요한 정보를 전달하기 위한 도면으로 제작도가 사용되는데, 이 종류에 해당되는 것으로만 조합된 것은?

① 계획도, 시공도, 견적도
② 설명도, 장치도, 공정도
③ 상세도, 승인도, 주문도
④ 상세도, 시공도, 공정도

해설 제작도는 제품의 제작에 관한 모든 것을 표시한 도면으로 상세도, 시공도, 공정도 등으로 구분된다.

13 용접 보조기호 없이 기본기호로만 표시하는 경우 보조기호가 없는 것의 가장 가까운 의미는?

① 기본기호의 조합으로서 용접부 표면 형상을 나타내기 어렵다는 의미이다.
② 보조기호와 기본기호의 중복에 의해 보조기호를 생략한 경우이다.
③ 용접부 표면을 자세히 나타낼 필요가 없다는 것을 의미한다.
④ 필요한 보조기호화가 매우 곤란한 경우임을 의미한다.

해설 용접 보조기호 없이 기본기호로만 표시하는 경우는 용접부를 자세히 나타낼 필요가 없다는 것을 의미한다.

14 다음 용접부 기호를 올바르게 설명한 것은?

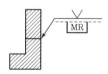

① 화살표 반대쪽 한 면 V형 맞대기 용접한다.
② 화살표 쪽의 이면 비드를 기계절삭에 의한 가공을 한다.
③ 화살표 반대쪽에 제거 가능한 이면 판재를 사용한다.
④ 화살표 반대쪽에 영구적인 덮개판을 사용한다.

정답 09 ③ 10 ① 11 ③ 12 ④ 13 ③ 14 ③

해설 지시선의 실선부는 화살표방향을 의미하며 파선부는 화살표 반대방향을 의미한다. 파선의 MR 기호는 화살표 반대쪽에 제거 가능한 이면 판재(덮개)를 사용하라는 표시이다.

15 KS의 부문별 분류기호 중 B에 해당하는 분야는?

① 기본 　　② 기계
③ 전기 　　④ 조신

해설 **KS의 부문별 분류기호**
- KS A : 기본
- KS B : 기계
- KS C : 전기
- KS D : 금속
- KS V : 조선

16 도면에서 해칭하는 방법으로 맞는 것은?

① 해칭은 단면도의 주된 중심선에 대하여 55°로 가는 실선의 등간격으로 긋는다.
② 해칭은 단면도의 주된 중심선에 대하여 35°로 가는 실선의 등간격으로 긋는다.
③ 해칭은 중심선 또는 단면도의 주된 외형선에 대하여 35°로 가는 점선의 등간격으로 긋는다.
④ 해칭은 중심선 또는 단면도의 주된 외형선에 대하여 45°로 가는 실선의 등간격으로 긋는다.

해설 해칭은 도면의 단면부를 표현하는 것으로 기본적으로 45°의 사선으로 단면된 부분을 긋는다. 인접한 부품의 단면부를 구분하기 위해 해칭선의 간격 또는 각도의 값을 달리하여 긋기도 한다.

17 CAD 시스템의 도입에 따른 일반적인 적용 효과에 해당되지 않는 것은?

① 품질 향상
② 원가 절감
③ 경쟁력 강화
④ 신뢰성 약화

해설 CAD 시스템의 도입으로 품질향상, 원가절감, 경쟁력 강화, 신뢰성 등이 더욱 강화될 수 있다.

18 도면의 양식 및 도면 접기에 대한 설명 중 틀린 것은?

① 도면의 크기 치수에 따라 굵기 0.5mm 이상의 실선으로 윤곽선을 그린다.
② 도면의 오른쪽 아래 구석에 표제란을 그리고 도면번호, 도명, 기업명, 책임자 서명, 도면 작성 연월일, 척도 및 투상법을 기입한다.
③ 도면은 사용하기 편리한 크기와 양식을 임의대로 중심마크를 설치한다.
④ 복사한 도면을 접을 때 그 크기는 원칙적으로 210 × 297mm(A4의 크기)로 한다.

해설 도면의 중심마크는 임의대로 설치하는 것이 아니며 도면의 상하, 좌우 중앙의 4개소에 표시하여 도면의 사진 촬영 및 복사하는 경우 편의 목적으로 사용한다.

19 다음은 용접부를 기호로 표시한 것이다. 용접부의 모양으로 옳은 것은?

① 한쪽 플랜지형 　　② I형
③ 플러그 　　④ 필릿

해설 도면의 'ㅣㅣ' 기호는 박판용접 시 사용되는 I형 홈을 나타낸다.

20 탄소강의 표준조직이 아닌 것은?

① 페라이트   ② 마텐자이트

③ 펄라이트   ④ 시멘타이트

21 다음 그림과 같은 용접부에 인장하중이 5,000kgf 작용할 때 인장응력은 몇 kgf/mm²인가?

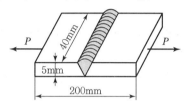

① 20   ② 25

③ 30   ④ 35

해설
$$인장응력 = \frac{하중}{단면적} = \frac{하중}{두께 \times 용접선의 길이}$$
$$= \frac{5,000}{5 \times 40} = 25$$

22 용접봉 종류 중 피복제에 석회석이나 형석을 주성분으로 하고 용착금속 중의 수소 함유량이 다른 용접봉에 비해서 1/10 정도로 현저하게 낮은 용접봉은?

① E4301   ② E4303

③ E4311   ④ E4316

해설 저수소계 용접봉(E4316)은 다른 용접봉에 비해 수소의 함유량이 1/10 정도로 낮고 염기도가 높아 내균열성이 우수한 용접봉의 한 종류이다. 흡습성이 높은 특성 때문에 용접 전 300~350℃의 온도로 1~2시간 정도로 건조해야 한다.

23 용접 후 열처리의 목적이 아닌 것은?

① 용접 열영향부의 경화

② 파괴 인성의 향상

③ 함유 가스의 제거

④ 형상 치수의 안정

해설 용접 열영향부의 연화와 인성을 향상시킬 목적으로 용접 후 열처리를 실시한다.

24 탐촉자를 이용하여 결함의 위치 및 크기를 검사하는 비파괴 시험방법은?

① 방사선 투과시험   ② 초음파 탐상시험

③ 침투탐상시험   ④ 자분탐상시험

해설 초음파 탐상시험법(UT)은 탐촉자를 이용하여 금속의 내부에 초음파를 내부에 침투시켜 내부 결함과 불균일층의 유무를 검출하는 시험법이며 그 종류로는 공진법, 투과법, 펄스 반사법 3가지가 있다.

25 용융금속의 이행은 용적의 이행상태로 분류하는데 이에 속하지 않는 것은?

① 글로뷸러형   ② 스프레이형

③ 단락형   ④ 원자형

해설 **용적(용융금속) 이행형식의 종류**
- 글로뷸러형(용적형)
- 스프레이형
- 단락형(핀치효과형)

26 용접이음에서 취성파괴의 일반적 특징에 대한 설명 중 틀린 것은?

① 온도가 높을수록 발생하기 쉽다.

② 항복점 이하의 평균응력에서도 발생한다.

③ 파괴의 기점은 응력, 변형이 집중하는 구조적 및 현상적인 불연속부에서 발생한다.

④ 거시적 파면상황은 판표면에 거의 수직이다.

해설 취성파괴는 온도가 낮은 경우 발생하기 쉬워진다.

27 용접선이 교차를 피하기 위하여 부재에 파놓은 부채꼴의 오목 들어간 부분을 무엇이라고 하는가?

① 스캘럽(scallop)   ② 노치(Notch)

③ 오손(pick up)   ④ 너깃(Nugget)

정답 **20** ② **21** ② **22** ④ **23** ① **24** ② **25** ④ **26** ① **27** ①

해설 용접선의 교차를 피하기 위해 부재에 파놓은 부채꼴 모양의 오목 들어간 부분을 스캘럽이라고 한다.

28 겹쳐진 두 부재의 한쪽에 둥근 구멍 대신에 좁고 긴 홈을 만들어 놓고 그 곳을 용접하는 용접법은?

① 겹치기 용접　　　② 플랜지 용접
③ T형 용접　　　　④ 슬롯 용접

해설 두 부재의 한쪽에 둥근 구멍을 뚫고 용접하는 방식을 플러그 용접이라 하며, 타원형태의 좁고 긴 홈을 뚫 고 용접하는 방법을 슬롯용접이라 한다.

29 설계자는 구조물의 설계뿐만 아니라 제작공정 의 제반 사항을 알아야 용접비용과 품질을 좌우하 는 용접요령을 지시할 수 있는데, 다음 중 설계자가 알아야 할 요령으로 맞지 않는 것은?

① 용접기의 1차 및 2차 케이블의 용량이 충분 할 것
② 가능한 한 아래보기 자세로 용접하도록 할 것
③ 가능한 한 짧은 시간에 용착량이 많게 용접할 것
④ 가능한 한 낮은 전류를 사용할 것

해설 용접의 설계 시 모재의 재질과 여러 가지 환경적인 상 황 등을 고려하여 가장 적절한 전류를 사용하도록 해 야 한다.

30 용접제품의 정밀도와 신뢰성을 향상시키고 용 접 작업능률을 높이기 위하여 사용되는 일종의 용 접용 고정구를 무엇이라고 하는가?

① 콤비네이션 셋
② 핫 스타트 장치
③ 엔드탭
④ 지그

해설 용접작업의 조립과 부착 시에 사용하는 것으로 제품 을 정확한 치수로 만들기 위하여 사용되는 것을 '지 그'라고 한다.

31 용접작업 시 용접길이를 짧게 나누어 간격을 두면서 용접하는 방법으로 피용접물 전체에 변형이 나 잔류응력이 적게 발생하도록 하는 용착법은?

① 대칭법　　　　　② 도열법
③ 비석법　　　　　④ 후진법

해설 비석법은 흔히 스킵법, 건너뛰기 용접법이라고도 하 며 잔류응력을 적게 해야 하는 경우 짧은 용접선을 나 누어 간격을 두면서 용접하는 용착법의 한 종류이다.

32 용접 후 언더컷의 결함보수 방법으로 적합한 것은?

① 단면적이 작은 용접봉을 사용하여 보수 용접한다.
② 정지 구멍을 뚫어 보수 용접한다.
③ 절단하여 다시 용접한다.
④ 해머링하여 준다.

해설 언더컷이 발생한 경우 지름이 가는 용접봉을 사용하 여 보수 용접한다.

33 판재의 두께 8mm를 아래보기 자세로 15m, 판재의 두께 15mm를 수직 맞대기 용접자세로 8m 용접하였다. 이때 환산용접길이는 얼마인가?(단, 아래보기 맞대기 용접의 환산계수는 1.32이고 수 직 맞대기 용접의 환산계수는 4.32이다.)

① 44.28m
② 48.56m
③ 54.36m
④ 61.24m

해설 환산용접길이란 용접에 소요된 작업시간을 산정하 는 데 사용되는 계수이며, 단위용접길이에 용접환산 계수를 곱한 총합을 환산용접길이라고 한다.

$$환산용접길이 = 용접길이 \times 용접환산계수$$
$$= (15m \times 1.32) + (8m \times 4.32)$$
$$= 54.36m$$

34 용접 시공 전에 준비할 사항이 아닌 것은?

① 이음 면이 정확히 되어 있는지 확인한다.

② 덧붙임 용접 시는 마멸부분을 제거하지 않고, 그대로 이용하여 용접한다.

③ 시공 면에 기름, 녹 등을 제거한다.

④ 습기는 가열하여 제거한다.

해설 덧붙임 용접 시 마멸부분을 제거 후 가공하여 표면을 깨끗하게 한 후 용접한다.

35 용접 전류가 과대하고, 아크 길이가 길며 운봉속도가 빠른 용접일 때 가장 일어나기 쉬운 용접 결함은?

① 언더컷

② 오버랩

③ 융합 불량

④ 용입 불량

해설 용접전류가 과대하고 아크길이가 긴 경우 언더컷이 발생한다.

36 용접순서를 결정하는 데 기준이 되는 유의사항으로 틀린 것은?

① 수축이 작은 이음은 먼저하고 수축이 큰 이음은 가급적 뒤에 한다.

② 같은 평면 안에 많은 이음이 있을 때에는 수축은 가급적 자유단으로 보낸다.

③ 용접물의 중심에 대하여 항상 대칭으로 용접을 진행한다.

④ 용접물의 중립축을 생각하고 그 중립축에 대하여 용접으로 인한 수축 모멘트의 합이 0이 되도록 한다.

해설 용접순서를 정하는 경우 수축이 큰 이음을 먼저 용접하고 수축이 작은 이음을 그 뒤에 한다.

37 그림과 같은 V형 맞대기 용접에서 굽힘 모멘트(M_b)가 10,000kgf·cm 작용하고 있을 때, 최대 굽힘응력은 몇 kgf/cm²인가?(단, 용접선의 길이(l) = 150mm, t = 20이고 완전용입일 때이다.)

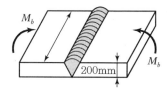

① 10

② 1,000

③ 100

④ 10,000

해설
$$굽힘응력 = \frac{굽힘\ 모멘트}{단면\ 계수}$$
$$= \frac{굽힘모멘트}{\dfrac{용접선의\ 길이 \times 두께^2}{6}}$$
$$= \frac{6 \times 10,000}{15 \times 2^2} = 1,000$$

38 다음과 같은 필릿용접 이음부에 하중 P가 작용할 때 용접부에 발생하는 응력의 크기를 구하는 식은?(단, 필릿 용접부에 작용하는 응력은 같다.)

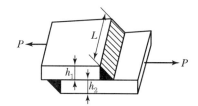

① $\dfrac{\sqrt{2}\,P}{(h_1+h_2)L}$

② $\dfrac{PL}{\sqrt{2}\,h_1 L}$

③ $\dfrac{2P}{(h_1+h_2)L}$

④ $\dfrac{P}{(h_1+h_2)L}$

39 그림과 같은 V형 맞대기 용접에서 각부의 명칭 중 옳지 못한 것은?

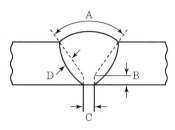

① A는 홈 각도   ② B는 루트 면
③ C는 루트 간격   ④ D는 오버랩

해설 D : 루트부외 반경

40 파괴시험 방법의 종류 중에서 기계적 시험에 속하지 않는 것은?

① 인장시험   ② 굽힘시험
③ 충격시험   ④ 파면시험

해설 파면시험은 금속학적 시험에 속한다.

41 모재를 녹이지 않고 접합하는 것은?

① 가스 용접
② 피복아크용접
③ 서브머지드 아크용접
④ 납땜

해설 용접은 크게 융접, 압접, 납땜 3가지로 구분되며 이 중 납땜은 모재를 녹이지 않고 접합하는 용접법에 속한다. (용접은 모재를 용융)

42 가스용접에서 아세틸렌이 과잉으로 된 불꽃은?

① 중성산화불꽃   ② 탄화불꽃
③ 산화불꽃   ④ 중성불꽃

해설 **가스용접 시 불꽃의 종류**
- 중성불꽃 : 산소 : 아세틸렌=1 : 1
- 산화불꽃 : 산소 과잉 불꽃 → 황동, 구리 등 용접에 사용
- 탄화불꽃 : 아세틸렌 과잉 불꽃 → 스테인리스강의 용접에 사용

43 가스용접에서 전진법과 후진법의 비교 설명으로 가장 올바르지 않은 것은?

① 용접속도는 후진법이 전진법보다 빠르다.
② 열 이용률은 후진법이 전진법보다 좋다.
③ 소요 홈 각도는 후진법이 전진법보다 크다.
④ 용접 변형은 후진법이 전진법보다 작다.

해설 **가스용접 시 전진법과 후진법의 비교**

구 분	전진법	후진법
용접 속도	느리다.	빠르다.
비드 모양	미려하다.	미려하지 못하다.
용접 변형	크다.	작다.
산화 정도	크다.	작다.
홈의 각도	커야 한다.	작아도 된다.
용접 가능한 모재의 두께	박판	후판

44 가스 용접에서 팁이 막혔을 때 뚫는 방법 중 옳은 것은?

① 철판 위에 가볍게 문지른다.
② 내화벽돌 위에 가볍게 문지른다.
③ 팁 클리너로 제거한다.
④ 가는 철사로 제거한다.

해설 가스 용접토치의 팁이 막힌 경우 팁 클리너를 이용해 뚫어 주어야 한다.

45 가스절단작업 시 예열불꽃 세기의 영향을 맞게 설명한 것은?

① 예열불꽃이 강할 때 절단면이 거칠어진다.
② 예열불꽃이 강할 때 드래그가 증가한다.
③ 예열불꽃이 강할 때 절단속도가 늦어진다.
④ 예열불꽃이 강할 때 슬래그 중의 철 성분의 박리가 쉽다.

해설 예열불꽃이 과대한 경우 윗 모서리가 녹게 되는 등 절단면이 거칠어지고 과소한 경우 절단이 잘 되지 않게 되며 드래그가 증가한다.

46 아세틸렌 가스 공급관로에 사용할 수 없는 재료는?

① 주철 ② 스테인리스강
③ 연강 ④ 구리

해설 아세틸렌 가스는 은(Ag), 구리(Cu), 수은(Hg) 등과 접촉 시 폭발성 화합물을 생성하므로 위험하다.

47 다전극 서브머지드 아크용접 시 두 개의 전극 와이어를 독립된 전원에 연결하는 방식은?

① 횡병렬식 ② 횡직렬식
③ 퓨즈식 ④ 탠덤식

해설 서브머지드 아크용접의 다전극 방식에 의한 분류
• 탠덤식 : 두 개의 전극 와이어를 각각 독립된 전원에 연결
• 횡병렬식 : 같은 종류의 전원에 두 개의 전극을 연결
• 횡직렬식 : 두 개의 와이어에 전류를 직렬로 연결

48 용접봉 홀더 200호로 접속할 수 있는 최대 홀더용 케이블의 도체 공칭 단면적은 몇 mm^2인가?

① 22 ② 30
③ 38 ④ 50

해설 용접 홀더의 종류(KS C9607)

종류	정격 2차 전류	홀더로 잡을 수 있는 용접봉의 지름	케이블의 공칭 단면적
125호	125A	1.6~3.2	22
160호	160A	3.2~4.0	30
200호	200A	3.2~5.0	38
250호	250A	4.0~6.0	50
300호	300A	4.0~6.0	50

49 용착속도(Rate of deposition)를 올바르게 설명한 것은?

① 용접심선이 10분간에 용융되는 길이
② 용접심선이 1분간에 용융되는 중량

③ 용접봉 혹은 심선의 소모량
④ 단위시간에 용착되는 용착금속의 양

해설 용착속도는 단위시간에 용착되는 용착금속의 양으로 표시한다.

50 용접 흄(Fume)에 대해서 서술한 것 중 올바른 것은?

① 용접 흄은 인체에 영향이 없으므로 아무리 마셔도 괜찮다.
② 실내 용접 작업에서는 환기설비가 필요하다.
③ 용접봉의 종류와 무관하며 전혀 위험은 없다.
④ 용접 흄은 입자상 물질이며, 가제 마스크로 충분히 차단할 수 있으므로 인체에 해가 없다.

해설 용접 흄(fume)이란 용접 열에 의해 증발한 금속산화물질이 공중에 부유하여 연기모양으로 발생하는 것으로, 독성이 있어 많이 마시면 위험하므로 용접 시 환기설비가 반드시 필요하다.

51 정격 2차 전류 200[A], 정격사용률 50%인 아크 용접기로 실제 150[A]의 전류로 용접할 경우 허용 사용률은 약 몇 %인가?

① 69% ② 78%
③ 89% ④ 95%

해설
$$허용사용률 = \frac{정격\ 2차\ 전류^2}{실제\ 사용\ 전류^2} \times 정격사용률$$
$$= \frac{200^2}{150^2} \times 50 = 88.8\%$$

52 일렉트로 슬래그 용접법의 원리는?

① 가스 용해열을 이용한 용접법
② 전기 저항열을 이용한 용접법
③ 수중 압력을 이용한 용접법
④ 비가열식을 이용한 용접법

정답 46 ④ 47 ④ 48 ③ 49 ④ 50 ② 51 ③ 52 ②

해설 일렉트로 슬래그 용접은 양쪽에 수랭 동판을 대고 모재와 수랭 동판으로 둘러싸인 공간을 차례로 용접 금속으로 채워감으로써 용접하는 방식으로 아크열이 아닌 전기의 저항열을 이용한다.

53 가스절단작업에서 프로판가스와 아세틸렌가스를 사용하였을 경우를 비교한 사항 중 옳지 않은 것은?

① 포갬 절단속도는 프로판가스를 사용하였을 때가 빠르다.
② 슬래그 제거가 쉬운 것은 프로판가스를 사용하였을 경우이다.
③ 후판 절단 시 절단속도는 프로판가스를 사용하였을 때가 빠르다.
④ 산소는 아세틸렌가스가 프로판가스보다 약간 더 필요하다.

해설 • 산소 : 아세틸렌 = 1(2.5) : 1
• 산소 : 프로판 = 4.5 : 1
※ 산소는 프로판가스가 아세틸렌가스보다 더 많이 필요하다.

54 스테인리스강이나 알루미늄 합금의 납땜이 어려운 가장 큰 이유는?

① 적당한 용제가 없기 때문에
② 강한 산화막이 있기 때문에
③ 융점이 높기 때문에
④ 친화력이 강하기 때문에

해설 스테인리스강, 알루미늄 합금의 경우 강한 산화막의 작용으로 용접이 용이하지 않다.

55 역류, 역화, 인화 등을 막기 위해 사용하는 수봉식 안전기 취급 시 주의사항이 아닌 것은?

① 수봉관에 규정된 선까지 물을 채운다.
② 안전기가 얼었을 경우 가스토치로 해빙시킨다.

③ 한 개의 안전기에는 반드시 한 개의 토치를 설치한다.
④ 수봉관의 수위는 작업 전에 반드시 점검한다.

해설 안전기가 얼었을 경우 35℃ 미만의 미온수를 이용하여 녹인다.

56 무부하 전압 80V, 아크전압 30V, 아크전류 200A까지의 아크용접기의 역률을 계산하면?(단, 내부손실은 4kW이다.)

① 80% ② 62.5%
③ 90% ④ 72.5%

해설
• 효율 = $\dfrac{\text{아크 출력}}{\text{소비 전력}} \times 100$

• 역률 = $\dfrac{\text{소비 전력}}{\text{전원 입력}} \times 100$
$= \dfrac{10{,}000}{16{,}000} \times 100 = 62.5\%$

• 아크출력 = 아크전압 × 아크전류
$= 30 \times 200 = 6{,}000W$
• 소비 전력 = 아크출력 + 내부손실
$= 6{,}000 + 4{,}000 = 10{,}000W$
• 전원입력 = 2차 무부하전압 × 정격 2차 전류
$= 80 \times 200 = 16{,}000kVA$

57 아크용접에서 인체 유해성분에 가장 영향을 미치는 가스는?

① 일산화탄소가스 ② 황산가스
③ 질소가스 ④ 메탄가스

해설 아크용접 시 발생하는 일산화탄소가스는 인체에 유해하므로 항시 주의해야 한다.

58 TIG 용접에 사용되는 전극의 조건 중 틀린 것은?

① 고용융점의 금속
② 전자 방출이 잘 되는 금속
③ 열 전도성이 좋은 금속
④ 전기 저항률이 큰 금속

정답 53 ④ 54 ② 55 ② 56 ② 57 ① 58 ④

해설 TIG 용접의 전극으로 텅스텐(W)이 사용되며 전자방출이 잘 되도록 하기 위해 토륨이라는 원소를 첨가하기도 한다. 또한 전기저항률이 작아야 전극이 소모되지 않고 원활한 용접이 가능하다.

59 용접 전의 일반적인 준비사항에 해당되지 않는 것은?

① 제작 도면을 잘 이해하고 작업 내용을 충분히 검토한다.
② 용착금속과 홈의 선택에 대하여 이해한다.
③ 예열, 후열의 필요성 여부는 중요하지 않으므로 검토를 안 해도 된다.
④ 용접전류, 용접순서, 용접조건을 미리 정해둔다.

해설 용접 전 강재의 종류에 따른 예열(후열)의 계획 및 방법과 필요한 온도 등을 반드시 검토하여야 한다.

60 아크 기둥의 전압을 올바르게 설명한 것은?

① 아크 기둥의 전압은 아크 길이에 거의 관계가 없다.
② 아크 기둥의 전압은 아크 길이에 거의 정비례하여 증가한다.
③ 아크 기둥의 전압은 아크 길이에 거의 반비례하여 감소한다.
④ 아크 기둥의 전압은 아크 길이에 거의 반비례하여 증가한다.

해설 아크 기둥의 전압은 아크 길이에 정비례한다.

2010년 2회 기출문제

01 탄소 이외의 원소가 강의 성질에 미치는 영향 중 황(S)의 함유량이 많을 경우 발생하기 쉬운 결함은?

① 적열 취성   ② 청열 취성
③ 저온 취성   ④ 뜨임 취성

> **해설** 탄소강에서 발생하는 취성의 종류

종류	발생온도	현상	원인
적열 취성 (고온 취성)	800~ 900℃	탄소강의 경우 일반적으로 온도가 상승할 때 인장강도 및 경도는 감소하며, 연신율은 증가한다. 하지만 탄소강 중의 황(S)은 인장강도, 연신율 및 인성을 저하시키며, 강을 취약하게 하는 것을 적열취성이라 한다.	S(황)
청열 취성	200~ 300℃	탄소강이 200~300℃에서 인장강도가 극대가 되고 연신율, 단면수축률이 줄어들게 되는데, 이를 청열취성이라고 한다.	P(인)
상온 취성		온도가 상온 이하로 내려가면 충격치가 감소하여 쉽게 파손되는 성질을 말하며 일명 냉간취성이라고도 한다.	P(인)

02 다음 중 탄소 공구강의 구비 조건으로 틀린 것은?

① 가격이 저렴할 것
② 강인성 및 내충격성이 우수할 것
③ 내마모성이 작을 것
④ 상온 및 고온 경도가 클 것

> **해설** 탄소공구강은 가격이 저렴하고 강인성과 내충격성이 우수하며 내마모성이 커야 한다.

03 가스 용접봉을 선택할 때 고려하여야 할 조건에 대한 설명으로 맞지 않는 것은?

① 가능한 한 모재와 동일한 재질로서 모재에 충분한 강도를 줄 수 있어야 한다.
② 용접봉의 용융온도가 모재보다 높아야 한다.
③ 용접부의 기계적 성질에 나쁜 영향을 주어서는 안 된다.
④ 용접봉의 재질 중에 불순물을 포함하지 않아야 한다.

> **해설** 용접봉의 용융온도가 모재와 동일해야 한다.

04 피복아크 용접봉의 플럭스(Flux)에 함유되어 있는 탈산제가 아닌 것은?

① Fe−Mn   ② Fe−Si
③ Fe−Ti   ④ Fe−Cu

> **해설** 탈산제는 용융금속 내의 산소를 제거하는 성분을 의미한다.(Al, Fe−Mn, Fe−Si, Fe−Ti 등)

05 다음 중 용강 중의 질소 함유량을 나타내는 시버츠의 법칙으로 맞는 것은?(단, $[N]$: 용강 중의 질소의 함량, KN : 평형점수, P_{N2} : 기상 중의 질소의 분압이다.)

① $[N] = K_n^n \sqrt{P_{N2}}$ ② $[N] = \dfrac{1}{K_n} \sqrt{P_{N2}}$

③ $[N] = K_N^3 \sqrt{P_{n2}}$ ④ $[N] = \dfrac{1}{K_N^3} \sqrt{P_{N2}}$

06 탄소강에서 탄소(C)의 함유량이 증가할 경우 나타나는 현상은?

① 경도 증가, 연성 감소
② 경도 감소, 연성 감소
③ 경도 증가, 연성 증가
④ 경도 감소, 연성 증가

> **해설** 탄소강에서 탄소(C)의 함유량이 증가하는 경우 강도와 경도, 비열 등이 증가한다.

정답   01 ①   02 ③   03 ②   04 ④   05 ①   06 ①

07 브리넬 경도계가 나타내는 경도값의 정의는 무엇인가?

① 시험 하중을 압입자국의 깊이로 나눈 값
② 시험 하중을 압입자국의 높이로 나눈 값
③ 시험 하중을 압입자국의 표면적으로 나눈 값
④ 시험 하중을 압입자국의 체적으로 나눈 값

> **해설** **경도시험법의 종류**
> • 브리넬 경도시험 : 강구 입자로 압입
> • 비커즈 경도시험 : 다이아몬드 입자로 압입
> • 로크웰 경도시험 : B스케일과 C스케일로 압입
> • 쇼어 경도시험 : 낙하하는 추를 이용해 측정

08 재열 균열을 방지하기 위한 방법으로 옳은 것은?

① 입열을 최소화하여 결정립의 조대화를 억제한다.
② Al, Pb 등을 첨가하여 HAZ부의 조대화를 촉진시킨다.
③ 용접 시 용접부 구속을 증가시켜 비틀림을 방지한다.
④ 후열처리 시 최고가열 온도를 모재의 Tempering 온도 이상으로 한다.

> **해설** 재열균열의 방지를 위해 입열량을 최소화(결정립의 조대화 억제)하는 용접법을 사용한다.

09 용접 전에 적당한 온도로 예열하는 목적으로 틀린 것은?

① 수축 변형을 감소시키기 위하여
② 냉각속도를 빠르게 하기 위하여
③ 잔류응력을 경감시키기 위하여
④ 연성을 증가시키기 위하여

> **해설** 용접 전에 재료를 연화하여 균열을 방지하고자 예열을 실시한다.

10 다음 중 체심입방격자(BCC)를 갖는 금속이 아닌 것은?

① W   ② Mo
③ Al   ④ V

> **해설** **금속결정격자의 종류**
> ㉠ 체심입방격자(BCC ; Body Centered Cubic lattice)
>   • 단위격자 내의 원자 수 : 2개
>   • 배위 수 : 8개(체심에 있는 원자를 둘러싼 원자의 수)
>   • BCC 구조의 금속 : Pt, Pb, Ni, Cu, Al, Au, Ag 등
>   • 성질 : 용융점이 높으며 단단하다.
> ㉡ 면심입방격자(FCC ; Face-Centered Cubic lattice)
>   • 단위격자 내의 원자 수 : 4개
>   • 배위 수 : 12개
>   • FCC 구조의 금속 : Ni, Al, W, Mo, Na, K, Li, Cr 등
>   • 성질 : 전연성이 커서 가공성이 좋다.
> ㉢ 조밀육방격자(HCP ; Hexagonal Close-Packed lattice)
>   • 단위격자 내의 원자 수 : 2개
>   • 배위 수 : 12개
>   • HCP 구조의 금속 : Mg, Zn, Be, Cd, Ti 등
>   • 성질 : 취약하며 전연성이 작다.

11 특수한 용도의 선으로 얇은 부분의 단면도시를 명시하는 데 사용하는 선은?

① 아주 굵은 실선   ② 가는 1점 쇄선
③ 파단선   ④ 가는 2점 쇄선

> **해설** 일반적으로 물체의 단면은 해칭선(가는 실선)이나 스머징을 이용해 두께가 너무 얇아 해칭을 할 수 없는 물체의 경우 아주 굵은 실선을 이용해 단면을 도시한다.

12 출력하는 도면이 많거나 도면의 크기가 크지 않을 경우 도면이나 문자들을 마이크로 필름화하는 장치는?

① CIM 장치   ② CAE 장치
③ CAT 장치   ④ COM 장치

정답 07 ③   08 ①   09 ②   10 ③   11 ①   12 ④

해설 • CIM : Computer Integrated Manufacturing (컴퓨터에 의한 통합 생산)
• CAE : Computer Aided Engineering(컴퓨터를 이용한 엔지니어링)
• CAT : Computer Aided Testing, Computerized Axial Tomography(컴퓨터를 이용한 검사)

13 다음 그림과 같은 용접 보조기호를 올바르게 설명한 것은?

① 오목하게 처리한 필릿용접
② 용접한 그대로 처리한 필릿용접
③ 볼록하게 처리한 필릿용접
④ 매끄럽게 처리한 필릿용접

14 도면에 마련해야 하는 양식에 관한 설명 중 틀린 것은?

① 비교 눈금은 도면 용지의 가장자리에서 가능한 한 윤곽선에 겹쳐서 중심마크에 대칭으로, 너비는 최대 5mm로 배치한다.
② 윤곽선은 최소 0.5mm 이상의 실선으로 그리는 것이 좋다.
③ 도면을 마이크로필름으로 촬영하거나 복사할 때 편의를 위하여 중심마크를 표시한다.
④ 부품란에는 도면번호, 도면명칭, 척도, 부상법 등을 기입한다.

해설 부품란은 제도에서 도면의 일부에 설치된 표이며 각 부품의 명칭, 재료, 수량 등을 기재한다.

15 다음 그림과 같은 용접기호를 올바르게 설명한 것은?

① 화살표 쪽의 심(Seam) 용접
② 화살표 반대쪽의 필릿(Fillet) 용접
③ 화살표 쪽의 스폿(Spot) 용접
④ 화살표 쪽의 플러그(plug) 용접

16 용접 기본기호 중 점용접 기호는?

① ⊖ ② ○ ③ ⚲ ④ ⚑

해설 ① 심용접 ② 점용접 ③ 온둘레 현장용접 ④ 현장용접

17 다음 용접기호를 설명한 것으로 틀린 것은?

$a \; \triangleright \; n \times l \; (e)$

① 목두께가 a인 지그재그 단속 필릿용접이다.
② n은 용접부의 개수를 말한다.
③ l은 용접부의 길이로 크레이터부를 포함한다.
④ (e)는 인접한 용접부 간의 거리를 표시한다.

해설 l(용접부의 길이)은 크레이터부를 포함하지 않는다.

18 가는 1점 쇄선의 용도에 의한 명칭이 아닌 것은?

① 중심선 ② 기준선 ③ 피치선 ④ 숨은선

해설 선의 종류와 용도

선의 종류	용도
굵은 실선	외형선
가는 실선	치수선, 치수보조선, 지시선, 해칭선
가는 1점 쇄선	중심선, 기준선, 피치선
가는 2점 쇄선	가상선, 무게중심선
굵은 1점 쇄선	특수 지정선

19 다음 그림에서 용접부 기호의 명칭으로 옳은 것은?

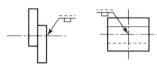

① 필릿 용접　　　　② 점 용접
③ 플러그 용접　　　④ 이면 용접

20 핸들이나 바퀴 등의 암 및 리브, 훅, 축, 구조물의 부재 등의 절단면을 표시하는 데 가장 적합한 단면도는?

① 부분 단면도　　　② 회전도시 단면도
③ 조합에 의한 단면도　④ 한쪽 단면도

해설 회전도시 단면도는 핸들, 축 등의 물체를 절단하여 단면의 경우 90° 회전하여 도시한다.

21 가용접 시 주의하여야 할 사항으로 맞는 것은?

① 가용접은 본용접에 비해 중요하지 않으므로 대충 용접한다.
② 가용접에 사용되는 용접봉은 본용접보다 굵은 용접봉을 사용한다.
③ 본용접자와 동등한 기량을 갖는 용접자로 하여금 가접하게 한다.
④ 가용접의 위치는 부품의 끝, 모서리, 각 등과 같이 응력이 집중되는 곳에서 한다.

해설 가접도 본용접과 마찬가지로 중요한 용접이므로 본용접자와 동등한 기량을 가진 용접자가 실시하도록 한다.

22 연강 맞대기 용접의 완전용입 이음에서 모재의 인장강도에 대한 용접시험편의 인장강도의 이음효율은 보통 얼마인가?

① 100%　　　　② 80%
③ 60%　　　　④ 40%

해설 연강 맞대기 용접의 완전용입이음에서 모재의 인장강도에 대한 용접시험편의 인장강도의 이음효율은 100%로 한다.

23 용접 시공 시 관리의 기본회로(Circle)를 설명한 것으로 가장 적당한 것은?

① 확인 → 계획 → 실시 → 행동
② 계획 → 확인 → 실시 → 행동
③ 계획 → 실시 → 행동 → 확인
④ 계획 → 실시 → 확인 → 행동

해설 용접 시공 시 관리의 기본회로
　　계획 → 실시 → 확인 → 행동

24 특수강 용접 시 용접봉의 선택에서 가장 먼저 고려해야 할 것은?

① 작업성(사용하기 쉬운가의 여부)
② 용접성(용접한 부분의 기계적 성질)
③ 환경성(작업의 조건 및 안전 여부)
④ 경제성(제반 경비단가)

해설 특수강의 용접에서 용접봉의 선택은 용접 부위의 기계적 성질을 가장 먼저 고려해야 한다.

25 다음 그림의 용접이음 중 작은 하중이나 충격 또는 반복하중을 받지 않는 곳에 사용하는 이음 현상은?

①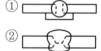
②
③
④

26 용접 지그를 선택하는 기준 설명 중 틀린 것은?

① 청소하기 쉬워야 한다.
② 용접 변형을 억제할 수 있는 구조이어야 한다.
③ 피용접물과의 고정이 어려운 구조이어야 한다.
④ 작업능률이 향상되어야 한다.

해설 용접 지그의 선택 시 피용접물과 고정이 쉬운 구조의 지그를 선택한다.

27 연강을 인장시험으로 측정할 수 없는 것은?

① 항복점   ② 연신율
③ 재료의 경도   ④ 단면수축률

해설 인장시험이란 재료에 인장력을 가해 인장강도와 연신율, 단면수축률과 탄성한도 등을 측정하는 시험이다.

28 용접이음의 안전율에 영향을 미치는 주요 인자(因子)로서 고려해야 할 사항으로 가장 적절하게 나열한 것은?

① 모재의 기계적 성질, 모재의 보관방법, 용접기의 종류, 용착금속의 기계적 성질, 파괴시험
② 재료의 가격성, 용접사의 기능, 용접자세, 하중의 형상, 모재의 보관방법
③ 용착금속의 기계적 성질, 작업장소, 용접자세, 용접기의 종류, 하중의 형상
④ 모재의 기계적 성질, 재료의 용접성, 용접방법, 하중의 종류, 용접자세

해설 용접이음의 안전율에 영향을 미치는 주요 인자로 모재의 기계적 성질, 재료의 용접성, 용접방법, 하중의 종류, 용접자세 등을 고려하여야 한다.

29 용접부 결함의 종류 중 구조상의 결함이 아닌 것은?

① 기공   ② 슬래그 섞임
③ 융합 불량   ④ 변형

해설 용접 후 발생하는 변형은 구조상 결함이 아닌 치수상 결함에 속한다.

30 무부하 전압이 80V, 아크전압 35V, 아크 전류 400A라 하면 교류 용접기의 역률과 효율은 각각 몇 %인가?(단, 내부손실은 4kW이다.)

① 역률 : 51%, 효율 ; 72%
② 역률 : 56%, 효율 ; 78%
③ 역률 : 61%, 효율 ; 82%
④ 역률 : 66%, 효율 ; 88%

해설
- 역률 $= \dfrac{\text{소비 전력}}{\text{전원 입력}} \times 100$
  $= \dfrac{18,000}{32,000} \times 100 = 56.25\%$
- 효율 $= \dfrac{\text{아크 출력}}{\text{소비전력}} \times 100$
  $= \dfrac{14,000}{18,000} \times 100 ≒ 78\%$
- 아크출력 = 아크전압 × 아크전류
  $= 35 \times 400 = 14,000W$
- 소비전력 = 아크출력 + 내부손실
  $= 14,000 + 4,000 = 18,000W$
- 전원입력 = 2차 무부하전압 × 정격2차전류
  $= 80 \times 400 = 32,000kVA$

31 용접이음을 설계할 때 일반적인 주의사항으로 틀린 것은?

① 강도가 약한 필릿 용접은 될 수 있는 대로 피하고 맞대기 용접을 하도록 한다.
② 용접작업에 지장을 주지 않도록 충분한 공간을 준다.
③ 용접이음이 한곳으로 집중되거나 접근되도록 한다.
④ 가급적 능률이 좋은 아래보기 용접을 많이 하도록 한다.

해설 용접이음의 설계 시 용접이음이 한곳으로 집중되거나 접근되지 않도록 해야 한다.(과도한 입열의 발생으로 인한 변형과 잔류응력 방지)

32 맞대기 용접이음 홈의 종류가 아닌 것은?

① I형 홈   ② V형 홈
③ T형 홈   ④ U형 홈

해설 맞대기 용접이음 홈의 종류 : I형, V형, U형, X형, H형, K형, 베벨형 등

33 피복아크용접에서 용접부의 균열방지대책으로 맞지 않는 것은?

① 적당한 예열과 후열을 한다.
② 염기도가 적은 용접봉을 선택한다.
③ 적절한 속도로 운봉을 한다.
④ 저수소계 용접봉을 사용한다.

해설 염기도란 금속원자로 치환될 수 있는 수소원자의 수를 의미하며 염기도가 높은 용접봉일수록 내균열성이 높다.(가장 염기도가 높은 대표적인 용접봉은 저수소계 용접봉이다.)

34 초음파 탐상법의 종류에 속하지 않은 것은?

① 투과법   ② 펄스 반사법
③ 공진법   ④ 관통법

해설 **초음파 탐상법의 종류**
- 공진법
- 투과법
- 펄스 반사법(가장 일반적으로 사용)

35 용접 홈의 형상 중 V형 홈에 대한 설명으로 옳은 것은?

① 판두께가 대략 6mm 이하의 경우 양면 용접을 사용한다.

② 양쪽 용접에 의해 완전한 용입을 얻으려고 할 때 쓰인다.
③ 판두께 3mm 이하로 루트간격 없이 한쪽에서 용접할 때 쓰인다.
④ 보통 판두께 20mm 이하의 판에서 한쪽 용접으로 완전한 용입을 얻고자 할 때 쓰인다.

해설 V형 홈의 경우 강판의 두께 20mm 이하의 판을 한쪽 용접하는 경우 적합하다.
(I형 : 6mm 미만, U형 : 20mm 미만)

36 AW-400인 용접기 50대를 설치하고자 할 때 전원 변압기는 어느 정도 용량을 설비해야 하는가? (단, 용접기의 평균 전류는 200A, 무부하 전압은 80V, 사용률은 70%이다.)

① 320kVA   ② 420kVA
③ 460kVA   ④ 560kVA

해설 용접기의 용량(Q)

$= $ 용접기의 대수(n) × 아크타임(0.5)
$\qquad$ × 사용률(부하율 β) × 1대당 용량(P)
$= 50 \times 0.5 \times 0.7 \times 80 \times 400$
$= 560,000\mathrm{VA} = 560\mathrm{kVA}$

37 플러그 용접(Plug welding)의 설명으로 알맞은 것은?

① 고진공 중에서 고속전자 방출에 의한 충격 발열을 이용하여 접합하는 용접방법
② 접합하는 부재 한쪽에 원형 구멍을 뚫고 판의 표면까지 가득하게 용접하고 다른 쪽 부재와 접합하는 용접방법
③ 겹친 모재를 전극의 선단에 끼워놓고 전류를 집중시켜 국부적으로 가열과 동시에 가압하는 용접방법
④ 맞대기 저항용접의 일종이며 접합부를 충분히 가열한 다음 큰 압력으로 면을 접합하는 용접방법

정답   32 ③   33 ②   34 ④   35 ④   36 ④   37 ②

해설 플러그 용접이란 용접물의 한쪽에 구멍을 뚫고 그 구멍에 용접을 하여 접합하는 방법이다.

38 각 변형의 방지대책에 관한 설명 중 틀린 것은?

① 개선 각도는 작업에 지장이 없는 한도 내에서 작게 하는 것이 좋다.
② 용접속도가 빠른 용접법을 이용한다.
③ 구속 지그를 활용한다.
④ 판 두께와 개선형상이 일정할 때 용접봉 지름이 작은 것을 이용하여 패스의 수를 늘린다.

해설 각 변형을 방지하기 위해 용접봉 지름이 작은 것을 이용하여 패스의 수를 줄여가며 용접한다.(입열량을 최소화)

39 용착부의 인장응력이 5kgf/mm, 용접선의 유효길이가 80mm이며, V형 맞대기로 완전 용입한 경우 하중 8,000kgf에 대한 판 두께는 몇 mm인가?(단, 하중은 용접선과 직각방향임)

① 10mm
② 20mm
③ 30mm
④ 40mm

해설
허용응력$(\sigma) = \dfrac{하중(P)}{단면적(A)}$

단면적$(A) =$ 모재의 두께$(t) \times$ 용접선의 길이(l)

$\therefore \ t = \dfrac{P}{\sigma \times l} = \dfrac{8,000}{5 \times 80} = 20\mathrm{mm}$

40 용접부 내부에 모재표면과 평행하게 층상으로 형성되어 있는 균열은?

① 라멜라 티어 균열
② 라미네이션 균열
③ 재열 균열
④ 힐 균열

해설 모재 표면과 평행하게 층상으로 형성되어 있는 균열을 라멜라 티어 균열이라고 한다.

41 산소와 아세틸렌가스 용기 취급 시 주의할 점으로 틀린 것은?

① 산소용기는 직사광선을 피하고 60℃ 이하에서 보관한다.
② 아세틸렌 용기는 반드시 세워서 사용해야 한다.
③ 산소병을 운반 시는 반드시 캡을 씌워 이동한다.
④ 가스 누설 점검은 수시로 실시하며 비눗물로 한다.

해설 산소 용기는 40℃ 이하에서 보관한다.

42 용해 아세틸렌을 용기에 15℃, 15기압으로 충전할 때 아세틸렌은 1L의 아세톤에 몇 L가 용해되는가?

① 375L
② 200L
③ 250L
④ 275L

해설 아세틸렌가스는 아세톤에 약 25배가 용해되므로 15기압 $\times$ 1L $\times$ 25배 = 375L가 용해된다.

43 아크 발생열에 의하여 피복제가 분해되어 일산화탄소, 이산화탄소, 수증기 등의 가스 발생제가 되는 가스 실드식 피복제의 성분은?

① 규산나트륨
② 셀룰로오스
③ 규사
④ 일미나이트

해설 **피복제가 용접 부위를 보호하는 세 가지 방식**
- 가스 발생식 : E4311(고셀룰로오스계)
- 반가스 발생식 : E4313(고산화티탄계)
- 슬래그 생성식 : E4316(저수소계) 등

44 용접기의 보수 및 점검 시 지켜야 할 사항으로 틀린 것은?

① 2차 측 단자의 한쪽과 용접기 케이스는 접지해서는 안 된다.
② 가동부분, 냉각팬을 점검하고 회전부 등에는 주유를 해야 한다.

정답 38 ④ 39 ② 40 ① 41 ① 42 ① 43 ② 44 ①

③ 탭 전환의 전기적 접속부는 자주 샌드 페이퍼 등으로 잘 닦아준다.

④ 용접 케이블 등의 파손된 부분은 절연 테이프로 감아야 한다.

해설 2차 측 단자의 한쪽과 용접기 케이스는 반드시 접지해 두어야 전격을 방지할 수 있다.

45 가스 절단에서 절단용 산소의 순도가 낮은 것을 사용하였을 때 설명으로 맞는 것은?

① 슬래그 박리성이 양호하다.

② 절단속도가 느리고 절단면이 거칠어진다.

③ 절단시간이 단축된다.

④ 절단 홈의 폭이 좁아지고, 절단 효율과는 무관하다.

해설 가스 절단 시 산소의 순도와 압력은 절단속도에 중대한 영향을 끼친다.

46 잠호 용접기에서 용접전류는 직류 또는 교류가 사용되고 아크의 복사열에 의해 모재를 가열 용융시켜 용접을 행하며 용입이 얕은 관계로 스테인리스강 등의 덧붙이 용접에 잘 쓰이는 다전극 방식은?

① 횡병렬식

② 횡직렬식

③ 탠덤식

④ 다전원 연결 탠덤식

해설 잠호용접(서브머지드 아크용접)의 다전극 방식 중 횡직렬식의 경우는 스테인리스강의 덧붙이 용접에 잘 사용된다.

47 점(Spot)용접의 3대 요소가 아닌 것은?

① 가압력

② 전류의 세기

③ 통전시간

④ 도전율

해설 **저항용접(점용접, 심용접 등)의 3대 요소**
- 가압력
- 통전시간
- 전류

48 아크길이에 따라 전압이 변동하여도 아크 전류는 거의 변하지 않는 특성은?

① 아크 부특성

② 수하 특성

③ 정전류 특성

④ 정전압 특성

해설 **용접기에 필요한 전기적 특성**

종류	특성
부특성 (부저항 특성)	전류가 증가하면 저항이 작아져 아크 전압이 낮아지는 특성(수동용접기)
수하 특성	부하전류 증가 시 단자전압이 저하하는 특성(수동용접기)
정전류 특성	아크길이가 변해도 전륫값은 거의 변하지 않는 특성(수동용접기)
정전압 특성 (자기제어 특성)	부하전류가 변해도 단자전압은 거의 변하지 않는 특성(자동/반자동용접기)
상승 특성	아크길이가 일정할 때 아크 증가와 더불어 전압이 함께 증가하는 특성(자동/반자동 용접기)

49 용접작업을 하지 않을 때에는 용접기의 2차 무부하 전압을 약 25V 이하로 유지하고 용접봉을 모재에 접촉하는 순간에만 릴레이가 작동하여 용접이 가능토록 한 장치는?

① 원격 제어 장치

② 전격 방지 장치

③ 핫 스타트 장치

④ 고주파 발생 장치

해설 교류아크 용접기에 사용되는 전격방지장치는 약 70~80V의 2차 무부하 전압을 20V 정도로 낮추어 전격의 위험을 방지해 준다.

50 연강용 피복 아크용접봉에서 피복제의 편심률은 몇 % 이내이어야 하는가?

① 10%

② 15%

③ 30%

④ 3%

해설 연강용 피복 아크용접봉의 편심률은 3% 이내의 것을 사용하여야 한다.

51 용접의 장점에 관한 일반적인 설명으로 틀린 것은?

① 이종(異種)재료도 접합시킬 수 있다.
② 수밀성과 기밀성이 좋다.
③ 재료의 두께가 제한을 받는다.
④ 보수와 수리가 용이하다.

해설 용접은 두께의 제한을 거의 받지 않는다.

52 안전·보건표지의 색채, 색도 기준 및 용도에서 정한 파란색의 용도로 맞는 것은?

① 금지 　　　　 ② 경고
③ 안내 　　　　 ④ 지시

해설 KS 안전색
- 빨강 : 금지, 정지, 고도의 위험
- 노랑 : 주의
- 초록 : 안전, 피난, 위생
- 파랑 : 진행, 지시
- 자주 : 방사능 표시

53 납땜작업 시 용제가 갖추어야 할 조건이 아닌 것은?

① 땜납의 표면장력을 맞추어서 모재와의 친화력이 낮을 것
② 납땜 후 슬래그 제거가 용이할 것
③ 청정한 금속면의 산화를 방지할 것
④ 모재나 땜납에 대한 부식작용이 최소한일 것

해설 납땜직업에서 사용되는 용제(flux)는 모재와의 친화력이 높은 것을 사용한다.

54 탄소 아크 절단에 압축공기를 병용하여 전극 홀더의 구멍에서 탄소 전극봉에 나란히 분출하는 고속의 공기를 분출시켜 용융금속을 불어내어 홈을 파는 방법은?

① 가스 가우징 　　 ② 스카핑
③ 산소창 절단 　　 ④ 아크에어 가우징

해설 아크에어 가우징은 아크열로 용해한 금속에 압축 공기를 연속적으로 분출하여 금속 표면에 홈을 파거나 절단하는 방법이다.

55 산소 − 아세틸렌가스의 혼합비가 1 : 1 정도이고, 표준 불꽃이라고도 하는 것은?

① 산화 불꽃 　　 ② 탄화 불꽃
③ 중성 불꽃 　　 ④ 산소과잉 불꽃

해설 표준 불꽃은 산소−아세틸렌가스의 혼합비가 1 : 1 정도로서 중성 불꽃이라고도 한다.

56 아르곤 가스는 1기압하에서 6,500L의 양이 약 몇 기압으로 용기에 충전되어 공급되는가?

① 15 　　　　 ② 25
③ 140 　　　　 ④ 180

해설 아르곤 가스는 불활성 가스 아크용접 시 일반적으로 사용되는 가스이며 1기압하에서 6,500L의 양을 140기압으로 용기에 충전하여 공급된다.

57 저항용접에 의한 압접에서 전류 20A, 전기저항 30Ω, 방전시간 10sec일 때 발열량은 몇 cal인가?

① 14,400 　　 ② 28,800
③ 48,800 　　 ④ 24,400

해설 전기저항 용접 시 발열량$(Q) = 0.24I^2RT$
(여기서, I = 전류, R = 저항, T = 통전시간)
$= 0.24 \times 20^2 \times 30 \times 10 = 28,800$cal

58 일렉트로 슬래그 용접에서 사용되는 수랭식 판의 재료는?

① 알루미늄 　　 ② 니켈
③ 구리 　　　　 ④ 연강

정답	51 ③	52 ④	53 ①	54 ④	55 ③	56 ③	57 ②	58 ③

해설 일렉트로 슬래그 용접은 양쪽에 수랭 동판을 대고 모재와 수랭 동판으로 둘러싸인 공간을 차례로 용접 금속으로 채워 감으로써 용접하는 방식으로, 아크열이 아닌 전기의 저항열을 이용한다는 점이 특징이다.

59 용해 아세틸렌의 이점에 해당되지 않는 것은?

① 아세틸렌 발생기와 부속기구가 필요하다.
② 운반이 비교적 용이하다.
③ 발생기를 사용하지 않으므로 폭발의 위험성이 적다.
④ 순도가 높아 불순물에 의해 용접부의 강도가 저하되지 않는다.

해설 용해 아세틸렌(아세틸렌 용기)은 아세틸렌을 발생시키는 발생기와 부속기구가 필요하지 않다.

60 가스용접이나 절단에 사용되는 연료가스가 가져야 할 성질 중 틀린 것은?

① 불꽃의 온도가 높을 것
② 연소속도가 느릴 것
③ 발열량이 클 것
④ 용융금속과 화학반응을 일으키지 않을 것

해설 가스용접이나 절단에 사용되는 연료가스는 연소속도가 빠르며 불꽃의 온도와 발열량이 높은 것이어야 한다.

01 다음 보기를 공통적으로 설명하고 있는 표면 경화법은?

- 강을 NH_3 가스 중에서 500~550℃로 20~100시간 정도 가열한다.
- 경화 깊이를 깊게 하기 위해서는 시간을 길게 하여야 한다.
- 표면층의 합금 성분인 Cr, Al, Mo 등이 단단한 경화층을 형성하며, 특히 Al은 경도를 높이는 역할을 한다

① 질화법   ② 침탄법
③ 크로마이징   ④ 화염경화법

해설 질화법은 철에 질소(N)를 화합시켜 경도를 향상시키는 방법이다.

02 결정입자의 크기와 형상에 대한 설명 중 맞는 것은?

① 냉각속도가 빠르면 결정핵 수는 많아진다.
② 냉각속도가 빠르면 입자는 조대화된다.
③ 냉각속도가 느리면 결정핵 수는 많아진다.
④ 냉각속도가 느리면 입자는 미세해진다.

해설 냉각속도가 빠르면 핵 발생이 증가하여 결정핵의 수도 함께 증가한다.

03 강의 용접 열영향부 조직 중 가열온도 범위가 900~1,000℃이고 재결정으로 인해 미세화, 인성 등 기계적 성질이 양호한 것은?

① 조립역   ② 세립역
③ 모재원질역   ④ 취화역

해설 용접이음을 하는 경우 부재의 접합부가 되는 용접금속부를 중심으로 그 인접 주변부에서 용접열에 의해 조립역, 세립역, 취화역이 형성되며 이 중 조직이 미세화하여 기계적 성질이 양호한 부위는 세립역이다.

04 피복 아크용접봉에 습기가 많을 때 나타나는 것은?

① 아크가 안정해진다.
② 용접부에 기공이나 균열이 생기기 쉽다.
③ 용접 비드 폭이 넓어지고 비드가 깨끗해진다.
④ 용접 후 각 변형이 작아진다.

해설 피복아크 용접봉에 습기가 많은 경우 용접부에 기공 또는 균열이 생기기 쉬운 상태가 된다.

05 다음 중 강자성체에 속하는 것은?

① Fe, Co, Ni   ② Fe, Ag, Zn
③ Fe, Sb, Ni   ④ Fe, Co, Cu

해설 강자성체란 철(Fe), 니켈(Ni), 코발트(Co) 등과 같이 자석에 의해 자화된 후 자석을 제거해도 자기장이 그대로 남아 있는 물질을 말한다.

06 탄소강의 물리적 성질 변화에서 탄소량의 증가에 따라 함께 증가되는 것은?

① 비중   ② 열팽창계수
③ 열전도도   ④ 전기저항

해설 탄소강의 기계적 성질은 탄소함유량의 영향을 받아 탄소량의 증가와 함께 전기저항도와 강도 등이 상승하지만 연성, 인성은 저하하게 된다.

07 철을 서랭하면 910℃에서 단위격자의 특성이 다르게 된다. 이를 무엇이라고 하는가?

① 금속 간 화합   ② 치환
③ 변태   ④ 공간격자

해설 금속의 변태는 원자의 배열이 바뀌는 동소변태와 원자의 배열 없이 자성이 변하는 자기변태의 두 가지로 구분된다.

정답   01 ①   02 ①   03 ②   04 ②   05 ①   06 ④   07 ③

08 금속재료에 포함된 원소 중 용접부의 균열에 가장 큰 영향을 미치는 원소는?

① 크롬(Cr)　　　　② 규소(Si)
③ 황(S)　　　　　④ 니켈(Ni)

해설 황(S)은 고온취성(적열취성)을 일으키며 다른 용접부의 균열에도 큰 영향을 미친다.

09 용접부의 노내 응력 제거 방법 중 가열부를 노에 넣을 때 및 꺼낼 때의 노내 온도는 몇 ℃ 이하로 하는가?

① 300℃　　　　　② 400℃
③ 500℃　　　　　④ 600℃

해설 금속 잔류응력 제거방법의 종류로는 노내 풀림법, 국부풀림법, 저온 응력완화법, 기계적 응력완화법, 피닝법 등이 있으며 노내풀림 시 노내에서 출입시키는 온도는 300℃를 넘지 않아야 한다.

10 피복 배합제의 성분 중 슬래그 생성제의 역할에 대한 설명으로 틀린 것은?

① 기공이나 내부 결함을 방지한다.
② 용융점이 높은 무거운 슬래그를 만든다.
③ 용접부의 표면을 덮어 산화와 질화를 방지한다.
④ 용착금속의 냉각속도를 느리게 한다.

해설 용접봉의 피복제는 용융점이 낮은 가벼운 슬래그를 생성하여 용착부가 급랭되는 것을 방지한다.

11 다음 그림 중 모서리 이음을 나타낸 것은?

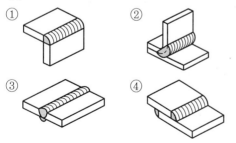

12 스케치 방법 중 평면으로 복잡한 윤곽을 갖고 있는 부품의 경우 그 면에 광명단 등을 바르고 스케치 용지에 찍어 그 면의 실형을 얻는 것은?

① 프리핸드법　　　② 본뜨기법
③ 프린트법　　　　④ 사진촬영법

해설 스케치법의 종류 중 부품의 면에 광명단 등을 바르고 그 면을 찍는 방식으로 스케치하는 법을 프린트법이라고 한다.

13 KS의 부문별 분류기호에서 V는 어느 부문을 뜻하는 것인가?

① 금속　　　　　　② 기계
③ 조선　　　　　　④ 광산

해설 **KS의 부문별 분류기호**
　• KS A : 기본　　　• KS B : 기계
　• KS C : 전기　　　• KS D : 금속
　• KS E : 광산　　　• KS V : 조선

14 표제란의 척도란에 척도 값을 1 : 2, 1 : 5 등과 같이 기입하는 척도의 종류로 맞는 것은?

① 현척　　　　　　② 배척
③ 실척　　　　　　④ 축척

해설 • 해현척 : 실물크기(1 : 1)
　• 배척 : 확대(2 : 1, 5 : 1)
　• 축척 : 축소(1 : 2, 1 : 5)

15 그림의 화살표 쪽 인접부분을 참고로 표시하는 데 사용하는 선의 명칭은?

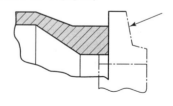

정답　**08** ③　**09** ①　**10** ②　**11** ①　**12** ③　**13** ③　**14** ④　**15** ④

① 외형선　　　② 숨은선
③ 파단선　　　④ 가상선

🗨️해설 선의 종류와 용도

선의 종류	용도
굵은 실선	외형선
가는 실선	치수선, 치수보조선, 지시선, 해칭선, 중심선
가는 1점 쇄선	중심선, 기준선, 피치선
가는 2점 쇄선	가상선, 무게중심선, 인접부분을 참고로 표시하는 경우
굵은 1점 쇄선	특수 지정선

16 기계재료의 표시기호 중 SM25C에서 '25C'가 뜻하는 것은?

① 재료의 최저 인장강도
② 재료의 용도표시
③ 재료의 탄소함유량
④ 재료의 제조방법

🗨️해설 강종의 기호 표시법은 평균 탄소량을 나타내는 숫자를 S와 C 사이에 써서 표시하는 것으로 SM25C란 탄소의 평균 함유량이 0.25%인 강재라는 것을 의미한다.

17 그림의 용접기호 설명 중 가장 적절하지 않은 것은?

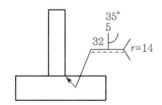

① 루트 반지름 14[mm]
② 루트 간격 5[mm]
③ 홈(그루브) 각도 35°
④ 루트 깊이 32[mm]

🗨️해설 위 용접기호에서 그루브의 깊이는 32mm이다.

18 외형도에서 필요한 요소의 일부분 만을 오려서 국부적으로 단면도를 표시한 도면을 무슨 단면도라고 하는가?

① 한쪽 단면도
② 온 단면도
③ 부분 단면도
④ 회전도시 단면도

🗨️해설 부분 단면도 : 필요한 일부분만을 파단하여 단면을 도시하는 방법

19 CAD의 특징에 대한 설명으로 틀린 것은?

① 점, 선 및 원 등을 이용하여 도형을 정확하게 그릴 수 있다.
② 필요에 따라 도면을 확대, 축소, 이동 등이 가능하다.
③ 도형을 2차원적으로만 그리고 입체적으로는 그릴 수 없다.
④ 방대한 자료를 컴퓨터에 저장하여 데이터베이스를 구축함으로써 설계의 생산성을 향상시킬 수 있다.

🗨️해설 오토캐드(Auto CAD) 프로그램을 이용해 2차원(2D)뿐 아니라 3차원(3D, 입체) 도면도 작성 가능하다.

20 KS에 의한 용접 보조기호 ⎓ 의 명칭을 올바르게 설명한 것은?

① 평면 마감 처리한 V형 맞대기 용접
② 이면 용접이 있으며 표면 모두 평면 마감 처리한 볼록 양면 V형 용접
③ 이면 용접이 있으며 표면 모두 평면 마감 처리한 오목 필릿 용접
④ 이면 용접이 있으며 표면 모두 평면 마감 처리한 V형 맞대기 용접

21 용접이음 설계 시 충격하중을 받는 연강의 안전율로 적당한 것은?

① 3   ② 5

③ 8   ④ 12

해설 연강 이음의 설계 시 충격하중의 안전율은 12이다.

22 용접이 완료된 후에 발생되는 응력부식의 원인으로 맞는 것은?

① 과다한 탄소함량

② 담금질 효과

③ 뜨임 효과

④ 잔류응력의 증가

해설 금속재료는 인장응력과 부식의 공동작용 결과 일정한 시간 뒤에 균열이 생겨 파괴되는 응력부식균열이 발생한다.

23 두께가 6.4mm인 두 모재의 맞대기 이음에서 용접 이음부에 4,536kgf의 인장하중이 작용할 경우 필요한 용접부의 최소 허용길이(mm)는 약 얼마인가?(단, 용접부의 허용인장응력은 14.06kgf/mm² 이다.)

① 50.4mm   ② 40.3mm

③ 30.1mm   ④ 20.7mm

해설 허용응력 $= \dfrac{\text{인장하중}}{\text{두께} \times \text{용접선의 길이}}$ 이므로

$$\text{용접선의 길이} = \dfrac{\text{인장하중}}{\text{두께} \times \text{허용응력}}$$
$$= \dfrac{4,536}{6.4 \times 14.06}$$
$$= 50.4\text{mm}$$

24 금속의 응고 과정에서 방출된 기체가 빠져나가지 못하여 생긴 결함을 무엇이라고 하는가?

① 슬래그   ② 설퍼 프린트

③ 홀인   ④ 기공

해설 금속의 응고 과정에서 방출된 기체가 빠져나가지 못하여 생긴 결함을 기공이라고 하며 주로 수소의 잔류로 발생한다.

25 용접선에 따라 응력을 제거할 목적으로 압축응력 부분을 가스 불꽃으로 가열한 직후에 수랭하여 그 부위를 소성 변형시켜 잔류응력을 감소시키는 것은?

① 억제법   ② 역변형법

③ 도열법   ④ 저온 응력완화법

해설 저온 응력완화법은 용접선으로부터 150mm 떨어진 부분을 150~200℃의 가스불꽃으로 가열 후 수랭하여 용접부에 존재하는 용접선 방향의 인장 잔류응력을 제거하는 방법이다.

26 용접 구조물을 제작할 때 피로강도를 향상시키기 위한 방법을 올바르게 설명한 것은?

① 가능한 한 응력 집중부에는 용접부가 집중되도록 할 것

② 열처리 또는 기계적인 방법으로 용접부 잔류응력을 완화시킬 것

③ 냉간가공 또는 야금적 변태를 이용하여 기계적 강도를 완화시킬 것

④ 표면가공, 다듬질 등에 의하여 단면이 급변하게 할 것

해설 용접 구조물의 제작 시에는 가능한 용접부에 잔류응력이 발생하지 않도록 주의해야 한다.

27 용접지그 사용 시 장점에 대한 설명으로 틀린 것은?

① 용접작용을 용이하게 한다.

② 제품의 정도를 균일하게 향상시킨다.

③ 작업능률이 향상되므로 변형이 생긴다.

④ 공정수를 절약하므로 작업능률이 좋다.

정답   21 ④   22 ④   23 ①   24 ④   25 ④   26 ②   27 ③

[해설] 지그란 재료를 조립, 부착을 하는 경우 정확한 치수로 용접하기 위해 고정하는 도구이다.

28 용접부에 발생하는 잔류응력 완화법이 아닌 것은?

① 응력제거 어닐링법 ② 피닝법
③ 고온 응력완화법 ④ 기계적 응력완화법

[해설] **대표적인 잔류응력 완하법**
- 노내풀림법
- 국부풀림법
- 저온 응력완화법
- 기계적 응력완화법
- 피닝법

29 용접비용을 줄이기 위한 방법으로 고려해야 할 사항 중 틀린 것은?

① 대기시간을 길게 한다.
② 용접이음부가 적은 경제적인 설계를 한다.
③ 재료의 효과적인 사용계획을 세운다.
④ 용접 지그를 활용한다.

[해설] 용접 비용을 줄이기 위해 대기시간을 최소화해야 한다.

30 용접이 교차하는 곳에는 응력집중이 생기기 쉬워 부채꼴 오목부를 붙인다. 이것을 무엇이라 하는가?

① 빌드업(Build up)
② 스캘럽(Scallop)
③ 블록(Block)
④ 캐스케이드(Cascade)

[해설] 용접선이 교차 시 발생하는 응력의 발생을 방지하기 위해 교차부위를 오목하게 만드는 것을 스캘럽이라고 한다.

31 I형 맞대기 이음용접에서 용착 금속의 최대 인장응력이 $100kgf/mm^2$이고 안전율이 5라면 이음의 허용응력은 몇 kgf/mm^2인가?

① 10 ② 20
③ 40 ④ 500

[해설] 안전율 $= \dfrac{\text{인장강도}}{\text{허용응력}}$ 이므로

$$\text{허용응력} = \dfrac{\text{인장강도}}{\text{안전율}}$$
$$= \dfrac{100}{5} = 20 kgf/mm^2$$

32 용접순서를 결정할 때의 주의사항으로서 틀린 것은?

① 수축은 자유단으로 보낸다.
② 대칭으로 용접한다.
③ 수축이 큰 이음은 먼저 용접한다.
④ 리벳과 용접을 병용할 때 리벳을 먼저 한다.

[해설] 용접의 순서를 결정하는 경우 리벳과 용접을 병용할 시 용접을 먼저 실시하여 이때 발생하는 잔류응력을 완전히 제거 후 리벳 작업을 해야 한다.

33 자분탐상검사의 자화방법이 아닌 것은?

① 축 통전법 ② 관통법
③ 극간법 ④ 원형법

[해설] 자분탐상검사의 자화방법 : 축통전법, 관통법, 극간법, 코일법, 직각통전법 등

34 용접 길이를 짧게 나누어 간격을 두면서 용접하는 방법으로 피용접물 전체에 변형이나 잔류응력이 적게 발생하도록 하는 용착법은?

① 전진법 ② 후진법
③ 블록법 ④ 비석법

해설 **용착법의 종류**
- 전진법 : 용접이음이 짧고 변형 및 잔류응력이 큰 문제가 되지 않는 경우 사용
- 후진법 : 용접봉을 기울인 방향으로 후퇴하면서 전체적인 길이를 용접하는 방법
- 대칭법 : 중심에서 좌우로 또는 좌우 대칭으로 용접하여 변형과 수축응력을 경감하는 방법
- 비석법(스킵법) : 짧은 용접길이로 나누어 간격을 두면서 용접하는 방법(잔류응력 발생 최소화)

35 본용접을 실시하기 전에 적당한 예열을 실시함으로써 얻는 효과가 아닌 것은?

① 예열을 하게 되면 기계적 성질이 향상된다.
② 용접부의 냉각속도를 느리게 하여 균열 발생이 적게 된다.
③ 용접부의 변형과 잔류응력을 경감시킨다.
④ 용접부의 냉각속도가 빨라지고 높은 온도에서 큰 영향을 받는다.

해설 예열은 냉각속도를 느리게 하고 재료를 연화하여 경도 및 모재의 수축응력을 감소시키기 위해 실시한다.

36 다음 그림과 같은 필릿 용접에서 이론 목두께는?

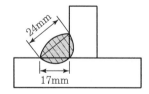

① 약 8.5mm
② 약 17mm
③ 약 24mm
④ 약 12mm

해설 이론 목두께=각장×cos45°=각장×0.707이므로, 17mm×0.707=12.01mm

37 피복 아크용접에서 언더컷(Under cut)의 발생 원인이 아닌 것은?

① 용접속도가 부적당할 때
② 용접전류가 너무 높을 때
③ 부적당한 용접봉을 사용할 때
④ 용착부가 급랭될 때

해설 용착부가 급랭되는 경우 기공 또는 균열이 발생하게 된다.

38 용접의 장점에 대한 설명으로 틀린 것은?

① 이음효율이 높다.
② 수밀, 기밀, 유밀성이 우수하다.
③ 저온취성이 생길 우려가 없다.
④ 재료의 두께에 제한이 없다.

해설 용접 시 발생하는 저온취성은 용접의 단점 중 하나이다.

39 피닝(Peening)에 대한 설명으로 맞는 것은?

① 특수해머로 용착부를 한 번 정도 때려 용착부의 균열을 점검한다.
② 특수해머로 용착부를 한 번 정도 때려 용착부의 굽힘응력을 완화시킨다.
③ 특수해머로 용착부를 연속으로 때려 용착부의 기공을 점검한다.
④ 특수해머로 용착부를 연속으로 때려 용착부의 인장응력을 완화시킨다.

해설 피닝법은 잔류응력 제거법 중의 하나이며 끝이 둥근 해머로 용착부위를 연속적으로 때려 용착부의 인장응력을 완화시키는 방법이다.

40 필릿용접 이음부의 보수에 관한 설명으로 옳지 않은 것은?

① 간격이 1.5mm 이하인 경우 그대로 규정된 다리길이로 용접한다.
② 간격이 1.5~4.5mm인 경우 6mm 정도의 뒷댐판을 대고 용접한다.
③ 간격이 4.5mm 이상인 경우 라이너(Liner)를 넣고 용접한다.
④ 간격이 4.5mm 이상인 경우 부족한 판을 300mm 이상 잘라내어 교환한 후 용접한다.

> 해설 필릿용접 이음부를 보수하는 경우 산격이 1.5~4.5mm인 경우 그대로 용접해도 무방하나 넓혀진 만큼 각장을 증가시켜 용접한다.

41 맞대기 저항용접에 해당하는 것은?

① 스폿 용접
② 매시 심 용접
③ 프로젝션 용접
④ 업셋 용접

> 해설 **이음형상에 따른 저항용접의 종류**
> • 맞대기(butt) 저항용접 : 업셋 용접, 퍼커션 용접, 플래시 버트 용접
> • 겹치기 저항용접 : 점용접, 심용접, 프로젝션(돌기) 용접

42 용접을 장시간 하게 되면 용접 흄 또는 가스를 흡수하게 되는데 그 방지대책 및 주의사항으로 가장 적당하지 않은 것은?

① 아연, 합금, 납, 등의 모재에 대해서는 특히 주의를 요한다.
② 환기 통풍을 잘 한다.
③ 절연형 홀더를 사용한다.
④ 보호 마스크를 착용한다.

> 해설 장기간 용접 시 환기가 잘되는 환경에서 용접하여 용접 흄 또는 발생 가스의 흡입을 최소화하도록 해야 한다.

43 교류 아크용접에서 전원전류는 몇 사이클마다 극성이 변하는가?

① 1/2
② 1/3
③ 1/4
④ 1/5

> 해설 교류는 1사이클당 극성(+, −)이 한 번씩(1/2) 교차된다. 우리나라는 60Hz의 교류 전기를 사용하며 이는 1초에 60번의 사이클이 존재하고 극성이 초당 120회 바뀐다.

44 피복 금속 아크용접봉의 피복 배합제의 주요 성분이 아닌 것은?

① 고착 성분
② 슬래그 생성 성분
③ 아크 안정 성분
④ 전기도체 성분

> 해설 **피복 아크용접봉 피복 배합제의 주된 역할**
> • 급랭방지 : 슬래그를 형상화하여 용착금속의 급랭을 방지하는 역할
> • 탈산작용 : 용융금속 중 산소를 제거하여 용착금속의 기계적 성질을 개선
> • 필요한 합금 원소 첨가
> • 절연작용
> • 용착금속의 유동성 개선
> • 피복배합제를 심선에 고착

45 다음 중에서 용접기의 수하특성과 가장 관련이 깊은 것은?

① 저항－열의 특성
② 전류－전력의 특성
③ 전압－전류의 특성
④ 전력－저항의 특성

> 해설 수하특성은 부하전류 증가 시 단자전압이 저하하는 특성(수동용접기)으로 전압과 전류의 특성과 가장 관련이 깊다.

46 가스절단에서 예열 불꽃이 약할 때 일어나는 현상으로 가장 거리가 먼 것은?

① 절단속도가 늦어진다.
② 드래그가 증가한다.
③ 절단이 중단되기 쉽다.
④ 절단면의 위 기슭이 녹아 둥글게 된다.

해설 가스절단 시 예열불꽃이 강한 경우 절단면의 윗부분이 녹아 둥글게 된다.

47 카바이드 취급 시 주의사항으로 틀린 것은?

① 운반 시 타격, 충격, 마찰 등을 주지 말 것
② 카바이드 통에서 카바이드를 꺼낼 때에는 모넬 메탈이나 목재공구를 사용할 것
③ 카바이드는 개봉 후 잘 닫아 안전상 습기가 침투하도록 보관할 것
④ 저장소 가까이에 인화성 물질이나 화기를 두지 말 것

해설 카바이드는 물과 반응하여 아세틸렌 가스를 생성하는 물질이므로 보관 시는 습기가 침투하지 못하도록 밀봉처리를 해야 한다.

48 TIG 용접에서 아크 스타트를 쉽게 하고, 아크가 안정화되도록 용접기에 설비하는 것은?

① 콘덴서   ② 가동철심
③ 고주파발생기   ④ 리액터

해설 TIG(텅스텐 불활성 가스) 용접의 경우 고주파 발생기의 작용으로 아크 스타트가 용이하며 전극을 모재에 접촉시키지 않아도 아크 발생이 가능하다.

49 소화작업에 대한 설명 중 틀린 것은?

① 화재가 발생하면 화재 경보를 한다.
② 화재 시는 가스 밸브를 조이고 전기스위치를 끈다.

③ 전기배선시설의 수리 시는 전기가 통하는지 여부를 확인한다.
④ 유류 및 카바이드에 붙은 불은 물로 끄는 것이 좋다.

해설 카바이드는 물과 혼합 시 폭발성 가스(아세틸렌)가 발생하므로 주의해야 한다.

50 자동용접에 필요한 기구 중 대형 파이프를 원주 용접할 때 사용하는 기구는?

① 용접 포지셔너(Welding positioner)
② 턴테이블(Turn table)
③ 머니퓰레이터(Manipulator)
④ 터닝 롤러(Turning roller)

해설 대형 파이프를 원주 용접하는 경우 두 개의 롤러 사이에 파이프를 올려 놓고 아래보기 자세로 돌려가며 용접하는 데 이를 터닝 롤러라고 한다.

51 가스용접에 사용되는 가연성 가스의 완전 연소식의 화학식으로 틀린 것은?

① $C_2H_2 + 2.5O_2 = 2CO_2 + H_2O$
② $H_2 + 0.5O_2 = H_2O$
③ $C_3H_8 + 5O_2 = 3CO_2 + 2H_2O_2$
④ $CH_4 + 2O_2 = CO_2 + 2H_2O$

해설 $C_3H_8 + 5O_2 = 3CO_2 + 4H_2O$

52 교류 용접기와 비교한 직류 용접기의 특징에 대한 설명으로 맞는 것은?

① 아크의 안정성이 우수하다.
② 전격의 위험이 많다.
③ 용접기의 고장이 적다.
④ 용접기의 가격이 저렴하다.

해설 직류(DC) 용접기는 교류(AC) 용접기보다 아크의 안정성이 뛰어난 특징을 가지고 있다.

정답 46 ④   47 ③   48 ③   49 ④   50 ④   51 ③   52 ①

53 분말 절단법 중 플럭스(flux) 절단에 주로 사용되는 재료는?

① 스테인리스 강판 ② 알루미늄 탱크
③ 저합금 강판 ④ 강관

해설 분말절단법은 가스절단이 잘 되지 않는 주철과 고탄소강, 비철금속, 스테인리스 강판 등의 절단에 사용된다.

54 핀치효과에 의해 열에너지의 집중도가 솟고 고온을 얻으므로 용입이 깊고 비드 폭이 좁은 접합부가 형성되며, 용접속도가 빠른 것이 특징인 용접은?

① 플라스마 아크용접
② 테르밋 용접
③ 전자빔 용접
④ 원자 수소 아크용접

해설 같은 방향에 전류가 흐르거나 이 방향에 자계가 유도되는 데 전류가 흐르는 축방향을 향한 전류가 압축되어 흐르는 현상을 핀치효과라 한다.

55 서브머지드 아크용접 시 사용하는 용융형 용제의 특징에 대한 설명으로 틀린 것은?

① 흡습성이 높아 재건조가 필요하다.
② 비드 외관이 아름답다.
③ 용제의 화학적 균일성이 양호하다.
④ 미용융 용제는 재사용이 가능하다.

해설 **서브머지드 아크용접용 용제(flux)의 종류와 특성**

종류	특성
용융형	흡습성이 작고 용제의 화학적인 균일성이 양호하여 일반적으로 많이 사용된다.
소결형	흡습성이 강하고 기계적인 강도가 요구되는 경우 사용된다.
혼합형	용융형과 소결형을 혼합한 형태이다.

56 산소 및 아세틸렌 용기 취급에 대한 설명 중 올바른 것은?

① 산소 용기는 60℃ 이하, 아세틸렌 병은 30℃ 이하의 온도에서 보관한다.
② 아세틸렌 용기는 눕혀서 운반하되 운반 도중 충격을 주어서는 안 된다.
③ 아세틸렌 용기는 폭발의 위험을 방지하기 위하여 산소용기와 5m 이상의 간격을 두고 설치한다.
④ 산소 용기 내에 다른 기스를 혼합시는 안 되며 누설시험 시에는 비눗물을 사용한다.

해설 산소 용기는 40℃ 이하에서 보관하며 다른 가스와 혼합하는 경우 산화반응으로 폭발의 위험이 있으므로 주의해야 한다.

57 연강용 피복아크용접 중 가스 실드계의 대표적인 용접봉으로 피복제 중에 유기물을 20~30% 정도 포함하고 있는 것은?

① 라임티타니아계 ② 저수소계
③ 철분산화철계 ④ 고셀룰로오스계

해설 고셀룰로오스계(E4311) 용접봉은 대표적인 가스 실드계 용접봉으로 위보기 용접에 적합하다.

58 이산화탄소(CO_2) 아크용접법의 특징을 설명한 것 중 옳은 것은?

① 적용 재질이 비철계통으로 한정되어 있다.
② 용착금속의 기계적 성질이 나쁘다.
③ 용입이 깊고 용접속도를 빠르게 할 수 있다.
④ 아크를 볼 수 없으므로 시공이 불편하다.

해설 이산화탄소(CO_2) 아크용접의 경우 적용 재질이 철계통으로 한정되어 있으며 용입이 깊고 용접속도를 빠르게 할 수 있다.

59 저항용접에 의한 압접은 전기저항 열로 모재를 용융상태로 만들고 외력을 가하여 접합하는 용접법이다. 이때 발생하는 저항열을 구하는 식은? [단, Q : 저항열, I : 전류, R : 전기저항, t : 통전시간(초)]

① $Q = 0.24IR^2t$

② $Q = 0.24I^2Rt$

③ $Q = 0.24I^2R^2t$

④ $Q = 0.24I^2Rt^2$

해설 저항에 흐르는 전류의 크기와 이 저항체에서 단위시간당 발생하는 열량과의 관계를 나타낸 줄의 법칙을 나타내는 식이다.

60 용접용어 중 용착부를 만들기 위하여 녹여서 첨가하는 금속을 무엇이라고 하는가?

① 용제

② 용접금속

③ 용가재

④ 덧살

해설 용착부를 만들기 위해 녹여서 첨가하는 금속을 용가재(filler metal)라고 한다.

정답 **59** ② **60** ③

01 용접 재료 중 고장력강의 경우 용접에서 균열을 예방하는 방법으로 올바른 것은?

① 예열과 후열 처리를 한다.
② 높은 경도의 재질을 선택한다.
③ 고산화티탄계 용접봉을 사용한다.
④ 용접부의 구속력을 크게 하여 용접한다.

해설 고장력강이란 인장강도가 일반 강재보다 높고 용접성이 우수한 저탄소 저합금의 구조용 강으로 주로 용접 구조물에 사용되며 이를 용접 시 예열과 후열처리를 하며 아크길이는 최대한 짧게 유지해야 한다.

02 탄소강의 표준조직이 아닌 것은?

① 페라이트   ② 마텐자이트
③ 펄라이트   ④ 시멘타이트

해설 **탄소강의 표준조직**
페라이트, 시멘타이트, 펄라이트

03 용접분위기 중에서 발생하는 수소의 원(源)이 아닌 것은?

① 플럭스 중의 유기물
② 결정수를 포함한 광물
③ 플럭스에 흡수된 수분
④ 모재의 성분

해설 용접 중 발생하는 수소는 모재의 성분과는 관련성이 크지 않다.

04 용접 후 열처리의 목적으로 틀린 것은?

① 수소 등의 가스 흡수
② 용접 열영향 경화부의 연화
③ 용접부의 연성 및 인성 향상
④ 잔류응력의 완화와 치수 안정화

해설 **열처리의 주목적**
용접 열영향부의 연화, 잔류응력의 완화

05 15℃, 15기압의 조건하에서 아세톤 1리터에 대해 아세틸렌가스는 몇 리터가 용해되는가?

① 285L
② 350L
③ 375L
④ 420L

해설 아세틸렌가스는 아세톤에 약 25배가 용해되므로 15기압×1L×25배＝375L가 용해된다.

06 시멘타이트를 구상화하는 구상화 풀림의 효과로 옳은 것은?

① 인성 및 절삭성이 개선된다.
② 잔류응력이 커진다.
③ 조직이 조대화되며 취성이 생긴다.
④ 아무런 변화가 없다.

해설 구상화 풀림처리로 재료의 인성과 절삭성 등이 개선된다.

07 고장력강의 용접 시 일반적인 주의사항으로 잘못된 것은?

① 용접봉은 저수소계를 사용한다.
② 용접 개시 전 이음부의 내부를 청소한다.
③ 위빙 폭을 크게 하지 말아야 한다.
④ 아크 길이는 최대한 길게 유지한다.

해설 1번 문제 해설 참고

정답   01 ①   02 ②   03 ④   04 ①   05 ③   06 ①   07 ④

08 강의 충격시험 시의 천이온도에 대해 가장 올바르게 설명한 것은?

① 재료가 연성 파괴에서 취성 파괴로 변화하는 온도 범위를 말한다.

② 충격 시험한 시편의 평균온도를 말한다.

③ 천이온도가 낮은 강을 노치감도가 날카롭다고 한다.

④ 천이온도가 높은 강을 노치인성이 풍부하다고 한다.

해설 천이온도란 재료가 연성 파괴에서 취성 파괴로 변하는 온도를 말하며 금속마다 천이온도가 다르게 나타난다.

09 특수 황동의 종류에 속하지 않는 것은?

① 애드미럴티 황동　② 네이벌 황동

③ 쾌삭 황동　④ 코슨 황동

해설 코슨 합금(corson)은 구리-니켈-규소의 합금으로 황동(구리-아연)의 종류에 속하지 않는다.

10 다음 금속 중 면심입방격자(FCC)에 속하는 것은?

① 니켈　② 크롬

③ 텅스텐　④ 몰리브덴

해설 **금속결정격자의 종류**

　㉠ 체심입방격자(BCC ; Body Centered Cubic lattice)

　　• 단위격자 내의 원자 수 : 2개

　　• 배위 수 : 8개(체심에 있는 원자를 둘러싼 원자의 수)

　　• BCC 구조의 금속 : Pt, Pb, Ni, Cu, Al, Au, Ag 등

　　• 성질 : 용융점이 높으며 단단하다.

　㉡ 면심입방격자(FCC ; Face-Centered Cubic lattice)

　　• 단위격자 내의 원자 수 : 4개

　　• 배위 수 : 12개

　　• FCC 구조의 금속 : Ni, Al, W, Mo, Na, K, Li, Cr 등

　　• 성질 : 전연성이 커서 가공성이 좋다.

　㉢ 조밀육방격자(HCP ; Hexagonal Close-Packed lattice)

　　• 단위격자 내의 원자 수 : 2개

　　• 배위 수 : 12개

　　• HCP 구조의 금속 : Mg, Zn, Be, Cd, Ti 등

　　• 성질 : 취약하며 전연성이 작다.

11 대상물의 보이는 부분의 모양을 표시하는 데 쓰이는 외형선의 종류는?

① 굵은 실선　② 가는 실선

③ 굵은 1점 쇄선　④ 은선

해설 대상물의 보이는 부분을 도시하는 경우 굵은 실선(외형선)을 사용한다.

12 재료의 조절도 기호에서 풀림상태(연질)를 표시하는 기호는?

① H　② A

③ B　④ 1/2H

해설 **재료의 조절도**

　H(경질), A(풀림 ; Annealing), 1/2H(1/2 경질)

13 CAD 시스템의 도입에 따른 적용 효과가 아닌 것은?

① 시제품 제작을 현저히 줄일 수 있는 방법을 제공한다.

② 설계에서의 수정사항에 대한 신속한 대응이 가능하다.

③ 설계 오류에 따른 검증절차가 분산되어 정보를 제공한다.

④ 생산성 향상 및 대외 신뢰도의 향상이 가능하다.

해설 CAD 시스템 도입에 따라 설계 오류에 따른 검증의 통합 관리가 가능하다.

14 그림과 같은 용접기호의 설명으로 올바른 것은?

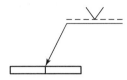

① 이음의 화살표 쪽에 용접을 한다.
② 양쪽에 용접을 한다.
③ 화산표 반대쪽에 용접을 한다.
④ 어느 쪽에 용접을 해도 무방하다.

해설 지시선의 점선부분에 V홈 맞대기 용접기호가 있는 경우는 화살표 반대방향의 용접 도시기호이다.

15 KS에서 일반구조용 압연강재의 종류를 나타내는 기호는?

① SS
② SM45C
③ SWS400
④ SPC

해설 SS(일반구조용 압연강재), SM(기계구조용 탄소강재), SWS(용접구조용 압연강재), SPC(냉간압연강재)

16 도면에 사용하는 윤곽선의 굵기로 가장 적합한 것은?

① 0.2mm
② 0.25mm
③ 0.3mm
④ 0.5mm

해설 윤곽선은 도면의 훼손방지와 영역을 명확히 표시하기 위해 사용하며 0.5mm 이상의 굵은 실선으로 그린다.

17 프로젝션(Projection) 용접의 단면치수는 무엇으로 하는가?

① 너깃의 지름
② 구멍의 바닥 치수
③ 다리길이 치수
④ 루트 간격

해설 프로젝션 용접(돌기용접)은 겹치기 저항용접의 한 형태로 한 개의 부재에 돌기를 만들어 접합하는 용접방식이다.

18 용접기호 중에서 스폿용접을 표시하는 기호는?

① ⊖
② ▢
③ ○
④ ▬

19 면이 평면으로 가공되어 있고, 복잡한 윤곽을 갖는 부품인 경우에 그 면에 광명단 등을 발라 스케치 용지에 찍어 그 면의 실형을 얻는 스케치 방법은?

① 프리핸드법
② 프린트법
③ 모양뜨기법
④ 사진촬영법

해설 스케치법의 종류 중 부품의 면에 광명단 등을 바르고 그 면을 찍는 방식으로 스케치하는 법을 프린트법이라고 한다.

20 복사한 도면을 접었을 경우에 어느 부분이 표면으로 나오게 하여야 하는가?

① 표제란이 있는 부분
② 부품란이 있는 부분
③ 정면도가 있는 부분
④ 조립도가 있는 부분

해설 도면을 접어서 보관하는 경우는 A4 사이즈로 표제란이 보이도록 한다.

21 완전 맞대기 용접이음이 단순 굽힘모멘트 M_b = 9,800N · cm를 받고 있을 때, 용접부에 발생하는 최대 굽힘응력은?(단, 용접선의 길이 = 200mm, 판두께 = 25mm이고, 굽힘응력방향은 용접선에 수직이다.)

정답 14 ③ 15 ① 16 ④ 17 ① 18 ③ 19 ② 20 ① 21 ②

① 196.0   ② 470.4

③ 376.3   ④ 235.2

해설 굽힘응력 $= \dfrac{굽힘모멘트}{단면계수}$

$= \dfrac{굽힘모멘트}{\dfrac{용접선의 길이 \times 두께^2}{6}}$

$= \dfrac{6 \times 9,800}{20 \times 2.5^2} = 470.4$

22 다음 그림에서 용접 홈(Groove)의 각부 명칭을 올바르게 설명한 것은?

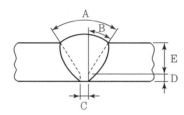

① A : 베벨 각도, B : 홈 각도, C : 루트 간격,
   D : 루트 면, E : 홈 깊이

② A : 홈 각도, B : 베벨 각도, C : 루트 면,
   D : 루트 간격, E : 홈 깊이

③ A : 홈 각도, B : 베벨 각도, C : 루트 면,
   D : 루트 각도, E : 홈 깊이

④ A : 홈 각도, B : 베벨 각도, C : 루트 간격,
   D : 루트 면, E : 홈 깊이

23 가접 시 주의해야 할 사항으로 틀린 것은?

① 본용접자와 동등한 기량을 갖는 용접자가 가용
   접을 시행한다.

② 본용접과 같은 온도에서 예열을 한다.

③ 개선 홈 내의 가접부는 백치핑으로 완전히 제거
   한다.

④ 가접의 위치는 부품의 끝 모서리나 각 등과 같
   이 응력이 집중되는 곳에 한다.

해설 가접(가용접)이란 본용접을 실시하기 전에 용접부위를 일시적으로 고정시키기 위해서 용접하는 것으로 부품의 끝 모서리나 응력이 집중되는 곳은 피해야 하며 용접봉은 본용접 시 사용하는 것보다 얇은 것을 사용한다.

24 용접이음의 피로강도에 대한 설명으로 틀린 것은?

① 피로강도에 영향을 주는 요소는 이음형상, 하중
   상태, 용접부 표면상태, 부식환경 등이 있다.

② S−N 선도를 피로선도라 부르며, 응력 변동이 피
   로한도에 미치는 영향을 나타내는 선도를 말한다.

③ 일반적으로 용접 구조물을 받는 응력은 정응력
   보다도 반복응력을 받는 경우가 적다.

④ 하중, 변위 또는 열응력이 반복되어 재료가 손
   상(균열의 발생이나 파단 등)하는 현상을 피로
   라고 한다.

해설 용접구조물은 반복응력을 받는 경우가 더 많다.

25 끝이 구면인 특수한 해머로 용접부를 연속적으로 때려 용접표면상에 소성변형을 주어 잔류응력을 완화하는 방법은?

① 구속법   ② 스킵법

③ 가열법   ④ 피닝법

해설 피닝법은 잔류응력제거법 중의 하나이며 끝이 둥근 해머로 용착부위를 연속적으로 때려 용착부의 인장응력을 완화하는 방법이다.

26 용접시공 시 용접순서에 관한 설명으로 가장 옳은 것은?

① 용접물 중립축에 대하여 수축력 모멘트의 합이
   최대가 되도록 한다.

② 동일 평면 내에 많은 이음이 있을 때에는 수축
   은 가능한 한 중앙으로 보낸다.

③ 용접물의 중심에 대하여 항상 대칭으로 용접을
진행한다.

④ 수축이 작은 이음을 가능한 한 먼저 용접하고,
수축이 큰 이음은 나중에 용접한다.

> 해설 용접시공 시 용접물 중립축에 대해 수축력 모멘트의
> 합이 0이 되도록 하며 수축이 큰 이음을 먼저 용접하
> 고 수축이 작은 이음을 나중에 용접한다.

27 다음 그림과 같이 S_1, S_2의 다리길이가 다를
때 필릿 용접부의 단면적 공식으로 맞는 것은?

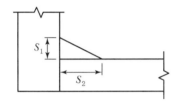

① 단면적 $= \dfrac{S_1 + S_2}{4}$

② 단면적 $= S_1 \times S_2$

③ 단면적 $= \dfrac{S1 + S_2}{2}$

④ 단면적 $= \dfrac{S1 \times S_2}{2}$

28 맞대기 용접에서 변형이 가장 적은 홈의 형상
은?

① V형 홈 　　　② U형 홈

③ X형 홈 　　　④ 한쪽 J형 홈

> 해설 맞대기 용접에서 X형 홈의 경우 변형이 가장 적다.

29 용접 경비를 산출하는 경우 가공부의 크기, 부
재의 상태, 용접시간 등 많은 사항을 고려해야 하는
데 보통 용접 경비를 산출하는 것으로 가장 적당한
것은?

① 용접 길이 1m당 제(諸) 자료에 의하여 산출한다.

② 2시간당 들어가는 제반 비용에 의하여 산출한다.

③ 용접봉 10kg 사용량을 기준으로 산출한다.

④ 용접 홈의 길이와 높이 폭을 감안한 용접부피를
기준으로 산출한다.

> 해설 용접 경비를 산출하는 경우 용접 길이(1m)당 제(諸)
> 자료에 의하여 산출한다.

30 다음 그림과 같이 완전 용입의 평판 맞대기 용접
이음에 인장하중 $P = 10,000$N일 때 인장응력은?
(판 두께 $t = 10$mm, 용접선의 길이 $l = 200$mm)

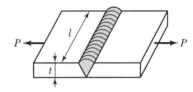

① 20N/mm^2

② 15N/mm^2

③ 10N/mm^2

④ 5N/mm^2

> 해설
> $$\text{허용응력} = \frac{\text{인장하중}}{\text{단면적}}$$
> $$= \frac{\text{인장하중}}{\text{두께} \times \text{용접선의 길이}}$$
> $$= \frac{10,000}{10 \times 200} = 5\text{N/mm}^2$$

31 용접의 결함 중 기공의 발생 원인으로 틀린 것
은?

① 이음부에 기름, 페인트 등 이물질이 있을 때

② 용접 이음부가 서랭될 때

③ 아크 분위기 속에 수소가 많을 때

④ 아크 분위기 속에 일산화탄소가 많을 때

> 해설 용접부에 발생하는 기공은 용접 이음부가 급랭하는
> 경우 발생한다.

정답　**27** ④　　**28** ③　　**29** ①　　**30** ④　　**31** ②

32 용접 후 잔류응력을 제거 또는 경감시킬 필요가 있을 때 사용하는 응력제거방법이 아닌 것은?

① 피닝법

② 노내 풀림법

③ 고온 응력완화법

④ 기계적 응력완화법

해설 **대표적인 잔류응력 완화법**
- 노내풀림법
- 국부풀림법
- 저온 응력완화법
- 기계적 응력완화법
- 피닝법

33 아크 용접 시 6mm 이상 두꺼운 강판용접의 용접 홈의 형상으로 거리가 먼 것은?

① I형   ② U형

③ 양면 J형   ④ H형

해설 I형 홈의 경우 6mm 미만의 얇은 판재의 용접 시 사용된다.

34 용접부의 노치 인성(Notch toughness)을 조사하기 위해 시행되는 시험법은?

① 맞대기 용접부의 인장시험

② 샤르피 충격시험

③ 저사이클 피로시험

④ 브리넬경도시험

해설 노치란 응력 집중이 발생하기 쉬운 부위를 의미하며 샤르피 충격시험과 아이조드 충격시험 등으로 노치 인성을 조사한다.

35 용접, 결함부 보수용접에서 균열부 용접 시 균열의 진행을 방지하기 위해 사용하는 방법으로 가장 적당한 것은?

① 엔드탭을 사용한다.

② 살포법을 사용한다.

③ 스톱 홀을 뚫는다.

④ 백비드를 낸다.

해설 용접부에 발생한 균열의 진행을 방지하기 위해 스톱 홀(stop hole, 정지구멍)을 뚫는다.

36 용착법 중에서 일명 비석법이라고도 하며 용접 길이를 짧게 나누어 간격을 두면서 용접하는 방법으로 변형이나 잔류응력이 비교적 적게 발생하는 용착법은?

① 스킵법

② 대칭법

③ 덧살 올림법

④ 전진 블록법

해설 **용착법의 종류**
- 전진법 : 용접이음이 짧고 변형 및 잔류응력이 큰 문제가 되지 않는 경우 사용
- 후진법 : 용접봉을 기울인 방향으로 후퇴하면서 전체적인 길이를 용접하는 방법
- 대칭법 : 중심에서 좌우로 또는 좌우 대칭으로 용접하여 변형과 수축응력을 경감하는 방법
- 비석법(스킵법) : 짧은 용접길이로 나누어 간격을 두면서 용접하는 방법(잔류응력 발생 최소화)

37 용접작업에서 급열, 급랭에 의한 열응력이나 변형, 균열을 방지하는 방법으로 가장 올바른 것은?

① 용접 전 칸막이를 하고 용접한다.

② 용접 전 모재를 예열한다.

③ 용접부 앞면에 냉각수를 뿌리며 용접한다.

④ 용접 전용 장치를 선택하여 사용한다.

해설 예열은 냉각속도를 느리게 하고 재료를 연화하여 경도 및 모재의 수축응력을 감소시키기 위해 실시한다.

정답 32 ③   33 ①   34 ②   35 ③   36 ①   37 ②

38 다음과 같은 용착시공 방법은?

용접 중심선 단면도

① 띄움법   ② 캐스케이드법

③ 살붙이법   ④ 전진 블록법

해설 다층용접법의 종류
- 덧살올립법(빌드업법)
- 캐스케이드법
- 전진 블록법

39 V형에 비하여 홈의 폭이 좁아도 되고 루트간격을 "0"으로 해도 작업성과 용입이 좋으며, 한쪽에서 용접하여 충분한 용입을 얻을 필요가 있을 때 사용하는 이음 형상은?

① I형   ② U형

③ X형   ④ K형

해설 한쪽 면의 용접 시 충분한 용입을 얻을 필요가 있는 경우 U형 홈의 용접을 실시한다.

40 로크웰 B스케일에서 시험하중에 의한 압입깊이와 기준하중에 의한 압입깊이의 차를 h라 할 때 경도값을 구하는 공식으로 맞는 것은?

① $HRB = 100 - 500h$

② $HRB = 130 - 400h$

③ $HRB = 130 - 500h$

④ $HRB = 100 - 400h$

41 원격제어방식이 뛰어난 교류 아크용접기는?

① 가동 코일형

② 가동 철심형

③ 가포화 리액터형

④ 탭 전환형

해설 교류아크용접기의 종류
- 가동철심형 : 철심의 이동으로 전류 조정
- 가동코일형 : 코일의 이동으로 전류 조정
- 탭 전환형 : 코일의 감긴 수에 따라 전류 조정
- 가포화 리액터형 : 가변저항을 이용하여 원격으로 전류 조정

42 냉간 압접 시 주의해야 할 점이 아닌 것은?

① 표면을 깨끗이 한다.

② 표면 산화 방지에 유의한다.

③ 손으로 접촉면을 만지지 않는다.

④ 작업 전 모재를 0℃ 이하로 한다.

해설 냉간 압접은 가열하지 않고 상온에서 압력을 가해 접합하는 용접법이다.

43 피복아크 용접작업 시 주의사항으로 옳지 못한 것은?

① 용접봉은 건조하여 사용할 것

② 용접전류의 세기는 적절히 조절할 것

③ 앞치마는 고무복으로 된 것을 사용할 것

④ 습기가 있는 보호구를 사용하지 말 것

해설 용접용 앞치마는 일반적으로 불에 잘 타지 않는 가죽 제품을 사용하도록 한다.

44 다음 용접법 중 압접이 아닌 것은?

① 마찰 용접   ② 플래시 맞대기 용접

③ 초음파 용접   ④ 전자 빔 용접

해설 전자 빔 용접은 융접에 속한다.

45 아크 용접기의 바깥 케이스를 어스(earth)시키는 가장 중요한 이유는?

① 용접기에 과잉 전류가 흐르는 것을 방지하기 위하여

정답	38 ②	39 ②	40 ③	41 ③	42 ④	43 ③	44 ④	45 ②

② 누전되었을 때 작업자의 감전을 방지하기 위하여

③ 용접기의 과열을 방지하기 위하여

④ 용접기의 효율을 높이기 위하여

해설 용접 시 누전으로 인한 감전사고를 방지하기 위해 용접기를 어스시킨다.

---

46 불활성 가스 금속 아크용접의 특징에 대한 설명으로 틀린 것은?

① TIG 용접에 비해 용융속도가 느리고 박판 용접에 적합하다.

② 각종 금속 용접에 다양하게 적용할 수 있어 응용범위가 넓다.

③ 보호 가스의 가격이 비싸 연강 용접의 경우에는 부적당하다.

④ 비교적 깨끗한 비드를 얻을 수 있고 CO_2 용접에 비해 스패터 발생이 적다.

해설 불활성 가스 금속아크(MIG) 용접은 불활성 가스 텅스텐 아크(TIG) 용접에 비해 용융속도가 빠르며 후판 용접에 적합하다.

---

47 산업, 보건 표지의 색채, 색도기준 및 용도에서 파란색 또는 녹색에 대한 보조색으로 사용되는 색채는?

① 빨간색   ② 흰색

③ 검은색   ④ 노란색

해설 **KS 안전색**
- 빨강 : 금지, 정지, 고도의 위험
- 노랑 : 주의
- 초록 : 안전, 피난, 위생
- 파랑 : 진행, 지시
- 자주 : 방사능 표시
- 흰색 : 파란색, 녹색에 대한 보조색으로 사용

---

48 납땜의 용제가 갖추어야 할 조건에 대한 설명으로 틀린 것은?

① 용제의 유효온도 범위와 납땜 온도가 일치할 것

② 모재와 납땜에 대한 부식작용이 최소한일 것

③ 전기저항 납땜에 사용되는 것은 비전도체일 것

④ 침지땜에 사용되는 것은 수분을 함유하지 않을 것

해설 전기저항 납땜에 사용되는 용제는 전도체여야 한다.

---

49 산소용기의 각인 표시에서 내용적을 표시하는 기호와 단위가 각각 올바르게 구성된 것은?

① 기호 : DT, 단위 : kgf

② 기호 : TP, 단위 : MPa

③ 기호 : V, 단위 : L

④ 기호 : LT, 단위 : kg/h

해설 내용적이란 탱크의 내부 면적을 의미하는 것으로 단위는 L를 사용한다.

---

50 서브머지드 아크용접법 중 다전극의 일종으로서, 두 전극에서 아크가 발생되고 그 복사열에 의해 용접이 이루어지므로 비교적 용입이 얕아 주로 스테인리스강 등의 덧붙이 용접에 흔히 사용되는 용접방식은?

① 탠덤식   ② 횡병렬식

③ 횡직렬식   ④ 데버식

해설 **서브머지드 아크용접의 다전극 방식에 의한 분류**
- 탠덤식 : 두 개의 전극 와이어를 각각 독립된 전원에 연결
- 횡병렬식 : 같은 종류의 전원에 두 개의 전극을 연결
- 횡직렬식 : 두 개의 와이어에 전류를 직렬로 연결

---

51 가스절단에서 산소 중에 불순물이 증가될 때 나타나는 결과에 대한 설명으로 틀린 것은?

① 절단속도가 늦어진다.

② 산소의 소비량이 적어진다.

③ 절단면이 거칠어진다.

④ 슬래그의 이탈성이 나빠진다.

정답   46 ①   47 ②   48 ③   49 ③   50 ③   51 ②

해설 가스 절단 시 산소 중에 불순물이 증가되는 경우 산소의 소비량이 많아지게 된다.

52 중압식 가스 용접 토치에서 사용되는 아세틸렌가스의 압력으로 적당한 것은?

① 0.001~0.007MPa ② 0.007~0.13MPa
③ 0.13~0.25MPa ④ 0.25MPa 이상

해설 가스용접 토치는 사용하는 아세틸렌의 압력에 의해 저압식과 중압식으로 구분한다.

53 아크용접 작업에서 전류가 인체에 미치는 영향 중 몇 mA 이상인 전류가 인체에 흐르면 심장마비를 일으켜 사망할 위험이 있는가?

① 50mA ② 30mA
③ 20mA ④ 10mA

해설 전류에 따른 인체의 영향
- 1mA : 최소감지전류(전류의 흐름 인지)
- 5mA : 상당한 통증을 느끼는 정도의 전류
- 10mA : 견딜 수 없도록 통증이 심한 전류
- 20mA : 근육 수축이 심하며 스스로 전로에서 떨어질 수 없는 정도의 전류(불수 전류)
- 50mA : 매우 위험한 정도의 전류
- 100mA : 인체에 상당히 치명적인 정도의 전류

54 가연성 가스 등이 있다고 판단되는 용기를 보수 용접하고자 할 때 안전사항으로 가장 적당한 것은?

① 고온에서 점화원이 되는 기기를 갖고 용기 속으로 들어가서 보수 용접한다.
② 용기 속을 고압산소를 사용하여 환기하며 보수 용접한다.
③ 용기 속의 가연성 가스 등을 고온의 증기로 세척한 후 환기하면서 보수 용접한다.
④ 용기 속의 가연성 가스 등이 다 소모되었으면 그냥 보수 용접한다.

해설 용기 속의 가연성 가스 등을 고온의 증기로 무리하게 세척 시 폭발의 위험이 있으므로 가연성 가스 등을 다 소모시킨 후 보수 용접을 실시하도록 한다.

55 돌기 용접(Projection welding)의 특징 중 틀린 것은?

① 용접부의 거리가 짧은 점용접이 가능하다.
② 전극 수명이 길고 작업능률이 높다.
③ 작은 용접점이라도 높은 신뢰도를 얻을 수 있다.
④ 한 번에 한 점씩만 용접할 수 있어서 속도가 느리다.

해설 돌기 용접은 프로젝션 용접이라고도 하며 겹치기 저항용접의 한 종류로 한 개 부재에 돌기를 만들어 용접을 진행하는 방식이다.

56 탄소 전극과 모재 사이에서 발생된 아크에 의해 금속을 용융하고 동시에 고압의 압축공기를 전극과 평행으로 분출시켜 용융 금속을 불어내어 홈을 파는 방법은?

① 스카핑 ② 산소아크 절단
③ 아크에어 가우징 ④ 플라스마 아크 절단

해설 아크에어 가우징은 아크열에 압축공기(5~7kgf/cm²)를 병용하여 가우징과 절단작업이 가능한 작업이다.

57 직류 아크용접 중의 전압분포에서 양극 전압강하 V_1, 음극 전압강하 V_2, 아크기둥 전압강하 V_3로 분류할 때, 아크전압 Va는 어떻게 표시되는가?

① $Va = V_1 - V_2 + V_3$
② $Va = V_1 - V_2 - V_3$
③ $Va = V_1 + V_2 + V_3$
④ $Va = V_1 + V_2 - V_3$

해설 아크전압은 양극·음극 전압강하, 아크기둥 전압강하 값을 모두 합한 값으로 표시한다.

정답 52 ② 53 ① 54 ③ 55 ④ 56 ③ 57 ③

58 정격2차 전류 400A, 정격 사용률이 50%인 교류 아크용접기로서 250A로 용접할 때, 이 용접기의 허용 사용률은?

① 128% ② 122%

③ 112% ④ 95%

해설 허용사용률

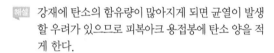

$$= \frac{\text{정격 2차 전류}^2}{\text{실제 사용 전류}^2} \times \text{정격사용률}(\%)$$

$$= \frac{400^2}{250^2} \times 50 = 128\%$$

59 피복 아크용접봉에 탄소(C) 양을 적게 하는 가장 주된 이유는?

① 스패터 방지 ② 용락 방지

③ 산화 방지 ④ 균열 방지

해설 강재에 탄소의 함유량이 많아지게 되면 균열이 발생할 우려가 있으므로 피복아크 용접봉에 탄소 양을 적게 한다.

60 가스 절단이 곤란한 주철, 스테인리스강 및 비철 금속의 절단부에 용제를 공급하며 절단하는 방법은?

① 특수절단 ② 분말절단

③ 스카핑 ④ 가스 가우징

해설 분말절단이란 철 분말을 연속적으로 절단부에 공급하여 그 산화열과 압력을 이용해 절단하는 방법으로 가스절단법으로 절단이 곤란한 재료의 절단 시 사용한다.

정답 **58** ① **59** ④ **60** ②

01 알루미늄의 성질을 설명한 것으로 틀린 것은?

① 비중이 가벼워 경금속에 속한다.

② 전기 및 열의 전도율이 좋다.

③ 산화 피막의 보호작용으로 내식성이 좋다.

④ 염산에 아주 강하다.

해설 **Al(알루미늄)의 성질**
• 철에 비해 가볍고 잘 녹는다.(비중 : 2.7, 용점 : 660℃)
• 열전도도, 전기전도도가 우수하다.

02 저융점의 FeS가 결정입계에 개재하여 발생하는 취성으로 Mn을 첨가하여 이것을 방지하는 것은?

① 청열 취성　　　② 적열 취성

③ 뜨임 취성　　　④ 저온 취성

해설 S(황)으로 인해 적열 취성(고온 취성)이 발생하며 Mn(망간)을 첨가함으로써 이를 방지할 수 있다.

03 금속재료의 용접에서 용접변형을 일으키는 가장 큰 원인은?

① 용접 자세　　　② 금속의 수축과 팽창

③ 용접 홈의 모양　④ 용접 속도

해설 금속재료의 용접에서 용접 열에 의해 수축과 팽창이 일어나며 이는 용접변형의 가장 큰 원인이 된다.

04 저온응력 완화법은 용접선 양측을 일정속도로 이동하는 가스 불꽃에 의하여 약 150mm를 가열한 다음 수랭하는 방법이다. 이때 일반적인 가열온도는?

① 50~100℃　　　② 100~150℃

③ 150~200℃　　　④ 200~300℃

해설 저온응력 완화법은 용접선으로부터 150mm 떨어진 부분을 150~200℃의 가스불꽃으로 가열 후 수랭하여 용접부에 존재하는 용접선 방향의 인장 잔류응력을 제거하는 방법이다.

05 용접에 의한 경화가 가장 현저한 스테인리스강은?

① 마텐자이트계 스테인리스강

② 페라이트계 스테인리스강

③ 오스테나이트계 스테인리스강

④ 2상 스테인리스강

해설 **스테인리스강(불수강)의 종류**
• 오스테나이트계(18% Cr, 8% Ni)
• 페라이트계
• 마텐자이트계(가장 경도가 높음)
• 석출경화형

06 열영향부(HAZ)의 기계적 특성을 향상시키기 위해 가장 많이 취하는 방법은?

① 특수한 용가재를 사용한다.

② 용접부를 피닝한다.

③ 용접부의 냉각속도를 빠르게 한다.

④ 용접부를 예열과 후열을 한다.

해설 예열과 후열은 냉각속도를 느리게 하고 재료를 연화하여 경도 및 모재의 수축응력을 감소시키는 등 기계적인 특성을 향상시키기 위해 실시한다.

07 고장력강의 용접 열영향부 중에서 경도값이 가장 높게 나타나는 부분은?

① 세립역

② 조립역

③ 중간역

④ 입상 펄라이트역

해설 용접이음을 하는 경우 부재의 접합부가 되는 용접금속부를 중심으로 그 인전 주변부에서 용접열에 의해 조립역, 세립역, 취화역이 형성된다. 이 중 조직이 미세하여 기계적 성질이 양호한 부위는 세립역이며 경도값이 가장 높게 나타나는 부분은 조립역이다.

정답　01 ④　02 ②　03 ②　04 ③　05 ①　06 ④　07 ②

08 서브머지드 아크용접 시 용융지에서 금속정련 반응이 일어날 때 용접금속의 청정도 및 인성과 매우 깊은 관계가 있는 것은?

① 플럭스(Flux)의 염기도
② 플럭스(Flux)의 소결도
③ 플럭스(Flux)의 입도
④ 플럭스(Flux)의 용융도

해설 플럭스의 염기도는 용접금속의 청정도 및 인성과 큰 관련이 있다.

09 다음 조직 중 순철에 가장 가까운 것은?

① 펄라이트   ② 오스테나이트
③ 소르바이트   ④ 페라이트

해설 페라이트 조직은 순철에 가장 가까운 조직에 속한다.

10 면심입방격자(FCC)의 단위격자 중에 포함되어 있는 원자의 수는 몇 개인가?

① 2   ② 4
③ 6   ④ 8

해설 **금속결정격자의 종류**
　㉠ 체심입방격자(BCC ; Body Centered Cubic lattice)
　　• 단위격자 내의 원자 수 : 2개
　　• 배위 수 : 8개(체심에 있는 원자를 둘러싼 원자의 수)
　　• BCC 구조의 금속 : Pt, Pb, Ni, Cu, Al, Au, Ag 등
　　• 성질 : 용융점이 높으며 단단하다.
　㉡ 면심입방격자(FCC ; Face–Centered Cubic lattice)
　　• 단위격자 내의 원자 수 : 4개
　　• 배위 수 : 12개
　　• FCC 구조의 금속 : Ni, Al, W, Mo, Na, K, Li, Cr 등
　　• 성질 : 전연성이 커서 가공성이 좋다.
　㉢ 조밀육방격자(HCP ; Hexagonal Close–Packed lattice)

• 단위격자 내의 원자 수 : 2개
• 배위 수 : 12개
• HCP 구조의 금속 : Mg, Zn, Be, Cd, Ti 등
• 성질 : 취약하며 전연성이 작다.

11 도면의 윤곽선은 규정된 간격으로 그려야 한다. 도면을 철하는 부분의 경우 A3 용지의 가장 자리로부터의 최소 간격은?

① 10mm   ② 20mm
③ 25mm   ④ 30mm

해설 윤곽선은 도면의 훼손방지와 영역을 명확히 표시하기 위해 사용하며 A0, A1 용지는 가장자리로부터 20mm, A2~A4 용지는 10mm의 간격을 둔다. 또한 철하는 부위는 용지의 크기에 관계없이 25mm의 간격을 둔다.

12 도면의 명칭에 관한 용어 중 구조물, 장치에서의 관의 접속, 배치의 실태를 나타낸 계통도는?

① 공정도   ② 배선도
③ 배관도   ④ 계장도

해설 도면의 종류로는 조립도, 부품도, 상세도, 공정도, 배치도, 계통도, 배관도 등이 있으며 이 중 관의 접속, 배치 등의 실태를 나타낸 계통도는 배관도이다.

13 핸들이나 바퀴 등의 암 및 림, 리브, 훅 등의 절단 부위를 90° 회전시켜서 그 투상도에 그린 단면도는?

① 온 단면도   ② 한쪽 단면도
③ 부분 단면도   ④ 회전도시 단면도

해설 회전도시 단면도는 절단한 부분의 단면을 90° 회전시켜 단면의 형상을 나타낸다.

14 기계재료의 표시방법에서 기호 설명으로 옳지 않은 것은?

① B－봉   ② C－주조품
③ F－강   ④ P－판

정답 08 ①   09 ④   10 ②   11 ③   12 ③   13 ④   14 ③

해설 F(forging) : 단조품

15 CAD 시스템을 사용하여 얻을 수 있는 장점이 아닌 것은?

① 도면의 품질이 좋아진다.
② 도면작성 시간이 단축된다.
③ 수치 결과에 대한 정확성이 증가한다.
④ 설계제도의 규격화와 표준화가 어렵다.

해설 CAD 시스템은 설계제도의 규격화와 표준화를 용이하게 한다.

16 실형의 물건에 광명단 등 도료를 발라 용지에 찍어 스케치하는 방법은?

① 사진촬영법　　② 본뜨기법
③ 프리핸드법　　④ 프린트법

해설 스케치법으로는 프리핸드법, 프린트법, 본뜨기법, 사진 촬영법 등이 있으며 물건에 광명단 등 도료를 발라 용지에 찍어 스케치하는 법을 프린트법이라고 한다.

17 다음 중 가는 실선으로만 구성된 것이 아닌 것은?

① 치수선 – 지시선 – 치수보조선
② 지시선 – 회전단면선 – 치수보조선
③ 치수선 – 회전단면선 – 절단선
④ 수준면선 – 치수보조선 – 치수선

해설 가는 실선의 용도 : 치수선, 치수보조선, 지시선, 회전단면선, 해칭선 등

18 그림과 같은 용접기호가 심(Seam) 용접부에 도시되어 있다. 다음 중 설명이 잘못된 것은?

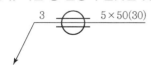

① 심 용접부의 폭은 3mm이다.
② 심 용접부의 길이는 50mm이다.
③ 심 용접부의 거리는 30mm이다.
④ 심 용접부의 두께는 5mm이다.

해설 심 용접부의 개수 : 5

19 도면 크기의 종류 중 호칭방법과 치수(A×B)가 맞지 않는 것은?(단, 단위는 mm이다.)

① A0 = 841×1,189　　② A1 = 594×841
③ A3 = 297×420　　④ A4 = 220×297

해설 A4 = 210×297

20 다음과 같은 용접 기본기호의 명칭으로 맞는 것은?

① 개선각이 급격한 V형 맞대기 용접
② 가장자리 용접
③ 필릿 용접
④ 일면 개선형 맞대기 용접

해설 그림의 기호는 일면 개선형(베벨형) 맞대기 용접의 기본기호이다.

21 맞대기 용접 시에 사용되는 엔드탭(End tab)에 대한 설명으로 틀린 것은?

① 용접 시작부와 끝부분에 가접한 후 용접한다.
② 용접 시작부와 끝부분에 결함을 방지한다.
③ 모재와 다른 재질을 사용해야 한다.
④ 모재와 같은 두께와 홈을 만들어 사용한다.

해설 엔드탭을 사용하는 경우 모재와 동일한 재질과 조건 (개선각, 루트면 등)을 적용해야 한다.

22 인장강도 P, 사용응력 σ, 허용응력 σ_a라 할 때, 안전율 공식으로 옳은 것은?

① 안전율 $= P/(\sigma \times \sigma_a)$

② 안전율 $= P/\sigma_a$

③ 안전율 $= P/(2 \times \sigma)$

④ 안전율 $= P/\sigma$

해설 안전율 $=$ 인장강도/허용응력 $= P/\sigma_a$

23 한쪽 모재 구멍을 이용하여 구멍 안쪽과 다른 모재의 표면을 용접하는 것은?

① 플러그 용접   ② 마찰 용접

③ 플랜지 용접   ④ 플레어 용접

해설 플러그 용접이란 용접물의 한쪽에 구멍을 뚫고 그 구멍에 용접을 하여 접합하는 용접방법이다.

24 필릿 용접 이음의 파면시험은 시험편을 파단시킨 후 용접부를 검사하는 방법이다. 다음 중 파면시험으로 검사할 수 없는 것은?

① 용입 불량   ② 슬래그 잠입

③ 라미네이션 균열   ④ 기공

해설 라미네이션 균열은 초음파 탐상법으로 검사가 가능하다.

25 용접봉에 용착효율은 용접봉의 소요량을 산출하거나 용접작업시간을 판단하는 데 필요하다. 용착효율(%)을 나타내는 식으로 맞는 것은?

① 용착효율 $= \dfrac{\text{피복제의 중량}}{\text{용착금속의 중량}} \times 100\%$

② 용착효율 $= \dfrac{\text{용착금속의 중량}}{\text{피복제의 중량}} \times 100\%$

③ 용착효율 $= \dfrac{\text{용착금속의 중량}}{\text{용접봉 사용중량}} \times 100\%$

④ 용착효율 $= \dfrac{\text{용접봉 사용중량}}{\text{용착금속의 중량}} \times 100\%$

26 용접부 시험법 중 파괴시험법에 해당되는 것은?

① 와류시험   ② 현미경 조직시험

③ X선 투과시험   ④ 형광침투시험

해설 현미경 조직시험은 시험재료를 채취하여 연마 부식시키는 등의 과정에서 재료의 파괴가 일어난다.

27 용접입열이 일정한 경우 열전도율(λ)이 큰 것일수록 냉각속도가 크다. 다음 금속 중 냉각속도가 가장 빠른 것은?

① 연강   ② 스테인리스강

③ 알루미늄   ④ 동(銅)

해설 **열전도도가 우수한 금속의 순서**
Ag(은) $>$ Cu(구리) $>$ Au(금) $>$ Al(알루미늄)

28 용접구조물에서 파괴 및 손상의 원인으로 가장 거리가 먼 것은?

① 재료 불량   ② 사용 불량

③ 설계 불량   ④ 시공 불량

해설 용접 구조물은 재료, 설계, 시공 등의 불량으로 인해 파괴 및 손상이 일어나게 된다.

29 다음 그림과 같은 맞대기 용접이음에서 강판의 두께(t)를 10mm로 하고 최대 2,500N의 인장하중을 작용시킬 때 필요한 용접 길이(l)는?(단, 용접부의 허용인장응력은 10N/mm²이다.)

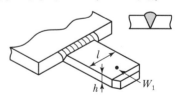

① 25mm   ② 23mm

③ 20mm   ④ 18mm

정답   22 ②   23 ①   24 ③   25 ③   26 ②   27 ④   28 ②   29 ①

해설 $\quad$ 허용응력 $= \dfrac{인장하중}{단면적}$

$= \dfrac{인장하중}{두께 \times 용접선의 길이}$ 이므로

용접선의 길이 $= \dfrac{인장하중}{두께 \times 허용응력}$

$= \dfrac{2,500}{10 \times 10} = 25\text{mm}$

30 용착금속 중의 수소량과 산소량이 가장 적은 용접봉은?

① 라임티타니아계

② 고셀룰로오스계

③ 일미나이트계

④ 저수소계

해설 $\quad$ 저수소계 용접봉(E4316)은 피복제 중에 수소를 발생시키는 성분을 타 용접봉에 비해 낮게 하고 용접금속 중의 수소량을 감소시킨 것으로 기계적 성질이 좋고, 내균열성이 뛰어나 중요한 구조물의 용접에 사용된다.

31 용접용어 중 아크용접의 비드 끝에서 오목하게 파인 곳이라고 정의하는 것은?

① 스패터(Spatter) $\qquad$ ② 크레이터(Crater)

③ 피트(Pit) $\qquad$ ④ 오버랩(Overlap)

해설 $\quad$ 아크용접의 비드 끝에서 오목하게 파인 곳을 크레이터(crater)라고 한다.

32 용접이음 설계 시 일반적인 주의사항으로 틀린 것은?

① 가급적 능률이 좋은 아래보기 용접을 많이 할 수 있도록 할 것

② 가급적 용접선을 교차시키도록 할 것

③ 용접작업에 지장을 주지 않도록 충분한 공간을 갖도록 할 것

④ 용접이음을 1개소로 집중시키거나 너무 접근시키지 않을 것

해설 $\quad$ 용접이음의 설계 시 가급적 용접선이 교차되지 않도록 한다.

33 용접부에 인장, 압축의 반복하중 30ton이 작용하는 폭 600mm인 두 장의 강판을 I형 맞대기 용접하였을 때, 두 강판의 두께가 약 몇 mm이면 견딜 수 있는가?(단, 허용응력 $= 6.3\text{kg/mm}^2$로 한다.)

① 1mm $\qquad\qquad$ ② 2mm

③ 6mm $\qquad\qquad$ ④ 8mm

해설 $\quad$ 허용응력 $= \dfrac{인장하중}{단면적}$

$= \dfrac{인장하중}{모재의 두께 \times 용접선의 길이}$ 이므로

모재의 두께 $= \dfrac{인장하중}{용접선의 길이 \times 허용응력}$

$= \dfrac{30,000}{6.3 \times 600}$

$= 7.936\text{mm}$

34 가접 시 주의해야 할 사항으로 옳은 것은?

① 본용접자(者)보다 용접 기량이 낮은 용접자가 가접을 시행한다.

② 가접 위치는 부품의 끝 모서리나 각 등과 같이 응력이 집중되는 곳에 가접한다.

③ 가접 간격은 일반적으로 판 두께의 150~300배 정도로 하는 것이 좋다.

④ 용접봉은 본용접 작업 시에 사용하는 것보다 가는 것을 사용한다.

해설 $\quad$ 가접(가용접)이란 본용접을 실시하기 전에 용접부위를 일시적으로 고정시키기 위해서 용접하는 것으로 부품의 끝 모서리나 응력이 집중되는 곳은 피해야 하며 용접봉은 본용접 시 사용하는 것보다 얇은 것을 사용한다.

35 레이저 용접의 특징에 대한 설명으로 틀린 것은?

① 좁고 깊은 용접부를 얻을 수 있다.

② 대입열 용접이 가능하고, 열영향부의 범위가 넓다.

③ 고속용접과 용접공정의 융통성을 부여할 수 있다.

④ 접합되어야 할 부품의 조건에 따라서 한 방향의 용접으로 접합이 가능하다.

> **해설** 레이저 용접은 열영향 부위가 좁아 열의 집중도가 높은 것이 특징이다.

36 용접 변형 방지법 중 냉각법에 속하지 않는 것은?

① 살수법 ② 수랭동판 사용법

③ 비석법 ④ 석면포 사용법

> **해설** 비석법(스킵법)은 용착법에 속한다.

37 용접 후 잔류응력 제거를 위해 일반적으로 판두께 25mm인 용접 구조용 압연강재 또는 탄소강을 노내 풀림할 때 온도로 가장 적당한 것은?

① 325±25℃ ② 425±25℃

③ 625±25℃ ④ 825±25℃

> **해설** **금속 잔류응력 제거방법의 종류**
> 노내풀림법, 국부풀림법, 저온 응력완화법, 기계적 응력완화법, 피닝법 등이 있으며 노내 풀림 시 적당한 온도는 625±25℃이다.

38 구조용 강재 용접부의 피로강도에 영향을 주는 인자로 가장 거리가 먼 것은?

① 이음 형상

② 용접 결함의 존재

③ 용접구조상의 응력집중

④ 용접선 길이

> **해설** 용접부의 피로강도에 영향을 주는 인자는 강재의 이음 형상, 결함의 존재 유무, 구조상 응력의 집중상태 등이며 용접선의 길이는 큰 관련성이 없다.

39 용접부의 잔류응력을 제거하는 방법에 해당되지 않는 것은?

① 노내풀림법 ② 국부풀림법

③ 피닝법 ④ 코킹법

> **해설** **대표적인 잔류응력 완화법**
> • 노내풀림법 • 국부풀림법
> • 저온 응력완화법 • 기계적 응력완화법
> • 피닝법

40 용접시공에서 예열을 하는 목적을 잘못 설명한 것은?

① 용접부와 인접한 모재의 수축응력을 감소하고 균열을 방지하기 위하여 예열을 한다.

② 냉각속도를 지연시켜 열영향부와 용착금속의 경화를 방지하기 위하여 예열을 한다.

③ 냉각속도를 지연시켜 용접금속 내에 수소성분을 배출함으로써 비드 밑 균열(Under bead crack)을 방지한다.

④ 탄소 성분이 높을수록 임계점에서의 냉각속도가 느리므로 예열을 할 필요가 없다.

> **해설** 탄소성분이 높을수록 임계점에서 냉각속도가 빨라져 반드시 예열을 실시해야 한다.

41 다음 중 필릿 용접을 나타낸 그림은?

① ②

③ ④

42 TIG 용접에 관한 사항 중 올바른 것은?

① 직류는 TIG 용접기에 사용할 수 없다.

② 직류 역극성은 직류 정극성에 비해 비드 폭이 좁다.

③ 두꺼운 모재일수록 직류 정극성으로 한다.

④ 교류는 TIG 용접기에 사용할 수 없다.

해설 **직류 정극성(DCSP)과 직류 역극성(DCRP)의 특징**

직류 정극성(DCSP)	직류 역극성(DCRP)
• 용접봉(전극)에 음극(−)을, 모재에 양극(+)을 연결한다. • 용입이 깊고 비드의 폭이 좁다. • 후판 용접에 적합하다.	• 봉섭봉(선극)에 양극(+)을, 모재에 음극(−)을 연결한다. • 용입이 얕고 비드의 폭이 넓다. • 박판 용접에 적합하다. • 용접봉이 빨리 녹는다.

43 용접기는 아크의 안정을 위하여 아크 용접전원의 외부 특성곡선이 필요하다. 관련이 없는 것은?

① 수하 특성

② 정전압 특성

③ 상승 특성

④ 과부하 특성

해설 **용접기에 필요한 전기적 특성**

종류	특성
부특성 (부저항 특성)	전류가 증가하면 저항이 작아져 아크 전압이 낮아지는 특성(수동용접기)
수하 특성	부하전류 증가 시 단자전압이 저하하는 특성(수동용접기)
정전류 특성	아크길이가 변해도 전룟값은 거의 변하지 않는 특성(수동용접기)
정전압 특성 (자기제어 특성)	부하전류가 변해도 단자전압이 거의 변하지 않는 특성(자동/반자동용접기)
상승 특성	아크길이가 일정할 때 아크 증가와 더불어 전압이 함께 증가하는 특성(자동/반자동 용접기)

44 가스용접작업 시 전진법과 후진법의 비교 중 전진법의 특징이 아닌 것은?

① 열 이용률이 양호하다.

② 용접 속도가 느리다.

③ 용접 변형이 크다.

④ 용접 가능한 판두께가 5mm 정도로 얇다.

해설 **가스용접 시 전진법과 후진법의 비교**

구 분	전진법	후진법
용접 속도	느리다.	빠르다.
비드 모양	미려하다.	미려하지 못하다.
용접 변형	크다.	작다.
산화 정도	크디.	직다.
홈의 각도	커야 한다.	작아도 된다.
용접 가능한 모재의 두께	박판	후판
열의 이용률	양호하지 않다.	양호하다.

45 초음파 용접의 특징 설명 중 옳지 않은 것은?

① 냉간압접에 비하여 주어지는 압력이 작으므로 용접물의 변형이 적다.

② 용접 입열이 적고 용접부가 좁으며 용입이 깊어 이종 금속의 용접이 불가능하다.

③ 용접물의 표면처리가 간단하고 압연한 그대로의 재료도 용접이 가능하다.

④ 얇은 판이나 필름(Film)의 용접도 가능하다.

해설 초음파 용접은 초음파 진동에 의해 금속면끼리 접촉하여 용접이 되며 박판 용접에 적합하고 이종금속의 용접도 가능하다.

46 심(Seam) 용접에서 용접법의 종류가 아닌 것은?

① 플래시 심 용접

② 맞대기 심 용접

③ 매시 심 용접

④ 포일 심 용접

해설 **심용접법의 종류**

메시 심, 포일 심, 맞대기 심 용접 등

47 피복아크 용접에서 정극성과 역극성의 설명으로 옳은 것은?

① 용접봉을 (−)극에, 모재에 (+)극을 연결하면 정극성이라 한다.

② 정극성일 때 용접봉의 용융속도는 빠르고 모재의 용입은 얕아진다.

③ 역극성일 때 용접봉의 용융속도는 빠르고 모재의 용입은 깊어진다.

④ 박판의 용접은 주로 정극성을 이용한다.

> **해설** **직류 정극성(DCSP)과 직류 역극성(DCRP)의 특징**
>
> | 직류 정극성(DCSP) | 직류 역극성(DCRP) |
> | --- | --- |
> | • 용접봉(전극)에 음극(−)을, 모재에 양극(+)을 연결한다. | • 용접봉(전극)에 양극(+)을, 모재에 음극(−)을 연결한다. |
> | • 용입이 깊고 비드의 폭이 좁다. | • 용입이 얕고 비드의 폭이 넓다. |
> | • 후판 용접에 적합하다. | • 박판 용접에 적합하다. |
> | | • 용접봉이 빨리 녹는다. |

48 MIG 용접의 특징에 대한 설명으로 틀린 것은?

① 반자동 또는 전자동 용접기로 용접속도가 빠르다.

② 정전압 특성 직류용접기가 사용된다.

③ 상승 특성의 직류용접기가 사용된다.

④ 아크 자기 제어 특성이 없다.

> **해설** MIG 용접은 불활성 가스가 용착 부위를 보호하고 용접와이어가 전극으로 되며 전류밀도가 크고 아크 자기 제어 특성이 있으며 고능률적인 용접방법이고, 알루미늄이나 오스테나이트계 스테인리스강 등의 용접에 사용된다.

49 표피효과(Skin Effect)와 근접효과(Proximity effect)를 이용하여 용접부를 가열 용접하는 방법은?

① 초음파 용접(Ultrasonic welding)

② 마찰 용접(Friction pressure welding)

③ 폭발 압접(Explosive welding)

④ 고주파 용접(High−frequency welding)

> **해설** 고주파 용접은 높은 주파수의 전류를 모재에 흘려서 이때 발생되는 열로 용접이 진행되며 전류가 표면에 집중되는 표피효과와 인접한 두 금속의 표면을 따라 고주파가 흐르는 근접효과를 이용해 낮은 전류로도 쉽게 용접을 실시할 수 있다.

50 가스절단방법의 종류에 해당되지 않는 것은?

① 가스 시공　　　　② 보통가스 절단

③ 분말 절단　　　　④ 플라스마 제트 절단

> **해설** 일반적인 가스절단법은 전기적인 에너지원 없이 절단하는 것이며 플라스마 제트 절단법은 전기적인 에너지원을 사용하므로 가스절단방법에 속하지 않는다.

51 TIG 용접 중 직류 정극성을 사용하여 용접했을 때 용접 효율을 가장 많이 올릴 수 있는 재료는?

① 스테인리스강　　　② 알루미늄 합금

③ 마그네슘 합금　　　④ 알루미늄 주물

> **해설** 스테인리스강은 TIG 용접 시 직류 정극성을 사용할 때 가장 효율이 좋다.

52 40kVA의 교류아크 용접기의 전원전압이 200V일 때 전원스위치에 넣을 퓨즈의 용량은 몇 A 인가?

① 50A　　　　② 100A

③ 150A　　　　④ 200A

> **해설** $$퓨즈 용량 = \frac{1차\ 입력(VA)}{전원전압(V)} = \frac{40,000}{200} = 200A$$

53 연강용 피복 아크용접봉의 종류와 피복제의 계통이 서로 맞게 연결된 것은?

① E4301 : 일미나이트계

② E4303 : 저수소계

③ E4311 : 라임티타니아계

④ E4313 : 고셀룰로오스계

정답　47 ①　48 ④　49 ④　50 ④　51 ①　52 ④　53 ①

해설 **피복아크용접봉의 종류**

KS규격	피복제 계통
E4301	일미나이트계
E4303	라임티타니아계
E4311	고셀룰로오스계
E4313	고산화티탄계
E4316	저수소계
E4324	철분산화티탄계
E4327	철분산화철계

54 정격출력전류가 180A인 교류 아크용접기의 최고 무부하 전압으로 맞는 것은?

① 30V 이하 　② 50V 이하
③ 80V 이하 　④ 100V 이하

해설 **교류 용접기의 규격(KSC 9602)**

종류	정격 2차 전류(A)	정격 사용률 (%)	정격부하전압		최고 2차 무부하 전압(V)	2차 전류		사용되는 용접봉의 지름
			전압 강하 (V)	리액 턴스 (V)		최대치 (A)	최소치 (A)	
AW200	200	40	30	0	85 이하	200 이상 220 이하	35 이하	2.0~ 4.0
AW300	300	40	35	0	85 이하	300 이상 330 이하	60 이하	2.6~ 6.0
AW400	400	40	40	0	85 이하	400 이상 440 이하	80 이하	3.2~ 8.0
AW500	500	60	40	12	95 이하	500 이상 550 이하	100 이하	4.0~ 8.0

정격출력전류가 200A 미만인 교류 아크용접기의 최고 무부하 전압은 80V 이하로 한다.

55 가스 절단면에서 절단면에 생기는 드래그 라인(Drag line)에 관한 설명으로 틀린 것은?

① 절단속도가 일정할 때 산소 소비량이 적으면 드래그 길이가 길고 절단면이 좋지 않다.
② 가스 절단의 양부를 판정하는 기준이 된다. 절단속도가 일정할 때 산소 소비량을 증가시키면 드래그 길이는 길어진다.
③ 절단속도가 일정할 때 산소 소비량을 증가시키면 드래그 길이는 길어진다.
④ 드래그 길이는 주로 절단속도, 산소 소비량에 따라 변화한다.

해설 절단속도가 일정한 경우 산소 소비량을 증가시키면 드래그 길이는 짧아지게 된다.

56 용접 중 아크 빛으로 인하여 눈이 충혈되고 부을 수가 있는데, 이때 우선 취해야 할 조치로 가장 적절한 것은?

① 밖에 나가 먼 산을 바라본다.
② 눈에 소금물을 넣는다.
③ 안약을 놓고 계속 작업한다.
④ 냉습포를 눈 위에 얹고 안정을 취한다.

해설 결막염은 보호구 없이 용접을 하는 경우 발생하며 냉습포를 눈 위에 얹고 안정을 취하는 방법으로 완화될 수 있다.

57 MIG 용접 시 직류 역극성에 의한 용적 이행은?

① 핀치 이행
② 스프레이 이행
③ 입적 이행
④ 단락 이행

해설 용적의 이행형식 : 스프레이형(MIG), 단락형, 글로블러형

58 교류 아크용접 시 아크시간이 6분이고 휴식 시간이 4분일 때 사용률은 얼마인가?

① 40% ② 50%

③ 60% ④ 70%

해설 용접기 사용률

$$= \frac{아크발생시간}{아크발생시간+휴식시간} \times 100$$

$$= \frac{6}{6+4} \times 100 = 60\%$$

59 피복아크용접에서 전류가 인체에 미치는 영향 중 고통을 느끼고 강한 근육 수축이 일어나며 호흡이 곤란한 경우의 감전전륫값은 몇 mA 정도인가?

① 1~5mA ② 20~50mA

③ 100~150mA ④ 200~300mA

해설 **전류에 따른 인체의 영향**
- 1mA : 최소감지전류(전류의 흐름 인지)
- 5mA : 상당한 통증을 느끼는 정도의 전류
- 10mA : 견딜 수 없도록 통증이 심한 전류
- 20mA : 근육 수축이 심하며 스스로 전로에서 떨어질 수 없는 정도의 전류(불수 전류)
- 50mA : 매우 위험한 정도의 전류
- 100mA : 인체에 상당히 치명적인 정도의 전류

60 피복아크용접봉에서 아크를 안정시키는 피복제의 성분은?

① 산화티탄
② 페로망간
③ 마그네슘
④ 알루미늄

해설 고산화티탄계(E4313) 용접봉의 아크 안정성은 상당히 높은 편이다.

01 다음 중 감마철(γ-Fe)의 결정구조는?

① 면심입방격자 ② 체심입방격자
③ 조밀입방격자 ④ 사방입방격자

해설 순철의 동소체(3개)

종류	결정구조
α-Fe(알파-철)	BCC(체심입방격자)
γ-Fe(감마-철)	FCC(면심입방격자)
δ-Fe(델타-철)	BCC(체심입방격자)

02 합금강에 첨가한 각 원소의 일반적인 효과가 잘못된 것은?

① Ni-강인성 및 내식성 향상
② Ti-내식성 향상
③ Cr-내식성 감소 및 연성 증가
④ W-고온강도 향상

해설 Cr(크롬)은 강도와 내식성을 높이기 위해 합금으로 사용된다.

03 오스테나이트계 스테인리스강에서 발생하는 응력부식균열의 특징에 대한 설명 중 틀린 것은?

① 산소는 응력부식을 가속화시키는 작용을 한다.
② 초기의 균열이 발견되지 않는 잠복기를 거친 후 균열이 급격히 진행된다.
③ 외부에서 수축력이 작용하면 응력부식균열 저항성이 감소된다.
④ 완전 오스테나이트계 스테인리스강보다 오스테나이트 상(相)과 페라이트 상(相)이 혼합된 스테인리스강의 응력부식균열이 저항성이 더 높다.

해설 응력부식균열은 스테인리스강 표면의 부동태 피막이 인장응력에 의해 국부적으로 파괴되어 균열이 진행되는 현상이며, 오스테나이트계 스테인리스강의 경우 염화물 환경에서 응력부식균열이 잘 발생한다.

04 용접한 오스테나이트계 스테인리스강의 입간(입계) 부식을 방지하기 위해 사용하는 탄화물 안정화 원소에 속하지 않는 것은?

① Ti ② Nb
③ Ta ④ Al

해설 오스테나이트계 스테인리스강의 탄화물 안정화 원소 : Ti(티타늄), Nb(니오븀), Ta(탄탈럼), Mg(마그네슘), Zn(아연) 등

05 GA46이라 표시된 연강용 가스용접봉 규격에서 '46'은 무엇을 의미하는가?

① 용착금속의 최소 인장강도 수준
② 용접봉의 표준조직번호
③ 용착금속의 최소 연신율 구분
④ 용접봉의 피복제 종류

해설 연강용 가스용접봉 규격에 표기된 숫자는 용착금속의 최소 인장강도의 수준을 나타낸다.

06 주철용접에서 예열을 실시할 때 얻는 효과 중 틀린 것은?

① 변형의 저감
② 열영향부 경도의 증가
③ 이종재료 용접 시의 온도기울기 감소
④ 사용 중인 주조의 탄수화물 오염의 저감

해설 예열은 열영향부의 경도를 감소시키는 효과가 있다.(재료의 연화)

07 화살표가 지시하는 면의 밀러지수로 바른 것은?(단, x, y, z축 절편의 길이는 2, 1, 3이다.)

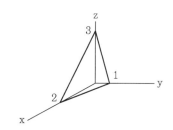

① (2 1 3) ② (2 3 6)
③ (3 1 2) ④ (3 6 2)

해설 밀러지수란 결정 면이나 격자 면을 표시하는 기호로 x, y, z축을 어떤 면이 절편을 원자간격으로 측정한 수의 역수 정수비를 (h, k, l)이라 하는 지수로 나타낸 것이다.
(2, 1, 3)의 역수를 취하면 (1/2, 1, 1/3)이 되며 공통분모를 취하면 (3/6, 6/6, 2/6)에서 약분하여 분모값을 제거하면 (3, 6, 2)가 된다.

08 아크 분위기는 대부분이 플럭스를 구성하고 있는 유기물 탄산염 등에서 발생한 가스로 구성되어 있다. 다음 중 아크 분위기의 가스성분에 속하지 않는 것은?

① He ② CO
③ CO_2 ④ H_2

해설 유기물, 탄산염, 습기 등이 아크열에 의해 분해되어 이때 발생된 가스가 아크 분위기를 만들며 이에 속하는 가스 성분은 CO, CO_2, H_2, 수증기 등이 있다.

09 가스용접산소(O_2)와 함께 연소되어 가장 높은 온도의 불꽃을 발생시키는 가스는?

① 수소(H_2)
② 프로판(C_3H_8)
③ 메탄(CH_4)
④ 아세틸렌(C_2H_2)

해설 위 보기 중 아세틸렌은 불꽃의 온도가 가장 높은 가스이며 프로판의 경우 발열량이 가장 높다.

10 용접부의 연성시험 방법에 사용되는 굽힘시험 시 시험편의 외부에 적용되는 변형량을 산출하는 식으로 맞는 것은?(단, ε은 %변형률, t는 굽힘시험편의 두께, R은 굽힘시험 시 내부의 반경이다.)

① $\varepsilon = \dfrac{100t}{2R+t}$ ② $\varepsilon = \dfrac{100t}{2R}$

③ $\varepsilon = \dfrac{100t}{4R+t}$ ④ $\varepsilon = \dfrac{100t}{4R}$

11 도형에 관한 용어 중 대상물의 사면에 대항하는 위치에 그린 투상도를 뜻하는 것은?

① 주 투상도 ② 보조 투상도
③ 회전 투상도 ④ 부분 투상도

해설 보조 투상도는 물체의 경사진 면을 정투상법에 의해 투상하는 경우 경사진 면의 실제 모양이나 크기가 나타나지 않으므로 경사진 면과 나란한 각도에서 투상한 투상도이다.

12 선에 관한 용어 중 "대상물의 일부분을 가상으로 제외했을 경우의 경계를 나타내는 선"을 뜻하는 것은?

① 절단선 ② 피치선
③ 파단선 ④ 무게중심선

해설 대상물의 일부분을 가상으로 제외했을 경우의 경계를 나타낼 때 사용하는 선을 파단선이라 한다.

13 도면에는 도면의 크기에 따라 굵기 몇 mm 이상의 윤곽선을 그리는가?

① 0.2mm ② 0.25mm
③ 0.3mm ④ 0.5mm

해설 윤곽선은 도면의 훼손방지와 영역을 명확히 표시하기 위해 사용하며 0.5mm 이상의 굵은 실선으로 그린다.

정답 08 ① 09 ④ 10 ① 11 ② 12 ③ 13 ④

14 다음 보기와 같이 용접부 표면 또는 용접부 형상을 나타내는 기호에 대한 설명으로 옳은 것은?

$$\boxed{MR}$$

① 동일한 면으로 마감처리
② 영구적인 이면판재 사용
③ 토를 매끄럽게 함
④ 제거 가능한 이면판재 사용

해설 MR(제거 가능한 이면판재 사용), M(영구적인 이면판재 사용)

15 척도의 종류 중 축척(Contraction scale)으로 그릴 때의 내용을 바르게 설명한 것은?

① 도면의 치수는 실물의 축척된 치수를 기입한다.
② 표제란의 척도란에 "NS"라고 기입한다.
③ 표제란의 척도란에 2 : 1, 20 : 1 등으로 기입한다.
④ 도면의 치수는 실물의 실제 치수를 기입한다.

해설 도면의 치수는 척도와 관계없이 실물의 실제 치수를 기입한다.

16 X, Y, Z방향의 축을 기준으로 공간상에 하나의 점을 표시할 때 각 축에 대한 X, Y, Z에 대응하는 좌푯값으로 표시하는 CAD 시스템 좌표계의 명칭은?

① 직교좌표계 　　② 극좌표계
③ 원통좌표계 　　④ 구면좌표계

해설 직교좌표계 : X, Y, Z방향의 축을 기준으로 공간상에 하나의 점을 표시할 때 각 축에 대한 X, Y, Z에 대응하는 좌푯값으로 표시하는 CAD 시스템의 좌표계

17 일반적으로 부품의 모양을 스케치하는 방법이 아닌 것은?

① 프린트법 　　② 프리핸드법
③ 판화법 　　④ 사진촬영법

해설 스케치법으로는 프리핸드법, 프린트법, 본뜨기법, 사진촬영법 등이 있다.

18 용접시방서(WPS)에 반드시 표기해야 되는 내용이 아닌 것은?

① 후열처리 방법 　　② 모재 재질
③ 용접봉의 종류 　　④ 비파괴 검사방법

해설 용접시방서(Welding Procedure Specification)는 용접 절차 사양서라고도 하며 어떤 공사를 하면서 공사에 적용하는 용접방법을 미리 승인받고 그에 따라서 용접작업을 하는 절차서이다.

19 다음의 용접기호를 바르게 설명한 것은?

① 화살표 쪽의 용접
② 양면 대칭 부분 용입의 용접
③ 양면 대칭 용접
④ 화살표 반대쪽의 용접

해설 지시선에 함께 표시된 파선은 화살표 반대쪽을 나타낸다.(화살표 반대쪽 V홈 맞대기 용접)

20 다음 그림에 대한 명칭으로 맞는 것은?

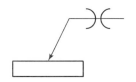

① 맞대기 용접
② 연속 필릿 용접
③ 슬롯 용접
④ 플랜지형 맞대기 용접

21 일반적으로 양쪽 필릿 용접이음에서 다리길이는 판 두께의 몇 % 정도가 가장 적당한가?

① 60%
② 75%
③ 85%
④ 100%

해설 양쪽 필릿 용접이음에서 다리길이는 판 두께의 75% 정도로 하는 것이 일반적이다.

22 맞대기 용접이음의 덧살은 용접이음의 강도에 어떤 영향을 주는가?

① 덧살은 보강 덧붙임으로서의 가치가 거의 없고 오히려 피로강도를 감소시킨다.
② 덧살을 크게 하면 강도가 증가하고 취성이 좋아진다.
③ 덧살을 작게 하면 응력집중이 커지고 강도가 좋아진다.
④ 덧살이 커지면 피로강도에는 영향을 주지 않는 것으로 생각해도 되나 정적강도에는 크게 영향을 미친다.

해설 맞대기 용접이음의 덧살이 크면 응력의 집중이 커지며 피로강도가 감소되므로 작게 하여야 한다.

23 용접변형에서 수축변형에 영향을 미치는 인자로서 다음 중 영향을 가장 적게 미치는 것은?

① 판 두께와 이음형상
② 판의 예열 온도
③ 용접 입열
④ 용접 자세

해설 용접 자세는 용접 시 발생하는 재료의 수축 변형과 큰 연관성이 없다.

24 TIG 용접 이음부 설계에서 I형 맞대기 용접이음의 설명으로 적합한 것은?

① 판 두께 12mm 이상의 두꺼운 판 용접에 이용된다.
② 판 두께 6~20mm 정도의 다층 비드용접에 이용된다.
③ 판 두께 3mm 정도의 박판 용접에 많이 이용된다.
④ 판 두께 20mm 이상의 두꺼운 판 용접에 이용된다.

해설 각종 홈의 용접 중 I형 홈은 가장 얇은 모재의 용접 시 많이 사용된다.

25 설비에 사용되는 용접기가 결정되면 필요한 전원 변압기의 용량(Q)을 결정하는데, 용접기를 1대 설치하는 경우 필요한 전원 변압기의 용량(Q)을 구하는 식은?(단, α : 용접기 사용률, β : 용접기 부하율, P : 용접기 1대당 최대 용량, n : 용접기 대수)

① $Q = \sqrt{\alpha} \times \beta \times P$
② $Q = \sqrt{na} \times \sqrt{(n-1)\alpha} \times \beta \times P$
③ $Q = \alpha \times \beta \times P$
④ $Q = n \times \alpha \times \beta \times P$

26 본용접 시 용착법에서 용접방향에 따른 비드 배치법이 아닌 것은?

① 전진법과 후진법
② 대칭법
③ 스킵법
④ 펄스 반사법

해설 용착법의 종류 : 전진법, 후진법, 스킵법, 대칭법 등 (펄스 반사법은 초음파 탐상법의 한 종류이다.)

27 두께 10mm, 폭 20mm인 시편을 인장시험한 후 파단된 부위를 측정하였더니 두께 8mm, 폭 16mm가 되었을 때 단면수축률은 얼마인가?

① 82%
② 64%
③ 48%
④ 36%

정답 21 ② 22 ① 23 ④ 24 ③ 25 ① 26 ④ 27 ④

해설 단면수축률

$$= \frac{\text{최초단면적} - \text{나중 단면적}}{\text{최초 단면적}} \times 100$$

$$= \frac{(10 \times 20) - (8 \times 16)}{(10 \times 20)} \times 100 = 36\%$$

28 용접이음을 설계할 때 유의사항으로 틀린 것은?

① 용접작업에 지장을 주지 않도록 공간을 남긴다.
② 가능한 한 아래보기 자세로 작업이 가능하도록 한다.
③ 용접선의 교차를 최대한도로 줄여야 한다.
④ 국부적인 열의 집중을 받도록 한다.

해설 용접이음의 설계 시 국부적인 열의 집중을 피하도록 한다.

29 용접 직후 피닝(Peening)을 하는 주목적으로 맞는 것은?

① 도료 및 산화된 부분을 없애기 위해서
② 응력을 강하게 하기 위해서
③ 용접 후 잔류응력을 방지하기 위해서
④ 용접이음 효율을 좋게 하기 위해서

해설 피닝법은 잔류응력제거법 중의 하나이며 끝이 둥근 해머로 용착부위를 연속적으로 때려 용착부의 인장응력을 완화시키는 방법이다.

30 맞대기 용접이음에서의 각 변형 방지대책이 아닌 것은?

① 개선 각도는 작업에 지장이 없는 한도 내에서 작게 하는 것이 좋다.
② 판 두께가 얇을수록 첫 패스 측은 개선 깊이를 크게 한다.
③ 용접속도가 느린 용접법을 이용한다.
④ 역변형의 시공법을 사용한다.

해설 용접속도가 느린 경우 입열량이 증가하여 변형량이 커지게 된다.

31 다음과 같은 식에서 (A)에 들어갈 적당한 용어는?

$$(\text{A}) = \frac{\text{용착금속의 무게}}{\text{사용된 용접와이어}(\text{봉})\text{의 무게}} \times 100\%$$

① 용접효율
② 재료효율
③ 가동률
④ 용착효율

해설 용착효율

$$= \frac{\text{용착금속의 무게}}{\text{사용된 용접와이어}(\text{봉})\text{의 무게}} \times 100\%$$

32 용접설계에서 허용응력을 올바르게 나타낸 공식은?

① 허용응력 $= \dfrac{\text{안전율}}{\text{이완력}}$

② 허용응력 $= \dfrac{\text{인장강도}}{\text{이완력}}$

③ 허용응력 $= \dfrac{\text{이완력}}{\text{안전율}}$

④ 허용응력 $= \dfrac{\text{안전율}}{\text{인장강도}}$

33 플러그 용접 시 구멍의 면적당 전용착 금속의 인장강도는 몇 % 정도인가?

① 60~70%
② 80~90%
③ 40~50%
④ 20~30%

해설 플러그 용접이란 용접물의 한쪽에 구멍을 뚫고 그 구멍에 용접을 하여 접합하는 방법으로 구멍의 면적당 전용착 금속의 인장강도는 60~70% 정도로 한다.

정답   28 ④   29 ③   30 ③   31 ④   32 ②   33 ①

34 표점거리가 50mm인 인장시험편을 인장시험 한 결과 62mm로 늘어났다면 연신율은 얼마인가?

① 12% ② 18%
③ 24% ④ 20%

해설 $연신율 = \dfrac{변형\ 후\ 길이 - 변형\ 전\ 길이}{변형\ 전\ 길이} \times 100$

$= \dfrac{62 - 50}{50} \times 100 = 24\%$

35 용접절차 검증서(PQR)를 작성하기 위하여 PQ test를 수행하는 데 가장 적당한 사람은?

① 관리 책임자
② 숙련된 용접사
③ 용접 절차서(WPS)에 의해 용접하는 용접사
④ 용접 초보자

해설 각종 시설물 및 기기의 제작, 설치와 관련된 용접작업을 수행하기 전에는 용접작업 후의 품질과 사용상의 성능을 충분히 확보하기 위해서 반드시 관련 용접절차서를 작성하고 용접사의 기량을 검정할 필요가 있다. 이때 WPS를 작성하기 위해 절차인증시험을 하게 되는데 이를 PQ TEST(Procedure Qualification Test)라고 하며 이는 숙련된 용접사에 의해 실시한다.

36 다음 용접 결함 중 용접사의 기량과 가장 관계가 없는 것은?

① 슬래그 잠입 ② 용입 불량
③ 비드 밑 터짐 ④ 언더컷

해설 비드 밑 터짐의 원인 : 용착금속 및 열영향부의 수축응력, 수소의 확산성 등

37 전 용접길이에 X선 검사를 하여 결함이 한 개도 발견되지 않았을 때 용접이음의 효율은?

① 85% ② 90%
③ 100% ④ 30%

해설 전 용접길이에 X선 검사를 하여 결함이 한 개도 발견되지 않았다면 용접이음의 효율은 100%이다.

38 용접 이음에서 중판 이상의 두꺼운 판의 용접을 위한 홈 설계 시 고려하여야 할 사항으로 틀린 것은?

① 루트 간격의 최대치는 사용하는 용접봉의 지름만큼 사용하도록 한다.
② 루트반지름은 가능한 한 크게 한다.
③ 홈의 단면적은 가능한 한 크게 한다.
④ 최소 10° 정도 전후좌우로 용접봉을 움직일 수 있는 각도를 만든다.

해설 개선 가공비를 고려하여 홈의 단면적은 가능한 한 작게 한다.

39 가용접(Tack welding)을 할 때 주의할 사항으로 틀린 것은?

① 잔류응력이 남지 않도록 한다.
② 특히 용접순서를 고려해야 한다.
③ 본용접을 하는 홈(Groove) 내에 용접을 한다.
④ 본용접사와 동일 정도의 기량을 가진 용접사가 해야 한다.

해설 가접(가용접)이란 본용접을 실시하기 전에 용접부위를 일시적으로 고정시키기 위해서 하는 것으로 부품의 끝 모서리나 응력이 집중되는 곳, 본용접의 홈 등은 피해야 하며 용접봉은 본용접 시 사용하는 것보다 얇은 것을 사용한다.

40 용접부의 가로방향 수축량을 계산하는 공식으로 옳은 것은?(단, $\triangle t$는, 온도 변화량, L은 팽창한 길이, α는 선팽창계수, $\triangle l$은 수축량이다.)

① $\triangle l = \dfrac{\alpha}{\triangle t} \times L$ ② $\triangle l = \dfrac{L^2}{\triangle t} \times \alpha$

③ $\triangle l = \alpha \times L \times \triangle t$ ④ $\triangle l = \dfrac{\triangle t}{L} \times \alpha$

정답 **34** ③ **35** ② **36** ③ **37** ③ **38** ③ **39** ③ **40** ③

41 각종 용접법은 그 종류에 따라 다른 이름으로 불리고 있다. 틀리게 짝지어진 것은?

① 퍼커션 용접 – 충돌용접

② 서브머지드 아크용접 – 잠호용접

③ 버트 용접 – 불꽃 용접

④ 프로젝션 용접 – 돌기 용접

해설 버트 용접 – 전기저항용접

42 내균열성이 가장 좋은 피복 아크용접봉은?

① 일미나이트계 　　　② 저수소계

③ 고셀룰로오스계 　　④ 고산화티탄계

해설 저수소계(E4316) 용접봉은 염기도가 높아 내균열성이 가장 높지만 용접 작업성은 다소 떨어진다.

43 다음 보기 중 용접의 자동화에서 자동제어의 장점에 해당되는 사항으로만 모두 조합한 것은?

(1) 제품의 품질이 균일화되어 불량품이 감소한다.
(2) 원자재, 원료 등이 증가된다.
(3) 인간에게는 불가능한 고속작업이 가능하다.
(4) 위험한 사고의 방지가 불가능하다.
(5) 연속작업이 가능하다.

① (1), (2), (4) 　　　② (1), (2), (3), (5)

③ (1), (3), (5) 　　　④ (1), (2), (3), (4), (5)

해설 용접의 자동화는 제품의 품질이 균일화되어 불량품이 감소하고 원료를 절약할 수 있으며, 안전하고 고속(연속)작업이 가능하다는 장점을 가지고 있다.

44 용접 지그를 사용할 때의 이점으로 틀린 것은?

① 작업을 쉽게 할 수 있다.

② 공정수를 절약하므로 능률이 좋다.

③ 제품의 제작속도가 느리다.

④ 제품의 정도가 균일하다.

해설 용접작업에서 조립과 부착 시에 사용하는 것으로 제품을 정확한 치수로 만들기 위하여 사용되는 것을 지그(JIG)라고 한다.

45 아크전류가 일정할 때 아크전압이 높아지면 용접봉의 용융속도가 늦어지고, 아크전압이 낮아지면 용융속도가 빨라지는 아크 특성은?

① 부저항 특성(부특성)

② 아크길이 자기제어 특성

③ 절연 회복 특성

④ 전압 회복 특성

해설 **용접기에 필요한 전기적 특성**

종류	특성
부특성 (부저항 특성)	전류가 증가하면 저항이 작아져 아크 전압이 낮아지는 특성(수동용접기)
수하 특성	부하전류 증가 시 단자전압이 저하하는 특성(수동용접기)
정전류 특성	아크길이가 변해도 전륫값은 거의 변하지 않는 특성(수동용접기)
정전압 특성 (자기제어 특성)	부하전류가 변해도 단자전압이 거의 변하지 않는 특성(자동/반자동용접기)
상승 특성	아크길이가 일정할 때 아크 증가와 더불어 전압이 함께 증가하는 특성(자동/반자동 용접기)

46 피복아크용접봉 피복제의 주된 역할에 대한 설명으로 맞는 것은?

① 용착금속의 탈산, 정련 작용을 막는다.

② 용착금속에 적당한 합금소의 첨가를 막는다.

③ 용착금속의 냉각속도를 느리게 하여 급랭을 방지한다.

④ 모재표면의 산화물 제거를 방지한다.

해설 **피복아크용접봉 피복제의 주된 역할**

• 급랭방지 : 슬래그를 형상화하여 용착금속의 급랭을 방지하는 역할

• 탈산작용 : 용융금속 중 산소를 제거하여 용착금속의 기계적 성질 개선

- 필요한 합금원소 첨가
- 절연작용
- 용착금속의 유동성 개선

47 AW－300 용접기의 정격사용률이 40%일 때 200A로 용접을 하면 10분 작업 중 몇 분까지 아크를 발생해도 용접기에 무리가 없는가?

① 3분　　　　② 5분
③ 7분　　　　④ 9분

해설 허용사용률 $= \dfrac{정격2차전류^2}{실제사용전류^2} \times 정격사용률$
$= \dfrac{300^2}{200^2} \times 40 = 90\%$이므로

전체시간 10분 중 90%는 9분이다.

48 탄산가스 아크용접에서 기공이 발생하는 원인으로 가장 거리가 먼 것은?

① CO_2 가스 유량이 부족하다.
② 토치의 겨눔 위치가 부적당하다.
③ CO_2 가스에 공기가 혼입되어 있다.
④ 노즐에 스패터가 많이 부착되어 있다.

해설 **CO_2가스 아크용접 시 발생하는 기공의 원인**
- CO_2 가스의 유량부족
- CO_2 중 공기의 혼입
- 노즐에 부착된 스패터

49 아크 용접 시 전격에 의해 몸에 근육 수축을 가져오는 경우의 전룻값으로 가장 적당한 것은?

① 10mA　　　　② 20mA
③ 1mA　　　　④ 5mA

해설 **전류에 따른 인체의 영향**
- 1mA : 최소감지전류(전류의 흐름 인지)
- 5mA : 상당한 통증을 느끼는 정도의 전류
- 10mA : 견딜 수 없도록 통증이 심한 전류
- 20mA : 근육 수축이 심하며 스스로 전로에서 떨어질 수 없는 정도의 전류(불수 전류)

- 50mA : 매우 위험한 정도의 전류
- 100mA : 인체에 상당히 치명적인 정도의 전류

50 불활성 가스 텅스텐 아크용접의 직류 역극성 용접에서는 사용전류의 크기에 상관없이 정극성 때보다 어떤 전극을 사용하는 것이 좋은가?

① 가는 전극 사용　　　② 굵은 전극 사용
③ 같은 전극 사용　　　④ 전극에 상관없음

해설 **직류 정극성(DCSP)과 직류 역극성(DCRP)의 특징**

직류 정극성(DCSP)	직류 역극성(DCRP)
• 용접봉(전극)에 음극(－)을, 모재에 양극(＋)을 연결한다.	• 용접봉(전극)에 양극(＋)을, 모재에 음극(－)을 연결한다.
• 용입이 깊고 비드의 폭이 좁다.	• 용입이 얕고 비드의 폭이 넓다.
• 후판 용접에 적합하다.	• 박판 용접에 적합하다.
	• 전극이 빨리 소모될 수 있다.(굵은 전극 사용)

51 저수소계 피복금속 아크용접봉은 사용 전에 몇 ℃ 정도에서 건조해야 하는가?

① 300~350℃　　　② 400~450℃
③ 500~550℃　　　④ 600~650℃

해설 **용접봉의 건조**

용접봉의 종류	건조온도	건조시간
일반 용접봉	70~100℃	30분~1시간
저수소계 용접봉	300~350℃	1~2시간

52 용접기의 1차선에 비하여 2차선에 굵은 도선을 사용하는 이유는?

① 2차 전압이 1차 전압보다 높기 때문에
② 2차선의 방열을 좋게 하기 위해서
③ 2차 전류가 1차 전류보다 높기 때문에
④ 전선의 유연성을 좋게 하기 위해서

정답 **47** ④　**48** ②　**49** ②　**50** ②　**51** ①　**52** ③

해설 용접기의 케이블은 2차 전류가 1차보다 높기 때문에 2차 케이블에 굵은 도선을 사용한다.

53 압력 조정기(Pressure regulator)의 구비조건으로 틀린 것은?

① 동작이 예민해야 한다.
② 빙결하지 않아야 한다.
③ 조정압력과 방출압력의 차이가 커야 한다.
④ 조정압력은 용기 내의 가스양이 변화하여도 항상 일정해야 한다.

해설 압력조정기(레귤레이터)는 조정압력과 방출압력이 거의 동일해야 한다.

54 점(Spot) 용접 시의 안전사항 중 틀린 것은?

① 보호장갑을 착용하여야 한다.
② 용접기의 어스(Earth)는 필요에 따라 실시한다.
③ 판재의 기름을 제거한 후 용접한다.
④ 보호 안경을 착용하여야 한다.

해설 용접기는 누설전류로 인한 전격 사고를 방지하기 위해 항시 용접기를 접지해야 한다.

55 아크용접작업 중 아크쏠림현상이 가장 심하게 발생될 수 있는 조건은?

① 교류 전원을 이용하여 와전류 발생
② 직류 전원을 이용하여 아크쏠림 발생
③ 교류 전원을 이용하여 아크쏠림 발생
④ 아크의 길이를 짧게 할 때 발생

해설 **아크쏠림(자기불림) 방지법**
• 교류아크 용접기를 사용한다.
• 접지점을 용접부에서 멀리한다.
• 아크길이를 짧게 유지한다.
• 후퇴법을 사용한다.
• 아크쏠림 반대방향으로 용접봉을 기울인다.

56 용해된 아세틸렌의 양은 50리터의 용기에서 21리터가 포화 흡수되어 있는데, 15℃, 15기압에서 아세톤 1리터에 아세틸렌 324리터가 용해되어 있다면 50리터 용기에서 아세틸렌 약 몇 리터를 용해시킬 수 있는가?

① 3,246L   ② 1,169L
③ 4,156L   ④ 6,804L

해설 아세틸렌의 용해＝21L×324L＝6,804L

57 서브머지드 아크용접법의 설명 중 잘못된 것은?

① 용융속도와 용착속도가 빠르며 용입이 깊다.
② 비소모식이므로 비드의 외관이 거칠다.
③ 모재두께가 두꺼운 용접에서 효율적이다.
④ 용접선이 수직인 경우 적용이 곤란하다.

해설 서브머지드 아크용접법은 전극(와이어)이 소모되는 용극식 용접법이다.

58 용접 용어 중 아크용접의 비드 끝에서 오목하게 파인 곳을 뜻하는 것은?

① 크레이터   ② 언더컷
③ 오버랩   ④ 스패터

해설 크레이터(Crater)는 '화산 분화구'라는 뜻으로 용접 시 비드의 종점 부분에 발생하는 결함을 말한다.

59 잠호용접의 자동이송장치에 대한 설명 중 틀린 것은?

① 판을 용접할 경우 암(Arm)이 자동으로 전진 또는 후퇴한다.
② 원형체일 경우 따로 설치한 롤러가 회전하여 자동이송이 된다.
③ 와이어의 송급장치, 제어장치, 콘택트팁, 용제 호퍼를 일괄하여 용접헤드라고 한다.

④ 와이어의 송급은 전류제어장치에 의하여 와이어 롤러가 회전한다.

해설 잠호용접(서브머지드 아크용접)에서 와이어의 송급은 와이어송급장치(푸시방식, 풀방식, 푸시-풀방식)에 의해 롤러가 회전한다.

60 용접 모재의 판 두께를 측정하는 측정기로 가장 적당한 것은?

① 각장 게이지
② 버니어 캘리퍼스
③ 다이얼게이지
④ 내경 마이크로미터

해설 버니어 캘리퍼스는 일명 노기스라고도 하며 재료의 외경, 내경 및 두께의 측정이 가능한 치공구이다.

01 스테인리스강 중에서 내식성, 내열성, 용접성이 우수하며 대표적인 조성이 18Cr – 8Ni인 계통은?

① 마텐자이트계
② 페라이트계
③ 오스테나이트계
④ 솔바이트계

해설 스테인리스강의 종류에는 오스테나이트계, 페라이트계, 마텐자이트계, 석출 경화형 스테인리스강 등이 있다. 오스테나이트 계열의 스테인리스강을 흔히 18–8강이라 한다.

02 용접금속의 파단면에 매우 미세한 주상정(柱狀晶)이 서릿발 모양으로 병립하고, 그 사이에 현미경으로 보이는 정도의 비금속 개재물이나 기공을 포함한 조직이 나타나는 결함은?

① 선상조직
② 은점
③ 슬래그 혼입
④ 용입불량

해설 선상조직이란 용접 금속의 파면에 매우 미세한 주상정이 서릿발 모양으로 나타나는 것이며 비금속 개재물이나 기공을 포함한 조직이 나타나는 결함이며 주로 수소로 인해 발생한다.

03 용접부의 노내 응력 제거방법에서 가열부를 노에 넣을 때 및 꺼낼 때의 노내 온도는 몇 ℃ 이하로 하는가?

① 180℃
② 200℃
③ 250℃
④ 300℃

해설 금속 잔류응력 제거방법의 종류로는 노내 풀림법, 국부풀림법, 저온 응력완화법, 기계적 응력완화법, 피닝법 등이 있으며 노내풀림 시 노내에서 출입시키는 온도는 300℃를 넘지 않아야 한다.

04 Fe – C 평형상태도에서 순철의 용융온도는?

① 약 1,530℃
② 약 1,495℃
③ 약 1,145℃
④ 약 723℃

해설 순철의 용융점(melting point)은 약 1,530℃이다.

05 황(S)의 해를 방지할 수 있는 적합한 원소는?

① Mn(망간)
② Si(규소)
③ Al(알루미늄)
④ Mo(몰리브덴)

해설 적열취성(고온취성)은 불순물이 많은 강이 800~1,000℃ 부근에서 균열이 발생하는 결함으로 주원인은 황(S)인 것으로 밝혀지고 있다.

06 합금공구강 강재 종류의 기호 중 주로 절삭공구강용에 적용되는 것은?

① STS 11
② SM 55
③ SS 330
④ SC 360

해설 STS(합금공구강재), SM(기계구조용 탄소강재), SS(일반구조용 압연강재), SC(탄소주강품)

07 용접금속에 수소가 침입하여 발생하는 결함이 아닌 것은?

① 언더비드 크랙
② 은점
③ 미세균열
④ 언더필

해설 용접부의 윗면이나 아랫면에서 모재의 표면보다 낮게 들어간 것을 언더필이라 한다.

08 대상 편석인 고스트 선(ghost line)을 형성시키고, 상온취성의 원인이 되는 원소는?

① Mn
② Si
③ S
④ P

정답 01 ③ 02 ① 03 ④ 04 ① 05 ① 06 ① 07 ④ 08 ④

해설 상온취성이란 철이 상온에서 연신율, 충격치가 감소되는 현상이며 인(P)이 주원인이다.

- KS C(전기부문)
- KS D(금속부문)

09 레데뷰라이트(ledeburite)를 옳게 설명한 것은?

① δ 고용체의 석출을 끝내는 고상선
② Cementite의 용해 및 응고점
③ γ 고용체로부터 α 고용체와 Cementite가 동시에 석출되는 점
④ γ 고용체와 Fe_3C와의 공정주철

해설 레데뷰라이트 : 백주철에서 나타나는 시멘타이트(Fe_3C)와 오스테나이트의 공정조직

10 슬립에 의한 변형에서 철(Fe)의 슬립면과 슬립방향이 맞지 않는 것은?

① {110}, ⟨111⟩   ② {112}, ⟨111⟩
③ {123}, ⟨111⟩   ④ {111}, ⟨111⟩

해설 **단결정의 탄성과 소성**
슬립에 의한 변형－슬립면은 원자밀도가 가장 조밀한 면 또는 가장 가까운 면이고, 슬립방향은 원자간격이 가장 작은 방향이다.
- BCC－Fe : 슬립면{110},{112},{123}, 슬립방향⟨111⟩, Mo : 슬립면{110}, 슬립방향⟨111⟩
- FCC－Ag, Cu, Al, Au, Ni : 슬립면{111}, 슬립방향⟨110⟩
- HCP－Cd, Zn, Mg, Ti : 슬립면{0001}, 슬립방향⟨2110⟩

11 한국산업표준(KS)의 분류기호와 해당 부문의 연결이 틀린 것은?

① KS K : 섬유   ② KS B : 기계
③ KS E : 광산   ④ KS D : 건설

해설 **한국산업표준(KS) 분류기호**
- KS A(기본부문)
- KS B(기계부문)

12 다음 용접기호 표시를 올바르게 설명한 것은?

$$C \ominus\!\!\!\!\!\ominus \ n \times l(e)$$

① 지름이 C이고, 용접길이 l인 스폿 용접이다.
② 지름이 C이고, 용접길이 l인 플러그 용접이다.
③ 용접부 너비가 C이고, 용접 개수 n인 심 용접이다.
④ 용접부 너비가 C이고, 용접 개수 n인 스폿 용접이다.

해설 심용접의 기호로서 C는 용접부의 너비, n은 용접 개수, l은 용접부의 길이, e는 피치이다.

13 용접 보조기호 중 토를 매끄럽게 하는 것을 의미하는 것은?

① ⌣   ② MR
③   ④ M

14 치수문자를 표시하는 방법에 대하여 설명한 것 중 틀린 것은?

① 길이 치수문자는 mm단위를 기입하고 단위기호를 붙이지 않는다.
② 각도 치수문자는 도(°)의 단위만 기입하고, 분('), 초(")는 붙이지 않는다.
③ 각도 치수문자를 라디안으로 기입하는 경우 단위 기호 rad기호를 기입한다.
④ 치수문자의 소수점은 아래쪽의 점으로 하고 약간 크게 찍는다.

해설 각도 치수는 일반적으로 도(°)의 단위를 기입하고, 필요한 경우에는 분 및 초를 같이 사용할 수 있다.

15 도면 크기의 치수가 "841×1,189"인 경우 호칭 방법은?

① A0   ② A1

③ A2   ④ A3

해설 **도면의 크기와 종류**
- A4 : 210×297mm
- A3 : 297×420mm
- A2 : 420×594mm
- A1 : 594×841mm
- A0 : 841×1,189mm

16 그림과 같이 대상물의 사면에 대향하는 위치에 그린 투상도는?

① 회전 투상도
② 보조 투상도
③ 부분 투상도
④ 국부 투상도

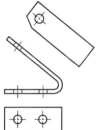

해설 보조 투상도의 경우 경사면부가 있는 대상물에서 그 경사면의 실제 모양을 표시할 필요가 있는 경우 사용된다.

17 다음 그림이 나타내는 용접명칭으로 옳은 것은?

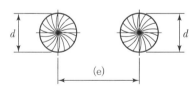

① 플러그 용접   ② 점 용접
③ 심 용접   ④ 단속 필릿 용접

해설 겹쳐진 두 개의 부재 중 한쪽에 구멍을 뚫어 용접하는 플러그 용접의 도면이다.

18 도형 내의 특정한 부분이 평면이라는 것을 표시할 경우 맞는 기입방법은?

① 가는 2점 쇄선으로 대각선을 기입
② 은선으로 대각선을 기입
③ 가는 실선으로 대각선을 기입
④ 가는 1점 쇄선으로 사각형을 기입

해설 도형 내의 특정한 부분이 평면이라는 것을 표시할 경우 다음과 같이 도시한다.(예 : ⊠)

19 전개도를 그리는 방법에 속하지 않는 것은?

① 평행선 전개법
② 나선형 전개법
③ 방사선 전개법
④ 삼각형 전개법

해설 전개도법의 종류로는 평행선 전개법, 방사선 전개법, 삼각형 전개법 등이 있다.

20 물체의 모양을 가장 잘 나타낼 수 있는 것으로 그 물체의 가장 주된 면, 즉 기본이 되는 면의 투상도 명칭은?

① 평면도   ② 좌측면도
③ 우측면도   ④ 정면도

해설 투상하는 물체의 가장 주된 면, 즉 기본이 되는 면을 정면도(front view)라고 한다.

21 용접변형의 종류 중 박판을 사용하여 용접하는 경우 아래 그림과 같이 생기는 물결 모양의 변형으로 한번 발생하면 교정하기 힘든 변형은?

① 좌굴 변형   ② 회전 변형
③ 가로 굽힘 변형   ④ 가로 수축

해설 좌굴 변형은 박판(3mm 이하)을 사용하여 용접하는 경우 발생하는 물결 모양의 변형을 의미한다.

22 용접이음 설계에서 홈의 특징을 설명한 것으로 틀린 것은?

① I형 홈은 홈 가공이 쉽고 루트 간격을 좁게 하면 용착금속의 양도 적어져서 경제적인 면에서 우수하다.

② V형 홈은 홈 가공이 비교적 쉽지만 판의 두께가 두꺼워지면 용착 금속량이 증대한다.

③ X형 홈은 양쪽에서의 용접에 의해 완전한 용입을 얻는 데 적합한 것이다.

④ U형 홈은 두꺼운 판을 양쪽에서 용접에 의해서 충분한 용입을 얻으려고 할 때 사용한다.

해설 U형 홈은 한쪽 용접에 의해 충분한 용입을 얻고자 하는 경우 사용한다.

23 용접부에 균열이 있을 때 보수하려면 균열이 더 이상 진행되지 못하도록 균열 진행방향의 양단에 구멍을 뚫는다. 이 구멍을 무엇이라 하는가?

① 스톱 홀(stop hole) ② 핀 홀(pin hole)

③ 블로 홀(blow hole) ④ 피트(pit)

해설 정지구멍(stop hole, 스톱 홀)이란 균열이 발생했을 때 균열부의 양단에 구멍을 뚫어 균열이 더 이상 진행하지 못하도록 하는 균열방지법의 한 종류이다.

24 용접부 인장시험에서 최초의 길이가 50mm이고, 인장 시험편의 파단 후 거리가 60mm일 경우에 변형률은?

① 10%

② 15%

③ 20%

④ 25%

해설
$$변형률 = \frac{변형된 길이}{최초의 길이} \times 100$$
$$= \frac{(60-50)}{50} \times 100 = 20\%$$

25 기계나 용접구조물을 설계할 때 각 부분에 발생되는 응력이 어떤 크기 값을 기준으로 하여 그 이내이면 인정되는 최대 허용치를 표현하는 응력은?

① 사용응력 ② 잔류응력

③ 허용응력 ④ 극한강도

해설 허용응력이란 파괴하지 않고 그 재료의 기능을 발휘하면서 허용되는 응력의 한계치를 의미하며 단위는 MPa로 나타낸다.

26 미소한 결함이 있어 응력의 이상 집중에 의하여 성장하거나 새로운 균열이 발생될 경우 변형 개방에 의한 초음파가 방출하게 되는데 이러한 초음파를 AE 검출기로 탐상함으로써 발생장소와 균열의 성장속도를 감지하는 용접시험 검사법은?

① 누설 탐상검사법

② 전자초음파법

③ 진공검사법

④ 음향방출 탐상검사법

해설 음향방출 탐상검사법 : 물체의 균열 또는 국부적인 파단으로부터 방출되는 응력파를 센서로 검출하는 방법

27 겹쳐진 두 부재의 한쪽에 둥근 구멍 대신에 좁고 긴 홈을 만들어 놓고 그 곳을 용접하는 용접법은?

① 겹치기 용접 ② 플랜지 용접

③ T형 용접 ④ 슬롯 용접

해설 겹쳐진 두 개의 부재 중 한쪽에 구멍을 뚫어 용접하는 것으로 타원 형태의 홈을 만드는 경우 슬롯용접, 진원 형태의 홈을 만드는 경우를 플러그 용접이라 한다.

정답 22 ④ 23 ① 24 ③ 25 ③ 26 ④ 27 ④

28 용접부에 발생한 잔류응력을 완화시키는 방법에 해당되지 않는 것은?

① 기계적 응력완화법　② 저온 응력완화법
③ 피닝법　　　　　　④ 선상 가열법

해설 응력이란 외부에서의 힘이 작용하는 경우 내부에서 단위면적당 작용하는 힘을 의미한다. 선상 가열법은 용접변형의 교정방법에 속한다.

29 용접실계에서 일반적인 주의사항으로 틀린 것은?

① 용접에 적합한 구조의 설계를 할 것
② 반복하중을 받는 이음에서는 특히 이음표면을 볼록하게 할 것
③ 용접이음을 한곳으로 집중 근접시키지 않도록 할 것
④ 강도가 약한 필릿 용접은 가급적 피할 것

해설 반복하중을 받는 이음부위는 이음표면을 평평하게 가공해야 응력의 집중을 방지할 수 있다.

30 맞대기 용접이음에서 모재의 인장강도가 50N/mm²이고 용접시험편의 인장강도가 25N/mm²으로 나타났을 때 이음효율은?

① 40%　② 50%
③ 60%　④ 70%

해설 용접이음효율 = $\dfrac{\text{시험편의 인장강도}}{\text{모재의 인장강도}} \times 100$

$= \dfrac{25}{50} \times 100 = 50\%$

31 다음 중 용접 균열성 시험이 아닌 것은?

① 리하이 구속시험
② 휘스코 시험
③ CTS 시험
④ 코머렐 시험

해설 용접부 터짐(균열) 시험의 종류
• 리하이형 구속균열시험
• 피스코 균열시험
• CTS 균열시험(코트렐 시험)
• 바텔 비드 밑 터짐 시험
• 휘스코 시험
* 코머렐 시험 : 용접부 연성시험

32 V형 홈에 비해 홈의 폭이 좁아도 되고 루트 간격을 "0"으로 해도 작업성과 용입이 좋으나 홈 가공이 어려운 단점이 있는 이음 형상은?

① H형 홈　② X형 홈
③ I형 홈　④ U형 홈

해설 U형 홈은 V형 홈 가공보다 두꺼운 판을 용접할 경우 또는 충분한 용입을 얻을 필요가 있을 때 사용된다. V형 홈에 비해 홈의 폭이 좁아도 되고 루트 간격을 "0"으로 해도 작업성과 용입이 좋으나 홈 가공이 어려운 것이 단점이다.

33 용접이음의 내식성에 영향을 미치는 인자로서 틀린 것은?

① 이음형상　② 플럭스(flux)
③ 잔류응력　④ 인장강도

해설 인장강도란 재료를 인장시킬 때 균열되지 않고 버틸 수 있는 최대하중을 그 물질의 최초 단면적으로 나눈 값이며 내식성과는 큰 관련성이 없다.

34 쇼어 경도(H_S) 측정 시 산출공식으로 맞는 것은?(단, h_0 : 해머의 낙하높이, h_1 : 해머의 반발높이)

① $H_S = \dfrac{10,000}{65} \times \dfrac{h_0}{h_1}$　② $H_S = \dfrac{65}{10,000} \times \dfrac{h_1}{h_0}$

③ $H_S = \dfrac{65}{10,000} \times \dfrac{h_0}{h_1}$　④ $H_S = \dfrac{10,000}{65} \times \dfrac{h_1}{h_0}$

정답 28 ④　29 ②　30 ②　31 ④　32 ④　33 ④　34 ④

35 용접구조 설계자가 알아야 할 용접작업 요령으로 틀린 것은?

① 용접기 및 케이블의 용량을 충분하게 준비한다.
② 용접보조기구 및 장비를 사용하여 작업조건을 좋게 만든다.
③ 용접 진행은 부재의 자유단에서 고정단으로 향하여 용접하게 한다.
④ 열의 분포가 가능한 한 부재 전체에 일정하게 되도록 한다.

해설 용접구조 설계 시 용접 진행은 부재의 고정단에서 자유단으로 향하게 용접하도록 한다.

36 노내풀림법으로 잔류응력을 제거하고자 할 때 연강재 용접부 최대 두께가 25mm인 경우 가열 및 냉각속도 R이 만족시켜야 하는 식은?

① $R \leq 500(\text{deg/h})$
② $R \leq 200(\text{deg/h})$
③ $R \leq 300(\text{deg/h})$
④ $R \leq 400(\text{deg/h})$

37 피복 아크용접 결함 중 용입 불량의 원인으로 틀린 것은?

① 이음설계의 불량
② 용접속도가 너무 빠를 때
③ 용접전류가 너무 높을 때
④ 용접봉 선택 불량

해설 용입 불량은 용접전류가 너무 낮은 경우, 루트 간격이 너무 좁은 경우, 용접속도가 부적당한 경우 발생한다.

38 설계단계에서 용접부 변형을 방지하기 위한 방법이 아닌 것은?

① 용접 길이가 감소될 수 있는 설계를 한다.
② 변형이 적어질 수 있는 이음 부분을 배치한다.
③ 보강재 등 구속이 커지도록 구조설계를 한다.
④ 용착금속을 증가시킬 수 있는 설계를 한다.

해설 용접의 설계 시 용착량을 최소화하여 변형이 적어질 수 있도록 설계를 해야 한다.

39 다음 그림과 같이 두께(h) = 10mm인 연강판에 길이(l) = 400mm로 용접하여 1,000N의 인장하중(P)을 작용시킬 때 발생하는 인장응력(σ)은?

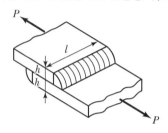

① 약 177MPa
② 약 125MPa
③ 약 177kPa
④ 약 125kPa

해설
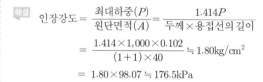
$$\text{인장강도} = \frac{\text{최대하중}(P)}{\text{원단면적}(A)} = \frac{1.414P}{\text{두께} \times \text{용접선의 길이}}$$
$$= \frac{1.414 \times 1,000 \times 0.102}{(1+1) \times 40} = 1.80 \text{kg/cm}^2$$
$$= 1.80 \times 98.07 = 176.5 \text{kPa}$$

40 용접 시 탄소량이 높아지면 어떤 대책을 세우는 것이 가장 적당한가?

① 지그를 사용한다.
② 예열 온도를 높인다.
③ 용접기를 바꾼다.
④ 구속 용접을 한다.

해설 탄소강의 용접에서 탄소함유량이 많아지면 인성이 감소하게 되므로 재료를 연화시키기 위해 충분히 예열해 주도록 한다.

41 인체에 흐르는 전류의 값에 따라 나타나는 증세 중 근육운동은 자유로우나 고통을 수반한 쇼크(shock)를 느끼는 전류량은?

① 1mA
② 5mA
③ 10mA
④ 20mA

정답 35 ③ 36 ② 37 ③ 38 ④ 39 ③ 40 ② 41 ③

해설 **전류에 따른 인체의 영향**
- 1mA : 최소감지전류(전류의 흐름 인지)
- 5mA : 상당한 통증을 느끼는 정도의 전류
- 10mA : 견딜 수 없도록 통증이 심한 전류
- 20mA : 근육 수축이 심하며 스스로 전로에서 떨어질 수 없는 정도의 전류(불수 전류)
- 50mA : 매우 위험한 정도의 전류
- 100mA : 인체에 상당히 치명적인 정도의 전류

42 스터드 용접(stud welding)법의 특징에 대한 설명으로 틀린 것은?

① 아크열을 이용하여 자동적으로 단시간에 용접부를 가열 용융하여 용접하는 방법으로 용접변형이 극히 적다.

② 탭 작업, 구멍 뚫기 등이 필요 없이 모재에 볼트나 환봉 등을 용접할 수 있다.

③ 용접 후 냉각속도가 비교적 느리므로 용착금속부 또는 열영향부가 경화되는 경우가 적다.

④ 철강재료 외에 구리, 황동, 알루미늄, 스테인리스강에도 적용이 가능하다.

해설 스터드 용접은 환봉이나 볼트를 모재에 접합하기 위한 방법이며 용접 변형이 적고 용착금속부와 열영향부가 경화될 수 있는 특징을 가지고 있다.

43 납땜부를 용제가 들어 있는 용융땜 조에 침지하여 납땜하는 방법과 이음면에 땜납을 삽입하여 미리 가열된 염욕에 침지하여 가열하는 두 방법이 있는 납땜법은?

① 가스 납땜
② 담금 납땜
③ 노내 납땜
④ 저항 납땜

해설 담금 납땜법 : 납땜부를 용제가 들어 있는 용융땜 조에 침지하여 납땜하는 방법과 이음면에 땜납을 삽입하여 미리 가열된 염욕에 침지하여 가열하는 두 가지 방법이 있다.

44 아크용접법과 비교할 때 레이저 하이브리드 용접법의 특징으로 틀린 것은?

① 용접속도가 빠르다.
② 용입이 깊다.
③ 입열량이 높다.
④ 강도가 높다.

해설 레이저 하이브리드 용접법은 레이저 용접의 깊은 용입과 빠른 용접속도의 장점과 아크용접의 저렴한 가격과 고출력, 가공 허용오차(Fit‒up) 정도를 완화시키는 장점을 가진 용접법이다.

45 피복아크 용접작업 중 스패터가 발생하는 원인으로 가장 거리가 먼 것은?

① 전류가 너무 높을 때
② 운봉이 불량할 때
③ 건조되지 않은 용접봉을 사용했을 때
④ 아크 길이가 너무 짧을 때

해설 아크 길이가 너무 긴 경우 스패터가 과다하게 발생한다.

46 피복아크용접에서 자기 쏠림을 방지하는 대책은?

① 접지점은 가능한 한 용접부에 가까이한다.
② 용접봉 끝을 아크 쏠림 방향으로 기울인다.
③ 직류용접 대신 교류용접으로 한다.
④ 긴 아크를 사용한다.

해설 **아크쏠림(자기불림) 방지법**
- 교류아크 용접기를 사용한다.
- 접지점을 용접부에서 멀리한다.
- 아크길이를 짧게 유지한다.
- 후퇴법을 사용한다.
- 아크쏠림 반대방향으로 용접봉을 기울인다.

47 실드 가스로서 주로 탄산가스를 사용하여 용융부를 보호하여 탄산가스 분위기 속에서 아크를 발생시켜 그 아크열로 모재를 용융시켜 용접하는 방법은?

① 테르밋 용접
② 실드 용접
③ 전자 빔 용접
④ 일렉트로 가스 아크 용접

해설 일렉트로 가스 아크용접에 대한 설명이다.

48 가스도관(호스) 취급에 관한 주의사항 중 틀린 것은?

① 고무호스에 무리한 충격을 주지 말 것
② 호스 이음부에는 조임용 밴드를 사용할 것
③ 한랭 시 호스가 얼면 더운 물로 녹일 것
④ 호스의 내부 청소는 고압수소를 사용할 것

해설 호스의 내부 청소 시 수소와 같은 가연성 가스의 사용을 금한다.

49 산소 – 아세틸렌 불꽃에 대한 설명으로 틀린 것은?

① 불꽃은 불꽃심, 속불꽃, 겉불꽃으로 구성되어 있다.
② 불꽃의 종류는 탄화, 중성, 산화불꽃으로 나뉜다.
③ 용접작업은 백심 불꽃 끝이 용융금속에 닿도록 한다.
④ 구리를 용접할 때 중성 불꽃을 사용한다.

해설 불꽃의 온도는 불꽃심에서 약 2~3mm 떨어진 속불꽃이 가장 뜨거우며 이 부분으로 용접을 한다.

50 100A 이상 300A 미만의 아크 용접 및 절단에 사용되는 차광유리의 차광도 번호는?

① 4~6   ② 7~9
③ 10~12   ④ 13~14

해설 100A 이상 300A 미만의 아크 용접 및 절단에 사용되는 차광유리의 차광도 번호는 10~12번이 적당하다.

51 테르밋 용접에 관한 설명으로 틀린 것은?

① 테르밋 혼합제는 미세한 알루미늄 분말과 산화철의 혼합물이다.
② 테르밋 반응 시 온도는 약 4,000℃이다.
③ 테르밋 용접 시 모재가 강일 경우 약 800~900℃로 예열한다.
④ 테르밋은 차축, 레일, 선미프레임 등 단면이 큰 부재 용접 시 사용한다.

해설 테르밋 용접은 금속산화철과 알루미늄 분말을 배합하여 점화 시 발생하는 화학적인 열을 이용해 용접하는 용접의 일종으로 용접속도가 빠르며 변형이 잘 생기지 않아 주로 기차 레일의 용접에 사용된다.

52 탄산가스(CO_2) 아크용접에 대한 설명 중 틀린 것은?

① 전 자세 용접이 가능하다.
② 용착금속의 기계적, 야금적 성질이 우수하다.
③ 용접전류의 밀도가 낮아 용입이 얕다.
④ 가시(可視) 아크이므로 시공이 편리하다.

해설 탄산가스 아크용접은 전류밀도가 높아 용입이 깊어 후판 용접에 사용된다.

53 아크용접작업에서 전격의 방지대책으로 틀린 것은?

① 절연 홀더의 절연 부분이 노출되면 즉시 교체한다.
② 홀더나 용접봉은 절대로 맨손으로 취급하지 않는다.
③ 밀폐된 공간에서는 자동전격방지기를 사용하지 않는다.
④ 용접기의 내부에 함부로 손을 대지 않는다.

해설 전격방지장치는 무부하 전압을 낮추어 전격의 위험성을 낮게 하는 장치이다.

정답 48 ④ 49 ③ 50 ③ 51 ② 52 ③ 53 ③

54 가스절단에 영향을 미치는 인자 중 절단속도에 대한 설명으로 틀린 것은?

① 절단속도는 모재의 온도가 높을수록 고속절단이 가능하다.
② 절단속도는 절단산소의 압력이 높을수록 정비례하여 증가한다.
③ 예열 불꽃의 세기가 약하면 절단속도가 늦어진다.
④ 절단속도는 산소 소비량이 적을수록 정비례하여 증가한다.

해설 절단속도는 산소의 소비량에 정비례하여 증가한다.

55 피복 아크용접봉의 피복제 작용을 설명한 것으로 틀린 것은?

① 아크를 안정시킨다.
② 점성을 가진 무거운 슬래그를 만든다.
③ 용착금속의 탈산정련작용을 한다.
④ 전기절연작용을 한다.

해설 피복아크 용접봉은 용융점이 낮고 적당한 점성을 가진 가벼운 슬래그를 생성한다.

56 상하 부재의 접합을 위해 한편의 부재에 구멍을 내고, 이 구멍 부분을 채워 용접하는 것은?

① 플레어 용접   ② 플러그 용접
③ 비드 용접   ④ 필릿 용접

해설 플러그 용접이란 용접물의 한쪽에 구멍을 뚫고 그 구멍에 용접을 하여 접합하는 방법이다.

57 절단하려는 재료에 전기적 접촉을 하지 않으므로 금속재료뿐만 아니라 비금속의 절단도 가능한 절단법은?

① 플라스마(plasma) 아크 절단
② 불활성 가스 텅스텐(TIG) 아크 절단
③ 산소 아크 절단
④ 탄소 아크 절단

해설 플라스마 아크 절단은 기체가 방전되어 아크의 열원 안을 통과할 때 고온에 의해 기체의 원자가 전자와 이온으로 분리되는 원리를 이용하여 절단이 이루어지며 열의 집중도가 높고 재료에 전기적 접촉을 하지 않으므로 금속재료뿐만 아니라 비금속의 절단도 가능한 절단법이다.

58 전기저항 용접 시 발생되는 발열량 Q를 나타내는 식은?(단, I : 전류[A], R : 저항[Ω], t : 통전시간[초])

① $Q = 0.24I^2Rt$ ② $Q = 0.24IR^2t$
③ $Q = 0.24I^2R^2t$ ④ $Q = 0.24IRt$

해설 저항에 흐르는 전류의 크기와 이 저항체에서 단위 시간당 발생하는 열량과의 관계를 나타낸 줄의 법칙이다.

59 이론적으로 순수한 카바이드 5kg에서 발생할 수 있는 아세틸렌 양은 약 몇 리터인가?

① 3,480L   ② 1,740L
③ 348L   ④ 34.8L

해설 카바이드는 물과 반응하여 아세틸렌가스를 생성하며 카바이드 1kg당 약 348L의 아세틸렌가스가 생성된다. 348L×5kg=1,740L

60 가스 실드계의 대표적인 용접봉으로 피복이 얇고, 슬래그가 적으므로 좁은 홈의 용접이나 수직 상진, 하진 및 위보기 용접에서 우수한 작업성을 가진 용접봉은?

① E4301   ② E4311
③ E4313   ④ E4316

해설 E4311(고셀룰로오스계) 용접봉은 대표적인 가스발생식 용접봉으로 전 자세 용접이 가능하며, 특히 위보기 용접에 용이한 특징을 가지고 있다.

정답   54 ④   55 ②   56 ②   57 ①   58 ①   59 ②   60 ②

01 용접 후 열처리의 목적이 아닌 것은?

① 용접 잔류응력 제거
② 용접 열영향부 조직 개선
③ 응력부식 균열방지
④ 아크열량 부족 보충

해설 **금속 열처리의 종류**
- 담금질(퀜칭) : 재료의 경화가 목적
- 뜨임(템퍼링) : 재료에 인성 부여, 담금질 후 실시
- 풀림(어닐링) : 재료의 연화, 내부응력 제거
- 불림(노멀라이징) : 조직의 균일화, 표준조직화

02 2종 이상의 금속원자가 간단한 원자비로 결합되어 본래의 물질과는 전혀 다른 결정격자를 형성할 때 이것을 무엇이라고 하는가?

① 동소변태
② 금속 간 화합물
③ 고용체
④ 편석

해설 **금속 간 화합물** : 두 종 이상의 금속 원자가 간단한 원자비로 결합되어 성분 금속과는 다른 성질을 가지는 독립된 화합물

03 다음 중 적열취성을 일으키는 유화물 편석을 제거하기 위한 열처리는?

① 재결정 풀림
② 확산 풀림
③ 구상화 풀림
④ 항온 풀림

해설 재료를 가열하여 유지한 후에 서랭하는 처리를 풀림이라 하며, 연화, 잔류응력의 제거, 조직의 균질화, 편석의 경감 등이 목적으로 기계적 성질이 개선된다.

04 냉간 가공한 강을 저온으로 뜨임하면 질소의 영향으로 경화가 되는 경우를 무엇이라 하는가?

① 질량효과
② 저온경화
③ 자기확산
④ 변형시효

해설 **변형시효** : 냉간 가공한 강을 상온에 방치하면 시간의 경과에 따라 경도와 연신율이 증가되는 현상

05 탄소강의 A_2, A_3 변태점이 모두 옳게 표시된 것은?

① $A_2 = 723℃$, $A_3 = 1,400℃$
② $A_2 = 768℃$, $A_3 = 910℃$
③ $A_2 = 723℃$, $A_3 = 910℃$
④ $A_2 = 910℃$, $A_3 = 1,400℃$

해설 **탄소강(순철)의 변태점**
- A_1 변태점 : 210℃
- A_2 변태점 : 768℃(자기변태점＝퀴리점)
- A_3 변태점 : 910℃(동소변태점)
- A_4 변태점 : 1,400℃(동소변태점)

06 저탄소강 용접금속의 조직에 대한 설명으로 맞는 것은?

① 용접 후 재가열하면 여러 가지 탄화물 또는 α 상이 석출하여 용접 성질을 저하시킨다.
② 용접금속의 조직은 대부분 페라이트이고 다층용접의 경우는 미세 페라이트이다.
③ 용접부가 급랭되는 경우는 레데뷰라이트가 생성한 백선조직이 된다.
④ 용접부가 급랭되는 경우는 시멘타이트 조직이 생성된다.

해설 저탄소강은 탄소의 함유량이 적어 강도가 약하며, 전연성이 풍부하고 조직의 대부분이 페라이트로 되어 있다.

07 피복 아크 용접 시 용융 금속 중에 침투한 산화물을 제거하는 탈산제로 쓰이지 않는 것은?

① 망간철
② 규소철
③ 산화철
④ 티탄철

해설 **피복아크용접봉 피복제의 탈산제 성분**
규소철, 망간철, 티탄철, 페로실리콘, 소맥분 등

08 용접제품의 열처리 선택조건과 가장 관련이 적은 것은?

① 용접부의 치수
② 용접부의 모양
③ 용접부의 재질
④ 가공경화

09 응력 제거 풀림의 효과를 나타낸 것 중 틀린 것은?

① 용접 잔류응력의 제거
② 치수 비틀림 방지
③ 충격 저항 증대
④ 응력부식에 대한 저항력 감소

해설 응력제거 풀림 시 응력부식에 대한 저항력이 증가한다.

10 순철은 상온에서 어떤 조직을 갖는가?

① $\gamma-Fe$의 오스테나이트
② $\alpha-Fe$의 페라이트
③ $\alpha-Fe$의 펄라이트
④ $\gamma-Fe$의 마텐자이트

11 한국산업규격에서 냉간압연 강판 및 강대 종류의 기호 중 "드로잉용"을 나타내는 것은?

① SPCC
② SPCD
③ SPCE
④ SPCF

해설 SPCC(일반용), SPCD(드로잉용, 자동차부품, 전기부품, 건축부재 등), SPCE(딥드로잉용)

12 용접부 및 용접부 표면의 형상 보조기호 중 영구적인 이면 판재를 사용할 때 기호는?

① ─────
② ⌐M⌐
③ ⌐MR⌐
④ ⌣

13 선의 종류에 따른 용도에 의한 명칭으로 틀린 것은?

① 굵은 실선 – 외형선
② 가는 실선 – 치수선
③ 가는 1점 쇄선 – 기준선
④ 가는 파선 – 치수보조선

해설 **선의 종류와 용도**

선의 종류	용도
굵은 실선	외형선
가는 실선	치수선, 치수보조선, 지시선, 해칭선, 중심선
가는 1점 쇄선	중심선, 기준선, 피치선
가는 2점 쇄선	가상선, 무게중심선, 인접 부분을 참고로 표시하는 경우
굵은 1점 쇄선	특수 지정선

14 일반적으로 사용되는 용접부의 비파괴시험의 기본기호를 나타낸 것으로 잘못 표기한 것은?

① UT : 초음파시험
② PT : 와류탐상시험
③ RT : 방사선 투과시험
④ VT : 육안시험

해설 와류탐상시험(ET ; Eddy Current Testing)

15 다음 용접 보조기호에 대한 명칭으로 옳은 것은?

① 볼록 필릿 용접
② 오목 필릿 용접
③ 필릿 용접 끝단부를 매끄럽게 다듬질
④ 한쪽 면 V형 맞대기 용접 평면 다듬질

> 해설 직각삼각형의 기호(△)는 필릿 용접을 나타내는 기호이다.

16 다음 용접기호의 설명 중 틀린 것은?
① ∨는 V형 맞대기 용접을 의미한다.
② △는 필릿 용접을 의미한다.
③ ○는 점 용접을 의미한다.
④ ハ는 플러그 용접을 의미한다.

> 해설 ④는 플레어 용접을 의미하는 기호이다.

17 다음 그림은 용접의 실제 모양을 표시한 것이다. 기호 표시로 올바른 것은?

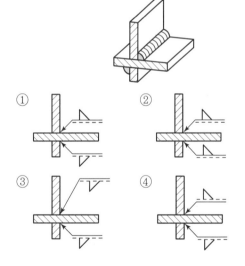

18 다음 중 치수 보조기호의 설명으로 옳은 것은?

① SØ – 원통의 지름   ② C – 45°의 모떼기
③ R – 구의 지름   ④ □ – 직사각형의 변

> 해설
> • SØ – 구의 지름
> • C – 45°의 모떼기
> • R – 반지름
> • □ – 정사각형의 한 변

19 다음 그림과 같은 원뿔을 단면 *M – N*으로 경사지게 잘랐을 때 원뿔에 나타난 단면 형태는?
① 원
② 타원
③ 포물선
④ 쌍곡선

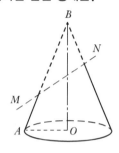

> 해설 원뿔을 비스듬히 자르면 타원 형태의 단면이 나타난다.

20 다음 중 "복사도를 재단할 때의 편의를 위해서 원도(原圖)에 설정하는 표시"를 뜻하는 용어는?

① 중심마크   ② 비교눈금
③ 재단마크   ④ 대조번호

> 해설 복사도를 재단할 때의 편의를 위해서 원도에 설정하는 표시를 재단 마크라고 한다.

21 용접 잔류응력의 완화법인 응력제거 풀림(annealing)에서 적정온도는 $625 \pm 25\,℃$(탄소강)를 유지한다. 이때 유지시간은 판 두께 25mm에 대하여 약 몇 시간이 적당한가?

① 30분   ② 1시간
③ 2시간 30분   ④ 3시간

> 해설 응력제거 풀림(annealing)은 $625 \pm 25\,℃$(탄소강)에서 판 두께 25mm에 대하여 약 1시간 정도 가열한다.

정답 16 ④ 17 ① 18 ② 19 ② 20 ③ 21 ②

22 탄소함유량이 약 0.25%인 탄소강을 용접할 때 예열온도는 약 몇 ℃ 정도가 적당한가?

① 90~150℃

② 150~260℃

③ 260~420℃

④ 420~550℃

해설 **탄소강 용접 시 탄소량에 따른 예열온도**
- 탄소량 0.2% 이하 : 예열온도 90℃ 이하
- 탄소량 0.2~0.3% 이하 : 예열온도 90~150℃ 이하
- 탄소량 0.3~0.45% 이하 : 예열온도 150~260℃ 이하
- 탄소량 0.45~0.80% 이하 : 예열온도 260~430℃ 이하

23 용접성 시험 중 용접부 연성시험에 해당하는 것은?

① 로버트슨 시험

② 칸 인열 시험

③ 킨젤 시험

④ 슈나트 시험

해설 킨젤 시험은 용접비드 노치굽힘시험의 한 종류이며 용접부의 연성 및 균열의 전파를 조사하는 시험으로 용접한 모재를 가공 없이 그대로 검사할 수 있다.(로버트슨, 칸 인열, 슈나트 시험 → 노치취성시험)

24 용접이음의 충격강도에서 취성파괴의 일반적인 특징이 아닌 것은?

① 항복점 이하의 평균응력에서도 발생한다.

② 온도가 낮을수록 발생하기 쉽다.

③ 파괴의 기점은 각종 용접결함, 가스절단부 등에서 발생된 예가 많다.

④ 거시적 파면상황은 판 표면에 거의 수평이고 평탄하게 연성이 큰 상태에서 파괴된다.

해설 취성파괴는 최대수직응력이론에 의해 물체 내 응력값이 파단응력에 도달하였을 때 연성이 작은 상태에서 취성파괴가 일어나게 된다.

25 용적 40리터인 아세틸렌 용기의 고압력계에서 60기압이 나타났다면, 가변압식 300번 팁으로 약 몇 시간을 용접할 수 있는가?

① 4.5시간

② 8시간

③ 10시간

④ 20시간

해설 가변압식(프랑스식) 팁 번호는 1시간당 소비되는 아세틸렌가스의 양을 뜻하며, 용적 $40L \times 60$기압 = 2,400L(가스의 총량)이고 가변압식 300번은 1시간당 300L의 아세틸렌가스를 소비하므로 $\frac{2,400}{300} = 8$ 시간 용접이 가능하다.

26 그림과 같은 용접 이음의 종류는?

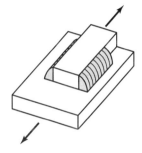

① 전면 필릿 용접

② 경사 필릿 용접

③ 양쪽 덮개판 용접

④ 측면 필릿 용접

해설 **하중의 방향에 따른 필릿용접의 종류**
- 전면 필릿 용접 : 용접선의 방향이 응력의 방향과 직각
- 측면 필릿 용접 : 용접선의 방향이 응력의 방향과 평행
- 경사 필릿 용접 : 용접선의 방향이 응력의 방향과 사선

27 용접이음의 부식 중 용접 잔류응력 등 인장응력이 걸리거나 특정의 부식 환경으로 될 때 발생하는 부식은?

① 입계부식

② 틈새부식

③ 접촉부식

④ 응력부식

정답 22 ① 23 ③ 24 ④ 25 ② 26 ④ 27 ④

해설 금속재료가 인장응력과 부식의 공동작용 결과 일정한 시간 뒤에 균열이 생겨 파괴되는 현상을 응력부식 균열이라고 한다.

28 용접구조의 설계상 주의사항에 대한 설명 중 틀린 것은?

① 용접이음의 집중, 접근 및 교차를 피한다.
② 용접치수는 강도상 필요한 치수 이상으로 하지 않는다.
③ 두꺼운 판을 용접할 경우에는 용입이 얕은 용접법을 이용하여 층수를 늘린다.
④ 판면에 직각방향으로 인장하중이 작용할 경우에는 판의 이방성에 주의한다.

해설 두꺼운 판의 용접 시 용입이 깊은 용접법을 이용하여 층수를 줄여야 한다.

29 방사선 투과검사에 대한 설명 중 틀린 것은?

① 내부 결함 검출이 용이하다.
② 라미네이션(lamination) 검출도 쉽게 할 수 있다.
③ 미세한 표면 균열은 검출되지 않는다.
④ 현상이나 필름을 판독해야 한다.

해설 라미네이션 결함은 대부분 MnS로 구성된 화합물이며, 압연 과정에서 MnS이 압연방향에 따라 길게 늘어져 나타나는 결함이며 RT(방사선 투과검사)로는 잘 나타나지 않고 UT(초음파검사) 사용 시 쉽게 판결할 수 있다. 방사선 투과검사는 결함의 형태가 가늘고 긴 모양의 결함은 검출이 거의 불가하다.

30 용접부를 연속적으로 타격하여 표면층에 소성변형을 주어 잔류 응력을 감소시키는 방법은?

① 저온 응력 완화법   ② 피닝법
③ 변형 교정법   ④ 응력 제거 어닐링

해설 피닝법은 잔류응력제거법 중의 하나이며 끝이 둥근 해머로 용착부위를 연속적으로 때려 용착부의 인장응력을 완화시키는 방법이다.

31 서브머지드 아크용접에서 용접선의 전후에 약 150mm × 150mm × 판 두께 크기의 엔드 탭(end tab)을 붙여 용접비드를 이음 끝에서 약 100mm 정도 연장시켜 용접 완료 후 절단하는 경우가 있다. 그 이유로 가장 적당한 것은?

① 용접 후 모재의 급랭을 방지하기 위하여
② 루트간격이 너무 클 때, 용락을 방지하기 위하여
③ 용접시점 및 종점에서 일어나는 결함을 방지하기 위하여
④ 용접선의 길이가 너무 짧을 때, 용접을 시공하기 어려우므로 원활한 용접을 하기 위하여

해설 용접 시 용착 금속의 양쪽 끝에 발생하는 결함을 방지하고 충분한 용입을 얻기 위하여 모재의 양쪽에 덧대는 강판을 엔드 탭(end tab)이라고 한다.

32 용착금속의 인장강도가 40kgf/mm²이고 안전율이 5라면 용접이음의 허용응력은 얼마인가?

① 8kgf/mm²   ② 20kgf/mm²
③ 40kgf/mm²   ④ 200kgf/mm²

해설 $안전율 = \dfrac{인장강도}{허용응력}$ 이므로

$$허용응력 = \dfrac{인장강도}{안전율} = \dfrac{40}{5} = 8\,kgf/mm^2$$

33 구조물 용접에서 용접선이 만나는 곳 또는 교차하는 곳에 응력 집중을 방지하기 위해 만들어 주는 부채꼴 오목부를 무엇이라 하는가?

① 스캘럽(scallop)
② 포지셔너(positioner)

③ 머니퓰레이터(manipulator)

④ 원뿔(cone)

> 해설 스캘럽은 용접이음이 한곳에 집중되는 것을 방지하기 위해 교차되는 부분에 부채꼴 노치를 만들어 용접선이 교차하지 않도록 설계한 것이다.

34 잔류응력이 있는 제품에 하중을 주고 용접부에 약간의 소성 변형을 일으킨 다음 하중을 제거하는 잔류응력제거법은?

① 저온 응력완화법

② 기계적 응력완화법

③ 고온 응력완화법

④ 피닝법

> 해설 기계적 응력완화법은 잔류응력이 있는 제품에 하중을 주고 용접부에 약간의 소성 변형을 일으킨 다음 하중을 제거하는 잔류응력제거법이다.

35 용접구조물의 재료절약 설계요령으로 틀린 것은?

① 가능한 한 표준 규격의 재료를 이용한다.

② 재료는 쉽게 구할 수 있는 것으로 한다.

③ 고장이 났을 경우 수리할 때의 편의도 고려한다.

④ 용접할 조각의 수를 가능한 한 많게 한다.

36 그림과 같은 맞대기 용접 이음 홈의 각부 명칭을 잘못 설명한 것은?

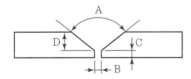

① A – 홈 각도   ② B – 루트 간격

③ C – 루트 면   ④ D – 홈 길이

> 해설 D : 홈 깊이

37 필릿 용접부의 내력(단위길이당 허용력) $f = 1,700 kgf/cm$의 작용을 견뎌 낼 수 있는 용접 치수(다리 길이) h는 약 몇 mm인가?(단, 용접부의 허용응력 = $1,000kgf/cm^2$이다.)

① 12   ② 17

③ 21   ④ 25

38 용접금속의 균열에서 저온균열인 루트 크랙은 실험에 의하면 약 몇 ℃ 이하의 저온에서 일어나는가?

① 200℃ 이하   ② 400℃ 이하

③ 600℃ 이하   ④ 800℃ 이하

> 해설 Root 균열은 맞대기 용접의 가접이나 초층 용접의 Root 근방 열영향부에서 발생하며 약 200℃ 이하의 저온에서 일어난다.

39 용접제품의 설계자가 알아야 하는 용접 작업 공정의 제반사항 중 맞지 않는 것은?

① 용접기 및 케이블의 용량은 충분하게 준비한다.

② 홈 용접에서 용접 품질상 첫 패스는 뒷댐판 없이 용접한다.

③ 가능한 한 높은 전류를 사용하여 짧은 시간에 용착량을 많게 용접한다.

④ 용접 진행은 부재의 자유단으로 향하게 한다.

> 해설 홈 용접 시 첫 패스는 용락의 방지 차원에서 뒷댐판을 사용하는 것이 좋다.

40 용접 후 열처리(PWHT) 중 응력제거 열처리의 목적과 가장 관계가 없는 것은?

① 응력부식균열 저항성의 증가

② 용접변형 방지

③ 용접열영향부의 연화

④ 용접부의 잔류응력 완화

> 해설 응력제거 열처리의 궁극적인 목적은 용접부에 남아 있는 응력을 완화시키고 이에 따른 부식균열에 대한 저항성을 증가시키기 위함이다.

41 구리 및 구리합금의 가스용접용 용제에 사용되는 물질은?

① 중탄산소다

② 염화칼슘

③ 붕사

④ 황산칼륨

> 해설 구리 및 구리 합금의 용접 시 붕사, 붕산, 규산나트륨 등이 용제로 사용된다.

42 가스용접에서 전진법에 비교한 후진법의 설명으로 틀린 것은?

① 열 이용률이 좋다.

② 용접속도가 빠르다.

③ 용접 변형이 크다.

④ 후판에 적합하다.

> 해설 후진법은 전진법에 비해 열의 이용률이 좋고, 용접속도가 빠르며 용접 변형이 적다. 또한 홈의 각도를 작게 해도 되고 후판의 용접에 적합하나 비드 외관이 미려하지 못한 단점이 있다.

43 피복아크용접에서 아크 길이가 긴 경우 발생하는 용접결함에 해당되지 않는 것은?

① 선상조직

② 스패터

③ 기공

④ 언더컷

> 해설 선상조직이란 용접부의 파단면에 나타나는 조직이며 용접 금속을 파단하였을 때 그 일부가 서리 모양의 미세한 주상정으로 나타나는 것이다. 생성원인은 냉각속도와 응고과정에서 주상정 간에 생긴 SiO_2, Al_2O_3, Cr_2O_3 등의 탄산생성물 및 수소 등으로 보고 있다. 이를 방지하는 데 급랭을 방지하고 예열과 후열을 하며, 건조된 저수소계 피복아크용접봉을 사용하는 방법 등이 있다.

44 테르밋 용접에서 테르밋제란 무엇과 무엇의 혼합물인가?

① 탄소와 붕사의 분말

② 탄소와 규소의 분말

③ 알루미늄과 산화철의 분말

④ 알루미늄과 납의 분말

> 해설 테르밋 용접은 금속산화철과 알루미늄 분말을 배합하여 점화 시 발생하는 화학적인 열을 이용해 용접하는 용접의 일종이며 주로 기차 레일의 용접에 사용된다.

45 피복아크용접 시 안전홀더를 사용하는 이유로 맞는 것은?

① 자외선과 적외선 차단

② 유해가스 중독 방지

③ 고무장갑 대용

④ 용접작업 중 전격예방

> 해설 피복아크용접 시 사용하는 안전홀더는 흔히 A형 홀더라고도 하며 이는 전격을 예방할 수 있도록 홀더 전체가 절연 처리되어 있다.

46 MIG 용접 시 사용되는 전원은 직류의 무슨 특성을 사용하는가?

① 수하 특성

② 동전류 특성

③ 정전압 특성

④ 정극성 특성

> 해설 정전압 특성(자기제어 특성)이란 부하전류가 변해도 단자전압이 거의 변하지 않는 특성으로 자동·반자동 용접기에 사용되는 특성이다.

47 피복아크용접봉에서 피복제의 편심률은 몇 % 이내이어야 하는가?

① 3%

② 6%

③ 9%

④ 12%

해설 피복아크용접봉의 편심률 $= \frac{D^1-D}{D} \times 100$이며 3% 이내의 것을 사용한다.

48 피복아크용접에서 피복제의 주된 역할 중 틀린 것은?

① 전기절연작용을 한다.
② 탈산정련작용을 한다.
③ 이그를 인정시킨다.
④ 용착금속의 급랭을 돕는다.

해설 피복아크용접봉의 피복제는 용착금속의 급랭을 방지하기 위해 융점이 낮은 슬래그를 생성한다.

49 아크용접기의 사용률을 구하는 식으로 옳은 것은?

① 사용률(%) $= \frac{\text{아크시간}+\text{휴식시간}}{\text{아크시간}} \times 100$

② 사용률(%) $= \frac{\text{아크시간}}{\text{아크시간}+\text{휴식시간}} \times 100$

③ 사용률(%) $= \frac{\text{휴식시간}}{\text{아크시간}} \times 100$

④ 사용률(%) $= \frac{\text{아크시간}}{\text{휴식시간}} \times 100$

50 연강용 피복 아크 용접봉의 피복제 계통에 속하지 않는 것은?

① 철분산화철계 　　② 철분저수소계
③ 저셀룰로오스계 　④ 저수소계

해설 피복아크용접봉의 피복제 계통에는 E4301(일미나이트계), E4303(라임티타니아계), E4311(고셀룰로오스계), E4313(고산화티탄계) E4316(저수소계) 등이 있다.

51 탄산가스 아크용접의 특징에 대한 설명으로 틀린 것은?

① 전류밀도가 높아 용입이 깊고 용접속도를 빠르게 할 수 있다.
② 적용 재질이 철 계통으로 한정되어 있다.
③ 가시 아크이므로 시공이 편리하다.
④ 일반적인 바람의 영향을 받지 않으므로 방풍장치가 필요 없다.

해설 탄산가스 아크용접 시 풍속이 2m/sec 이상인 경우 방풍장치를 반드시 설치해야 한다.

52 연납에 대한 설명 중 틀린 것은?

① 연납은 인장강도 및 경도가 낮고 용융점이 낮으므로 납땜작업이 쉽다.
② 연납의 흡착작용은 주로 아연의 함량에 의존되며 아연 100%의 것이 가장 좋다.
③ 대표적인 것은 주석 40%, 납 60%의 합금이다.
④ 전기적인 접합이나 기밀·수밀해야 하는 장소에 사용된다.

53 용접용 케이블 이음에서 케이블을 홀더 끝이나 용접기 단자에 연결하는 데 쓰이는 부품의 명칭은?

① 케이블 티그(tig) 　② 케이블 태그(tag)
③ 케이블 러그(lug) 　④ 케이블 래그(lag)

해설 케이블 러그는 용접용 케이블 이음에서 케이블을 홀더 끝이나 용접기 단자에 연결하는 데 사용되는 부품이다.

54 직류와 교류 아크용접기를 비교한 것으로 틀린 것은?

① 아크 안정 : 직류 용접기가 교류 용접기보다 우수하다.
② 전격의 위험 : 직류 용접기가 교류 용접기보다 많다.
③ 구조 : 직류 용접기가 교류 용접기보다 복잡하다.

정답 48 ④　49 ②　50 ③　51 ④　52 ②　53 ③　54 ②

④ 역률 : 직류 용접기가 교류 용접기보다 매우 양호하다.

[해설] 교류 용접기는 직류 용접기에 비해 무부하 전압이 높기 때문에 전격의 위험이 크다.

55 연강용 피복아크용접봉 종류 중 특수계에 해당하는 용접봉은?

① E4301   ② E4311
③ E4324   ④ E4340

[해설] E4301(일미나이트계), E4311(고셀룰로오스계), E4324(철분산화티탄계), E4340(특수계 – 각종 금속의 절단, 구멍뚫기 및 기타 용도로 사용)

56 TIG, MIG, 탄산가스 아크용접 시 사용하는 차광렌즈 번호로 가장 적당한 것은?

① 12~13   ② 8~9
③ 6~7   ④ 4~5

[해설] 용접 시 사용하는 차광렌즈의 번호는 그 숫자가 높을수록 차광도가 높아지게 된다. TIG, MIG, 탄산가스 아크용접 시에는 12~13번의 필터렌즈를 사용한다.

57 점용접(spot welding)의 3대 요소에 해당하는 것은?

① 가압력, 통전시간, 전류의 세기
② 가압력, 통전시간, 전압의 세기
③ 가압력, 냉각수량, 전류의 세기
④ 가압력, 냉각수량, 전압의 세기

[해설] 점용접은 전기저항용접의 대표적인 용접법이며 이러한 저항용접의 3대 요소는 가압력, 통전시간, 전류의 세기이다.

58 아크용접용 로봇(robot)에서 용접작업에 필요한 정보를 사람이 로봇(robot)에게 기억(입력)시키는 장치는?

① 전원장치   ② 조작장치
③ 교시장치   ④ 머니퓰레이터

[해설] 아크용접용 로봇의 구성장치 중 교시장치란 용접작업에 필요한 정보를 사람이 로봇에 입력하는 장치를 말한다.

59 TIG 용접기에서 직류 역극성을 사용하였을 경우 용접 비드의 형상으로 맞는 것은?

① 비드 폭이 넓고 용입이 깊다.
② 비드 폭이 넓고 용입이 얕다.
③ 비드 폭이 좁고 용입이 깊다.
④ 비드 폭이 좁고 용입이 얕다.

[해설] 직류 정극성(DCSP)과 직류 역극성(DCRP)의 특징

직류 정극성(DCSP)	직류 역극성(DCRP)
• 용접봉(전극)에 음극(−)을, 모재에 양극(+)을 연결한다.	• 용접봉(전극)에 양극(+)을, 모재에 음극(−)을 연결한다.
• 용입이 깊고 비드의 폭이 좁다.	• 용입이 얕고 비드의 폭이 넓다.
• 후판 용접에 적합하다.	• 박판 용접에 적합하다.
	• 용접봉이 빨리 녹는다.

60 직류 아크용접기에서 발전형과 비교한 정류기형의 특징에 대한 설명으로 틀린 것은?

① 소음이 적다.
② 취급이 간편하고 가격이 저렴하다.
③ 교류를 정류하므로 완전한 직류를 얻는다.
④ 보수 점검이 간단하다.

[해설] 직류아크 용접기의 종류
- 엔진 발전형 : 엔진을 구동시켜 발전기로 완전한 직류 생성
- 전동 구동형 : 전동기를 구동시켜 발전기로 완전한 직류 생성
- 정류기형 : 교류를 정류하며 완전한 직류를 얻지는 못함

정답 55 ④   56 ①   57 ①   58 ③   59 ②   60 ③

01 맞대기 용접이음의 가접 또는 첫 층에서 루트 근방의 열영향부에서 발생하여 점차 비드 속으로 들어가는 균열은?

① 토 균열
② 루트 균열
③ 세로 균열
④ 크레이터 균열

해설 루트 균열이란 맞대기 용접이음의 가접 또는 첫 층에서 루트 부근의 열영향부에 발생하여 점차 비드 속으로 들어가는 균열이다.(토 균열 : 비드 표면과 모재의 경계부에서 발생, 세로 균열 : 용접비드에 평행하게 발생, 크레이터 균열 : 용접비드의 크레이터부에 발생한 균열)

02 2성분계의 평형상태도에서 액체, 고체 어떤 상태에서도 두 성분이 완전히 융합하는 경우는?

① 공정형
② 전율포정형
③ 편정형
④ 전율고용형

해설 전율고용형 : 두 성분이 조성, 조합에서 완전히 서로 고용되어 한 개의 상을 나타내는 것

03 용접결함 중 비드 밑(under bead) 균열의 원인이 되는 원소는?

① 산소
② 수소
③ 질소
④ 탄산가스

해설 비드 밑 균열은 수소가 원인이 되는 균열이며 주로 비드의 아래쪽에 발생한다.

04 일반적으로 고장력강은 인장강도가 몇 N/mm² 이상일 때를 말하는가?

① 290
② 390
③ 490
④ 690

해설 고장력강은 490N/mm² 이상의 인장강도를 갖는다.

05 오스테나이트계 스테인리스강의 용접 시 유의사항으로 틀린 것은?

① 예열을 한다.
② 짧은 아크 길이를 유지한다.
③ 아크를 중단하기 전에 크레이터 처리를 한다.
④ 용접 입열을 억제한다.

해설 스테인리스강의 종류
• 오스테나이트계 스테인리스강(18% Cr-8% Ni강) → 예열 시 결정입계 크롬탄화물 석출, 낮은 전류로 입열량을 줄여가며 용접
• 페라이트계 스테인리스강
• 마텐자이트계 스테인리스강
• 석출경화형 스테인리스강

06 응력제거 열처리법 중에서 노내 풀림 시 판 두께가 25mm인 일반구조용 압연강재, 용접구조용 압연강재 또는 탄소강의 경우 일반적으로 노내 풀림 온도로 가장 적당한 것은?

① 300±25℃
② 400±25℃
③ 525±25℃
④ 625±25℃

해설 노내 풀림 시 일반적으로 판 두께가 25mm인 용접구조용 압연강재 또는 탄소강을 625±25℃의 온도로 가열한 후 서랭한다.

07 다음 중 산소에 의해 발생할 수 있는 가장 큰 용접 결함은?

① 은점
② 헤어크랙
③ 기공
④ 슬래그

해설 기공은 산소 또는 수소에 의해 발생하는 결함이다.

08 제품이 너무 크거나 노내에 넣을 수 없는 대형 용접구조물을 노내 풀림을 할 수 없으므로 용접부 주위를 가열하여 잔류 응력을 제거하는 방법은?

정답 01 ② 02 ④ 03 ② 04 ③ 05 ① 06 ④ 07 ③ 08 ③

① 저온 응력완화법 ② 기계적 응력완화법
③ 국부 응력제거법 ④ 노내 응력제거법

해설 용접부의 일부(국부)만을 가열하여 잔류응력을 제거하는 방법을 국부 응력제거법이라고 한다.

09 주철의 용접 시 주의사항으로 틀린 것은?

① 용접 전류는 필요 이상 높이지 말고 지나치게 용입을 깊게 하지 않는다.
② 비드의 배치는 짧게 해서 여러 번의 조작으로 완료한다.
③ 용접봉은 가급적 지름이 굵은 것을 사용한다.
④ 용접부를 필요 이상 크게 하지 않는다.

해설 3.0~3.6%의 탄소를 함유한 것을 일반적으로 주철이라고 한다. 일반적으로 사용되는 철에 비해 탄소의 함유량이 많아 취성이 생기기 쉬워 예열과 함께 가급적 지름이 얇은 용접봉으로 입열량을 적게 유지하여 용접해야 한다.

10 동일 강도의 강에서 노치 인성을 높이기 위한 방법이 아닌 것은?

① 탄소량을 적게 한다.
② 망간을 될수록 적게 한다.
③ 탈산이 잘 되도록 한다.
④ 조직이 치밀하도록 한다.

해설 노치 인성을 높게 하기 위해 망간의 합금이 사용되며 대표적인 합금이 하드필드강(고망간강)으로 내마멸성이 상당이 우수한 합금강이다.

11 용접의 기본기호 중 가장자리 용접을 나타내는 것은?

① ②
③ ④

해설 ① 겹침용접
② 급경사면 한쪽 V형 맞대기 용접
③ 가장자리 용접
④ 서페이싱 용접

12 건설 또는 제조에 필요한 정보를 전달하기 위한 도면으로 제작도가 사용되는데, 이 종류에 해당되는 것으로만 조합된 것은?

① 계획도, 시공도, 견적도
② 설명도, 장치도, 공정도
③ 상세도, 승인도, 주문도
④ 상세도, 시공도, 공정도

해설 제작도는 제품의 제작에 관한 모든 것을 표시한 도면으로 상세도, 시공도, 공정도 등으로 구분된다.

13 용접 도면에서 기호의 위치를 설명한 것 중 틀린 것은?

① 화살표는 기준선이 한쪽 끝에 각을 이루며 연결된다.
② 좌우 대칭인 용접부에서는 파선은 필요 없고 생략하는 편이 좋다.
③ 파선은 연속선의 위 또는 아래에 그을 수 있다.
④ 용접부가 이음의 화살표 쪽에 있으면 기호는 파선 쪽의 기준선에 표시한다.

해설 용접부가 이음의 화살표 쪽에 있으면 기호는 파선이 아닌 실선 쪽의 기준선에 표시한다.

14 다음 중 도면용지 A0의 크기로 옳은 것은?

① 841×1,189 ② 594×841
③ 420×594 ④ 297×420

해설 **도면의 크기와 종류**
- A0 : 841×1,189mm
- A1 : 594×841mm
- A2 : 420×594mm
- A3 : 297×420mm
- A4 : 210×297mm

정답 09 ③ 10 ② 11 ③ 12 ④ 13 ④ 14 ①

15 용접부 및 용접부 표면의 형상 보조기호 중 제거 가능한 이면 판재를 사용할 때 기호는?

①

②

③ ⌐M⌐

④ ⌐MR⌐

해설 MR : 제거 가능한 덮개판 사용

M : 영구적인 덮개판 사용

16 용접부의 비파괴시험 기호로서 "RT"로 표시하는 비파괴시험 기호는?

① 초음파 시험

② 자분탐상시험

③ 침투탐상시험

④ 방사선 투과시험

해설 초음파 시험(UT), 자분탐상시험(MT), 침투탐상시험(PT), RT(방사선 투과시험)

17 그림과 같이 치수를 둘러싸고 있는 사각 틀(□)이 뜻하는 것은?

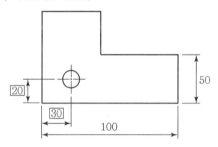

① 정사각형의 한 변의 길이

② 이론적으로 정확한 치수

③ 판 두께의 치수

④ 참고치수

해설 이론적으로 정확한 치수임을 나타내기 위해 치수문자에 사각틀을 사용한다.

18 제도에서 사용되는 선의 종류 중 가는 2점 쇄선의 용도를 바르게 나타낸 것은?

① 물체의 가공 전 또는 가공 후의 모양을 표시하는 데 쓰인다.

② 도형의 중심선을 간략하게 나타내는 데 쓰인다.

③ 특수한 가공을 하는 부분 등 특별한 요구사항을 적용할 수 있는 범위를 표시하는 데 쓰인다.

④ 대상물의 실제 보이는 부분을 나타낸다.

해설 **선의 종류와 용도**

선의 종류	용도
굵은 실선	외형선
가는 실선	치수선, 치수보조선, 지시선, 해칭선
가는 1점 쇄선	중심선, 기준선, 피치선
가는 2점 쇄선	가상선, 무게중심선, 가공 전후 모양을 표시하는 선
굵은 1점 쇄선	특수 지정선

19 도면을 그리기 위하여 도면에 설정하는 양식에 대하여 설명한 것 중 틀린 것은?

① 윤곽선 : 도면으로 사용된 용지의 안쪽에 그려진 내용을 확실히 구분되도록 하기 위함

② 도면의 구역 : 도면을 축소 또는 확대했을 경우 그 정도를 알기 위함

③ 표제란 : 도면 관리에 필요한 사항과 도면 내용에 관한 중요한 사항을 정리하여 기입하기 위함

④ 중심 마크 : 완성된 도면을 영구적으로 보관하기 위하여 도면을 마이크로필름을 사용하여 사진 촬영을 하거나 복사하고자 할 때 도면의 위치를 알기 쉽도록 하기 위하여 표시하기 위함

해설 도면의 구역 : 도면에서 특정 부분의 위치를 지시하는 데 편리하도록 표시하기 위함

20 주로 대칭 모양인 물체를 중심선을 기준으로 내부 모양과 외부 모양을 동시에 표시하는 단면도는?

① 회전 단면도

② 부분 단면도

③ 한쪽 단면도

④ 전단면도

정답 **15** ④ **16** ④ **17** ② **18** ① **19** ② **20** ③

해설 한쪽 단면도(반 단면도) : 대칭 모양인 물체를 중심선을 기준으로 내부와 외부 모양을 동시에 표시

21 맞대기 용접이음에서 이음효율을 구하는 식은?

① 이음효율 $= \dfrac{\text{모재의 인장강도}}{\text{용접시험편의 인장강도}} \times 100(\%)$

② 이음효율 $= \dfrac{\text{용접시험편의 인장강도}}{\text{모재의 인장강도}} \times 100(\%)$

③ 이음효율 $= \dfrac{\text{허용응력}}{\text{사용응력}} \times 100(\%)$

④ 이음효율 $= \dfrac{\text{사용응력}}{\text{허용응력}} \times 100(\%)$

22 용접 이음을 설계할 때 주의사항으로 옳은 것은?

① 용접 길이는 되도록 길게 하고, 용착금속도 많게 한다.
② 용접 이음을 한군데로 집중시켜 작업의 편리성을 도모한다.
③ 결함이 적게 발생하는 아래보기 자세를 선택한다.
④ 강도가 강한 필릿용접을 주로 선택한다.

해설 용접 이음 설계 시 용접 길이는 되도록 짧게 하고 용착금속도 적게 해야 하는데, 이는 용접열로 인한 재료의 변형과 내부응력의 발생을 최소화하기 위함이다.

23 다음 그림과 같은 용접이음 명칭은?

① 겹치기 용접   ② T 용접
③ 플레어 용접   ④ 플러그 용접

해설 플레어 용접은 부재 간의 원호와 원호 또는 원호와 직선으로 된 홈 부분에 하는 용접이다.

24 응력제거 열처리법 중에서 가장 잘 이용되고 있는 방법으로서 제품 전체를 가열로 안에 넣고 적당한 온도에서 일정 시간 유지한 다음 노내에서 서랭시킴으로써 잔류응력을 제거하는데, 연강류 제품을 노내에서 출입시키는 온도는 몇 ℃를 넘지 않아야 하는가?

① 100℃   ② 300℃
③ 500℃   ④ 700℃

해설 금속 잔류응력 제거방법의 종류로는 노내 풀림법, 국부풀림법, 저온 응력완화법, 기계적 응력완화법, 피닝법 등이 있으며 노내풀림 시 노내에서 출입시키는 온도는 300℃를 넘지 않아야 한다.

25 꼭지각이 136°인 다이아몬드 사각추의 압입자를 시험하중으로 시험편에 압입한 후 측정하여 환산표에 의해 경도를 표시하는 시험법은?

① 로크웰 경도 시험   ② 브리넬 경도 시험
③ 비커스 경도 시험   ④ 쇼어 경도 시험

해설 **경도시험법의 종류**
• 로크웰 경도시험 : B스케일과 C스케일을 이용하여 경도 측정
• 브리넬 경도시험 : 강구입자를 압입시켜 경도 측정
• 비커스 경도시험 : 내면의 각이 136°인 다이아몬드 사각뿔 압입자의 대각선 길이로 측정
• 쇼어 경도시험 : 추를 일정한 높이에서 낙하시켜 반발 높이를 이용해 경도 측정

26 용접부의 피로강도 향상법으로 맞는 것은?

① 덧붙이 크기를 가능한 한 최소화한다.
② 기계적 방법으로 잔류응력을 강화한다.
③ 응력 집중부에 용접 이음부를 설계한다.
④ 야금적 변태에 따라 기계적인 강도를 낮춘다.

해설 용접부의 덧살은 보강 덧붙임으로서의 가치가 거의 없고 오히려 피로강도를 감소시킨다.

27 용접 열영향부에서 생기는 균열에 해당되지 않는 것은?

① 비드 밑 균열(under bead crack)
② 세로 균열(longitudinal crack)
③ 토 균열(toe crack)
④ 라멜라 티어 균열(lamella tear crack)

해설 세로 균열은 열영향부가 아닌 비드 위에 용접선 방향으로 나타나는 균열이다.

28 용접이음에서 취성파괴의 일반적 특징에 대한 설명 중 틀린 것은?

① 온도가 높을수록 발생하기 쉽다.
② 항복점 이하의 평균응력에서도 발생한다.
③ 파괴의 기점은 응력과 변형이 집중하는 구조적 및 형상적 불연속부에서 발생하기 쉽다.
④ 거시적 파면상황은 판 표면에 거의 수직이다.

해설 취성파괴는 일반적으로 저온에서 일어나기 쉬운 상태가 된다.

29 다음 그림과 같은 순서로 하는 용착법을 무엇이라고 하는가?

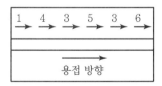

① 전진법
② 후퇴법
③ 캐스케이드법
④ 스킵법

해설 **용착법의 종류**
• 전진법 : 용접이음이 짧고 변형 및 잔류응력이 큰 문제가 되지 않는 경우 사용

• 후진법 : 용접봉을 기울인 방향으로 후퇴하면서 전체적인 길이를 용접하는 방법
• 대칭법 : 중심에서 좌우로 또는 좌우 대칭으로 용접하여 변형과 수축응력을 경감하는 방법
• 비석법(스킵법) : 짧은 용접 길이로 나누어 간격을 두면서 용접하는 방법(잔류응력 발생 최소화)

30 용접구조물의 수명과 가장 관련이 있는 것은?

① 작업 태도
② 아크 타임률
③ 피로강도
④ 작업률

해설 용접구조물의 수명은 보기 중 피로강도와 가장 밀접한 관련성이 있다.

31 잔류 응력을 제거하는 방법이 아닌 것은?

① 저온 응력완화법
② 기계적 응력완화법
③ 피닝법
④ 담금질 열처리법

해설 담금질 열처리의 목적은 재료의 경화로서, 잔류응력 제거와는 관계가 없다.

32 그림과 같은 필릿용접에서 목두께를 나타내는 것은?

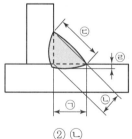

① ㉠
② ㉡
③ ㉢
④ ㉣

해설 목두께에는 실제 목두께와 이론 목두께가 있으며 용접봉이 용해한 용착금속이 부풀어 오른 부분을 제외한 단면의 두께를 말한다.

33 용접부의 파괴시험법 중에서 화학적 시험방법이 아닌 것은?

① 함유수소시험　　　② 비중시험
③ 화학분석시험　　　④ 부식시험

해설 비중시험은 물리적 시험법에 속한다.

34 2매의 판이 100°의 각도로 조립되는 필릿 용접 이음의 경우 이론 목두께는 다리 길이의 약 몇 %인가?

① 70.7%　　　　　② 65%
③ 50%　　　　　　④ 55%

해설 2매의 판이 직각(90°)으로 조립되는 경우는 cos45°, 즉 다리길이의 0.707배가 적용되나 중심각이 100°인 경우 삼각형 양측의 각이 40°이므로 cos40°는 0.66으로 다리길이의 약 65%가 된다.

35 연강을 0℃ 이하에서 용접할 경우 예열하는 방법은?

① 이음의 양쪽 폭 100mm 정도를 40℃~75℃로 예열하는 것이 좋다.
② 이음의 양쪽 폭 150mm 정도를 150℃~200℃로 예열하는 것이 좋다.
③ 비드 균열을 일으키기 쉬우므로 50℃~350℃로 용접 홈을 예열하는 것이 좋다.
④ 200℃~400℃ 정도로 홈을 예열하고 냉각속도를 빠르게 용접한다.

해설 연강을 0℃ 이하에서 용접할 경우 용접 이음의 양쪽 폭 100mm 정도를 40~75℃로 예열한다.

36 용접부의 시점과 끝나는 부분에 용입 불량이나 각종 결함을 방지하기 위해 주로 사용되는 것은?

① 엔드 탭　　　　　② 포지셔너
③ 회전 지그　　　　④ 고정 지그

해설 용접 시 용착 금속의 양쪽 끝에 충분한 용입을 얻기 위하여 모재의 양쪽에 덧대는 강판을 엔드 탭(end tab)이라고 한다.

37 65%의 용착효율을 가지고 단일의 V형 홈을 가진 20mm 두께의 철판을 3m 맞대기 용접했을 때, 필요한 소요 용접봉의 중량은 약 몇 kgf인가? (단, 20mm 철판의 용접부 단면적은 2.6cm²이고, 용착 금속의 비중은 7.85이다.)

① 7.42　　　　　　② 9.42
③ 11.42　　　　　④ 13.42

해설
$$용접봉의\ 중량 = \frac{단면적 \times 용접선의\ 길이}{용착\ 효율}$$
$$= \frac{2.6 \times 7.85 \times 3 \times 100}{0.65} = 9.42 kgf$$

38 용접 제품을 제작하기 위한 조립 및 가접에 대한 일반적인 설명으로 틀린 것은?

① 강도상 중요한 곳과 용접의 시점과 종점이 되는 끝부분을 주로 가접한다.
② 조립순서는 용접순서 및 용접작업의 특성을 고려하여 계획한다.
③ 가접 시에는 본용접보다도 지름이 약간 가는 용접봉을 사용하는 것이 좋다.
④ 불필요한 잔류응력이 남지 않도록 미리 검토하여 조립순서를 정한다.

해설 가접(가용접)이란 본용접을 실시하기 전에 용접부위를 일시적으로 고정시키기 위해서 용접하는 것으로 부품의 끝 모서리나 응력이 집중되는 곳은 피해야 하며 용접봉은 본용접 시 사용하는 것보다 얇은 것을 사용한다.

39 그림과 같이 강판 두께(t) 19mm, 용접선의 유효길이(l) 200mm, h_1, h_2가 각각 8mm, 하중(P) 7,000kgf가 작용할 때 용접부에 발생하는 인장응력은 약 몇 kgf/mm²인가?

정답 33 ②　34 ②　35 ①　36 ①　37 ②　38 ①　39 ②

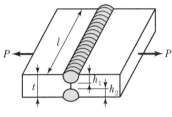

① 0.2   ② 2.2

③ 4.8   ④ 6.8

해설   인장응력 $= \dfrac{\text{인장하중}(P)}{\text{단면적}(A)} = \dfrac{P}{(h_1+h_2) \times l}$

$= \dfrac{7,000}{(8+8) \times 200} ≒ 2.19 \text{kgf/mm}^2$

40 용접작업에서 지그(Jig) 사용 시 얻는 효과로 틀린 것은?

① 용접 변형을 억제하고 적당한 역변형을 주어 변형을 방지한다.

② 제품의 정밀도가 낮아진다.

③ 대량생산의 경우 용접 조립작업을 단순화시킨다.

④ 용접작업은 용이하고 작업능률이 향상된다.

해설   용접작업 시 조립과 부착 시 사용하는 것으로 제품의 정밀도를 높이기 위해 사용하는 것을 지그라고 한다.

41 교류아크용접기의 용접 전류 조정방법에 의한 분류에 해당되지 않는 것은?

① 가동 철심형   ② 가동 코일형

③ 탭 전환형   ④ 발전형

해설   **교류아크 용접기의 종류**

• 가동 철심형   • 가동 코일형

• 탭 전환형   • 가포화 리액터형

42 정격 2차 전류 300A의 용접기에서 실제로 200A의 전류로서 용접한다고 가정하면 허용사용률은 얼마인가?(단, 정격사용률은 40%라고 한다.)

① 80%   ② 85%

③ 90%   ④ 95%

해설   허용사용률 $= \dfrac{\text{정격 2차 전류}^2}{\text{실제 사용 전류}^2} \times \text{정격사용률}$

$= \dfrac{300^2}{200^2} \times 40 = 90\%$

43 탄산가스 아크용접 장치에 해당되지 않는 것은?

① 용접 토치   ② 보호 가스 설비

③ 제어장치   ④ 플럭스 공급장치

해설   탄산가스 아크용접용 장치 : 용접 토치, 보호 가스 설비, 전압제어장치, 와이어 송급장치 등

44 피복아크용접법이 가스용접법보다 우수한 점이 아닌 것은?

① 열의 집중성이 좋다.

② 용접변형이 적다.

③ 유해광선의 발생이 적다.

④ 용접부의 강도가 크다.

해설   피복아크용접은 가스용접법보다 유해광선의 발생이 많으며 이는 피복아크용접의 단점에 해당된다.

45 서브머지드 아크용접의 다전극방식에 의한 분류 중 같은 종류의 전원에 두 개의 전극을 접속하여 용접하는 것으로 비드 폭이 넓고, 용입이 깊은 용접부를 얻기 위한 방식은?

① 탠덤식   ② 횡병렬식

③ 횡직렬식   ④ 종직렬식

해설   **서브머지드 아크용접의 다전극방식에 의한 분류**

• 탠덤식 : 두 개의 전극 와이어를 각각 독립된 전원에 연결

• 횡병렬식 : 같은 종류의 전원에 두 개의 전극을 연결하여 비드 폭이 넓고 용입이 깊음

• 횡직렬식 : 두 개의 와이어에 전류를 직렬로 연결

정답   40 ②   41 ④   42 ③   43 ④   44 ③   45 ②

46 가스용접으로 주철을 용접할 때 가장 적당한 예열온도는 몇 ℃인가?

① 300~400℃
② 500~600℃
③ 700~800℃
④ 900~1,000℃

해설 주철은 주철 용접봉을 사용하여 아세틸렌 용접을 하는 경우 500~600℃로 예열한다.

47 용접기에서 떨어져 작업을 할 때 작업위치에서 전류를 조정할 수 있는 장치는?

① 전자개폐장치
② 원격제어장치
③ 전류측정기
④ 전격방지장치

해설 원격제어장치 : 원거리에서 용접 전류를 조정하는 경우 사용하는 장치

48 공업용 아세틸렌가스 용기의 도색은?

① 녹색
② 백색
③ 황색
④ 갈색

해설 **공업용 가스용기의 도색**
  • 산소 : 녹색
  • 아르곤, 질소 : 회색
  • 수소 : 주황색
  • 아세틸렌 : 황색

49 이음부의 루트 간격 치수에 특히 유의하여야 하며, 아크가 보이지 않는 상태에서 용접이 진행된다고 하여 잠호용접이라고도 부르는 용접은?

① 피복 아크용접
② 서브머지드 아크용접
③ 탄산가스 아크용접
④ 불활성 가스 금속 아크용접

50 산소 용기의 취급의 주의사항으로 잘못된 사항은?

① 운반이나 취급 시 충격을 주지 않는다.
② 가연성 가스와 함께 저장하여 누설되어도 인화되지 않게 한다.
③ 기름이 묻은 손이나 장갑을 끼고 취급하지 않는다.
④ 운반 시 가능한 한 운반기구를 이용한다.

해설 산소용기는 가연성 가스와 함께 저장 시 폭발의 위험이 있다.

51 중량물의 안전운반에 관한 설명 중 잘못된 것은?

① 힘이 센 사람과 약한 사람이 조를 짜며 키가 큰 사람과 작은 사람이 한 조가 되게 한다.
② 화물의 무게가 여러 사람에게 평균적으로 걸리게 한다.
③ 긴 물건은 작업자의 같은 쪽 어깨에 메고 보조를 맞춘다.
④ 정해진 자의 구령에 맞추어 동작한다.

해설 공동으로 운반 작업할 때는 체력과 신장이 비슷한 사람끼리 작업하도록 한다.

52 용접법의 분류에서 융접에 속하는 것은?

① 테르밋 용접
② 단접
③ 초음파 용접
④ 마찰 용접

해설 테르밋 용접은 금속산화철과 알루미늄 분말을 배합하여 점화 시 발생하는 화학적인 열을 이용해 용접하는 융접의 일종이며 주로 기차 레일의 용접에 사용된다.

53 피복아크용접봉의 피복제 중에 포함되어 있는 주성분이 아닌 것은?

① 아크 안정제
② 가스 억제제
③ 슬래그 생성제
④ 탈산제

정답 46 ② 47 ② 48 ③ 49 ② 50 ② 51 ① 52 ① 53 ②

해설 피복제의 성분
- 가스 발생제
- 슬래그 생성제
- 아크 안정제
- 탈산제
- 고착제

54 냉간 압접의 일반적인 특징으로 틀린 것은?

① 용접부가 가공 경화된다.
② 압접에 필요한 공구가 간단하다.
③ 접합부의 열 영향으로 숙련이 필요하다.
④ 접합부의 전기저항은 모재와 거의 동일하다.

해설 냉간압접은 부재를 가열하지 않고 상온에서 압력을 가하여 2개의 금속면을 접합시키는 용접법으로 접합법이 간단하여 숙련이 필요치 않다.

55 용가재인 전극 와이어를 와이어 송급장치에 의해 연속적으로 보내어 아크를 발생시키는 용극식 용접방식은?

① TIG 용접
② MIG 용접
③ 탄산가스 아크용접
④ 마찰용접

해설 MIG 용접은 용가재인 전극 와이어를 와이어 송급장치에 의해 연속적으로 보내어 아크를 발생시키는 용접법으로 주로 비철금속의 용접에 사용된다.

56 금속과 금속의 원자 간 거리를 충분히 접근시키면 금속원자 사이에 인력이 작용하여 그 인력에 의하여 금속을 영구 결합시키는 것이 아닌 것은?

① 융접
② 압접
③ 납땜
④ 리벳이음

해설 용접의 종류 : 융접, 압접, 납땜
※ 리벳이음은 기계적인 접합법에 속한다.

57 연강용 피복 아크용접봉 중 내균열성이 가장 좋은 용접봉은?

① 고셀룰로오스계
② 일미나이트계
③ 고산화티탄계
④ 저수소계

해설 저수소계 용접봉(E4316)은 피복제 중에 수소를 발생시키는 성분을 타 용접봉에 비해 낮게 하고 용접금속 중의 수소량을 감소시킨 것으로, 기계적 성질이 좋고 내균열성이 뛰어나 중요한 구조물의 용접에 사용된다.

58 연강의 가스 절단 시 드래그(drag) 길이는 주로 어느 인자에 의해 변화하는가?

① 예열과 절단 팁의 크기
② 토치 각도와 진행방향
③ 예열 불꽃 및 백심의 크기
④ 절단속도와 산소소비량

해설 드래그(drag)란 가스 절단 시 가스 입구와 출구 사이의 수평거리로, 절단속도와 산소 소비량에 영향을 받는다. 표준드래그 길이는 모재 두께의 약 20%로 한다.

59 피복아크용접봉의 단면적 1mm²에 대한 적당한 전류 밀도는?

① 6~9A
② 10~13A
③ 14~17A
④ 18~21A

60 이음 형상에 따른 저항용접의 분류 중 맞대기 용접이 아닌 것은?

① 플래시 용접
② 버트 심 용접
③ 점 용접
④ 퍼커션 용접

해설 맞대기 저항용접이란 플래시 용접, 버트 심 용접, 퍼커션 용접 등과 같이 용접하려고 하는 면을 맞대고 통전 및 가열하여 실시하는 용접을 말한다.

정답　54 ③　55 ②　56 ④　57 ④　58 ④　59 ②　60 ③

01 적열취성의 원인이 되는 것은?

① 탄소 ② 수소
③ 질소 ④ 황

해설 적열취성의 원인이 되는 원소는 황(S) 또는 구리(Cu)이다.

02 용접 중 용융된 강의 탈산, 탈황, 탈인에 관한 설명으로 적합한 것은?

① 용융 슬래그(Slag)는 염기도가 높을수록 탈인율이 크다.
② 탈황반응 시 용융 슬래그(Slag)는 환원성, 산성과 관계없다.
③ Si, Mn 함유량이 같을 경우 저수소계 용접봉은 티탄계 용접봉보다 산소함유량이 적어진다.
④ 관구이론은 피복아크용접봉의 플럭스(Flux)를 사용한 탈산에 관한 이론이다.

03 서브머지드 용접에서 소결형 용제의 사용 전 건조온도와 시간은?

① 150~300℃에서 1시간 정도
② 150~300℃에서 3시간 정도
③ 400~600℃에서 1시간 정도
④ 400~600℃에서 3시간 정도

해설 서브머지드 용접에 사용되는 용제의 종류
• 용융형 용제 : 원료를 아크 전기로에서 1,300℃ 이상으로 용융하여 응고 분쇄한 것
• 소결형 용제 : 원료를 점결제와 더불어 용해되지 않을 정도로 약 300℃에서 1시간 정도 소결처리한 것
• 혼성형 용제 : 분말상 원료에 고착제를 가하여 비교적 저온에서 제조한 것

04 철강의 용접부 조직 중 수지상 결정조직으로 되어 있는 부분은?

① 모재 ② 열영향부
③ 용착금속부 ④ 융합부

해설 수지상 결정 조직은 응고되는 금속 내부에서 발생된다.

05 금속재료의 일반적인 특징이 아닌 것은?

① 금속결합인 결정체로 되어 있어 소성가공이 유리하다.
② 열과 전기의 양도체이다.
③ 이온화하면 음(−)이온이 된다.
④ 비중이 크고 금속적 광택을 갖는다.

해설 합금은 이온화되면 (+)이온과 (−)이온이 된다.

06 일반적으로 주철의 탄소함량은?

① 0.03% 이하
② 2.11~6.67%
③ 1.0~1.3%
④ 0.03~0.08%

해설 • 순철 : 0.01% 이하
• 탄소강 : 0.01~2.0%
• 주철 : 2.0~6.67%

07 용접 후 강재를 연화시키기 위하여 기계적, 물리적 특성을 변화시켜 함유가스를 방출시키는 것으로 일정시간 가열 후 노 안에서 서랭하는 금속의 열처리 방법은?

① 불림 ② 뜨임
③ 풀림 ④ 재결정

해설 풀림 : 금속재료를 적당한 온도로 가열한 다음 서서히 상온으로 냉각시키는 조작

08 큰 재료일수록 내외부 열처리 효과의 차이가 생기며, 강의 담금질성에 의하여 영향을 받는 현상은?

① 시효경화   ② 노치효과

③ 담금질효과   ④ 질량효과

해설 질량효과는 강재의 질량의 대소에 따라서 열처리효과가 달라진다. 질량효과가 크다는 것은 강재의 크기에 따라 열처리효과가 작다는 것을 뜻한다.

09 오스테나이트계 스테인리스강 용접부의 입계 부식 균열 저항성을 증가시키는 원소가 아닌 것은?

① Nb   ② C

③ Ti   ④ Ta

10 철의 동소 변태에 대한 설명으로 틀린 것은?

① α-철 : 910℃ 이하에서 체심입방격자이다.

② γ-철 : 910~1,400℃에서 면심입방격자이다.

③ β-철 : 1,400~1,500℃에서 조밀육방격자 이다.

④ δ-철 : 1,400~1,538℃에서 체심입방격자이다.

해설 β-철 : 768~912℃의 체심입방격자이다.

11 선의 용도 중 가는 실선을 사용하지 않는 것은?

① 숨은선   ② 지시선

③ 치수선   ④ 회전단면선

해설 숨은선은 대상물의 보이지 않는 부분의 모양을 표시하는 데 쓰이며 가는 파선 또는 굵은 파선을 사용한다.

12 전개도를 그리는 기본적인 방법 3가지에 해당하지 않는 것은?

① 평행선 전개법   ② 삼각형 전개법

③ 방사선 전개법   ④ 원통형 전개법

해설 전개법에는 평행선 전개법, 방사선 전개법, 삼각형 전개법이 있다.

13 도면에서 2종류 이상의 선이 같은 장소에서 중복될 경우 우선되는 선의 순서는?

① 외형선-숨은선-중심선-절단선

② 외형선-중심선-절단선-숨은선

③ 외형선-중심선-숨은선-절단선

④ 외형선-숨은선-절단선-중심선

해설 우선되는 선의 순서는 외형선-숨은선-절단선-중심선-무게 중심선-치수보조선이다.

14 도면의 분류 중 표현형식에 따른 설명으로 틀린 것은?

① 선도 : 투시 투상법에 의해서 입체적으로 표현한 그림의 총칭이다.

② 전개도 : 대상물을 구성하는 면을 평면으로 전개한 그림이다.

③ 외관도 : 대상물의 외형 및 최소한으로 필요한 치수를 나타낸 도면이다.

④ 곡면선도 : 선체, 자동차 차체 등의 복잡한 곡면을 여러 개의 선으로 나타낸 도면이다.

해설 선도는 기호와 선을 사용하여 나타낸 도면으로 계통도, 구조선도 등이 있다.

15 부품의 면이 평면으로 가공되어 있고, 복잡한 윤곽을 갖는 부품인 경우에 그 면에 광명단 등을 발라 스케치 용지에 찍어 그 면의 실형을 얻는 스케치 방법은?

① 프리핸드법   ② 프린트법

③ 본뜨기법   ④ 사진촬영법

해설 • 프리핸드법 : 척도에 관계없이 적당한 크기로 부품을 그린 후 치수를 측정해 기입하는 방법

정답   08 ④   09 ②   10 ③   11 ①   12 ④   13 ④   14 ①   15 ②

- 본뜨기법 : 불규칙한 곡선부분이 있는 부품을 직접 용지 위에 놓고 윤곽을 본뜨는 방법
- 사진촬영법 : 복잡한 기계의 조립 상태나 형상, 구조를 가장 잘 나타내고 있는 방향에서 여러 장의 사진을 찍는 방법

16 재료기호 중 'SM400C'의 재료 명칭은?

① 일반구조용 압연강재
② 용접구조용 압연강재
③ 기계구조용 탄소강재
④ 탄소공구 강재

> 해설 • SM(Steel for Marine) : 용접구조용 압연강재
> • SS(Steel Structure) : 일반구조용 압연강재

17 KS 용접기호 중 다음 그림과 같은 보조기호의 설명으로 옳은 것은?

① 끝단부를 2번 오목하게 한 필릿 용접
② K형 맞대기 용접 끝단부를 2번 오목하게 함
③ K형 맞대기 용접 끝단부를 매끄럽게 함
④ 매끄럽게 처리한 필릿 용접

18 KS 규격에 의한 치수 기입의 원칙 설명 중 틀린 것은?

① 치수는 되도록 주 투상도에 집중한다.
② 각 형체의 치수는 하나의 도면에서 한 번만 기입한다.
③ 기능 치수는 대응하는 도면에 직접 기입해야 한다.
④ 치수는 되도록 계산으로 구할 수 있도록 기입한다.

> 해설 치수는 되도록 계산해서 구할 필요가 없도록 해야한다.

19 투상도의 배열에 사용된 제1각법과 제3각법의 대표 기호로 옳은 것은?

[제1각법]　　　[제3각법]

①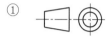

②

③

④

20 다음 그림과 같은 형상을 한 용접기호에 대한 설명으로 옳은 것은?

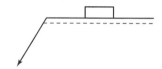

① 플러그 용접기호로 화살표 반대쪽 용접이다.
② 플러그 용접기호로 화살표 쪽 용접이다.
③ 스폿 용접기호로 화살표 반대쪽 용접이다.
④ 스폿 용접기호로 화살표 쪽 용접이다.

> 해설 실선에 도시되었으므로 화살표 쪽 플러그 용접이다.

21 용접부에서 발생하는 저온 균열과 직접적인 관계가 없는 것은?

① 열영향부의 경화현상
② 용접잔류응력의 존재
③ 용착금속에 함유된 수소
④ 합금의 응고 시에 발생하는 편석

> 해설 탄소강의 균열현상은 용접 후 충분한 시간이 경과 후 발생되는데 이를 저온균열이라 한다. 주로 열영향부에서 발생하게 되며 용접부에 수소가 존재하거나 잔류응력이 형성된 경우 발생한다.

정답　16 ②　17 ④　18 ④　19 ①　20 ②　21 ④

22 용접 입열량에 대한 설명으로 옳지 않은 것은?

① 모재에 흡수되는 열량은 보통 용접 입열량의 약 98% 정도이다.

② 용접 전압과 전류의 곱에 비례한다.

③ 용접속도에 반비례한다.

④ 용접부에 외부로부터 가해지는 열량을 말한다.

> 해설 모재에 흡수된 열량은 입열량의 75~85% 정도이다.

23 필릿용접에서 목길이가 10mm일 때 이론 목두께는 몇 mm인가?

① 약 5.0

② 약 6.1

③ 약 7.1

④ 약 8.0

> 해설 '이론 목두께＝다리길이×cos45°＝0.707×다리길이'이므로 7.07%이다.

24 용접작업 중 예열에 대한 일반적인 설명으로 틀린 것은?

① 수소의 방출을 용이하게 하여 저온 균열을 방지한다.

② 열영향부와 용착금속의 경화를 방지하고 연성을 증가시킨다.

③ 물건이 작거나 변형이 많은 경우에는 국부 예열을 한다.

④ 국부 예열의 가열 범위는 용접선 양쪽에 50~100mm 정도로 한다.

> 해설 물건이 작거나 변형이 많은 경우는 국부 예열을 하지 않는다.

25 용접수축에 의한 굽힘 변형 방지법으로 틀린 것은?

① 개선 각도는 용접에 지장이 없는 범위에서 작게 한다.

② 판 두께가 얇은 경우 첫 패스 측의 개선 깊이를 작게 한다.

③ 후퇴법, 대칭법, 비석법 등을 채택하여 용접한다.

④ 역변형을 주거나 구속 지그로 구속한 후 용접한다.

> 해설 판 두께가 얇은 경우 첫 패스 측의 개선 깊이를 크게 해야 한다.

26 용접 후 잔류응력을 완화하는 방법으로 가장 적합한 것은?

① 피닝(peening)

② 치핑(chipping)

③ 담금질(quenching)

④ 노멀라이징(normalizing)

> 해설 피닝은 용접부를 연속적으로 타격해 표면층에 소성 변형을 주는 방법이다.

27 중판 이상 두꺼운 판의 용접을 위한 홈 설계 시 고려사항으로 틀린 것은?

① 적당한 루트 간격과 루트 면을 만들어준다.

② 홈의 단면적은 가능한 한 작게 한다.

③ 루트 반지름은 가능한 한 작게 한다.

④ 최소 10° 정도 전후 좌우로 용접봉을 움직일 수 있는 홈 각도를 만든다.

> 해설 루트 반지름은 가능한 한 크게 한다.

28 응력 제거 풀림의 효과가 아닌 것은?

① 충격저항 감소

② 용착금속 중 수소 제거에 의한 연성 증대

③ 응력 부식에 대한 저항력 증대

④ 크리프 강도 향상

29 강판의 맞대기 용접이음에서 가장 두꺼운 판에 사용할 수 있으며 양면 용접에 의해 충분한 용입을 얻으려고 할 때 사용하는 홈의 종류는?

① V형 ② U형
③ I형 ④ H형

> **해설** 가장 두꺼운 판은 H형으로 한다.

30 용접이음에서 피로강도에 영향을 미치는 인자가 아닌 것은?

① 용접기 종류 ② 이음 형상
③ 용접 결함 ④ 하중 상태

> **해설** 용접이음에서 피로강도는 재료의 이음형상, 용접결함 및 하중의 상태에 따라 영향을 미치게 된다.

31 용접부에 하중을 걸어 소성변형시킨 후 하중을 제거하면 잔류응력이 감소되는 현상을 이용한 응력제거방법은?

① 기계적 응력완화법 ② 저온 응력완화법
③ 응력 제거 풀림법 ④ 국부 응력제거법

> **해설** • 기계적 응력완화법 : 잔류응력이 존재하는 구조물에 하중을 가하여 용접부를 약간 변형시킨 다음 하중을 제거하면 잔류응력이 현저하게 감소하는 현상을 이용하는 방법
> • 국부 응력제거법 : 제품이 크거나 현장 용접된 것으로 노내 풀림을 하지 못할 경우 국부적 가열을 하여 응력을 제거하는 방법

32 용접에 사용되고 있는 여러 가지 이음 중에서 다음 그림과 같은 용접이음은?

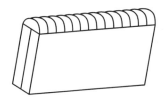

① 변두리 이음 ② 모서리 이음
③ 겹치기 이음 ④ 맞대기 이음

33 용접 구조 설계상 주의사항으로 틀린 것은?

① 용접 부위는 단면 형상의 급격한 변화 및 노치가 있는 부위로 한다.
② 용접 치수는 강도상 필요한 치수 이상으로 크게 하지 않는다.
③ 용접에 의한 변형 및 잔류응력을 경감시킬 수 있도록 한다.
④ 용접 이음을 감소시키기 위하여 압연 형재, 주단조품, 파이프 등을 적절히 이용한다.

> **해설** 단면 형상의 급격한 변화 및 노치가 있는 부위는 용접 시 잔류응력이 발생한다.

34 판 두께가 같은 구조물을 용접할 경우 수축변형에 영향을 미치는 용접시공 조건으로 틀린 것은?

① 루트 간격이 클수록 수축이 크다.
② 피닝을 할수록 수축이 크다.
③ 위빙을 하는 것이 수축이 작다.
④ 구속력이 크면 수축이 작다.

> **해설** 피닝을 하면 압축 잔류응력을 부가하여 수축이 작아진다.

35 맞대기 용접부에 3,960N의 힘이 작용할 때 이음부에 발생하는 인장응력은 약 몇 N/mm²인가?(단, 판 두께는 6mm, 용접선의 길이는 220mm로 한다.)

① 2 ② 3
③ 4 ④ 5

> **해설** $\sigma = \dfrac{P}{A} = \dfrac{3,960}{6 \times 220} = 3\text{N/mm}^2$

정답 29 ④ 30 ① 31 ① 32 ① 33 ① 34 ② 35 ②

36 엔드 탭(End Tab)에 대한 설명으로 틀린 것은?

① 모재를 구속시키는 역할도 한다.

② 모재와 다른 재질을 사용해야 한다.

③ 용접이 불량하게 되는 것을 방지한다.

④ 피복아크용접 시 엔드 탭의 길이는 약 30mm 정도로 한다.

💬 엔드 탭은 모재와 같은 재질을 사용한다.

37 용접부의 잔류응력의 경감과 변형 방지를 동시에 충족시키는 데 가장 적합한 용착법은?

① 도열법　　　　　② 비석법

③ 전진법　　　　　④ 구속법

💬 비석법은 용접 길이를 짧게 나누어 간격을 두면서 용접하는 방법으로 피용접물 전체에 변형이나 잔류응력이 적게 발생하도록 하는 용착방법이다.

38 약 2.5g의 강구를 25cm 높이에서 낙하시켰을 때 20cm 튀어 올랐다면 쇼어경도(H_S) 값은 약 얼마인가?[단, 계측통은 목측형(C형)이다.]

① 112.4　　　　　② 192.3

③ 123.1　　　　　④ 154.1

💬 쇼어 경도(H_S) 측정 시 산출공식(단, h_0 : 해머의 낙하높이, h_1 : 해머의 반발높이)

$$H_S = \frac{10,000}{65} \times \frac{h_1}{h_0} = \frac{10,000}{65} \times \frac{20}{25} \doteqdot 123.07$$

39 다음 그림과 같은 다층 용접법은?

5	5′	5″	5‴	5⁗
4	4′	4″	4‴	4⁗
3	3′	3″	3‴	3⁗
2	2′	2″	2‴	2⁗
1	1′	1″	1‴	1⁗

① 전진 블록법　　　　② 캐스케이드법

③ 덧살 올림법　　　　④ 교호법

💬 전진 블록법은 한 개의 용접봉으로 살을 붙일 만한 길이로 구분해 홈을 한 부분씩 여러 층으로 쌓아 올린 다음 다른 부분으로 진행하는 방법이다.

40 다음 그림과 같은 홈 용접은?

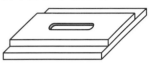

① 플러ㄱ 용섭　　　　② 슬롯 용섭

③ 플레어 용접　　　　④ 필릿 용접

💬 용접물의 한쪽에 구멍을 뚫고 그 구멍에 용접을 하여 접합하는 용접방법 중 하나로 그 구멍이 타원인 경우 슬롯 용접이라 한다.

41 일반적으로 용접의 단점이 아닌 것은?

① 품질검사가 곤란하다.

② 응력집중에 민감하다.

③ 변형과 수축이 생긴다.

④ 보수와 수리가 용이하다.

💬 보수와 수리가 용이한 것은 용접의 장점이다.

42 서브머지드 아크용접에 대한 설명으로 틀린 것은?

① 용접 전류를 증가시키면 용입이 증가한다.

② 용접 전압이 증가하면 비드 폭이 넓어진다.

③ 용접 속도가 증가하면 비드 폭과 용입이 감소한다.

④ 용접 와이어 지름이 증가하면 용입이 깊어진다.

💬 동일 전류하에서 용접 와이어의 지름이 증가하면 용입은 얕아진다.

43 MIG 용접 제어장치에서 용접 후에도 가스가 계속 흘러나와 크레이터 부위의 산화를 방지하는 제어기능은?

① 가스 지연 유출시간(Post Flow Time)

② 번 백 시간(Burn Back Time)

③ 크레이터 충전시간(Crater Fill Time)

④ 예비 가스 유출시간(Preflow Time)

해설
- 가스 지연 유출시간 : 용접이 끝난 후에도 수초 동 안 가스가 계속 흘러나와 크레이터 부위의 산화를 방지하는 기능
- 번 백 시간 : 크레이터 처리기능에 의해 낮아진 전 류가 서서히 줄어들면서 아크가 끊어지는 시간
- 크레이터 충전시간 : 크레이터 처리를 위해 용접 이 끝나는 지점에서 토치 스위치를 다시 누르면 용 접전류와 전압이 낮아져 쉽게 크레이터가 채워져 결함을 방지하는 시간
- 예비가스 유출시간 : 아크가 처음 발생되기 전 보 호가스를 흐르게 함으로써 아크를 안정되게 하여 결함 발생을 방지하기 위한 시간

44 300A 이상의 아크용접 및 절단 시 착용하는 차광 유리의 차광도 번호로 가장 적합한 것은?

① 1~2

② 5~6

③ 9~10

④ 13~14

해설 용접 시 사용하는 차광렌즈의 번호는 그 숫자가 높을 수록 차광도가 높아지게 되며 300A 이상의 아크용 접 시 13~14번의 필터렌즈를 사용한다.

45 교류 아크용접기 중 전기적 전류 조정으로 소 음이 없고 기계적 수명이 길며 원격제어가 가능한 용접기는?

① 가동 철심형

② 가동 코일형

③ 탭 전환형

④ 가포화 리액터형

해설 **가포화 리액터형의 특징**
- 가변 저항의 변화로 용접 전류를 조정한다.
- 전류 조정으로 소음이 없고 기계 수명이 길다.
- 조작이 간단하고 원격 제어가 된다.

46 아크 용접기의 구비조건이 아닌 것은?

① 구조 및 취급이 간단해야 한다.

② 가격이 저렴하고 유지비가 적게 들어야 한다.

③ 효율이 낮아야 한다.

④ 사용 중 용접기의 온도 상승이 작아야 한다.

해설 아크 용접기는 역률과 효율이 좋아야 한다.

47 고진공 중에서 높은 전압에 의한 열원을 이용 하여 행하는 용접법은?

① 초음파 용접법

② 고주파 용접법

③ 전자 빔 용접법

④ 심 용접법

해설 전자 빔 용접은 고진공 속에서 음극으로부터 방출된 전자를 고전압으로 가속시켜 피용접물과의 충돌에 의한 에너지로 용접을 하는 방법이다.

48 아크용접 작업 중의 전격에 관련된 설명으로 옳지 않은 것은?

① 습기 찬 작업복, 장갑 등을 착용하지 않는다.

② 오랜 시간 작업을 중단할 때에는 용접기의 스위 치를 끄도록 한다.

③ 전격받은 사람을 발견하였을 때에는 즉시 손으 로 잡아당긴다.

④ 용접 홀더를 맨손으로 취급하지 않는다.

해설 전격받은 사람을 발견했을 때에는 전원 스위치를 차 단한 후 응급처치를 하고 신고를 한다. 전격받은 사 람을 만지면 감전위험이 있다.

49 연강용 피복아크용접봉 중 저수소계(E4316) 에 대한 설명으로 틀린 것은?

① 석회석(CaCO)이나 형석(CaF)을 주성분으로 하고 있다.

② 용착 금속 중의 수소 함유량이 다른 용접봉에 비해 1/10 정도로 적다.

③ 용접 시점에서 기공이 생기기 쉬우므로 백 스텝 (Back Step)법을 선택하면 해결할 수도 있다.

④ 작업성이 우수하고 아크가 안정하며 용접속도 가 빠르다.

해설 저수소계는 아크가 불안정하고 용접속도가 느리며 주철이나 고탄소강 용접에 사용된다.

50 탱크 등 밀폐 용기 속에서 용접작업을 할 때 주 의사항으로 적합하시 않은 것은?

① 환기에 주의한다.

② 감시원을 배치하여 사고의 발생에 대처한다.

③ 유해가스 및 폭발가스의 발생을 확인한다.

④ 위험하므로 혼자서 용접하도록 한다.

해설 위험하므로 2인 1조로 용접을 해야 한다.

51 전자 빔 용접의 일반적인 특징에 대한 설명으 로 틀린 것은?

① 불순가스에 의한 오염이 적다.

② 용접 입열이 적으므로 용접 변형이 적다.

③ 텅스텐, 몰리브덴 등 고융점 재료의 용접이 가 능하다.

④ 에너지 밀도가 낮아 용융부나 열영향부가 넓다.

해설 전자 빔은 자기 렌즈에 의해 에너지를 집속시킬 수 있 으므로 용융 속도가 빠르고 고속 용접이 가능하다.

52 저수소계 용접봉의 피복제에 30~50% 정도 의 철분을 첨가한 것으로서 용착속도가 크고 작업 능률이 좋은 용접봉은?

① E4313 ② E4324

③ E4326 ④ E4327

해설 E4326은 철분저수소계 용접봉으로 용착 금속의 기 계적 성질이 양호하고 슬래그의 박리성이 저수소계 보다 좋다.

53 아크용접기의 특성에서 부하전류(아크전류) 가 증가하면 단자 전압이 저하하는 특성을 무엇이 라 하는가?

① 수하 특성 ② 정전압 특성

③ 정전기 특성 ④ 상승 특성

해설 • 수하 특성 : 부하 전류가 증가하면 단자 전압이 저 하하는 성질

• 정전압 특성 : 부하 전압이 변화해도 단자 전압은 거의 변하지 않는 성질

• 상승 특성 : 부하 전류가 증가할 때 단자 전압이 다 소 높아지는 성질

54 그림은 피복아크용접봉에서 피복제의 편심 상 태를 나타낸 단면도이다. $D' = 3.5mm$, $D = 3mm$일 때 편심률은 약 몇 %인가?

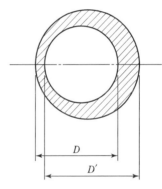

① 14% ② 17%

③ 18% ④ 20%

해설 $$편심률 = \frac{D' - D}{D} \times 100 = \frac{3.5 - 3}{3} \times 100 = 16.7$$

55 정격 2차 전류가 300A, 정격 사용률 50%인 용접기를 사용하여 100A의 전류로 용접을 할 때 허 용 사용률은?

① 250% ② 350%

③ 450% ④ 500%

해설 $\text{허용사용률} = \dfrac{\text{정격사용률}^2}{\text{실제 용접전류}^2} \times \text{정격사용률}$

$= \dfrac{300^2}{100^2} \times 50 = 450\%$

56 MIG 용접의 스프레이 용적이행에 대한 설명이 아닌 것은?

① 고전압 고전류에서 얻는다.

② 경합금 용접에서 주로 나타난다.

③ 용착속도가 빠르고 능률적이다.

④ 와이어보다 큰 용적으로 용융 이행한다.

해설 스프레이 이행은 연강에서는 직경이 0.89mm 또는 1.14mm인 와이어를 가지고 용융지를 작게 하여 전자세 용접을 할 수 있다.

57 경납땜은 융점이 몇 도(℃) 이상인 용가재를 사용하는가?

① 300℃

② 350℃

③ 450℃

④ 120℃

해설 융점 450℃ 이하는 연납, 이상은 경납이다.

58 가스용접으로 알루미늄판을 용접하려 할 때 용제의 혼합물이 아닌 것은?

① 염화나트륨

② 염화칼륨

③ 황산

④ 염화리튬

해설 알루미늄판의 용제는 염화나트륨 30%＋염화칼륨 45%＋염화리튬 15%＋플루오르화칼륨 7%＋황산칼륨 3%이다.

59 용접 자동화에 대한 설명으로 틀린 것은?

① 생산성이 향상된다.

② 외관이 균일하고 양호하다.

③ 용접부의 기계적 성질이 향상된다.

④ 용접봉 손실이 크다.

해설 자동화를 하면 용접봉 손실이 적다.

60 산소병 용기에 표시되어 있는 FP, TP의 의미는?

① FP : 최고충전압력, TP : 내압시험압력

② FP : 용기의 중량 , TP : 가스 충전 시 중량

③ FP : 용기의 사용량, TP : 용기의 내용적

④ FP : 용기의 사용 압력, TP : 잔량

해설
• FP : 최고충전압력
• TP : 내압시험압력
• V : 내용적
• W : 용기 중량

정답 56 ④ 57 ③ 58 ③ 59 ④ 60 ①

01 루트(Root) 균열의 직접적인 원인이 되는 원소는?

① 황
② 인
③ 망간
④ 수소

해설 루트(Root) 균열은 저온균열의 일종이며, 원인으로 마텐자이트 변태에 따르는 경화, 수소 및 구속 응력 등이 있다.

02 용접금속의 변형시효(Strain Aging)에 큰 영향을 미치는 것은?

① H_2
② O_2
③ CO_2
④ CH_4

해설 용접금속은 산소량이 많은 것과 상응하여 변형시효를 일으키는 경우가 많다.

03 온도에 따른 탄성률의 변화가 거의 없어 시계나 압력계 등에 널리 이용되고 있는 합금은?

① 플래티나이트
② 니칼로이
③ 인바
④ 엘린바

해설
• 엘린바 : 불변강으로서 고급시계, 크로노미터 등의 스프링 재질로 사용
• 인바 : 불변강으로 쇠줄자로 사용

04 용접금속의 가스 흡수에 대한 설명 중 틀린 것은?

① 용융금속 중의 가스 용해량은 가스압력의 평방근에 반비례한다.
② 용접금속은 고온이므로 극히 단시간 내에 다량의 가스를 흡수한다.
③ 흡수된 가스는 온도 강하에 수반하여 용해도가 감소한다.
④ 과포화된 가스는 가공, 균열, 취화의 원인이 된다.

해설 용융금속 중의 가스 용해량은 가스압력의 평방근에 비례한다.

05 강의 내부에 모재 표면과 평행하게 층상으로 발생하는 균열로서 주로 T이음, 모서리 이음에 잘 생기는 것은?

① 라멜라 티어(Lamella tear) 균열
② 크레이터(Crater) 균열
③ 설퍼(Sulfur) 균열
④ 토(Toe) 균열

해설 라멜라 티어 균열은 T형 이음과 모서리이음에서 다층의 용접을 할 경우 국부적인 변형이 주원인으로 압연강판의 층 사이에 생기는 균열이다.

06 탄소강의 가공성을 탄소의 함유량에 따라 분류할 때 옳지 않은 것은?

① 내마모성과 경도를 동시에 요구하는 경우
  : 0.65~1.2%C
② 강인성과 내마모성을 동시에 요구하는 경우
  : 0.45~0.65%C
③ 가공성과 강인성을 동시에 요구하는 경우
  : 0.03~0.05%C
④ 가공성을 요구하는 경우 : 0.05~0.3%C

해설 0.03~0.05%C는 연성이 풍부하다.

07 용착금속부에 응력을 완화할 목적으로 끝이 구면인 특수해머로서 용접부를 연속적으로 타격하여 소성변형을 주는 방법은?

① 기계해머법
② 소결법
③ 피닝법
④ 국부풀림법

해설 피닝법 : 끝이 구면인 특수 해머로 용접부를 연속적으로 타격하여 소성변형을 주는 방법

08 용접 후 용접강재의 연화와 내부응력 제거를 주목적으로 하는 열처리 방법은?

① 불림(Normalizing)
② 담금질(Quenching)
③ 풀림(Annealing)
④ 뜨임(Tempering)

해설
- 불림(노멀라이징) : 금속을 가열 후 공랭하여 조직을 표준화하는 열처리
- 담금질(퀜칭) : 강의 경도와 강도 증가
- 풀림(어닐링) : 금속을 가열 후 노랭하여 조직을 초기화하는 열처리
- 뜨임(템퍼링) : 담금질강을 재가열 후 급랭시켜 강도를 약간 줄이고 인성을 부여하는 열처리

09 다음 ( ) 안에 알맞은 것은?

철강은 체심입방격자를 유지하다 910~1,400℃에서 면심입방격자의 ( )철로 변태한다.

① 알파(α)
② 감마(γ)
③ 델타(δ)
④ 베타(β)

해설
- $\alpha-Fe$: 910℃ 이하에서 체심입방격자
- $\gamma-Fe$: 910~1,400℃에서 면심입방격자
- $\delta-Fe$: 1,400~1,539℃에서 체심입방격자

10 체심입방격자를 갖는 금속이 아닌 것은?

① W
② Mo
③ Al
④ V

해설
- 면심입방격자(FCC) : Ag, Al, Au, Ca, Cu, Ni, Pb, Pt, Rh, Th 등
- 체심입방격자(BCC) : Ba, K, Li, Mo, Na, Nb, Ta, W, V 등
- 조밀육방격자(HCP) : Be, Cd, Mg, Zn 등

11 다음 용접기호를 설명한 것으로 옳지 않은 것은?

$C \boxed{} n \times l(e)$

① n : 용접 개수
② l : 용접 길이
③ C : 심 용접 길이
④ e : 용접단속거리

해설 C : 슬롯부의 폭

12 판금 제관 도면에 대한 설명으로 틀린 것은?

① 주로 정투상도는 1각법에 의하여 도면이 작성되어 있다.
② 도면 내에는 각종 가공 부분 등이 단면도 및 상세도로 표시되어 있다.
③ 중요 부분에는 치수 공차가 주어지며 평면도, 직각도, 진원도 등이 주로 표시된다.
④ 일반공차는 KS기준으로 적용한다.

해설 정투상도는 3각법에 의해 도면을 작성한다.

13 외형도에 있어서 필요로 하는 요소의 일부분만을 오려서 국부적으로 단면도를 표시한 것은?

① 한쪽 단면도
② 온단면도
③ 부분 단면도
④ 회전도시 단면도

해설
- 부분 단면도 : 일부분을 잘라내고 필요한 내부 모양을 그리기 위한 방법
- 한쪽 단면도 : 반단면도라고 하며 90°의 전단면으로 도시
- 온단면도 : 대상물의 기본적인 모양을 180°로 절단면을 정해 그린다.
- 회전도시 단면도 : 핸들, 벨트 풀리, 기어 등과 같은 바퀴의 암, 림, 축, 구조물의 부재 등의 절단면을 90° 회전시켜 표시

14 도면의 표제란에 표시하는 내용이 아닌 것은?

① 도명
② 척도
③ 각법
④ 부품 재질

정답 08 ③ 09 ② 10 ③ 11 ③ 12 ① 13 ③ 14 ④

해설 표제란에는 도면번호, 도면명칭, 기업명, 책임자 서명, 도면 작성 연월일, 척도, 투상법 등을 기입하며 필요시에는 제도자, 설계자, 검토자, 결재란 등을 기입한다.

15 다음 보기에서 기계용 황동 각봉 재료 표시 방법 중 'ㄷ'의 의미는?

> BS BM A D ㄷ

① 강판　　　　　　② 채널
③ 각재　　　　　　④ 둥근강

해설 • BS : 황동
• BM : 비철금속 기계용 봉재
• A : 연질
• D : 무광택 마무리
• ㄷ : 각재

16 KS의 분류와 해당 부분의 연결이 틀린 것은?

① KS A－기본　　　② KS B－기계
③ KS C－전기　　　④ KS D－건설

해설 • KS D－금속
• KS V－조선

17 투상도의 명칭에 대한 설명으로 틀린 것은?

① 정면도의 물체를 정면에서 바라본 모양을 도면에 나타낸 것이다.
② 배면도는 물체를 아래에서 바라본 모양을 도면에 나타낸 것이다.
③ 평면도는 물체를 위에서 내려다 본 모양을 도면에 나타낸 것이다.
④ 좌측면도는 물체의 좌측에서 바라본 모양을 도면에 나타낸 것이다.

해설 배면도는 정면도의 뒷면을 나타낸 것이다.

18 도면의 용도에 따른 분류가 아닌 것은?

① 계획도　　　　　　② 배치도
③ 승인도　　　　　　④ 주문도

해설 • 용도에 따른 분류 : 계획도, 제작도, 주문도, 견적도, 승인도, 설명도 등
• 내용에 따른 분류 : 부품도, 조립도, 기초도, 배치도, 배근도, 장치도, 스케치도 등
• 표현 형식에 따른 분류 : 외관도, 전개도, 곡면선도, 선도, 입체도 등

19 용접부의 기호 도시 방법 설명으로 옳지 않은 것은?

① 설명선은 기선, 화살표, 꼬리로 구성되고 꼬리는 필요가 없으면 생략해도 좋다.
② 화살표는 용접부를 지시하는 것이므로 기선에 대하여 되도록 60°의 직선으로 한다.
③ 기선은 보통 수직선으로 한다.
④ 화살표는 기선의 한쪽 끝에 연결한다.

해설 기선은 보통 수평선으로 한다.

20 굵은 일점 쇄선을 사용하는 것은?

① 기계가공 방법을 명시할 때
② 조립도에서 부품번호를 표시할 때
③ 특수한 가공을 하는 부품을 표시할 때
④ 드릴 구멍의 치수를 기입할 때

해설 **선의 종류와 용도**

선의 종류	용도
굵은 실선	외형선
가는 실선	치수선, 치수보조선, 지시선, 해칭선, 중심선
가는 1점 쇄선	중심선, 기준선, 피치선
가는 2점 쇄선	가상선, 무게중심선, 인접부분을 참고로 표시하는 경우
굵은 1점 쇄선	특수 지정선(특수 가공)

21 응력이 '0'을 통과하여 같은 양의 다른 부호 사이를 변동하는 반복응력 사이클은?

① 교번응력　　　　② 양진응력
③ 반복응력　　　　④ 편진응력

해설 응력이 인장과 압축이 반복되는 응력은 양진응력이다.

22 단면적이 150mm², 표점거리가 50mm인 인장시험편에 20kN의 하중이 작용할 때 시험편에 작용하는 인장응력(σ)은?

① 약 133GPa　　　② 약 133MPa
③ 약 133kPa　　　④ 약 133Pa

해설
$$\sigma = \frac{P}{A} = \frac{20 \times 10^3 \text{N}}{150} = 133.3\text{MPa}$$

23 본용접하기 전에 적당한 예열을 함으로써 얻는 효과가 아닌 것은?

① 예열을 하게 되면 기계적 성질이 향상된다.
② 용접부의 냉각속도를 느리게 하면 균열 발생이 적게 된다.
③ 용접부 변형과 잔류응력을 경감시킨다.
④ 용접부의 냉각속도가 빨라지고 높은 온도에서 큰 영향을 받는다.

해설 용접 전에 예열을 하면 용접부의 냉각속도를 느리게 하여 결함을 방지한다.

24 용접이음부의 홈 형상을 선택할 때 고려해야 할 사항이 아닌 것은?

① 완전한 용접부를 얻을 수 있을 것
② 홈 가공이 쉽고 용접하기가 편할 것
③ 용착 금속의 양이 많을 것
④ 경제적인 시공이 가능할 것

해설 용착 금속의 양이 적절해야 한다.

25 용접변형을 최소화하기 위한 대책 중 잘못된 것은?

① 용착금속량을 가능한 한 적게 할 것
② 용접부의 구속을 작게 하고 용접순서를 일정하게 할 것
③ 포지셔너 지그를 유효하게 활용할 것
④ 예열을 실시하여 구조물 전체의 온도가 균형을 이루도록 할 것

해설 용접부의 구속을 크게 하여 변형을 방지한다.

26 강의 청열취성의 온도 범위는?

① 200~300℃　　　② 400~600℃
③ 600~700℃　　　④ 800~1,000℃

해설 청열취성은 200~300℃ 부근에서 인장강도와 경도가 커지며, 연신이 작아지고 부스러지기 쉽게 된다.

27 다음 그림에서 실제 목두께는 어느 부분인가?

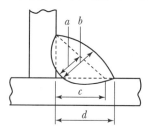

① a　　　　　　② b
③ c　　　　　　④ d

해설
- a : 이론 목두께
- b : 실제 목두께
- c : 치수
- d : 다리 길이

정답　21 ②　22 ②　23 ④　24 ③　25 ②　26 ①　27 ②

28 용접부의 이음효율을 나타내는 것은?

① (용접시험편의 인장강도/모재의 굽힘강도)
   ×100(%)

② (용접시험편의 굽힘강도/모재의 인장강도)
   ×100(%)

③ (모재의 인장강도/용접시험편의 인장강도)
   ×100(%)

④ (용접시험편의 인장강도/모재의 인장강도)
   ×100(%)

29 다음 용접기호를 설명한 것으로 옳지 않은 것은?

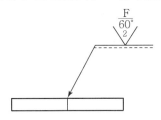

① 용접부의 다듬질 방법은 연삭으로 한다.
② 루트 간격은 2mm로 한다.
③ 개선 각도는 60°로 한다.
④ 용접부의 표면 모양을 평탄하게 한다.

해설 다듬질 방법 (F)는 '그대로 둔다'이다.

30 용접부 잔류응력 측정방법 중에서 응력이완법에 대한 설명으로 옳은 것은?

① 초음파 탐상 실험장치로 응력측정을 한다.
② 와류 실험장치로 응력측정을 한다.
③ 만능 인장시험장치로 응력측정을 한다.
④ 저항선 스트레인게이지로 응력측정을 한다.

31 용접길이 1m당 종수축은 약 얼마인가?

① 1mm   ② 5mm
③ 7mm   ④ 10mm

해설 종수축은 용접선 방향의 수축으로 일반적으로 용접이음의 종수축량은 1m당 1mm이다.

32 두께와 폭, 길이가 같은 판을 용접 시 냉각속도가 가장 빠른 경우는?

① 1개의 평판 위에 비드를 놓는 경우
② T형 이음 필릿용접의 경우
③ 맞대기 용접의 경우
④ 모서리이음 용접의 경우

해설 T형 필릿이음의 경우 다른 용접보다 전열면적이 넓기 때문에 용접 시 냉각속도도 빨라지게 된다.

33 용접작업 전 홈의 청소방법이 아닌 것은?

① 와이어브러시 작업   ② 연삭 작업
③ 숏블라스트 작업   ④ 기름 세척작업

해설 용접부에 기름과 같은 이물질이 잔류하게 되면 기공과 같은 결함이 발생할 우려가 있다.

34 잔류응력 완화법이 아닌 것은?

① 기계적 응력완화법   ② 도열법
③ 저온 응력완화법   ④ 응력 제거 풀림법

해설 도열법은 모재의 열전도를 억제하여 변형을 방지하는 방법이다.

35 용접 잔류응력을 경감하는 방법이 아닌 것은?

① 피닝을 한다.
② 용착 금속량을 많게 한다.
③ 비석법을 사용한다.
④ 수축량이 큰 이음을 먼저 용접하도록 용접순서를 정한다.

해설 잔류응력을 경감하기 위해 용착금속량을 가능하면 적게 해야 한다.

36 모재의 두께 및 탄소당량이 같은 재료를 용접할 때 일미나이트계 용접봉을 사용할 때보다 예열온도가 낮아도 되는 용접봉은?

① 고산화티탄계   ② 저수소계

③ 라임티타니아계   ④ 고셀룰로오스계

> 해설 저수소계 용접봉은 탄소당량이 높은 기계구조용강 또는 황함유량이 높은 강 등의 용접에 양호한 용접부를 얻을 수 있다.

37 다음 그림과 같은 V형 맞대기 용접에서 굽힘모멘트(M)가 $1,000N \cdot m$ 작용하고 있을 때, 최대 굽힘응력은 몇 MPa인가?(단, $l = 150mm$, $t = 20mm$이고 완전 용입이다.)

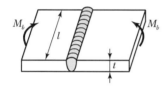

① 10   ② 100

③ 1,000   ④ 10,000

> 해설 $\sigma = \dfrac{M}{Z} = \dfrac{6M}{lh^2} = \dfrac{6 \times 1,000 \times 10^3}{150 \times 20^2} = 100MPa$

38 용착금속 내부에 균열이 발생되었을 때 방사선투과검사 필름에 나타나는 것은?

① 검은 반점   ② 날카로운 검은 선

③ 흰색   ④ 검출이 안 됨

> 해설 용착금속 내부에 균열이 발생되었을 때 방사선투과검사 필름에는 날카로운 검은 선의 형태로 나타나게 된다.

39 용접 변형 방지법 중 용접부의 뒷면에서 물을 뿌려주는 방법은?

① 살수법   ② 수랭 동판 사용법

③ 석면포 사용법   ④ 피닝법

> 해설
> • 수랭 동판 사용법 : 수랭한 동판을 용접선 뒷면이나 옆에 대어 용접열을 흡수하게 하여 용접부위 열을 식히는 방법
> • 석면포 사용법 : 용접선 뒷면이나 옆에 물에 적신 석면포나 헝겊을 대어 용접열을 냉각시키는 방법
> • 피닝법 : 가늘고 긴 피닝 망치로 용접부위를 계속 두들겨 줌으로써 변형을 방지하는 방법

40 용접선의 방향과 하중방향이 직교되는 것은?

① 전면 필릿용접   ② 측면 필릿용접

③ 경사 필릿용접   ④ 병용 필릿용접

> 해설 **하중의 방향에 따른 필릿용접의 종류**
> • 전면 필릿용접 : 용접선의 방향이 응력의 방향과 직각
> • 측면 필릿용접 : 용접선의 방향이 응력의 방향과 평행
> • 경사 필릿용접 : 용접선의 방향이 응력의 방향과 사선

41 MIG 용접에 사용하는 실드가스가 아닌 것은?

① 아르곤 – 헬륨

② 아르곤 – 탄산가스

③ 아르곤 + 수소

④ 아르곤 + 산소

> 해설 실드가스에는 아르곤, 헬륨, 아르곤 – 헬륨, 아르곤 – 탄산가스, 헬륨 – 아르곤 – 탄산가스, 아르곤 – 산소 등이 있다.

42 아크열을 이용한 용접방법이 아닌 것은?

① 티그용접   ② 미그용접

③ 플라스마 용접   ④ 마찰용접

> 해설 마찰용접은 두 개의 모재에 압력을 가해 접촉시킨 후 접촉면에 압력을 주면서 마찰로 인한 열을 이용하여 접합부의 산화물을 녹이면서 압력으로 접합하는 방식이다.

| 정답 | 36 ② | 37 ② | 38 ② | 39 ① | 40 ① | 41 ③ | 42 ④ |

43 피복아크용접봉 중 내균열성이 가장 우수한 것은?

① 일미나이트계 ② 티탄계
③ 고셀룰로오스계 ④ 저수소계

해설 저수소계 용접봉은 용착 금속의 강인성이 크고, 기계적 성질, 내균열성이 우수하다.

44 용해 아세틸렌을 안전하게 취급하는 방법으로 옳지 않은 것은?

① 아세틸렌병은 반드시 세워서 사용한다.
② 아세틸렌가스의 누설은 점화라이터로 자주 검사해야 한다.
③ 아세틸렌 밸브가 얼었을 때는 35℃ 이하의 온수로 녹여야 한다.
④ 밸브 고장으로 아세틸렌 누출 시는 통풍이 잘되는 곳으로 병을 옮겨 놓아야 한다.

해설 가스 누설은 비눗물이나 가스 누설 검출기로 검사해야 한다.

45 아세틸렌(C_2H_2) 가스 폭발과 관계가 없는 것은?

① 압력 ② 아세톤
③ 온도 ④ 동 또는 동합금

46 산화철 분말과 알루미늄 분말의 혼합제에 점화시켜 화학반응을 이용한 용접법은?

① 스터드 용접
② 전자 빔 용접
③ 테르밋 용접
④ 아크 점 용접

해설 테르밋 용접은 산화철과 알루미늄을 3 : 1로 혼합하여 테르밋 반응에 의해 생성되는 열을 이용하여 금속을 용접하는 방법이다.

47 산소 – 아세틸렌 불꽃의 구성 중 온도가 가장 높은 것은?

① 백심 ② 속불꽃
③ 겉불꽃 ④ 불꽃심

해설 • 속불꽃(내염) : 약 3,200~3,500℃
• 겉불꽃(외염) : 약 2,000℃ 정도
• 불꽃심(백심) : 약 1,500℃

48 아크용접기로 정격 2차 전류를 사용하여 4분간 아크를 발생시키고 6분을 쉬었다면 용접기의 사용률은 얼마인가?

① 20% ② 30%
③ 40% ④ 60%

해설 사용률 $= \dfrac{4}{6+4} \times 100 = 40\%$

49 용접 흄(fume)에 대한 설명 중 옳은 것은?

① 인체에 영향이 없으므로 아무리 마셔도 괜찮다.
② 실내 용접작업에서는 환기설비가 필요하다.
③ 용접봉의 종류와 무관하며 전혀 위험은 없다.
④ 가제마스크로 충분히 차단할 수 있으므로 인체에 해가 없다.

해설 Fume은 연무 또는 가스이다.

50 음극과 양극의 두 전극을 접촉시켰다가 떼면 두 전극 사이에 생기는 활 모양의 불꽃 방전을 무엇이라 하는가?

① 용착 ② 용적
③ 용융지 ④ 아크

해설 아크란 전류가 양극 사이의 기체 속을 큰 밀도로 흐를 때 강한 열과 밝은 빛을 내는 활 모양의 불꽃을 말한다.

정답 43 ④ 44 ② 45 ② 46 ③ 47 ② 48 ③ 49 ② 50 ④

51 스테인리스강의 MIG 용접에 대한 종류가 아닌 것은?

① 단락 아크용접

② 펄스 아크용접

③ 스프레이 아크용접

④ 탄산가스 아크용접

해설 탄산가스 아크용접은 CO_2를 사용하는 용접이다.

52 강의 가스절단(Gas Cutting) 시 화학반응에 의하여 생성되는 산화철의 융점에 관한 설명 중 가장 알맞은 것은?

① 금속산화물의 융점이 모재의 융점보다 높다.

② 금속산화물의 융점이 모재의 융점보다 낮다.

③ 금속산화물의 융점과 모재의 융점이 같다.

④ 금속산화물의 융점은 모재의 융점과 관련이 없다.

해설 모재의 용융온도가 높아야 절단이 된다.

53 용접에 사용되는 산소를 산소용기에 충전시키는 경우 가장 적당한 온도와 압력은?

① 30℃, 18MPa   ② 35℃, 18MPa

③ 30℃, 15MPa   ④ 35℃, 15MPa

해설 산소용기는 35℃, $150kgf/cm^2$(15MPa)으로 충전되어 있다.

54 MIG 용접이나 CO_2 아크용접과 같이 반자동 용접에 사용되는 용접기의 특성은?

① 정전류 특성과 맥동전류 특성

② 수하 특성과 정전류 특성

③ 정전압 특성과 상승 특성

④ 수하 특성과 맥동전류 특성

해설 MIG 용접이나 CO_2 아크용접과 같이 반자동 용접에는 직류 정전압 특성과 상승 특성을 이용한다.

55 2차 무부하 전압이 80V, 아크전압 30V, 아크전류 250A, 내부손실 2.5kW라 할 때, 역률은 얼마인가?

① 50%   ② 60%

③ 75%   ④ 80%

해설
- 역률 $= \dfrac{\text{소비전력(kW)}}{\text{전원입력(kVA)}} \times 100$

  $= \dfrac{10}{20} \times 100 = 50\%$

- 전원입력 $=$ 무부하 전압 $\times$ 아크전류

  $= 80 \times 250 = 20,000VA = 20kVA$

- 아크출력 $=$ 아크전압 $\times$ 아크전류

  $= 30 \times 250 = 7,500W = 7.5kW$

- 소비전력 $=$ 아크출력 $+$ 내부손실 $= 7.5 + 2.5 = 10$

56 수소가스 분위기에 있는 2개의 텅스텐 전극봉 사이에서 아크를 발생시키는 용접법은?

① 전자 빔 용접   ② 원자수소 용접

③ 스터드 용접   ④ 레이저 용접

해설 고도의 기밀, 수밀이 필요한 제품의 용접에 많이 사용되는 원자수소용접은 2개의 텅스텐 전극봉 사이에서 아크를 발생시키는 용접법이다.

57 교류 아크용접기 AW 300인 경우 정격부하전압은?

① 30V   ② 35V

③ 40V   ④ 45V

해설
- AW 200 : 정격부하전압 30V
- AW 300 : 정격부하전압 35V
- AW 400, 500 : 정격부하전압 40V

58 서브머지드 아크용접의 용접 헤드에 속하지 않는 것은?

① 와이어 송급장치   ② 제어장치

③ 용접 레일   ④ 콘택트 팁

정답 51 ④ 52 ② 53 ④ 54 ③ 55 ① 56 ② 57 ② 58 ③

해설 용접 헤드에는 와이어 송급장치, 제어장치, 콘택트
팁, 용제 호퍼 등이 있다.

59 CO_2 용접 와이어에 대한 설명 중 옳지 않은 것은?

① 심선은 대체로 모재와 동일한 재질을 많이 사용한다.
② 심선 표면에 구리 등의 도금을 하지 않는다.
③ 용착금속의 균열을 방지하기 위해서 저탄소강을 사용한다.
④ 심선은 전 길이에 걸쳐 균일해야 된다.

해설 심선 표면에 구리, 규소, 망간, 인, 황 등이 도금되어
있다.

60 압접에 속하는 용접법은?

① 아크 용접　　　② 단접
③ 가스 용접　　　④ 전자 빔 용접

해설 압접에는 단접, 냉간 압접, 저항 용접, 초음파 용접,
마찰 용접, 가압 테르밋 용접, 가스 압접 등이 있다.

01 알루미늄판을 가스 용접할 때 사용되는 용제로 적합한 것은?

① 중탄산소다＋탄산소다
② 염화나트륨, 염화칼륨, 염화리튬
③ 염화칼륨, 탄산소다, 붕사
④ 붕사, 염화리튬

해설 용제(Flux)란 금속표면의 산화막을 제거하여 원활한 용접을 돕는 물질이며 알루미늄의 용접 시 염화나트륨, 염화칼륨, 염화리튬 등의 용제가 사용된다. (연강은 용제를 사용하지 않아도 된다.)

02 금속의 일반적인 특성 중 틀린 것은?

① 금속 고유의 광택을 가진다.
② 전기 및 열의 양도체이다.
③ 전성 및 연성이 좋다.
④ 액체 상태에서 결정 구조를 가진다.

해설 **금속의 일반적인 특성**
- 전연성이 풍부하다.
- 고체 상태에서 결정 구조를 가진다.
- 금속 고유의 광택을 가진다.
- 전기 및 열의 양도체이다.

03 용접 시 적열취성의 원인이 되는 원소는?

① 산소   ② 황
③ 인   ④ 수소

해설 **탄소강에서 발생하는 취성의 종류**

종류	발생온도	현상	원인
적열취성 (고온취성)	800~900℃	탄소강의 경우 일반적으로 온도가 상승할 때 인장강도 및 경도는 감소하며, 연신율은 증가한다. 하지만 탄소강 중의 황(S)은 인장강도, 연신율 및 인성을 저하시키고 강을 취약하게 하는데, 이를 적열취성이라 한다.	S(황)

종류	발생온도	현상	원인
청열취성	200~300℃	탄소강이 200~300℃에서 인장강도가 가장 크고 연신율, 단면수축률이 줄어들게 되는데, 이를 청열취성이라고 한다.	P(인)
상온취성		온도가 상온 이하로 내려가면 충격치가 감소하여 쉽게 파손되는 성질을 말하며 일명 냉간 취성이라고도 한다.	P(인)

04 탄소강의 용접에서 탄소함유량이 많아지면 낮아지는 성질은?

① 인장강도
② 취성
③ 연신율
④ 압축강도

해설 탄소강의 용접에서 탄소함유량이 많아지면 인장강도, 항복점, 경도 등이 증가되나 연신율과 인성은 감소한다.

05 냉간가공으로만 경화되고 열처리로는 경화하지 않으며, 비자성이나 냉간가공에서는 약간의 자성을 갖고 있는 강은?

① 마텐자이트계 스테인리스강
② 페라이트계 스테인리스강
③ 오스테나이트계 스테인리스강
④ pH계 스테인리스강

해설 **스테인리스강의 종류**
- 오스테나이트계 스테인리스강(18% Cr－8% Ni강) → 예열 시 결정입계 크롬탄화물 석출, 낮은 전류로 입열량을 줄여 용접해야 한다. 냉간가공 시 약간의 자성을 띠기도 한다.
- 페라이트계 스테인리스강
- 마텐자이트계 스테인리스강
- 석출경화형 스테인리스강

06 6.67%의 C와 Fe의 화합물로서 Fe_3C로 표기되는 것은?

① 펄라이트　　　　② 페라이트
③ 시멘타이트　　　④ 변형

해설 시멘타이트는 철(Fe)과 탄소(C)가 결합한 탄화물로 Fe_3C로 표기한다.

07 탄소강 중에 인(P)의 영향으로 틀린 것은?

① 연신율과 충격값 증대
② 강도와 경도 증대
③ 결정립 조대화
④ 상온취성의 원인

해설 탄소강에서 인의 영향
• 경도와 강도 증가
• 결정립 조대화
• 상온취성과 청열취성의 원인

08 다음 금속 중 면심입방격자(FCC)에 속하는 것은?

① 니켈, 알루미늄　　② 크롬, 구리
③ 텅스텐, 바나듐　　④ 몰리브덴, 리듐

해설 금속결정격자의 종류
㉠ 체심입방격자(BCC ; Body Centered Cubic lattice)
• 단위격자 내의 원자 수 : 2개
• 배위 수 : 8개(체심에 있는 원자를 둘러싼 원자의 수)
• BCC 구조의 금속 : Pt, Pb, Ni, Cu, Al, Au, Ag 등
• 성질 : 용융점이 높으며 단단하다.
㉡ 면심입방격자(FCC ; Face−Centered Cubic lattice)
• 단위격자 내의 원자 수 : 4개
• 배위 수 : 12개
• FCC 구조의 금속 : Ni, Al, W, Mo, Na, K, Li, Cr 등
• 성질 : 전연성이 커서 가공성이 좋다.

㉢ 조밀육방격자(HCP ; Hexagonal Close−Packed lattice)
• 단위격자 내의 원자 수 : 2개
• 배위 수 : 12개
• HCP 구조의 금속 : Mg, Zn, Be, Cd, Ti 등
• 성질 : 취약하며 전연성이 작다.

09 금속의 결정계와 결정격자 중 입방정계에 해당하지 않는 결정격자의 종류는?

① 단순입방격자
② 체심입장격자
③ 조밀입방격자
④ 면심입방격자

해설 입방정계에 속하는 결정격자
체심, 면심, 단순입방격자

10 용접 결함의 종류 중 구조상 결함에 포함되지 않는 것은?

① 용접균열　　　　② 융합불량
③ 언더컷　　　　　④ 변형

해설 변형은 치수상 결함에 속한다.

11 인접부분, 공구, 지그 등의 위치를 참고로 나타내는 데 사용하는 선의 명칭은?

① 지시선　　　　　② 외형선
③ 가상선　　　　　④ 파단선

해설 선의 종류와 용도

선의 종류	용도
굵은 실선	외형선
가는 실선	치수선, 치수보조선, 지시선, 해칭선
가는 1점 쇄선	중심선, 기준선, 피치선
가는 2점 쇄선	가상선, 무게중심선, 인접부분, 공구, 지그 등의 위치를 참고로 나타내는 선
굵은 1점 쇄선	특수 지정선

정답　06 ③　07 ①　08 ①　09 ③　10 ④　11 ③

12 용접 이음을 할 때 주의할 사항으로 틀린 것은?

① 맞대기 용접에서 뒷면에 용입 부족이 없도록 한다.
② 용접선은 가능한 한 서로 교차하게 한다.
③ 아래보기 자세 용접을 많이 사용하도록 한다.
④ 가능한 한 용접량이 적은 홈 형상을 선택한다.

해설 용접 이음 시 용접선은 가능한 서로 교차하지 않도록 한다.

13 다음 치수기입 방법의 일반 기호 중 잘못 표시된 것은?

① 각도 치수 :
② 호의 길이 치수 :
③ 현의 길이 치수 :
④ 변의 길이 치수 :

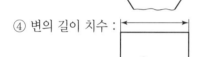

해설 ①은 현의 치수이다.

14 기계재료 표시방법 중 SF340A에서 '340'은 무엇을 표시하는가?

① 평균 탄소 함유량
② 단조품
③ 최저 인장강도
④ 최고 인장강도

해설 기계재료는 KS규정에 따라 재료의 기호를 표시한다. 문제에서 SF는 탄소강 단강품을, 340은 최저 인장강도를, A는 어닐링한 상태임을 나타낸다.

15 용접부의 비파괴시험 보조기호 중 잘못 표기된 것은?

① RT : 방사선투과시험
② UT : 초음파탐상시험
③ MT : 침투탐상시험
④ ET : 와류탐상시험

해설 MT : 자분탐상시험

16 도면의 명칭에 관한 용어 중 잘못 설명한 것은?

① 제작도 : 건설 또는 제조에 필요한 모든 정보를 전달하기 위한 도면이다.
② 시공도 : 설계의 의도와 계획을 나타낸 도면이다.
③ 상세도 : 건조물이나 구성재의 일부에 대해서 그 형태, 구조 또는 조립, 결합의 상세함을 나타낸 것이다.
④ 공정도 : 제조공정의 도중 상태, 또는 일련의 공정 전체를 나타낸 것이다.

해설 시공도(working diagram)란 시공에서 방법과 순서 등을 나타내는 도면이다.

17 제3각법에 대한 설명으로 틀린 것은?

① 제3상한에 놓고 투상하여 도시하는 것이다.
② 각 방향으로 돌아가며 비춰진 투상도를 얻는 원리이다.
③ 표제란에 제3각법의 그림 기호는 ⊕◁ㅏ과 같이 표시한다.
④ 투상도를 얻는 원리는 눈 → 투상면 → 물체이다.

해설 제3각법은 물체를 제3면각 공간에 놓고 투상하는 방식으로 투상되는 원리는 눈 → 투상면 → 물체의 순이다.

18 다음 그림에서 2번의 명칭으로 알맞은 것은?

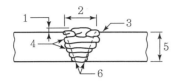

① 용접 토   ② 용접 덧살
③ 용접 루트   ④ 용접 비드

해설   용접 비드(bead)란 가늘고 긴 띠 모양의 용착금속을 말한다.

19 사투상도에서 경사축의 각도로 적합하지 않은 것은?

① 15°   ② 30°
③ 45°   ④ 60°

해설   사투상도 경사축의 각도 : 30°, 45°, 60°

20 기계재료의 재질을 표시하는 기호 중 기계구조용 강을 나타내는 기호는?

① Al   ② SM
③ Bs   ④ Br

해설   기계재료는 KS규정에 따라 재료의 기호를 표시하며 Al은 알루미늄, SM은 기계구조용 강재, Bs는 Brass(황동), Br은 Bronze(청동)를 나타낸다.

21 맞대기 용접 시험편의 인장강도가 650 N/mm²이고, 모재의 인장강도가 700N/mm²일 경우에 이음효율은 약 얼마인가?

① 85.9%   ② 90.5%
③ 92.9%   ④ 98.2%

해설 $이음 효율 = \dfrac{용접\ 시편의\ 인장강도}{모재의\ 인장강도} \times 100$

$= \dfrac{650}{700} \times 100 = 92.9\%$

22 용접이음 설계 시 일반적인 주의사항 중 틀린 것은?

① 가급적 능률이 좋은 아래보기 용접을 많이 할 수 있도록 설계한다.
② 후판을 용접할 경우는 용입이 깊은 용접법을 이용하여 용착량을 줄인다.
③ 맞대기 용접에는 이면 용접을 할 수 있도록 해서 용입 부족이 없도록 한다.
④ 될 수 있는 대로 용접량이 많은 홈 형상을 선택한다.

해설   용접이음의 설계 시 가능한 한 용접량(용착량)을 줄이는 방향으로 설계하여 용접 열로 인해 금속재료에 변형과 잔류응력이 발생하지 않도록 해야 한다.

23 그림과 같이 폭 50mm, 두께 10mm인 강판을 40mm만을 겹쳐서 전 둘레 필릿용접을 한다. 이때 100kN의 하중을 작용시킨다면 필릿용접의 치수는 얼마로 하면 좋은가?(단, 용접 허용응력은 10.2KN/cm²으로 한다.)

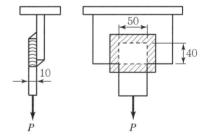

① 약 2mm   ② 약 5mm
③ 약 8mm   ④ 약 11mm

24 용접부를 기계적으로 타격을 주어 잔류응력을 경감시키는 것은?

① 저온 응력완화법   ② 취성 경감법
③ 역변형법   ④ 피닝법

정답   18 ④   19 ①   20 ②   21 ③   22 ④   23 ③   24 ④

해설 피닝법은 끝이 둥근 해머로 용접부를 두들겨 잔류응력을 제거하는 기계적 잔류응력제거 방법이다.

25 다음 [그림]과 같이 균열이 발생했을 때 그 양단에 정지구멍을 뚫어 균열 진행을 방지하는 것은?

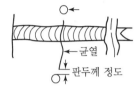

① 블로 홀   ② 핀 홀
③ 스톱 홀   ④ 웜 홀

해설 정지구멍(stop hole, 스톱 홀)이란 균열이 발생했을 때 균열부의 양단에 구멍을 뚫어 균열이 더 이상 진행되지 못하도록 하는 균열방지법의 한 종류이다.

26 다음 그림과 같이 일시적인 보조판을 붙이거나 변형을 방지할 목적으로 시공되는 용접변형방지법은?

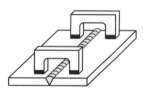

① 억제법   ② 피닝법
③ 역변형법   ④ 냉각법

해설 억제법의 경우 용접변형을 방지할 수 있는 반면 내부응력이 잔류할 수 있다는 단점을 함께 가지고 있다.

27 용착 금속부 내부에 발생된 기공결함 검출에 가장 좋은 검사법은?

① 누설검사   ② 방사선 투과검사
③ 침투탐상검사   ④ 자분침투검사

해설 방사선 투과검사(RT)로 기공을 검출하게 되는 경우 판독필름에 검은 점의 형태로 기공이 검출된다.

28 용접부에 형성된 잔류응력을 제거하기 위한 가장 적합한 열처리 방법은?

① 담금질을 한다.
② 뜨임을 한다.
③ 불림을 한다.
④ 풀림을 한다.

해설 **금속 열처리의 종류**
- 담금질(퀜칭) : 재료의 경화가 목적
- 뜨임(템퍼링) : 재료에 인성 부여, 담금질 후 실시
- 풀림(어닐링) : 재료의 연화, 잔류응력 제거
- 불림(노멀라이징) : 조직의 균일화, 표준조직화

29 용접 이음부 형상의 선택 시 고려사항이 아닌 것은?

① 용접하고자 하는 모재의 성질
② 용접부에 요구되는 기계적 성질
③ 용접할 물체의 크기, 형상, 외관
④ 용접장비 효율과 용가재의 건조

해설 용접이음부 형상 선택 시 용접장비의 효율과 용가재의 건조조건은 고려사항이 될 수 없다.

30 이면 따내기 방법이 아닌 것은?

① 아크 에어 가우징
② 밀링
③ 가스 가우징
④ 산소창 절단

해설 산소창 절단법은 가스절단법의 한 종류로 가늘고 긴 강관을 사용하여 강재 절단부의 일부를 연소반응온도까지 가열해 놓고 이 부분에 강관 내부에 차 있는 산소만을 분출하여 강재의 산화열에 의하여 절단하는 방법이다.

정답   25 ③   26 ①   27 ②   28 ④   29 ④   30 ④

31 아크용접 중에 아크가 전류 자장의 영향을 받아 용접 비드(bead)가 한쪽 방향으로 쏠리는 현상은?

① 용융속도(melting rate)

② 자기불림(magnetic blow)

③ 아크 부스터(arc booster)

④ 전압강하(cathode drop)

> **해설** **아크쏠림(자기불림) 방지법**
> - 교류아크용접기를 사용한다.
> - 접지점을 용접부에서 멀리한다.
> - 아크길이를 짧게 유지한다.
> - 후퇴법을 사용한다.
> - 아크쏠림 반대방향으로 용접봉을 기울인다.

32 용착금속의 인장강도를 구하는 식은?

① 인장강도 $= \dfrac{\text{인장하중}}{\text{시험편의 단면적}}$

② 인장강도 $= \dfrac{\text{시험편의 단면적}}{\text{인장하중}}$

③ 인장강도 $= \dfrac{\text{표점거리}}{\text{연신율}}$

④ 인장강도 $= \dfrac{\text{연신율}}{\text{표점거리}}$

33 용접이음의 안전율을 나타내는 식은?

① 안전율 $= \dfrac{\text{인장강도}}{\text{허용응력}}$

② 안전율 $= \dfrac{\text{허용응력}}{\text{인장강도}}$

③ 안전율 $= \dfrac{\text{이음효율}}{\text{허용응력}}$

④ 안전율 $= \dfrac{\text{허용응력}}{\text{이음효율}}$

34 용접부 검사에서 파괴시험에 해당되는 것은?

① 음향시험　　　② 누설시험

③ 형광침투시험　　④ 함유수소시험

> **해설** **파괴시험법의 종류**
> 피로시험, 함유수소시험, 굽힘시험, 내압시험, 경도시험, 충격시험, 인장시험 등

35 용접 이음의 종류 중 겹치기 필릿 이음은?

① 　　②

③ 　　④

36 초음파 경사각 탐상기호는?

① UT$-$A　　　② UT

③ UT$-$N　　　④ UT$-$S

> **해설** 초음파를 발생시키는 초음파 탐촉자는 크게 수직 탐촉자와 경사각 탐촉자로 구분되는데, 이때 경사각 탐상기호의 기호를 UT$-$A로 표기한다.

37 일반적으로 피로강도는 세로축에 응력(S), 가로축에 파괴까지의 응력반복횟수(N)를 가진 선도로 표시한다. 이 선도를 무엇이라 부르는가?

① $B-S$ 선도　　　② $S-S$ 선도

③ $N-N$ 선도　　　④ $S-N$ 선도

> **해설** $S-N$ 선도
> 피로강도는 세로축에 응력, 가로축에 파괴까지의 응력반복횟수를 가진 선도로 표시한다.

38 다음 중 똑같은 용접조건으로 용접을 실시하였을 때 용접변형이 가장 크게 되는 재료는 어떤 것인가?

① 연강

② 800MPa급 고장력강

③ 9% Ni강

④ 오스테나이트계 스테인리스강

| 정답 | 31 ② | 32 ① | 33 ① | 34 ④ | 35 ④ | 36 ① | 37 ④ | 38 ④ |

해설 오스테나이트계 스테인리스강은 기본적으로 탄소강과 비슷하지만 탄소강에 비해 열팽창계수가 크고 열전도율이 작아 보기의 금속재료를 같은 용접조건에서 용접을 실시할 경우 용접변형이 가장 크다.

39 용접금속 근방 모재의 용접 열에 의해 급열, 급랭되는 부위가 발생하는데, 이 부위를 무엇이라 하는가?

① 본드(bond)부   ② 열영향부
③ 세립부   ④ 용착금속부

해설 열영향부는 용접금속 근방 모재의 용접 열에 의해 급열, 급랭되는 부위를 말한다.

40 제품 제작을 위한 용접순서로 옳지 않은 것은?

① 수축이 큰 맞대기 이음을 먼저 용접한다.
② 리벳과 용접을 병용할 경우 용접이음을 먼저 한다.
③ 큰 구조물은 끝에서부터 중앙으로 향해 용접한다.
④ 대칭적으로 용접을 한다.

해설 큰 구조물의 경우 중앙에서 끝으로 용접한다.

41 가스용접 작업 시, 점화할 때 폭음이 생기는 경우의 직접적 원인이 아닌 것은?

① 혼합가스의 배출이 불완전했다.
② 산소와 아세틸렌 압력이 부족했다.
③ 팁이 완전히 막혔다.
④ 가스분출속도가 부족했다.

해설 가스용접 시 가스분출속도가 부족하거나 압력이 맞지 않는 경우 폭음이 발생하게 된다.

42 피복아크용접에서 보통 용접봉의 단면적 $1mm^2$에 대한 전류밀도로 가장 적합한 것은?

① 8~9A   ② 10~13A
③ 14~18A   ④ 19~23A

43 용접작업에서 전격의 방지대책으로 틀린 것은?

① 용접기 내부에 함부로 손을 대지 않는다.
② 홀더나 용접봉은 맨손으로 취급하지 않는다.
③ 보호구는 반드시 착용하지 않아도 된다.
④ 습기 찬 작업복, 장갑 등을 착용하지 않는다.

44 피복아크용접용 기구 중 보호구가 아닌 것은?

① 핸드실드
② 케이블 커넥터
③ 용접헬멧
④ 팔 덮개

해설 케이블 커넥터(Cable connector)는 두 개의 케이블을 연결하기 위해 사용하는 연결구이다.

45 서브머지드 아크용접의 장점에 속하지 않는 것은?

① 용융속도 및 용착속도가 빠르다.
② 용입이 깊다.
③ 용접자세에 제약을 받지 않는다.
④ 대전류 사용이 가능하여 고능률적이다.

해설 서브머지드 아크용접의 경우 모재 표면에 용제를 뿌려가며 와이어에 대전류를 통전해 용접하는 방식이므로 용접자세는 아래보기 맞대기용접 또는 수평필릿용접에 한정된다.

46 자동가스절단기(산소 – 프로판)의 사용은 어떤 경우에 가장 유리한가?

① 특수강의 절단
② 형강의 절단
③ 비철금속의 절단
④ 곧고 긴 저탄소강의 절단

정답 39 ②   40 ③   41 ③   42 ②   43 ③   44 ②   45 ③   46 ④

해설 자동가스절단기(automatic gas cutting machine, automatic gas cutter)는 강판을 직선, 곡선, 원형 등의 형상으로 자동적으로 절단하는 기계로 절단면이 깨끗하고 절단속도가 빠르며, 산소와 가스의 소비량도 적다.

47 알루미늄을 TIG 용접할 때 가장 적합한 전류는?

① DCSP
② DCRP
③ ACHF
④ AC

해설 알루미늄과 같이 금속산화막이 용접에 방해작용을 일으키는 경우 ACHF(고주파 교류) 전류를 이용해 용접한다.

48 피복아크용접의 피복제 중 슬래그(slag) 생성제가 아닌 것은?

① 셀룰로오스
② 산화티탄
③ 이산화망간
④ 산화철

해설 **피복배합제의 종류**
- 가스발생제 : 녹말, 톱밥, 석회석, 탄산바륨, 셀룰로오스 등
- 탈산제 : 규소철, 망간철, 티탄철 등
- 슬래그 생성제 : 규사, 운모, 석면, 석회석, 마그네사이트, 일미나이트, 이산화망간, 형석 등
- 아크 안정제 : 규산칼륨, 산화티탄, 탄산바륨, 석회석 등
- 합금 첨가제 : 페로망간, 페로실리콘, 페로크롬, 니켈, 페로바나듐, 구리 등

49 탄산가스 아크용접이 피복아크용접에 비해 장점이라고 볼 수 없는 것은?

① 전류밀도가 높으므로 용입이 깊고 용접속도가 빠르다.
② 박판용접은 단락이행용접법에 의해 가능하다.
③ 슬래그 섞임이 없고 용접 후 처리가 간단하다.
④ 적용 재질은 비철금속 계통에만 가능하다.

해설 탄산가스 아크용접(CO_2)은 철금속 계통에만 적용이 가능하다.

50 피복아크 용접작업의 기초적인 용접조건으로 가장 거리가 먼 것은?

① 용접속도
② 아크 길이
③ 스틱아웃 길이
④ 용접전류

해설 스틱아웃(Stick-out) ; 솔리드 또는 플럭스 쿠어드 와이어를 사용하는 용접방법에서 팁에서 용융되지 않은 와이어 끝까지의 거리를 말한다. 이 거리는 용융속도, 용입 및 비드 형상에 영향을 준다.

51 연강용 피복아크 용접봉 E4316의 피복제 계통은?

① 저수소계
② 고산화티탄계
③ 일미나이트계
④ 철분산화철계

해설 저수소계(E4316), 고산화티탄계(E4313), 일미나이트계(E4301), 철분산화철계(E4327)

52 가스용접용으로 사용되는 가스가 갖추어야 할 성질에 해당되지 않는 것은?

① 불꽃의 온도가 높을 것
② 연소속도가 빠를 것
③ 발열량이 적을 것
④ 용융금속과 화학반응을 일으키지 않을 것

53 1차 입력전원 전압이 220V인 용접기의 정격용량이 22kVA라면 가장 적합한 퓨즈의 용량은 몇 A인가?

① 50
② 100
③ 150
④ 200

정답 47 ③   48 ①   49 ④   50 ③   51 ①   52 ③   53 ②

해설 퓨즈의 용량 $= \dfrac{\text{정격용량(VA)}}{\text{1차 전원 전압(V)}}$

$= \dfrac{22,000\text{VA}}{220\text{V}}$

$= 100\text{A}$

54 자동 및 반자동 용접이 수동 아크용접에 비하여 우수한 점이 아닌 것은?

① 와이어 송급속도가 빠르다.
② 용입이 깊다.
③ 위보기 용접자세에 적합하다.
④ 용착금속의 기계적 성질이 우수하다.

해설 용입은 전류와 모재의 두께 등 조건에 따라 달라지는 요소이다.

55 용접법의 종류 중 알루미늄 합금재료의 용접이 불가능한 것은?

① 피복 아크용접
② 탄산가스 아크용접
③ 불활성 가스 아크용접
④ 산소－아세틸렌 가스용접

해설 탄산가스 아크용접(CO_2)은 철금속 계통에만 적용이 가능하다.

56 불활성 가스 금속아크용접에서 와이어 송급방식이 아닌 것은?

① 위빙방식
② 푸시방식
③ 풀방식
④ 푸시－풀방식

해설 불활성 가스 금속아크용접(MIG 용접)의 와이어 송급방식 : 푸시방식, 풀방식, 푸시풀방식

57 아크용접 중 방독마스크를 쓰지 않아도 되는 용접재료는?

① 연강
② 황동
③ 아연도금강판
④ 카드뮴 합금

58 알루미늄 용제로 사용되지 않는 것은?

① 붕사
② 염화나트륨
③ 염화칼륨
④ 염화리튬

해설 알루미늄 용제 : 염화칼륨＋염화나트륨＋염화리튬＋플루오르화칼륨＋황산칼륨

59 텅스텐 전극봉을 사용하는 용접은?

① 산소－아세틸렌
② 피복아크용접
③ MIG 용접
④ TIG 용접

해설 TIG(Tungsten Inert Gas, 텅스텐 불활성 가스) 용접의 전극봉으로 텅스텐봉을 사용한다.

60 가스절단 진행 중 열량을 보충하는 예열불꽃으로 사용되지 않는 것은?

① 산소－탄산가스 불꽃
② 산소－아세틸렌 불꽃
③ 산소－LPG 불꽃
④ 산소－수소 불꽃

해설 가스절단작업은 지연성 가스인 산소와 가연성 가스(LPG, 아세틸렌, 수소 등)의 혼합가스를 사용하여 진행된다. 보기 1번의 탄산가스는 불연성 가스로 산소와 혼합 시 연소불꽃이 생성되지 않는다.

정답 54 ② 55 ② 56 ① 57 ① 58 ① 59 ④ 60 ①

01 금속재료를 보통 500~700℃로 가열하여 일정 시간 유지 후 서랭하는 방법으로 주조, 단조, 기계가공 및 용접 후에 잔류응력을 제거하는 풀림방법은?

① 연화 풀림　　　　② 구상화 풀림
③ 응력제거 풀림　　④ 항온 풀림

해설 **풀림 열처리의 종류**
완전 풀림, 확산 풀림, 구상화 풀림, 응력제거 풀림, 중간 풀림, 연화 풀림, 등온 풀림 등

02 용접분위기 중에서 발생하는 수소의 원(源)이 될 수 없는 것은?

① 플럭스 중의 무기물
② 고착제(물유리 등)가 포함된 수분
③ 플럭스에 흡수된 수분
④ 대기 중의 수분

해설 용접 중 발생하는 수소는 모재의 성분, 플럭스 중의 무기물 등과는 관련성이 크지 않다.

03 알루미늄의 특성이 아닌 것은?

① 전기전도도는 구리의 60% 이상이다.
② 직사광의 90% 이상을 반사할 수 있다.
③ 비자성체이며 내열성이 매우 우수하다.
④ 저온에서 우수한 특성을 갖고 있다.

해설 알루미늄(Al)은 내열성이 우수하여 내연기관의 부품 등의 제작에 사용된다. 또한 자석에 거의 붙지 않지만 비자성체가 아닌, 상자성체에 속하는 금속이다. (*상자성체 : 자기장에 놓였을 때 자기장과 반대방향으로 아주 미약하게 자성을 띠며 자기장 제거 시 자성을 잃게 되는 물질)

04 저소수계 용접봉의 특징을 설명한 것 중 틀린 것은 무엇인가?

① 용접금속의 수소량이 낮아 내균열성이 뛰어나다.
② 고장력강, 고탄소강 등의 용접에 적합하다.
③ 아크는 안정되나 비드가 오목하게 되는 경향이 있다.
④ 비드 시점에 기공이 발생되기 쉽다.

해설 저수소계 용접봉(E4316)은 피복제 중에 수소를 발생시키는 성분을 타 용접봉에 비해 낮게 하고 용접금속 중의 수소량을 감소시킨 것으로 기계적 성질이 좋고, 내균열성이 뛰어나 중요한 구조물의 용접에 사용된다. 용접성이 다소 떨어지는 것은 저수소계 용접봉의 단점 중 하나이다.

05 용접성이 가장 좋은 강은?

① 0.2%C 이하의 강　　② 0.3%C 강
③ 0.4%C 강　　　　　 ④ 0.5%C 강

해설 탄소의 함유량이 적을수록 용접성은 우수해진다.

06 Fe-C 상태도에서 공정반응에 의해 생성된 조직은?

① 펄라이트　　　　② 페라이트
③ 레데뷰라이트　　④ 솔바이트

해설 레데뷰라이트 : 백주철에서 나타나는 시멘타이트(Fe_3C)와 오스테나이트의 공정조직

07 노치가 붙은 각 시험편을 각 온도에서 파괴하면, 어떤 온도를 경계로 하여 시험편이 급격히 취성화되는가?

① 천이 온도　　　　② 노치 온도
③ 파괴 온도　　　　④ 취성 온도

해설 연성파괴에서 취성파괴로 바뀌는 온도점을 천이 온도라고 한다.

08 강의 담금질 조직 중 냉각속도에 따른 조직의 변화순서가 옳게 나열된 것은?

① 트루스타이트 → 솔바이트→ 오스테나이트 → 마텐자이트

② 솔바이트 → 트루스타이트 → 오스테나이트 → 마텐자이트

③ 마텐자이트 → 오스테나이트 → 솔바이트 → 트루스타이트

④ 오스테나이트 → 마텐자이트 → 트루스타이트 → 솔바이트

해설 강의 담금질 조직 : 오스테나이트 → 마텐자이트 → 트루스타이트 → 솔바이트 조직이 나타나게 된다.

09 편석이나 기공이 적은 가장 좋은 양질의 단면을 갖는 강은 무엇인가?

① 킬드강
② 세미킬드강
③ 림드강
④ 세미림드강

해설 **강의 종류**
- 림드강(용접봉 심선의 재료 – 저탄소 림드강)
- 킬드강(탈산작업으로 인해 편석이나 기공이 최소화된 강)
- 세미킬드강

10 합금주철의 함유 성분 중 흑연화를 촉진하는 원소는 무엇인가?

① V
② Cr
③ Ni
④ Mo

해설 철과 탄소의 화합물인 시멘타이트(Fe_3C)는 900~1,000℃로 장시간 가열하면, $Fe_3C \rightleftarrows 3Fe+C$의 변화를 일으켜 시멘타이트가 분해되어 흑연이 된다. 이 같이 시멘타이트를 분해하여 흑연을 만드는 열처리를 흑연화라 한다.

11 다음 중 서로 관련되는 부품과의 대조가 용이하여 다품 소량 생산에 쓰이는 도면은 무엇인가?

① 1품 1엽 도면
② 1품 다엽 도면
③ 다품 1엽 도면
④ 복사 도면

12 다음 용접기호를 설명한 것으로 올바른 것은 무엇인가?

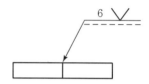

① 용접은 화살표 쪽으로 한다.
② 용접은 I형 이음으로 한다.
③ 용접목길이는 6mm이다.
④ 용접부 루트 간격은 6mm이다.

해설 지시선의 실선부에 표시된 V형 맞대기 용접기호는 화살표 방향의 용접을 지시한다.

13 CAD 시스템의 도입효과가 아닌 것은?

① 품질향상
② 원가절감
③ 납기연장
④ 표준화

해설 CAD 시스템의 도입으로 품질향상, 원가절감, 경쟁력의 강화, 신뢰성 등이 더욱 향상될 수 있다.

14 도면의 분류 중 내용에 따른 분류에 해당하지 않는 것은 무엇인가?

① 기초도
② 스케치도
③ 계통도
④ 장치도

해설 계통도는 관계를 가지고 있는 구조들 간의 계통을 나타내는 도면으로 배선도, 배관도, 접속도 등이 계통도에 속한다.[표현형식에 따른 분류]

정답 08 ④   09 ①   10 ③   11 ③   12 ①   13 ③   14 ③

15 3차원의 물체를 원근감을 주면서 투상선이 한 곳에 집중되게 그린 것으로 건축, 토목의 투상에 주로 사용되는 것은 무엇인가?

① 투시도
② 사투상도
③ 부등각투상도
④ 정투상도

해설 투시도는 입체의 각 점을 연결하는 방사선에 의해서 그린 그림으로 원근감은 잘 나타낼 수 있으나 실제의 크기를 나타내지 못하므로 제작도에는 사용되지 않는다.

16 보이지 않는 부분을 표시하는 데 쓰이는 선은 무엇인가?

① 외형선
② 숨은선
③ 중심선
④ 가상선

해설 숨은선은 보이지 않는 부분을 파선을 이용하여 도시한다.

17 용접기호 중에서 스폿 용접을 표시하는 기호는 무엇인가?

①
②
③
④ ━━━

해설 스폿(점) 용접은 전기 저항용접의 한 종류이며 도면의 기호는 원의 형태로 나타낸다.

18 용접부의 비파괴시험에서 150mm씩 세 곳을 택하여 형광자분탐상시험을 지시하는 것은 무엇인가?

① MT-F150(3)
② MT-D150(3)
③ MT-F3(150)
④ MT-D3(150)

해설 자분탐상검사법(PT)은 염료를 이용한(PT-D) 방법과 형광물질을 이용한(PT-F) 방법 2가지가 사용되고 있다.

19 도형의 표시방법 중 보조투상도의 설명으로 옳은 것은 무엇인가?

① 그림의 일부를 도시하는 것으로 충분한 경우에 그 필요 부분만을 그리는 투상도
② 대상물의 구멍, 홈 등 한 국부만의 모양을 도시하는 것으로 충분한 경우에 그 필요 부분만을 그리는 투상도
③ 대상물의 일부가 어느 각도를 가지고 있기 때문에 투상면에 그 실형이 나타나지 않을 때에 그 부분을 회전해서 그리는 투상도
④ 경사면부가 있는 대상물에서 그 경사면의 실형을 나타낼 필요가 있는 경우에 그리는 투상도

해설 보조투상도는 물체의 경사진 면을 정투상법에 의해 투상하는 경우 경사진 면의 실제 모양이나 크기가 나타나지 않으므로 경사진 면과 나란한 각도에서 투상한 투상도이다.

20 겹쳐진 부재에 홀(Hole) 대신 좁고 긴 홈을 만들어 용접하는 것은 무엇인가?

① 맞대기 용접
② 필릿 용접
③ 플러그 용접
④ 슬롯 용접

해설 용접물의 한쪽에 구멍을 뚫고 그 구멍에 용접을 하여 접합하는 용접방법 중 하나로 그 구멍이 타원인 경우 슬롯 용접이라 한다.

21 용접선에 직각방향으로 수축되는 변형을 무엇이라 하는가?

① 가로수축
② 세로수축
③ 회전수축
④ 좌굴변형

해설 가로수축이란 재료를 잡아당기는 경우 축방향의 힘에 대해 가로 단면에 일어나는 수축을 말한다.

22 두꺼운 강판에 대한 용접이음 홈 설계 시 용접자세, 이음의 종류, 변형, 용입상태, 경제성 등을 고려하여야 한다. 이때 설계의 요령과 관계가 먼 것은?

① 용접 홈의 단면적은 가능한 한 작게 한다.
② 루트 반지름(r)은 가능한 한 작게 한다.
③ 전후좌우로 용접봉을 움직일 수 있는 홈 각도가 필요하다.
④ 적당한 루트간격과 루트면을 만들어준다.

해설 재료의 두께가 두꺼울수록 루트 반지름을 크게 해야 용입 불량을 막을 수 있다.

23 자분탐상검사의 자화방법이 아닌 것은?

① 축통전법   ② 관통법
③ 극간법   ④ 원형법

해설 자분탐상검사의 자화방법 : 축통전법, 관통법, 극간법, 코일법, 직각통전법 등

24 한 끝에서 다른 쪽 끝을 향해 연속적으로 진행하는 방법으로서 용접이음이 짧은 경우나 변형, 잔류응력 등이 크게 문제되지 않을 때 이용되는 용착법은?

① 비석법   ② 대칭법
③ 후퇴법   ④ 전진법

해설 **용착법의 종류**
- 전진법 : 용접이음이 짧고 변형 및 잔류응력이 큰 문제가 되지 않는 경우 사용
- 후진법 : 용접봉을 기울인 방향으로 후퇴하면서 전체적인 길이를 용접하는 방법
- 대칭법 : 중심에서 좌우로 또는 좌우 대칭으로 용접하여 변형과 수축응력을 경감하는 방법
- 비석법(스킵법) : 짧은 용접길이로 나누어 간격을 두면서 용접하는 방법(잔류응력 발생 최소화)

25 연강판의 맞대기 용접이음 시 굽힘 변형방지법이 아닌 것은 무엇인가?

① 이음부에 미리 역변형을 주는 방법
② 특수 해머로 두들겨서 변형하는 방법
③ 지그(jig)로 정반에 고정하는 방법
④ 스트롱 백(strong back)에 의한 구속방법

해설 피닝법은 잔류응력제거법 중 하나이며 끝이 둥근 특수 해머로 용착부위를 연속적으로 때려 용착부의 인장응력을 완화시키는 방법이다.

26 연강을 용접이음할 때 인장강도가 21N/mm², 허용응력이 7N/mm²이다. 정하중에서 구조물을 설계할 경우 안전율은 얼마인가?

① 1   ② 2
③ 3   ④ 4

해설
$$안전율 = \frac{인장강도}{허용응력}$$
$$= \frac{21\text{N/mm}^2}{7\text{N/mm}^2} = 3$$

27 다음 중 용접이음의 설계로 가장 좋은 것은?

① 용착 금속량이 많아지도록 한다.
② 용접선이 한곳에 집중되도록 한다.
③ 잔류응력이 적게 되도록 한다.
④ 부분 용입이 되도록 한다.

해설 용접이음의 설계 시 가능한 한 용접의 패스 수를 줄여 용착금속의 양이 적어 금속의 변형과 이로 인한 결함의 발생률을 낮추어야 하며 잔류응력이 적게 되도록 설계해야 한다.

28 용접 결함 중 언더컷이 발생했을 때 보수방법은?

① 예열한다.
② 후열한다.
③ 언더컷 부분을 연삭한다.
④ 언더컷 부분을 가는 용접봉으로 용접 후 연삭한다.

정답 22 ②   23 ④   24 ④   25 ②   26 ③   27 ③   28 ④

> 해설 언더컷(under cut)이 발생한 경우 지름이 가는 용접봉으로 보수용접한 후 연삭가공한다.

29 저온취성 파괴에 미치는 요인과 가장 관계가 먼 것은 무엇인가?

① 온도의 저하
② 인장 잔류응력
③ 예리한 노치
④ 강재의 고온 특성

> 해설 저온취성 파괴는 강재가 고온의 열을 받게 되고 곧 강의 온도가 상온 이하로 내려가면 재질이 매우 여리게 되어 충격, 피로 등에 대한 저항이 감소하는 성질을 말한다.

30 공업용 가스의 종류와 그 용기의 색상이 잘못 연결된 것은 무엇인가?

① 산소 - 녹색   ② 아세틸렌 - 황색
③ 아르곤 - 회색   ④ 수소 - 청색

> 해설 수소용기의 도색 : 주황색(탄산가스 : 청색)

31 용접 구조물을 조립할 때 용접자세를 원활하게 하기 위해 사용되는 것은 무엇인가?

① 용접 게이지   ② 제관용 정반
③ 용접 지그(jig)   ④ 수평 바이스

> 해설 용접 지그란 용접 작업 시 조립과 부착을 원활하게 하는 것으로 용접대 위에 고정하기 위해 사용하는 도구를 말한다.

32 아크전류가 300A, 아크전압이 25V, 용접속도가 20cm/min인 경우 발생되는 용접 입열은?

① 20,000J/cm   ② 22,500J/cm
③ 25,500J/cm   ④ 30,000J/cm

> 해설 용접 입열량$(Q) = \dfrac{60 \times 전류(I) \times 전압(E)}{용접속도(V)}$
> $= \dfrac{60 \times 300 \times 25}{20} = 22,500 \text{J/cm}$

33 루트 균열에 대한 설명으로 거리가 먼 것은 무엇인가?

① 루트 균열의 원인은 열영향부 조직의 경화성이다.
② 맞대기 용접이음의 가접에서 발생하기 쉬우며 가로 균열의 일종이다.
③ 루트 균열을 방지하기 위해 건조된 용접봉을 사용한다.
④ 방지책으로는 수소량이 적은 용접, 건조된 용접봉을 사용한다.

> 해설 루트 균열이란 맞대기 용접이음의 가접 또는 첫 층에서 루트 부근의 열영향부에 발생하여 점차 비드 속으로 들어가는 세로 균열의 일종이다.

34 그림과 같은 겹치기 이음의 필릿용접을 하려고 한다. 허용응력을 50MPa이라 하고, 인장하중을 50kN, 판 두께 12mm라고 할 때, 용접 유효길이는 약 몇 mm인가?

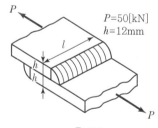

① 83   ② 73
③ 69   ④ 59

> 해설 $\sigma = \dfrac{\sqrt{2}\,W}{2fl}$, $2\sigma fl = \sqrt{2}\,W$
> $l = \dfrac{\sqrt{2}\,W}{2\sigma f} = \dfrac{\sqrt{2} \times 50,000}{2 \times 50 \times 12} ≒ 59 \text{mm}$

정답 29 ④ 30 ④ 31 ③ 32 ② 33 ② 34 ④

35 용접 시 발생하는 용접변형의 주 발생 원인으로 가장 적합한 것은?

① 용착금속부의 취성에 의한 변형
② 용접이음부의 결함 발생으로 인한 변형
③ 용착금속부의 수축과 팽창으로 인한 변형
④ 용착금속부의 경화로 인한 변형

> **해설** 용접변형의 경우 용착금속부의 수축과 팽창으로 인한 것이 주원인이다.

36 용착금속에서 기공의 결함을 찾아내는 데 가장 좋은 비파괴검사법은?

① 누설검사　　　　② 자기탐상검사
③ 침투탐상검사　　④ 방사선 투과시험

> **해설** 방사선 투과시험 시 용접부에 발생한 기공은 필름상 검은 점의 형태로 나타난다.

37 용접부의 부식에 대한 설명으로 틀린 것은 무엇인가?

① 입계부식의 용접열 영향부의 오스테나이트입계에 Cr 탄화물이 석출될 때 발생한다.
② 용접부의 부식은 전면부식과 국부부식으로 분류한다.
③ 틈새부식은 틈 사이의 부식을 말한다.
④ 용접부의 잔류응력은 부식과 관계가 없다.

> **해설** 응력부식균열(stress corrosion cracking)이란 금속재료가 특유의 환경 속에서 인장응력과 부식의 공동작용의 결과 일정의 잠복기간 뒤에 균열이 생겨 파괴되는 현상을 의미한다.

38 용접 시 용접자세를 좋게 하기 위해 정반 자체가 회전하도록 한 것은 무엇인가?

① 머니퓰레이터
② 용접 고정구(fixture)

③ 용접대(base die)
④ 용접 포지셔너(positioner)

> **해설** 용접 포지셔너 : 피용접물의 연속작업과 정밀한 작업이 가능하도록 정반 자체가 회전하도록 만든 장치

39 용접구조 설계 시 주의사항에 대한 설명으로 틀린 것은 무엇인가?

① 용접치수는 강도상 필요 이상 크게 하지 않는다.
② 용접이음의 집중, 교차를 피한다.
③ 판면에 직각방향으로 인장하중이 작용할 경우 판의 압연방향에 주의한다.
④ 후판을 용접할 경우 용입이 낮은 용접법을 이용하여 층수를 줄인다.

> **해설** 후판을 용접할 경우 용입이 깊은 용접법을 이용하여 층수를 줄여야 한다.

40 용착효율을 구하는 식으로 옳은 것은 무엇인가?

① $용착효율(\%) = \dfrac{용착금속의\ 중량}{용접봉\ 사용중량} \times 100$

② $용착효율(\%) = \dfrac{용접봉\ 사용중량}{용착금속의\ 중량} \times 100$

③ $용착효율(\%) = \dfrac{남은\ 용접봉의\ 중량}{용접봉\ 사용중량}$

④ $용착효율(\%) = \dfrac{용접봉\ 사용중량}{남은\ 용접봉의\ 중량}$

41 교류 아크용접 시 아크시간이 6분이고, 휴식시간이 4분일 때 사용률은 얼마인가?

① 40%　　　　　　② 50%
③ 60%　　　　　　④ 70%

> **해설** 용접기 사용률
> $= \dfrac{아크발생시간}{아크발생시간 + 휴식시간} \times 100$
> $= \dfrac{6}{6+4} \times 100 = 60\%$

정답　**35** ③　**36** ④　**37** ④　**38** ④　**39** ④　**40** ①　**41** ③

42 용접에 관한 안전사항으로 틀린 것은 무엇인가?

① TIG 용접 시 차광렌즈는 12~13번을 사용한다.
② MIG 용접 시 피복 아크용접보다 1m가 넘는 거리에서도 공기 중의 산소를 오존(O_3)으로 바꿀 수 있다.
③ 전류가 인체에 미치는 영향에서 50mA는 위험을 수반하지 않는다.
④ 아크로 인한 염증을 일으켰을 경우 붕산수(2% 수용액)로 눈을 닦는다.

> **해설** **전류에 따른 인체의 영향**
> • 1mA : 최소감지전류(전류의 흐름 인지)
> • 5mA : 상당한 통증을 느끼는 정도의 전류
> • 10mA : 견딜 수 없도록 통증이 심한 전류
> • 20mA : 근육수축이 심하며 스스로 전로에서 떨어질 수 없는 정도의 전류(불수 전류)
> • 50mA : 매우 위험한 정도의 전류
> • 100mA : 인체에 상당히 치명적인 정도의 전류

43 교류 아크용접기에서 2차 측의 무부하 전압은 약 몇 V가 되는가?

① 40~60V
② 70~80V
③ 80~100V
④ 100~120V

> **해설** 교류 아크용접기의 2차 측 무부하 전압은 70~90V이며 이를 낮추기 위해 전격방지기를 사용하는데, 20~30V까지 무부하 전압을 낮출 수 있다.

44 직류 아크 용접기를 교류 아크용접기와 비교했을 때 틀린 것은 무엇인가?

① 비피복용접봉 사용이 가능하다.
② 전격의 위험이 크다.
③ 역률이 양호하다.
④ 유지보수가 어렵다.

> **해설** 직류(DC) 아크용접기는 아크가 안정되며 전격의 위험이 교류(AC) 아크용접기보다 적다.

45 TIG 용접으로 Al(알루미늄)을 용접할 때 가장 적합한 용접전원은 무엇인가?

① DCSP
② DCRP
③ ACHF
④ ACRP

> **해설** ACHF(교류고주파) 전원을 이용해 알루미늄 표면의 강한 산화알루미늄을 효과적으로 제거한 후 원활한 용접이 가능하다.

46 두께가 12.7mm인 강판을 가스 절단하려 할 때 표준드래그의 길이는 2.4mm이다. 이때 드래그는 몇 %인가?

① 18.9
② 32.1
③ 42.9
④ 52.4

> **해설** 표준드래그 길이는 대략 모재두께의 1/5(20%)로 한다.
> $$\frac{2.4}{12.7} \times 100 ≒ 18.90$$

47 이산화탄소 아크용접에 대한 설명으로 옳지 않은 것은 무엇인가?

① 아크 시간을 길게 할 수 있다.
② 가시(可視)아크이므로 시공 시 편리하다.
③ 용접입열이 크고, 용융속도가 빠르며 용입이 깊다.
④ 바람의 영향을 받지 않으므로 방풍장치가 필요 없다.

> **해설** 이산화탄소 아크용접 시 풍속이 2m/sec 이상 부는 경우 반드시 방풍장치를 설치해야 한다.

정답 42 ③ 43 ② 44 ② 45 ③ 46 ① 47 ④

48 아크용접과 절단작업에서 발생하는 복사에너지 중 백내장을 일으키고, 맨살에 화상을 입힐 수 있는 것은?

① 적외선   ② 가시광선
③ 자외선   ④ X선

해설 용접 시 자외선, 적외선, 가시광선 등이 발생하며 이 중 적외선의 경우 눈에 보이지는 않지만 물체에 흡수되어 열에너지로 변하는 특성을 가지고 있다.

49 TIG 용접 시 교류용접기에 고주파 전류를 사용할 때의 특징이 아닌 것은?

① 아크는 전극을 모재로 접촉시키지 않아도 발생한다.
② 전극의 수명이 길다.
③ 일정 지름의 전극에 대해 광범위한 전류의 사용이 가능하다.
④ 아크가 길어지면 끊어진다.

해설 고주파 전류를 사용하면 아크가 길어도 용접이 가능하다.

50 CO_2 아크용접에 대한 설명 중 틀린 것은 무엇인가?

① 전류밀도가 높아 용입이 깊고, 용접속도를 빠르게 할 수 있다.
② 용접장치, 용접전원 등 장치로서는 MIG 용접과 같은 점이 많다.
③ CO_2 아크용접에서는 탈산제로서 Mn 및 Si를 포함한 용접와이어를 사용한다.
④ CO_2 아크용접에서는 차폐가스로 CO_2에 소량의 수소를 혼합한 것을 사용한다.

해설 CO_2 아크용접에서는 차폐가스로 CO_2에 소량의 아르곤 또는 산소를 혼합한 것을 사용한다.

51 전기저항열을 이용한 용접법은 무엇인가?

① 일렉트로 슬래그 용접
② 잠호용접
③ 초음파 용접
④ 원자수소용접

해설 • 잠호용접(서브머지드 아크용접), 원자수소용접 : 용접
• 초음파 용접 : 압접

52 판두께가 가장 두꺼운 경우에 적당한 용접방법은?

① 원자수소용접
② CO_2 가스용접
③ 서브머지드 용접(Submerged welding)
④ 일렉트로슬래그 용접(Electro slag welding)

해설 일렉트로 슬래그 용접은 양쪽에 수랭 동판을 대고 모재와 수랭 동판으로 둘러싸인 공간을 차례로 용접 금속으로 채워감으로써 용접하는 방식으로 아크열이 아닌 전기의 저항열을 이용한다.

53 용제 없이 가스용접을 할 수 있는 재질은?

① 연강   ② 주철
③ 알루미늄   ④ 황동

해설 연강은 가스용접 시 용제 없이 용접이 가능하다.

54 CO_2 가스에 O_2(산소)를 첨가한 효과가 아닌 것은 무엇인가?

① 슬래그 생성량이 많아져 비드 외관이 개선된다.
② 용입이 낮아 박판 용접에 유리하다.
③ 용융지의 온도가 상승된다.
④ 비금속 개재물의 응집으로 용착강이 청결해진다.

해설 CO_2 가스에 O_2(산소)를 첨가하면 산화성 분위기에서 용융용철이 산화되므로 용입이 더욱 깊어져 후판의 용접에 유리하게 된다.

정답 48 ①   49 ④   50 ④   51 ①   52 ④   53 ①   54 ②

55 다음 중 전격의 위험성이 가장 적은 것은 무엇인가?

① 케이블의 피복이 파괴되어 절연이 나쁠 때
② 무부하 전압이 낮은 용접기를 사용할 때
③ 땀을 흘리면서 전기용접을 할 때
④ 젖은 몸에 홀더 등이 닿았을 때

해설 직류(DC) 용접기의 경우 교류(AC) 용접기에 비해 무부하 전압이 상대적으로 낮아 전격의 위험성이 낮다.

56 강을 가스 절단할 때 쉽게 절단할 수 있는 탄소 함유량은 얼마인가?

① 6.68%C 이하   ② 4.3%C 이하
③ 2.11%C 이하   ④ 0.25%C 이하

해설 강의 가스 절단 시 탄소의 함유량이 0.3% 미만인 저탄소강은 쉽게 절단이 가능하다.

57 최소에너지 손실속도로 변화되는 절단팁의 노즐 형태는?

① 스트레이트 노즐   ② 다이버전트 노즐
③ 원형 노즐   ④ 직선형 노즐

해설 가스 절단 시 고속 분출을 얻는 데 가장 적합한 다이버전트 노즐은 보통의 팁에 비하여 산소 소비량이 동일한 경우 절단속도를 약 25% 정도 증가시킬 수 있다.

58 아세틸렌 청정기는 어느 위치에 설치함이 좋은가?

① 발생기의 출구   ② 안전기 다음
③ 압력 조정기 다음   ④ 토치 바로 앞

해설 아세틸렌 중에 포함된 불순물은 용접효과를 나쁘게 하고, 인체에도 유해하기 때문에 이를 제거하기 위해 아세틸렌 청정기를 사용한다. 아세틸렌 청정기는 아세틸렌 발생기로부터 취관(吹管)에 이르는 도중에 설치된다.

59 맞대기 압접의 분류에 속하지 않는 것은 무엇인가?

① 플래시 맞대기 용접
② 방전충격 용접
③ 업셋 맞대기 용접
④ 심 용접

해설 심 용접은 겹치기 용접에 속한다.

60 B형 가스용접 토치의 팁번호 250을 바르게 설명한 것은?(단, 불꽃은 중성불꽃일 때)

① 판두께 250[mm]까지 용접한다.
② 1시간에 250[L]의 아세틸렌가스를 소비하는 것이다.
③ 1시간에 250[L]의 산소가스를 소비하는 것이다.
④ 1시간에 250[cm]까지 용접한다.

해설 가스용접 토치는 A형(독일식)과 B형(프랑스식) 두 가지가 있으며 B형(프랑스식) 토치의 팁번호는 1시간당 소비되는 아세틸렌 가스의 양으로 표시한다.

정답   55 ②   56 ④   57 ②   58 ①   59 ④   60 ②

01 강의 내부에 모재 표면과 평행하게 층상으로 발생하는 균열로, 주로 T이음, 모서리 이음에서 볼 수 있는 것은?

① 토 균열
② 설퍼 균열
③ 크레이터 균열
④ 라멜라 티어 균열

해설 라멜라 티어 균열이란 압연 강재를 판 두께 방향으로 큰 구속을 주었을 때 강의 내부에 모재 표면과 평행하게 층상으로 발생하는 균열이다. 주로 T이음과 모서리 이음에서 나타난다.

02 다음 스테인리스강 중 용접성이 가장 우수한 것은?

① 페라이트 스테인리스강
② 펄라이트 스테인리스강
③ 마텐자이트계 스테인리스강
④ 오스테나이트계 스테인리스강

해설 스테인리스강의 종류
• 오스테나이트계 스테인리스강(18% Cr-8% Ni강) → 예열 시 결정입계 크롬탄화물 석출, 낮은 전류로 입열량을 줄여 용접해야 하며 용접성이 가장 우수하다.
• 페라이트계 스테인리스강
• 마텐자이트계 스테인리스강
• 석출경화형 스테인리스강

03 다음 중 전기전도율이 가장 높은 것은?

① Cr
② Zn
③ Cu
④ Mg

해설 전기전도율이 높은 순서
Ag > Cu > Au > Al > Mg > Zn > Ni > Fe

04 청열취성이 발생하는 온도는 약 몇 ℃인가?

① 250
② 450
③ 650
④ 850

해설 청열취성은 약 200~300℃의 온도에서 주로 인(P)에 의해 발생한다.

05 다음 중 재질을 연화시키고 내부응력을 줄이기 위해 실시하는 열처리 방법으로 가장 적합한 것은?

① 풀림
② 담금질
③ 크로마이징
④ 세러다이징

해설 금속 열처리법의 종류
• 담금질(퀜칭) : 재료의 경화가 목적
• 뜨임(템퍼링) : 재료에 인성 부여, 담금질 후 실시
• 풀림(어닐링) : 재료의 연화, 내부응력 제거
• 불림(노멀라이징) : 조직의 균일화, 표준조직화

06 다음 중 황(S)의 함유량이 많을 경우 발생하기 쉬운 취성은?

① 적열취성
② 청열취성
③ 저온취성
④ 뜨임취성

해설 탄소강에서 발생하는 취성의 종류

종류	발생온도	현상	원인
적열취성 (고온취성)	800~900℃	탄소강의 경우 일반적으로 온도가 상승할 때 인장강도 및 경도는 감소하며, 연신율은 증가한다. 하지만 탄소강 중의 황(S)은 인장강도, 연신율 및 인성을 저하시키고 강을 취약하게 하는데, 이를 적열취성이라 한다.	S(황)
청열취성	200~300℃	탄소강 200~300℃에서 인장강도가 가장 크고 연신율, 단면 수축률이 줄어들게 되는데, 이를 청열취성이라고 한다.	P(인)
상온취성		온도가 상온 이하로 내려가면 충격치가 감소하여 쉽게 파손되는 성질을 말하며 일명 냉간취성이라고도 한다.	P(인)

정답 **01** ④ **02** ④ **03** ③ **04** ① **05** ① **06** ①

07 다음 중 일반적인 금속재료의 특징으로 틀린 것은?

① 전성과 연성이 좋다.
② 열과 전기의 양도체이다.
③ 금속 고유의 광택을 갖는다.
④ 이온화하면 음(−)이온이 된다.

해설 **금속의 일반적인 성질**
- 상온에서 고체이며 결정체이다.
- 열과 전기의 양도체이다.
- 비중이 크고 금속적 광택을 갖는다.
- 이온화하면 양이온이 된다.
- 연성과 전성이 우수하다.

08 용접균열 중 일반적인 고온균열의 특징으로 옳은 것은?

① 저합금강의 비드균열, 루트균열 등이 있다.
② 대입열량의 용접보다 소입열량의 용접에서 발생하기 쉽다.
③ 고온균열은 응고과정에서 발생하지 않고, 응고 후에 많이 발생한다.
④ 용접금속 내에서 종균열, 횡균열, 크레이터 균열 형태로 많이 나타난다.

09 다음 중 용접 후 잔류응력을 제거하기 위한 열처리 방법으로 가장 적합한 것은?

① 담금질　　　　② 노내 풀림법
③ 실리코나이징　④ 서브제로처리

해설 **대표적인 잔류응력 완화법**
- 노내풀림법
- 국부풀림법
- 저온 응력완화법
- 기계적 응력완화법
- 피닝법

10 Fe−C 평행상태도에서 나타나는 불변반응이 아닌 것은?

① 포석반응　　　② 포정반응
③ 공석반응　　　④ 공정반응

해설 Fe−C 평형 상태도에는 3개의 불변반응(포정, 공정, 공석)이 일어난다.

11 복사한 도면을 접을 때 그 크기는 원칙적으로 어느 사이즈로 하는가?

① A1　　　　　　② A2
③ A3　　　　　　④ A4

해설 복사한 도면을 접을 때는 A4 사이즈로 접고 표제란이 보이도록 한다.

12 다음 선의 종류 중 특수한 가공을 하는 부분 등 특별한 요구사항을 적용할 수 있는 범위를 표시하는 데 사용하는 선은?

① 굵은 실선　　　② 굵은 1점 쇄선
③ 가는 1점 쇄선　④ 가는 2점 쇄선

해설 **선의 종류와 용도**

선의 종류	용도
굵은 실선	외형선
가는 실선	치수선, 치수보조선, 지시선, 해칭선
가는 1점 쇄선	중심선, 기준선, 피치선
가는 2점 쇄선	가상선, 무게중심선, 인접부분, 공구, 지그 등위 위치를 참고로 나타내는 선
굵은 1점 쇄선	특수 지정선

13 다음 용접기호 중 가장자리 용접에 해당되는 기호는?

① 　　　②

③ ‖‖‖　　　④ ⊇

해설 ① 표면 육성 용접
② 표면의 접합부 용접
③ 가장자리 용접
④ 겹침 용접

해설 • z : 필릿용접부의 다리길이
• n : 용접부의 수
• L : 용접부의 길이
• e : 피치

14 용접부 보조기호 중 영구적인 덮개판을 사용하는 기호는?

① ⌣ ② ⌐M⌐

③ ⌐MR⌐ ④ ⌐⌐

해설 • M : 영구적인 덮개판 사용
• MR : 제거할 수 있는 덮개판 사용

15 다음 중 기계를 나타내는 KS 부문별 분류기호는?

① KS A ② KS B
③ KS C ④ KS D

해설 **한국산업표준(KS)의 분류체계**
A(기본부문), B(기계부문), C(전기부문), D(금속부문), V(조선부문)

16 사투상도에서 경사축의 각도로 가장 적합하지 않은 것은?

① 20° ② 30°
③ 45° ④ 60°

해설 사투상도의 경사면은 물체를 입체적으로 나타내기 위해 수평선에 대하여 30°, 45°, 60° 등 삼각자로 그리기에 편리한 각도로 경사를 주어 그린다.

17 KS 용접기호 중 Z△n×L(e)에서 'n'이 의미하는 것은?

① 피치 ② 목 길이
③ 용접부 수 ④ 용접 길이

18 일부를 도시하는 것으로 충분한 경우에 그 필요 부분만을 표시하는 투상도는?

① 부분 투상도 ② 등각 투상도
③ 부분 확대도 ④ 회전 투상도

해설 부분 투상도란 도면에서 일부를 도시하는 것만으로 충분한 경우 그 필요 부분만을 표시하는 투상도이다.

19 탄소강 단강품 SF 340A에서 '340'이 의미하는 것은?

① 종별번호 ② 탄소 함유량
③ 열처리 상황 ④ 최저 인장강도

해설 기계재료는 KS규정에 따라 재료의 기호를 표시하는데, 문제의 SF는 탄소강 단강품, 340은 최저 인장강도, A는 어닐링한 상태임을 나타낸다.

20 제3각법의 투상도 배치에서 정면도의 위쪽에는 어느 투상면이 배치되는가?

① 배면도 ② 저면도
③ 평면도 ④ 우측면도

해설 정면도의 위쪽에는 평면도를 배치한다.

21 용접 비용을 줄이기 위한 방법으로 틀린 것은?

① 용접지그를 활용한다.
② 대기시간을 길게 한다.
③ 재료의 효과적인 사용계획을 세운다.
④ 용접이음부가 적은 경제적 설계를 한다.

해설 용접 비용을 줄이기 위해서는 대기시간을 최소화해야 한다.

정답 14 ② 15 ② 16 ① 17 ③ 18 ① 19 ④ 20 ③ 21 ②

22 용접부의 변형교정방법으로 틀린 것은?

① 롤러에 의한 방법

② 형재에 대한 직선 수축법

③ 가열 후 해머링하는 방법

④ 후판에 대하여 가열 후 공랭하는 방법

해설 용접부의 변형교정방법 중 하나로 후판에 대하여 가열 후 수랭하는 방법이 있다.

23 레이저 용접장치의 기본형에 속하지 않는 것은?

① 반도체형　　　② 에너지형

③ 가스 방전형　　④ 고체 금속형

해설 레이저 용접장치의 기본형으로는 고체 금속형, 반도체형, 가스 방전형 등이 있다.

24 용접시험에서 금속학적 시험에 해당하지 않는 것은?

① 파면시험　　　② 피로시험

③ 현미경 시험　　④ 매크로 조직시험

해설 피로시험은 기계적 시험법(인장시험, 굽힘시험, 충격시험 등)에 속한다.

25 강판을 가스 절단할 때 절단열에 의하여 생기는 변형을 방지하기 위한 방법이 아닌 것은?

① 피절단재를 고정하는 방법

② 절단부에 역변형을 주는 방법

③ 절단 후 수랭에 의하여 절단부의 열을 제거하는 방법

④ 여러 대의 절단 토치로 한꺼번에 평행 절단하는 방법

해설 역변형법은 강재의 맞대기 용접 시 사용되는 변형 방지법이다.

26 맞대기 용접부의 접합면에 홈(groove)을 만드는 가장 큰 이유는?

① 용접 변형을 줄이기 위하여

② 제품의 치수를 맞추기 위하여

③ 용접부의 완전한 용입을 위하여

④ 용접결함 발생을 적게 하기 위하여

해설 맞대기 용접 시 용접부의 완전한 용입을 얻기 위해 V형, U형 등의 홈을 만든다.

27 용접부의 결함 중 구조상 결함에 속하지 않는 것은?

① 기공　　　　② 변형

③ 오버랩　　　④ 융합 불량

해설 변형 : 치수상 결함

28 용접부 초음파 검사법의 종류에 해당되지 않는 것은?

① 투과법

② 공진법

③ 펄스 반사법

④ 자기 반사법

해설 **초음파 검사법(UT)의 종류**

공진법, 투과법, 펄스 반사법

29 용접 결함 중 기공의 발생 원인으로 틀린 것은?

① 용접 이음부가 서랭될 경우

② 아크 분위기 속에 수소가 많을 경우

③ 아크 분위기 속에 일산화탄소가 많을 경우

④ 이음부에 기름, 페인트 등 이물질이 있을 경우

해설 용접 이음부가 급랭되는 경우 기공이 발생하게 된다.

정답　**22** ④　**23** ②　**24** ②　**25** ②　**26** ③　**27** ②　**28** ④　**29** ①

30 용접부 이음강도에서 안전율을 구하는 식은?

① 안전율 $= \dfrac{\text{허용응력}}{\text{전단응력}}$

② 안전율 $= \dfrac{\text{인장강도}}{\text{허용응력}}$

③ 안전율 $= \dfrac{\text{전단응력}}{2 \times \text{허용응력}}$

④ 안전율 $= \dfrac{2 \times \text{인장강도}}{\text{허용응력}}$

31 용접균열의 발생 원인이 아닌 것은?

① 수소에 의한 균열   ② 탈산에 의한 균열

③ 변태에 의한 균열   ④ 노치에 의한 균열

🔲 **용접균열의 발생 원인**
- 모재에 탄소나 망간 등의 합금원소 함량이 많은 경우
- 모재에 황(S)의 함량이 많은 경우
- 용접부에 기공이 많은 경우
- 용접부에 수소가 많은 경우 등

32 다음 중 접합하려고 하는 부재 한쪽에 둥근 구멍을 뚫고 다른 쪽 부재와 겹쳐서 구멍을 완전히 용접하는 것은?

① 가 용접   ② 심 용접

③ 플러그 용접   ④ 플레어 용접

🔲 진원 형태의 구멍을 뚫는 것을 플러그 용접이라 하며 타원 형태의 원을 뚫는 것을 슬롯 용접이라고 한다.

33 용접이음을 설계할 때 주의사항으로 틀린 것은?

① 국부적인 열의 집중을 받게 한다.

② 용접선의 교차를 최대한으로 줄여야 한다.

③ 가능한 아래보기 자세로 작업을 많이 하도록 한다.

④ 용접작업에 지장을 주지 않도록 공간을 두어야 한다.

🔲 용접이음의 설계 시 국부적인 열의 집중을 피하도록 한다.

34 용접균열의 종류 중 맞대기 용접, 필릿 용접 등의 비드 표면과 모재와의 경계부에 발생하는 균열은?

① 토(toe) 균열

② 설퍼 균열

③ 헤어 균열

④ 크레이터 균열

🔲 **용접균열의 종류**
- 토(toe) 균열 : 비드 표면과 모재의 경계 부분에 발생하는 균열
- 횡 균열 : 용접선을 따라 평행하게 발생하는 균열
- 종 균열 : 용접선의 직각방향으로 발생하는 균열
- 루트(root) 균열 : 맞대기 이음의 가접부, 또는 제1층 용접의 루트 부근의 열영향부에서 주로 발생하는 균열
- 비드 밑 균열 : 모재의 용융선 근처의 열영향부에서 발생하는 균열

35 용접 시공 전에 준비해야 할 사항 중 틀린 것은?

① 용접부의 녹 부분은 그대로 둔다.

② 예열, 후열의 필요성 여부를 검토한다.

③ 제작 도면을 확인하고 작업내용을 검토한다.

④ 용접전류, 용접순서, 용접조건을 미리 정해둔다.

🔲 용접 전 용접부의 녹이나 페인트 부분은 깨끗이 한 후 용접을 실시해야 한다.

36 그림과 같은 용접이음에서 굽힘응력을 σ_b라 하고, 굽힘 단면계수를 W_b라 할 때, 굽힘모멘트 M_b를 구하는 식은?

정답 **30** ② **31** ② **32** ③ **33** ① **34** ① **35** ① **36** ②

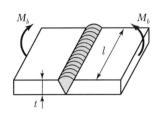

① $M_b = \dfrac{\sigma_b}{W_b}$

② $M_b = \sigma_b \cdot W_b$

③ $M_b = \dfrac{\sigma_b \cdot W_b}{l}$

④ $M_b = \dfrac{\sigma_b \cdot W_b}{t}$

37 가용접(Tack welding)에 대한 설명으로 틀린 것은?

① 가용접에는 본용접보다 지름이 약간 가는 용접봉을 사용한다.

② 가용접은 쉬운 용접이므로 기량이 좀 떨어지는 용접사가 실시하는 것이 좋다.

③ 가용접은 본용접을 하기 전에 좌우의 홈 부분을 잠정적으로 고정하기 위한 짧은 용접이다.

④ 가용접은 슬래그 섞임, 기공 등의 결함을 수반하기 때문에 이음의 끝부분, 모서리 부분을 피하는 것이 좋다.

🔖해설 가접(가용접)이란 본용접을 실시하기 전에 용접부위를 일시적으로 고정시키기 위해서 하는 것으로 부품의 끝 모서리나 응력이 집중되는 곳은 피해야 하고 본용접자와 기량이 동등한 용접자가 실시해야 한다.

38 용접 시공 시 엔드 탭(end tab)을 붙여 용접하는 가장 주된 이유는?

① 언더컷의 방지

② 용접변형의 방지

③ 용접 목두께의 증가

④ 용접 시작점과 종점의 용접결함 방지

🔖해설 용접 시 용착금속의 양쪽 끝에 충분한 용입을 얻기 위하여 모재의 양쪽에 덧대는 강판을 엔드 탭(end tab)이라고 한다.

39 두께가 5mm인 강판을 가지고 다음 그림과 같이 완전 용입의 맞대기 용접을 하려고 한다. 이때 최대 인장하중을 50,000N 작용시키려면 용접 길이는 얼마인가?(단, 용접부의 허용인장응력은 100 MPa이다.)

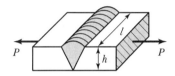

① 50mm ② 100mm

③ 150mm ④ 200mm

🔖해설 허용응력 $= \dfrac{\text{인장하중}}{\text{단면적}}$

$= \dfrac{\text{인장하중}}{\text{두께} \times \text{용접선의 길이}}$ 이므로

용접선의 길이 $= \dfrac{\text{인장하중}}{\text{두께} \times \text{허용응력}} = \dfrac{50,000}{5 \times 100}$

$= 100\text{mm}$

40 용접전류가 120A, 용접전압이 12V, 용접속도가 분당 18cm/min일 경우에 용접부의 입열량은 몇 Joule/cm인가?

① 3,500

② 4,000

③ 4,800

④ 5,100

🔖해설 용접 입열량$(Q) = \dfrac{60 \times \text{전류}(I) \times \text{전압}(E)}{\text{용접속도}(V)}$

$= \dfrac{60 \times 120 \times 12}{18}$

$= 4,800\text{J/cm}$

41 연강판 가스 절단 시 가장 적합한 예열온도는 약 몇 ℃인가?

① 100~200 ② 300~400

③ 400~500 ④ 800~900

해설 연강판의 절단 시 강의 연소온도에 가까운 800~900 ℃까지 가열 후 절단한다.

42 다음 중 피복아크용접기 설치장소로 가장 부적절한 곳은?

① 진동이나 충격이 없는 장소

② 주위 온도가 −10℃ 이하인 장소

③ 유해한 부식성 가스가 없는 장소

④ 폭발성 가스가 존재하지 않는 장소

해설 **용접기 설치장소**
- 습기와 먼지가 적은 곳
- 주위 온도가 −10℃~40℃를 유지하는 곳
- 비, 바람을 피할 수 있는 장소
- 진동이나 충격이 없는 장소

43 다음 중 압접에 속하지 않는 것은?

① 마찰 용접 ② 저항 용접

③ 가스 용접 ④ 초음파 용접

해설 가스용접은 용접 또는 납땜에 해당된다.

44 아크용접기로 정격2차 전류를 사용하여 4분간 아크를 발생시키고 6분을 쉬었다면 용접기의 사용률은?

① 20% ② 30%

③ 40% ④ 60%

해설 용접기 사용률
$$= \frac{\text{아크발생시간}}{\text{아크발생시간} + \text{휴식시간}} \times 100$$
$$= \frac{4}{4+6} \times 100 = 40\%$$

45 용접에 사용되는 산소를 산소용기에 충전시키는 경우 가장 적당한 온도와 압력은?

① 35℃, 15MPa ② 35℃, 30MPa

③ 45℃, 15MPa ④ 45℃, 18MPa

해설 산소용기는 35℃, 150kgf/cm²(15MPa)으로 충전되어 있다.

46 직류 역극성(reverse polarity)을 이용한 용접에 대한 설명으로 옳은 것은?

① 모재의 용입이 깊다.

② 용접봉의 용융속도가 느려진다.

③ 용접봉을 음극(−)에, 모재를 양극(+)에 설치한다.

④ 얇은 판의 용접에서 용락을 피하기 위하여 사용한다.

해설 **직류 정극성(DCSP)과 직류 역극성(DCRP)의 특징**

직류 정극성(DCSP)	직류 역극성(DCRP)
• 용접봉(전극)에 음극(−)을, 모재에 양극(+)을 연결한다.	• 용접봉(전극)에 양극(+)을, 모재에 음극(−)을 연결한다.
• 용입이 깊고 비드의 폭이 좁다.	• 용입이 얕고 비드의 폭이 넓다.
• 후판 용접에 적합하다.	• 박판 용접에 적합하다.
	• 용접봉이 빨리 녹는다.

47 산소 및 아세틸렌 용기의 취급 시 주의사항으로 틀린 것은?

① 용기는 가연성 물질과 함께 뉘어서 보관할 것

② 통풍이 잘 되고 직사광선이 없는 곳에 보관할 것

③ 산소 용기의 운반 시 밸브를 닫고 캡을 씌워서 이동할 것

④ 용기의 운반 시 가능한 한 운반기구를 이용하고, 넘어지지 않게 주의할 것

해설 고압가스용기는 반드시 세워서 보관 및 운반한다.

정답 41 ④ 42 ② 43 ③ 44 ③ 45 ① 46 ④ 47 ①

48 일반적인 용접의 특징으로 틀린 것은?

① 작업공정이 단축되며 경제적이다.
② 재질의 변형이 없으며 이음효율이 낮다.
③ 제품의 성능과 수명이 향상되며 이종재료도 접합할 수 있다.
④ 소음이 적어 실내에서 작업이 가능하며 복잡한 구조물 제작이 쉽다.

해설 용접은 용접열로 인한 재질 변형의 우려가 있으며 이음효율이 높은 특징을 가지고 있다.

49 강재 표면의 흠이나 개재물, 탈탄층 등을 제거하기 위하여 얇게 타원형 모양으로 표면을 깎아내는 가공법은?

① 스카핑   ② 피닝법
③ 가스 가우징   ④ 겹치기 절단

해설 스카핑은 강재 표면의 흠이나 개재물, 탈탄층 등을 제거하기 위해 얇게 타원형으로 표면을 깎아내는 방법이다.

50 피복아크용접에서 피복제의 역할로 틀린 것은?

① 용착효율을 높인다.
② 전기절연작용을 한다.
③ 스패터 발생을 적게 한다.
④ 용착금속의 냉각속도를 빠르게 한다.

해설 피복아크용접봉의 피복제는 융점이 낮고 가벼운 슬래그를 생성하는데, 이는 용착금속의 냉각속도를 느리게 하기 위함이다.

51 다음 중 열전도율이 가장 높은 것은?

① 구리   ② 아연
③ 알루미늄   ④ 마그네슘

해설 열전도율이 높은 순서
$Ag > Cu > Au > Al > Mg > Zn > Ni > Fe > Pb > Sb$

52 레일의 접합, 차축, 선박의 프레임 등 비교적 큰 단면을 가진 주조나 단조품의 맞대기 용접과 보수용접에 사용되는 용접은?

① 가스 용접   ② 전자 빔 용접
③ 테르밋 용접   ④ 플라스마 용접

해설 테르밋 용접 : 금속산화철과 알루미늄 분말을 배합하여 점화 시 발생하는 화학적 열을 이용해 용접하는 용접의 일종이며 주로 기차 레일의 용접에 사용된다.

53 불활성 가스 텅스텐 아크 용접을 할 때 주로 사용하는 가스는?

① H_2 ② Ar
③ CO_2 ④ C_2H_2

해설 Ar(아르곤) 가스는 불활성 가스의 용접 시 주로 사용된다.

54 용접 자동화에서 자동제어의 특징으로 틀린 것은?

① 위험한 사고의 방지가 불가능하다.
② 인간에게는 불가능한 고속작업이 가능하다.
③ 제품의 품질이 균일화되어 불량품이 감소된다.
④ 적정한 작업을 유지할 수 있어서 원자재, 원료 등이 절약된다.

해설 **용접 자동화의 특징**
• 제품의 품질이 균일화되어 불량품이 감소한다.
• 원자재, 원가 등을 절약할 수 있다.
• 인간에게는 불가능한 고속작업이 가능하다.
• 위험한 사고의 방지가 가능하다.
• 연속작업이 가능하다.

55 불활성 가스 금속아크용접에서 이용하는 와이어 송급 방식이 아닌 것은?

① 풀 방식   ② 푸시 방식
③ 푸시−풀 방식   ④ 더블−풀 방식

| 정답 | 48 ② | 49 ① | 50 ④ | 51 ① | 52 ③ | 53 ② | 54 ① | 55 ④ |

해설 **와이어 송급방식의 종류**
푸시(push) 방식, 풀(pull) 방식, 푸시-풀 방식

56 서브머지드 아크용접(SAW)의 특징에 대한 설명으로 틀린 것은?

① 용융속도 및 용착속도가 빠르며 용입이 깊다.
② 특수한 지그를 사용하지 않는 한 아래보기 자세에 한정된다.
③ 용접선이 짧거나 불규칙한 경우 수동용접에 비하여 능률적이다.
④ 불가시 용접으로 용접 도중 용접상태를 육안으로 확인할 수 없다.

해설 서브머지드 아크용접은 용접재 표면에 모래 모양의 용제(Flux)를 쌓아올리고 그 안에 용접 와이어를 넣어 연속적으로 용접을 진행하는 용접법이다. 용접선이 짧거나 불규칙한 경우 수동용접에 비해 비능률적이다.

57 다음 연료가스 중 발열량(kcal/m²)이 가장 많은 것은?

① 수소   ② 메탄
③ 프로판   ④ 아세틸렌

해설 **가스의 발열량(kcal/Nm³)**
- 수소 : 3,050
- 메탄 : 12,000
- 프로판 : 24,370
- 아세틸렌 : 14,080

58 직류 용접기와 비교한 교류 용접기의 특징으로 틀린 것은?

① 무부하 전압이 높다.
② 자기쏠림이 거의 없다.
③ 아크의 안정성이 우수하다.
④ 직류보다 감전의 위험이 크다.

해설 아크의 안정성은 교류(AC) 용접기보다 직류(DC) 용접기가 더 우수하다.

59 가스 용접에서 판 두께를 $t(\text{mm})$라고 할 때 용접봉의 지름 $D(\text{mm})$를 구하는 식으로 옳은 것은? (단, 모재의 두께는 1mm 이상인 경우이다.)

① $D = t + 1$ ② $D = \dfrac{t}{2} + 1$
③ $D = \dfrac{t}{3} + 1$ ④ $D = \dfrac{t}{4} + 1$

60 용접 시 필요한 안전보호구가 아닌 것은?

① 안전화   ② 용접 장갑
③ 핸드 실드   ④ 핸드 그라인더

해설 용접 시 필요한 안전보호구로는 용접헬멧, 안전화, 용접용 장갑과 앞치마, 핸드 실드, 방독마스크 등이 있다.

정답   56 ③   57 ③   58 ③   59 ②   60 ④

01 탄소강에서 탄소의 함유량이 증가할 경우에 나타나는 현상은?

① 경도증가, 연성감소 ② 경도감소, 연성감소

③ 경도증가, 연성증가 ④ 경도감소, 연성증가

> **해설** 탄소강에서 탄소의 함유량이 증가할 경우 경도는 증가(취성 증가)하고 연성은 감소한다.

02 담금질 시 재료의 두께에 따라 내·외부의 냉각속도 차이로 인하여 경화되는 깊이가 달라져 경도차이가 발생하는 현상을 무엇이라고 하는가?

① 시효경화   ② 질량효과

③ 노치효과   ④ 담금질효과

> **해설** 질량에 따라 담금질의 효과가 다르게 나타나는 것을 질량효과라고 하며 질량효과가 작을수록 담금질효과는 크다.

03 다음 중 펄라이트의 조성으로 옳은 것은?

① 페라이트+소르바이트

② 페라이트+시멘타이트

③ 시멘타이트+오스테나이트

④ 오스테나이트+트루스타이트

> **해설** 펄라이트(pearlite) : 강 조직의 한 종류로서 시멘타이트(cementite)와 페라이트(ferrite)가 층상으로 된 공석조직이며, 페라이트와 시멘타이트 중간의 성질을 가지고 있다.

04 다음 중 금속조직에 따라 스테인리스강을 3종류로 분류하였을 때 옳은 것은?

① 마텐자이트계, 페라이트계, 펄라이트계

② 페라이트계, 오스테나이트계, 펄라이트계

③ 마텐자이트계, 페라이트계, 오스테나이트계

④ 페라이트계, 오스테나이트계, 시멘타이트계

> **해설** 스테인리스강의 종류
> - 오스테나이트계 스테인리스강(18% Cr−8% Ni강) → 예열 시 결정입계 크롬탄화물 석출, 낮은 전류로 입열량을 줄여가며 용접
> - 페라이트계 스테인리스강
> - 마텐자이트계 스테인리스강 : 자연균열에 대한 감수성이 높아 이를 방지하기 위해 200~400℃로 예열한다.
> - 석출경화형 스테인리스강

05 용접작업에서 예열을 실시하는 목적으로 틀린 것은?

① 열영향부와 용착금속의 경화를 촉진하고 연성을 감소시킨다.

② 수소의 방출을 용이하게 하여 저온균열을 방지한다.

③ 용접부의 기계적 성질을 향상시키고 경화 조직의 석출을 방지한다.

④ 온도 분포가 완만하게 되어 열응력의 감소로 변형과 잔류응력의 발생을 적게 한다.

> **해설** 예열은 냉각속도를 느리게 하고 재료를 연화하여 경도 및 모재의 수축응력을 감소시키기 위해 실시한다.

06 강의 조직을 개선 또는 연화시키기 위해 가장 흔히 쓰이는 방법이며, 주조 조직이나 고온에서 조대화된 입자를 미세화시키기 위해 Ac₃점 또는 Ac₁점 이상 20~50℃로 가열 후 노랭시키는 풀림 방법은?

① 연화 풀림   ② 완전 풀림

③ 항온 풀림   ④ 구상화 풀림

> **해설** 풀림 열처리의 종류로는 완전 풀림, 확산 풀림, 구상화 풀림, 응력제거 풀림, 중간 풀림, 연화 풀림, 등온 풀림 등이 있으며 완전 풀림의 경우 강의 조직을 연화시키기 위해 일반적으로 사용된다.

정답 01 ① 02 ② 03 ② 04 ③ 05 ① 06 ②

07 일반적인 고장력강 용접 시 주의해야 할 사항으로 틀린 것은?

① 용접봉은 저수소계를 사용한다.
② 위빙 폭을 크게 하지 말아야 한다.
③ 아크 길이는 최대한 길게 유지한다.
④ 용접 전 이음부 내부를 청소한다.

해설 고장력강이란 연강에 비해 구조물의 경량화가 가능하며 인장강도가 490MPa 정도로 용접성이 우수한 저탄소 저합금의 구조용 강이다. (일반구조용 압연강재의 인장강도 : 400MPa)

08 다음 중 용접성이 가장 좋은 강은?

① 1.2% C 강   ② 0.8% C 강
③ 0.5% C 강   ④ 0.2% C 이하의 강

해설 탄소의 함유량이 적을수록 용접성이 좋아진다. (0.1~0.2% C 연강)

09 담금질한 강을 실온까지 냉각한 다음, 다시 계속하여 실온 이하의 마텐자이트 변태 종료온도까지 냉각하여 잔류오스테나이트를 마텐자이트로 변화시키는 열처리는?

① 심랭 처리   ② 하드 페이싱
③ 금속 용사법   ④ 연속 냉각 변태 처리

해설 심랭 처리(서브제로 처리)란 담금질한 강을 0℃ 이하의 온도로 냉각하는 처리로서 잔류하는 오스테나이트를 마텐자이트화하기 위해 담금질 후 실온 이하의 온도로 냉각 열처리를 실시한다.

10 다음 중 건축구조용 탄소 강관의 KS 기호는?

① SPS 6   ② SGT 275
③ SRT 275   ④ SNT 275A

해설 2016년 12월 개정된 파이프의 KS규격에 따른 기호
• SGT 일반구조용 탄소강관(구 STK)
• SRT 일반구조용 각형 강관(구 SPS)
• SNT 건축구조용 탄소강관(구 STKN)

11 다음 선의 용도 중 가는 실선을 사용하지 않는 것은?

① 지시선   ② 치수선
③ 숨은선   ④ 회전단면선

해설 숨은선은 파선을 사용한다.

12 용접부 표면의 형상과 기호가 올바르게 연결된 것은?

① 토를 매끄럽게 함 :
② 동일 평면으로 다듬질 :
③ 영구적인 덮개판 사용 :
④ 제거 가능한 이면 판재 사용 :

해설 ① 토를 매끄럽게 함
② 넓은 루트면 개선
③ U형 홈 용접
④ 한쪽 개선(베벨형)

13 다음 중 치수기입의 원칙으로 틀린 것은?

① 치수는 중복기입을 피한다.
② 치수는 되도록 주 투상도에 집중시킨다.
③ 치수는 계산하여 구할 필요가 없도록 기입한다.
④ 관련되는 치수는 되도록 분산시켜서 기입한다.

해설 치수는 되도록 모아서 한곳에 보기 쉽게 기입한다.

14 다음 용접의 명칭과 기호가 맞지 않는 것은?

① 심 용접 :
② 이면 용접 :
③ 겹침 접합부 :
④ 가장자리 용접 :

정답   07 ③   08 ④   09 ①   10 ④   11 ③   12 ①   13 ④   14 ③

해설 ③ 개선각이 가파른 V형 맞대기

15 다음 중 SM 45C의 명칭으로 옳은 것은?

① 기계구조용 탄소 강재

② 일반구조용 각형 강관

③ 저온배관용 탄소 강관

④ 용접용 스테인리스강 선재

해설 기계재료는 KS규정에 따라 재료의 기호를 표시하며
SM은 기계구조용 탄소강재, 45C(Carbon 0.45%)
는 탄소의 함유량을 나타낸다.

16 치수 기입의 방법을 설명한 것으로 틀린 것은?

① 구의 반지름 치수를 기입할 때는 구의 반지름
기호인 Sø를 붙인다.

② 정사각형 변의 크기 치수 기입 시 치수 앞에 정
사각형기호 □를 붙인다.

③ 판재의 두께 치수 기입 시 치수 앞에 두께를 나
타내는 기호 t를 붙인다.

④ 물체의 모양이 원형으로서 그 반지름 치수를 표
시할 때는 치수 앞에 R을 붙인다.

해설 구의 반지름 : SR

17 다음 중 각기둥이나 원기둥을 전개할 때 사용
하는 전개도법으로 가장 적합한 것은?

① 사진 전개도법

② 평행선 전개도법

③ 삼각형 전개도법

④ 방사선 전개도법

해설 **전개도법의 종류**
- 평행선 전개법(원기둥, 각기둥)
- 방사선 전개법(원뿔, 각뿔)
- 삼각형 전개법(꼭짓점이 먼 각뿔이나 원뿔)

18 다음 중 가는 1점 쇄선의 용도가 아닌 것은?

① 중심선   ② 외형선

③ 기준선   ④ 피치선

해설 **선의 종류와 용도**

선의 종류	용도
굵은 실선	외형선
가는 실선	치수선, 치수보조선, 지시선, 해칭선, 중심선
가는 1점 쇄선	중심선, 기준선, 피치선
가는 2점 쇄선	가상선, 무게중심선
굵은 1점 쇄선	특수 지정선

19 다음 중 스케치 방법이 아닌 것은?

① 프린트법   ② 투상도법

③ 본뜨기법   ④ 프리핸드법

해설 스케치도는 기계부품이나 구조물의 실물을 보면서
프리핸드(자를 사용하지 않고 그리는 법)로 그린 도
면으로 종류로는 프리핸드법, 프린트법, 본뜨기법,
사진촬영법 등이 있다.

20 KS의 부문별 기호 연결이 잘못된 것은?

① KS A－기본   ② KS B－기계

③ KS C－전기   ④ KS D－건설

해설 KS D : 금속

21 다음 중 용접균열시험법은?

① 킨젤 시험

② 코머렐 시험

③ 슈나트 시험

④ 리하이 구속시험

해설
- 코머렐 시험, 킨젤 시험 : 연성시험
- 슈나트 시험 : 노치취성시험
- 리하이 구속시험 : 용접균열시험

정답 **15** ①   **16** ①   **17** ②   **18** ②   **19** ②   **20** ④   **21** ④

22 중판 이상의 용접을 위한 홈 설계 요령으로 틀린 것은?

① 루트 반지름을 가능한 한 크게 한다.
② 홈의 단면적을 가능한 한 작게 한다.
③ 적당한 루트면과 루트간격을 만들어준다.
④ 전후좌우 5° 이하로 용접봉을 운봉할 수 없는 홈 각도를 만든다.

해설 중판(3~6mm) 이상의 용접을 위한 홈의 설계 시 루트 반지름은 가능한 한 크게 하여 충분한 용입을 얻을 수 있게 하며 전후좌우 5° 이하로 용접봉을 운봉할 수 있는 홈 각도를 만든다.

23 용착부의 인장응력이 5kgf/mm², 용접선 유효길이가 80mm이며, V형 맞대기로 완전 용입인 경우 하중 8,000kgf에 대한 판 두께는 몇 mm인가?(단, 하중은 용접선과 직각방향이다.)

① 10   ② 20
③ 30   ④ 40

해설
$$인장응력 = \frac{인장하중}{단면적}$$
$$= \frac{인장하중}{두께 \times 용접선의\ 길이}\ 이므로$$
$$두께 = \frac{인장하중}{인장응력 \times 용접선의\ 길이}$$
$$= \frac{8,000}{5 \times 80} = 20mm$$

24 일반적인 용접의 장점으로 틀린 것은?

① 수밀, 기밀이 우수하다.
② 이종재료 접합이 가능하다.
③ 재료가 절약되고 무게가 가벼워진다.
④ 자동화가 가능하며 제작 공정 수가 많아진다.

해설 용접은 기밀, 수밀이 우수하고 재료가 절약되며 제작 공정 수가 적어 효율적인 반면 용접열에 의해 저온균열과 변형 등이 발생하는 단점이 있다.

25 용접 전 길이를 적당한 구간으로 구분한 후 각 구간을 한 칸씩 건너뛰어서 용접한 후 다시금 비어 있는 곳을 차례로 용접하는 방법으로 잔류응력이 가장 적은 용착법은?

① 후퇴법   ② 대칭법
③ 비석법   ④ 교호법

해설 **용착법의 종류**
• 전진법 : 용접이음이 짧고 변형 및 잔류응력이 큰 문제가 되지 않는 경우 사용
• 후진법 : 용접을 기울인 방향으로 후퇴하면서 전체적인 길이를 용접하는 방법
• 대칭법 : 중심에서 좌우로 또는 좌우 대칭으로 용접하여 변형과 수축응력을 경감하는 방법
• 비석법(스킵법) : 짧은 용접 길이로 나누어 간격을 두면서 용접하는 방법(잔류응력 발생 최소화)

26 다음 중 용접부 예열의 목적으로 틀린 것은?

① 용접부의 기계적 성질을 향상시킨다.
② 열응력의 감소로 잔류응력의 발생이 적다.
③ 열영향부와 용착금속의 경화를 방지한다.
④ 수소의 방출이 어렵고, 경도가 높아져 인성이 저하한다.

해설 예열은 냉각속도를 느리게 하고 재료를 연화하여 경도 및 모재의 수축응력을 감소시키고 수소의 방출을 쉽게 하여 기공의 발생을 억제하기 위해 실시한다.

27 V형 맞대기 용접에서 판 두께가 10mm, 용접선의 유효길이가 200mm일 때, 5N/mm²의 인장응력이 발생한다면 이때 작용하는 인장하중은 몇 N인가?

① 3,000
② 5,000
③ 10,000
④ 12,000

정답 22 ④   23 ②   24 ④   25 ③   26 ④   27 ③

해설 $인장응력(\sigma) = \dfrac{인장하중}{단면적}$

$= \dfrac{인장하중(P)}{두께(t) \times 용접선의 길이(l)}$

$5 = \dfrac{P}{10 \times 200} = \dfrac{P}{2,000}$ 이므로

$5 \times 2,000 = P$

$P = 10,000N$

28 용접 작업 시 용접 지그를 사용했을 때 얻는 효과로 틀린 것은?

① 용접 변형을 증가시킨다.
② 작업 능률을 향상시킨다.
③ 용접 작업을 용이하게 한다.
④ 제품의 마무리 정도를 향상시킨다.

해설 용접 지그의 사용으로 변형을 방지할 수 있다.

29 강자성체인 철강 등의 표면 결함 검사에 사용되는 비파괴 검사 방법은?

① 누설 비파괴 검사
② 자기 비파괴 검사
③ 초음파 비파괴 검사
④ 방사선 비파괴 검사

해설 자기 비파괴 검사(MT) : 자성을 띠는 재료에만 시험 가능(오스테나이트계 스테인리스강은 비자성체이므로 시험 불가)

30 다음 용착법 중 각 층마다 전체 길이를 용접하며 쌓는 방법은?

① 전진법
② 후진법
③ 스킵법
④ 빌드업법

해설 다층쌓기법의 종류로는 덧살올림법(빌드업법), 캐스케이드법, 전진블록법의 3가지가 있으며, 이 중 빌드업법은 각 층마다 전체의 길이를 용접하며 쌓아 올리는 용접법이다.

31 용접부의 결함 중 구조상 결함이 아닌 것은?

① 변형
② 기공
③ 언더컷
④ 오버랩

해설 변형은 치수상 결함에 속한다.

32 가접 시 주의해야 할 사항으로 옳은 것은?

① 본용접자보다 용접 기량이 낮은 용접자가 가용접을 실시한다.
② 용접봉은 본용접 작업 시에 사용하는 것보다 가는 것을 사용한다.
③ 가용접 간격은 일반적으로 판 두께의 60~80배 정도로 하는 것이 좋다.
④ 가용접 위치는 부품의 끝 모서리나 각 등과 같이 응력이 집중되는 곳에 가접한다.

해설 가접(가용접)이란 본용접을 실시하기 전에 용접부위를 일시적으로 고정시키기 위해서 용접하는 것으로 부품의 끝 모서리나 응력이 집중되는 곳은 피해야 하며 용접봉은 본용접 시 사용하는 것보다 얇아야 한다.

33 용접 구조물을 조립하는 순서를 정할 때 고려사항으로 틀린 것은?

① 용접 변형을 쉽게 제거할 수 있어야 한다.
② 작업환경을 고려하여 용접자세를 편하게 한다.
③ 구조물의 형상을 고정하고 지지할 수 있어야 한다.
④ 용접 진행은 부재의 구속단을 향하여 용접한다.

해설 용접 진행은 부재의 자유단을 향하여 용접한다.

34 연강판 용접을 하였을 때 발생한 용접 변형을 교정하는 방법이 아닌 것은?

① 롤러에 의한 방법
② 기계적 응력완화법
③ 가열 후 해머링하는 법
④ 얇은 판에 대한 점 수축법

해설 기계적 응력완화법은 용접부에 하중을 주어 약간의 소성 변형을 주어 응력을 제거하는 법으로 용접변형 교정법과는 거리가 멀다.

35 비파괴검사법 중 표면결함 검출에 사용되지 않는 것은?

① PT   ② MT
③ UT   ④ ET

해설 PT(침투탐상검사), MT(자분탐상검사), UT(초음파탐상검사), ET(와류탐상검사)

36 용접부에 잔류응력을 제거하기 위하여 응력제거 풀림처리를 할 때 나타나는 효과로 틀린 것은?

① 충격저항의 증대
② 크리프 강도의 향상
③ 응력 부식에 대한 저항력의 증대
④ 용착금속 중의 수소 제거에 의한 경도 증대

해설 응력제거 풀림처리 시 용착금속의 경도가 감소하게 된다.

37 맞대기 용접 이음에서 이음효율을 구하는 식은?

① 이음효율 $= \dfrac{\text{허용응력}}{\text{사용응력}} \times 100(\%)$

② 이음효율 $= \dfrac{\text{사용응력}}{\text{허용응력}} \times 100(\%)$

③ 이음효율 $= \dfrac{\text{모재의 인장강도}}{\text{용접시험편의 인장강도}} \times 100(\%)$

④ 이음효율 $= \dfrac{\text{용접시험편의 인장강도}}{\text{모재의 인장강도}} \times 100(\%)$

38 얇은 판의 용접 시 주로 사용하는 방법으로 용접부의 뒷면에서 물을 뿌려주는 변형 방지법은?

① 살수법   ② 도열법
③ 석면포 사용법   ④ 수랭 동판 사용법

해설 살수법은 얇은 판(박판)의 용접 시 주로 사용되는 방법으로 용접부의 뒷면에서 물을 뿌려주는 변형 방지법에 속한다.

39 다음 중 비파괴시험법에 해당되는 것은?

① 부식시험
② 굽힘시험
③ 육안시험
④ 충격시험

해설 **파괴시험의 종류**
- 부식시험
- 굽힘시험
- 충격시험(아이조드식, 샤르피식)
- 현미경 조직시험
- 육안 조직시험

40 판두께 25mm 이상인 연강판을 0℃ 이하에서 용접할 경우 예열하는 방법은?

① 이음의 양쪽 폭 100mm 정도를 40~75℃로 예열하는 것이 좋다.
② 이음의 양쪽 폭 150mm 정도를 150~200℃로 예열하는 것이 좋다.
③ 이음의 한쪽 폭 100mm 정도를 40~75℃로 예열하는 것이 좋다.
④ 이음의 한쪽 폭 150mm 정도를 150~200℃로 예열하는 것이 좋다.

해설 연강을 0℃ 이하에서 용접할 경우 예열 시 용접 이음의 양쪽 폭 100mm 정도를 40~75℃로 가열한다.

41 불활성 가스 텅스텐 아크용접에 대한 설명으로 틀린 것은?

① 직류 역극성으로 용접하면 청정작용을 얻을 수 있다.
② 가스 노즐은 일반적으로 세라믹 노즐을 사용한다.

정답   35 ③   36 ④   37 ④   38 ①   39 ③   40 ①   41 ③

③ 불가시 용접으로 용접 중에는 용접부를 확인할 수 없다.

④ 용접용 토치는 냉각방식에 따라 수랭식과 공랭식으로 구분된다.

해설 불가시 용접이란 아크를 육안으로 확인할 수 없는 용접을 말하며 서브머지드 아크용접(잠호용접)이 이에 속한다.

42 다음 중 아크용접 시 발생되는 유해한 광신에 해당되는 것은?

① X – 선   ② 자외선

③ 감마선   ④ 중성자선

해설 아크용접 시에는 인체에 유해한 적외선, 자외선 등이 발생되며 이를 보호하기 위해 필터렌즈가 달린 보호구를 이용한다.

43 다음 중 교류 아크용접기에 해당되지 않는 것은?

① 발전기형 아크용접기

② 탭 전환형 아크용접기

③ 가동 코일형 아크용접기

④ 가동 철심형 아크용접기

해설 교류 아크용접기의 종류
- 가동 철심형   • 가동 코일형
- 탭 전환형   • 가포화 기액터형

44 가스절단에서 예열불꽃이 약할 때 일어나는 현상으로 가장 거리가 먼 것은?

① 드래그가 증가한다.

② 절단면이 거칠어진다.

③ 절단속도가 늦어진다.

④ 절단이 중단되기 쉽다.

해설 가스절단 시 약 800~900℃의 온도로 예열을 한 후 절단을 실시하게 되는데, 이때 예열불꽃이 과대한 경우 절단면이 거칠어진다.

45 모재 두께가 다른 경우 전극의 과열을 피하기 위하여 전류를 단속하여 용접하는 점용접법은?

① 맥동 점용접

② 단극식 점용접

③ 인터랙 점용접

④ 다전극 점용접

해설 맥동 점용접은 전극의 과열을 피하기 위해 전류를 맥박이 흐르듯 단속하여 용접하는 전기저항용접법의 한 종류이다.

46 U형, H형의 용접홈을 가공하기 위하여 슬로 다이버전트로 설계된 팁을 사용하여 깊은 홈을 파내는 가공법은?

① 스카핑   ② 수중절단

③ 가스 가우징   ④ 산소창 절단

해설 U형, H형 등의 깊은 용접홈을 파는 경우 가스 가우징을 사용하며 표면의 탈탄층 등 재료의 표면을 얇게 깎는 경우 스카핑이 사용된다.

47 피복제 중에 석회석이나 형석을 주성분으로 사용한 것으로 용착금속 중의 수소 함유량이 다른 용접봉에 비해 약 1/10 정도로 현저하게 적은 피복 아크 용접봉은?

① E4301   ② E4311

③ E4313   ④ E4316

해설 저수소계 용접봉(E4316)은 피복제 중에 수소를 발생시키는 성분을 타 용접봉에 비해 낮게 하고 용접금속 중의 수소량을 감소시킨 것으로, 기계적 성질이 좋고 내균열성이 뛰어나 중요한 구조물의 용접에 사용된다.

정답   42 ②   43 ①   44 ②   45 ①   46 ③   47 ④

48 일반적인 가동 철심형 교류 아크용접기의 특성으로 틀린 것은?

① 미세한 전류 조정이 가능하다.
② 광범위한 전류 조정이 어렵다.
③ 조작이 간단하고 원격 제어가 된다.
④ 가동철심으로 누설자속을 가감하여 전류를 조정한다.

> 해설 교류 아크용접기의 종류 중 가포화 리액터형 용접기는 원격으로 전류의 제어가 가능하다.

49 자동 및 반자동 용접이 수동 아크용접에 비하여 우수한 점이 아닌 것은?

① 용입이 깊다.
② 와이어 송급속도가 빠르다.
③ 위보기 용접자세에 적합하다.
④ 용착금속의 기계적 성질이 우수하다.

> 해설 자동·반자동용접(서브머지드 아크용접이 대표적)의 경우 아래보기 및 수평 필릿용접에 적합하다.

50 산소-아세틸렌가스 용접의 특징으로 틀린 것은?

① 용접 변형이 적어 후판 용접에 적합하다.
② 아크용접에 비해서 불꽃의 온도가 낮다.
③ 열 집중성이 나빠서 효율적인 용접이 어렵다.
④ 폭발의 위험성이 크고 금속이 탄화 및 산화될 가능성이 많다.

> 해설 **가스용접의 특징**
> • 용접 중 불꽃의 조절이 용이하다.
> • 아크용접에 비해 열의 효율성이 떨어지며 불꽃의 온도가 낮다.
> • 운반이 편리하다.
> • 박판 용접에 적합하다.
> • 폭발의 위험성이 있다.
> • 금속이 탄화 및 산화될 가능성이 있다.

51 다음 용접자세의 기호 중 수평자세를 나타낸 것은?

① F
② H
③ V
④ O

> 해설 **용접의 4가지 기본자세**
> • F : Flat position(아래보기자세)
> • H : Horizontal position(수평자세)
> • V : Vertical position(수직자세)
> • O : Overhead position(위보기자세)

52 가스용접에서 탄산나트륨 15%, 붕사 15%, 중탄산나트륨 70%가 혼합된 용제는 어떤 금속용접에 가장 적합한가?

① 주철
② 연강
③ 알루미늄
④ 구리합금

> 해설 주철의 가스용접 시 사용되는 용제 : 탄산나트륨 15%, 붕사 15%, 중탄산나트륨 70%가 혼합된 용제

53 탄산가스 아크용접에 대한 설명으로 틀린 것은?

① 전 자세 용접이 가능하다.
② 가시 아크이므로 시공이 편리하다.
③ 용접전류의 밀도가 낮아 용입이 얕다.
④ 용착금속의 기계적, 야금적 성질이 우수하다.

> 해설 탄산가스 아크용접은 용접전류의 밀도가 높아 후판 용접 시 사용된다.

54 다음 중 압접에 해당하는 것은?

① 전자 빔 용접
② 초음파 용접
③ 피복 아크 용접
④ 일렉트로 슬래그 용접

> 해설 용접은 크게 융접, 압접, 납땜의 3가지로 분류되며 전자 빔 용접, 피복 아크 용접, 일렉트로 슬래그 용접은 융접에 속한다.

정답 48 ③ 49 ③ 50 ① 51 ② 52 ① 53 ③ 54 ②

55 피복 아크용접봉의 피복 배합제 중 아크 안정제에 속하지 않는 것은?

① 석회석
② 마그네슘
③ 규산칼륨
④ 산화티탄

> **해설** 아크 안정제로는 산화티탄, 석회석, 규산칼륨, 규산소다, 탄산바륨, 루틸 등이 있으며, 아크가 끊어지지 않도록 하고 부드러운 느낌을 주는 피복 배합제의 성분이다.

56 가스용접에서 가변압식 토치의 팁(B형) 250번을 사용하여 표준불꽃으로 용접하였을 때의 설명으로 옳은 것은?

① 독일식 토치의 팁을 사용한 것이다.
② 용접 가능한 판 두께가 250mm이다.
③ 1시간 동안 산소 소비량이 25리터이다.
④ 1시간 동안 아세틸렌가스의 소비량이 250리터 정도이다.

> **해설** 가변압식(프랑스식) 팁 250번은 1시간당 250리터의 아세틸렌가스를 소비한다.

57 정격 2차전류가 300A, 정격사용률 50%인 용접기를 사용하여 100A의 전류로 용접을 할 때 허용사용률은?

① 5.6%
② 150%
③ 450%
④ 550%

> **해설**
> $$허용사용률 = \frac{정격\ 2차\ 전류^2}{실제\ 사용\ 전류^2} \times 정격사용률$$
> $$= \frac{300^2}{100^2} \times 50 = 450\%$$

58 불활성 가스 텅스텐 아크용접에서 전극을 모재에 접촉시키지 않아도 아크 발생이 되는 이유로 가장 적합한 것은?

① 전압을 높게 하기 때문에
② 텅스텐의 작용 때문에
③ 아크 안정제를 사용하기 때문에
④ 고주파 발생장치를 사용하기 때문에

> **해설** 불활성 가스 텅스텐아크(TIG) 용접의 경우 고주파 발생장치의 사용으로 전극을 모재에 접촉시키지 않아도 아크발생이 가능하다.

59 연강용 피복아크용접봉의 종류에서 E4303 용접봉의 피복제 계통은?

① 특수계
② 저수소계
③ 일미나이트계
④ 라임티타니아계

> **해설** 피복아크용접봉의 종류
>
> | KS규격 | 피복제 계통 |
> | --- | --- |
> | E4301 | 일미나이트계 |
> | E4303 | 라임티타니아계 |
> | E4311 | 고셀룰로오스계 |
> | E4313 | 고산화티탄계 |
> | E4316 | 저수소계 |
> | E4327 | 철분산화철계 |
> | E4324 | 철분산화티탄계 |

60 용접작업자의 전기적 재해를 줄이기 위한 방법으로 틀린 것은?

① 절연상태를 확인한 후 사용한다.
② 용접 안전보호구를 완전히 착용한다.
③ 무부하 전압이 낮은 용접기를 사용한다.
④ 직류 용접기보다 교류 용접기를 많이 사용한다.

> **해설** 교류 용접기는 무부하 전압이 높아(약 80~90V) 전격 발생의 위험이 높다.

01 다음 원소 중 강의 담금질 효과를 증대시키며, 고온에서 결정립 성장을 억제시키고, S의 해를 감소시키는 것은?

① C
② Mn
③ P
④ Si

해설 **탄소강에서 발생하는 취성의 종류**

종류	발생온도	현상	원인
적열 취성 (고온 취성)	800~900℃	탄소강의 경우 일반적으로 온도가 상승할 때 인장강도 및 경도는 감소하며, 연신율은 증가한다. 하지만 탄소강 중의 황(S)은 인장강도, 연신율 및 인성을 저하시키고 강을 취약하게 하는데, 이를 적열취성이라 한다.	S(황)
청열 취성	200~300℃	탄소강이 200~300℃에서 인장강도가 극대가 되고 연신율, 단면수축률이 줄어들게 되는데, 이를 청열취성이라고 한다.	P(인)
상온 취성		온도가 상온 이하로 내려가면 충격치가 감소하여 쉽게 파손되는 성질을 말하며 일명 냉간취성이라고도 한다.	P(인)

02 일반적인 금속의 특성으로 틀린 것은?

① 열과 전기의 양도체이다.
② 이온화하면 양(+) 이온이 된다.
③ 비중이 크고, 금속적 광택을 갖는다.
④ 소성변형성이 있어 가공하기 어렵다.

해설 소성변형이란 외부의 힘이 작용하여 변형된 고체가 그 힘을 제거해도 본래의 상태로 되돌아가지 않는 변형을 말한다. 일반적인 금속은 소성변형이 가능해 원하는 형태로의 가공이 용이하다.

03 용접부의 저온균열은 약 몇 ℃ 이하에서 발생하는가?

① 200
② 450
③ 600
④ 750

해설 저온균열이란 용접부의 온도가 200℃ 이하에서 발생하는 균열이다.

04 용접 시 발생하는 1차 결함으로 응고 온도범위 또는 그 직하의 비교적 고온에서 용접부의 자기수축과 외부구속 등에 의한 인장 스트레인과 균열에 민감한 조직이 존재하면 발생하는 용접부의 균열은?

① 루트 균열
② 저온 균열
③ 고온 균열
④ 비드 밑 균열

해설 고온 균열은 용접 중 또는 직후에 발생하는 1차 결함으로 비교적 고온에서 용접부에 발생하는 균열에 속한다.

05 다음 중 열전도율이 가장 높은 것은?

① Ag
② Al
③ Pb
④ Fe

해설 **열전도율이 높은 순서**
Ag > Cu > Au > Al > Mg > Zn > Ni > Fe > Pb > Sb

06 다음 재료의 용접작업 시 예열을 하지 않았을 때 용접성이 가장 우수한 강은?

① 고장력강
② 고탄소강
③ 마텐자이트계 스테인리스강
④ 오스테나이트계 스테인리스강

해설 오스테나이트계 스테인리스강(18-8강)은 예열 시 크롬탄화물이 석출되므로 예열을 하지 말아야 하며 용접성이 우수한 강에 속한다.

07 체심입방격자(BCC)의 슬립면과 슬립방향으로 맞는 것은?

① (110) − [110]
② (110) − [111]
③ (111) − [110]
④ (111) − [111]

해설 **단결정의 탄성과 소성**
슬립에 의한 변형 − 슬립면은 원자밀도가 가장 조밀한 면 또는 가장 가까운 면이고, 슬립방향은 원자간격이 가장 작은 방향이다.
• BCC−Fe : 슬립면{110}, {112}, {123}, 슬립방향 ⟨111⟩, Mo : 슬립면{110}, 슬립방향⟨111⟩
• FCC−Ag, Cu, Al, Au, Ni : 슬립면{111}, 슬립방향⟨110⟩
• HCP−Cd, Zn, Mg, Ti : 슬립면{0001}, 슬립방향⟨2110⟩

08 피복아크용접봉의 피복 배합제 성분 중 용착금속의 산화, 질화를 방지하고 용착금속의 냉각속도를 느리게 하는 것은?

① 탈산제
② 가스 발생제
③ 아크안정제
④ 슬래그 생성제

해설 슬래그 생성제는 용착금속의 산화, 질화를 방지하며 냉각속도를 느리게 하는 작용을 한다.

09 용접부의 잔류응력을 경감시키기 위한 방법으로 틀린 것은?

① 예열을 할 것
② 용착 금속량을 증가시킬 것
③ 적당한 용착법, 용접순서를 선정할 것
④ 적당한 포지셔너 및 회전대 등을 이용할 것

해설 용접의 설계 시 가급적 용착 금속의 양을 최소화할 수 있는 방법을 선택해야 금속의 변형과 응력 발생을 방지할 수 있다.

10 응력제거 풀림처리 시 발생하는 효과가 아닌 것은?

① 잔류응력이 제거된다.
② 응력부식에 대한 저항력이 증가한다.
③ 충격저항성과 크리프 강도가 감소한다.
④ 용착금속 중의 수소가스가 제거되어 연성이 증가된다.

해설 크리프 강도란 특정 온도와 시간 내에 과대한 크리프 변형을 발생하는 일 없이 재료가 견딜 수 있는 최대 응력을 말한다.

11 다음 용접부 기호의 설명으로 옳은 것은?(단, 네모박스 안의 영문자는 MR이다.)

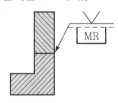

① 화살표 반대쪽에 필릿 용접한다.
② 화살표 쪽에 V형 맞대기 용접한다.
③ 화살표 쪽에 토를 매끄럽게 한다.
④ 화살표 반대쪽에 영구적인 덮개판을 사용한다.

해설 **MR**
제거가 가능한 덮개판을 사용한다.(화살표 반대쪽)

12 KS의 부문별 분류기호 중 "B"에 해당하는 분야는?

① 기본
② 기계
③ 전기
④ 조선

해설 **한국산업표준(KS)의 분류체계**
A(기본부문), B(기계부문), C(전기부문), D(금속부문), V(조선부문)

13 다음 용접기호 중 플러그 용접을 표시한 것은?

①

②

③

④

해설 플러그 용접이란 용접물의 한쪽에 구멍을 뚫고 그 구멍에 용접을 하여 접합하는 방법이다.

14 다음 용접기호 표시를 바르게 설명한 것은?

$$C \ominus n \times l(e)$$

① 지름이 C이고 용접길이가 l인 스폿 용접이다.
② 지름이 C이고 용접길이가 l인 플러그 용접이다.
③ 용접부 너비가 C이고 용접부 수가 n인 심 용접이다.
④ 용접부 너비가 C이고 용접부 수가 n인 스폿 용접이다.

15 도면에 치수를 기입할 때 유의해야 할 사항으로 틀린 것은?

① 치수는 중복기입을 피한다.
② 관련되는 치수는 되도록 분산하여 기입한다.
③ 치수는 되도록 계산해서 구할 필요가 없도록 기입한다.
④ 치수는 필요에 따라 점, 선 또는 면을 기준으로 하여 기입한다.

해설 치수는 되도록 한곳에 집중하여 기입하도록 한다.

16 그림과 같이 치수를 둘러싸고 있는 사각 틀(□)이 뜻하는 것은?

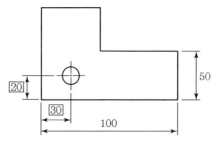

① 정사각형의 한 변의 길이
② 이론적으로 정확한 치수
③ 판 두께의 치수
④ 참고치수

해설 이론적으로 정확한 치수임을 나타내기 위해 치수문자에 사각틀을 사용한다.

17 치수 보조기호로 사용되는 기호가 잘못 표기된 것은?

① 구의 지름 : S
② 45° 모떼기 : C
③ 원의 반지름 : R
④ 정사각형의 한 변 : □

해설 구의 지름 : S∅

18 용접 기본기호 중 "∠" 기호의 명칭으로 옳은 것은?

① 표면 육성 ② 표면 접합부
③ 경사 접합부 ④ 겹침 접합부

19 일반적으로 부품의 모양을 스케치하는 방법이 아닌 것은?

① 판화법 ② 프린트법
③ 프리핸드법 ④ 사진촬영법

해설 스케치법의 종류
프린트법, 프리핸드법, 사진촬영법

정답 13 ④ 14 ③ 15 ② 16 ③ 17 ① 18 ④ 19 ①

20 선의 종류에 의한 용도에서 가는 실선으로 사용하지 않는 것은?

① 치수선
② 외형선
③ 지시선
④ 치수보조선

해설 **선의 종류와 용도**

선의 종류	용도
굵은 실선	외형선
가는 실선	치수선, 치수보조선, 지시선, 해칭선, 중심선
가는 1점 쇄선	중심선, 기준선, 피치선
가는 2점 쇄선	가상선, 무게중심선
굵은 1점 쇄선	특수 지정선

21 가용접 시 주의해야 할 사항으로 틀린 것은?

① 본용접과 같은 온도에서 예열을 한다.
② 본용접사와 동등한 기량을 가진 용접사로 하여금 가용접을 하게 한다.
③ 가용접의 위치는 부품의 끝, 모서리, 각 등과 같이 단면이 급변하여 응력이 집중되는 곳은 가능한 한 피한다.
④ 용접봉은 본용접 작업에 사용하는 것보다 큰 것을 사용하며, 간격은 판두께의 5~10배 정도로 하는 것이 좋다.

해설 가접(가용접)이란 본용접을 실시하기 전에 용접부위를 일시적으로 고정시키기 위해서 용접하는 것으로 부품의 끝 모서리나 응력이 집중되는 곳은 피해야 하며 용접봉은 본용접 시 사용하는 것보다 얇은 것을 사용한다.

22 침투탐상검사의 특징으로 틀린 것은?

① 제품의 크기, 형상 등에 크게 구애를 받지 않는다.
② 주변 환경이나 특히 온도에 민감하여 제약을 받는다.
③ 국부적 시험과 미세한 균열도 탐상이 가능하다.
④ 시험 표면이 침투제 등과 반응하여 손상을 입은 제품도 검사할 수 있다.

해설 침투탐상검사에 사용되는 침투제는 시험표면과 반응이 일어나지 않는 것이어야 한다.

23 필릿용접에서 다리길이가 10mm인 용접부의 이론 목두께는 약 몇 mm인가?

① 0.707
② 7.07
③ 70.7
④ 707

해설 **필릿용접부의 이론 목두께의 길이(mm)**
= 다리길이 × 0.707이므로 10 × 0.707 = 7.07mm

24 피닝(peening)의 목적으로 가장 거리가 먼 것은?

① 수축변형의 증가
② 잔류응력의 완화
③ 용접변형의 방지
④ 용착금속의 균열방지

해설 피닝법은 끝이 둥근 망치로 열영향부위를 연속적으로 두드려 금속의 잔류응력을 완화시키는 방법이다.

25 다음 중 플레어 용접부의 형상으로 맞는 것은?

① 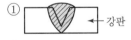 ← 강판
② 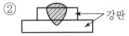 ← 강판
③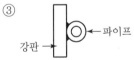
강판 → ← 파이프
④ 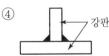 ← 강판

해설 플레어 용접은 부재 간의 원호와 원호 또는 원호와 직선으로 된 홈 부분에 하는 용접법이다.

26 다음 맞대기 용접이음 홈의 종류 중 가장 두꺼운 판의 용접이음에 적용하는 것은?

① H형   ② I형
③ U형   ④ V형

해설 H형 홈의 경우 강판의 두께 40mm 이상의 후판의 경우에 적합하다.(I형 6mm 미만, U형 20mm 미만, V형 6~19mm)

27 주로 비금속 개재물에 의해 발생되며, 강의 내부에 모재표면과 평행하게 층상으로 형성되는 균열은?

① 토 균열   ② 힐 균열
③ 재열 균열   ④ 라멜라 티어 균열

해설 라멜라 티어 균열이란 압연 강재를 판 두께 방향으로 큰 구속을 주었을 때에 생기는 것으로 강의 내부에 모재 표면과 평행하게 층상으로 발생하는데, 주로 T이음과 모서리 이음에서 나타난다.

28 응력 제거 풀림에 의해 얻는 효과로 틀린 것은?

① 충격저항이 증대된다.
② 크리프 강도가 향상된다.
③ 용착금속 중의 수소가 제거된다.
④ 강도는 낮아지고 열영향부는 경화된다.

해설 응력제거 풀림 열처리 작업 후 재료의 강도는 낮아지며 열영향부가 연화된다.

29 다음 중 용접 홈을 설계할 때 고려하여야 할 사항으로 가장 거리가 먼 것은?

① 용접 방법   ② 아크 쏠림
③ 모재의 두께   ④ 변형 및 수축

해설 용접홈의 설계 시 용접방법, 모재의 두께와 변형 및 수축 외에 홈의 단면적은 가능한 한 작게 하며, 중요한 구조물에서는 개선 가공비에 관계없이 이음의 안전성을 고려하여 선택하여야 한다.

30 용접 구조 설계상의 주의사항으로 틀린 것은?

① 용접 이음의 집중, 접근 및 교차를 피할 것
② 용접치수는 강도상 필요한 치수 이상으로 크게 하지 말 것
③ 용접성, 노치인성이 우수한 재료를 선택하여 시공하기 쉽게 설계할 것
④ 후판을 용접할 경우에는 용입이 얕은 용접법을 이용하여 층수를 늘릴 것

해설 후판을 용접할 경우 용입이 깊은 용접법을 이용하여 층수를 줄여야 한다.

31 구조물 용접에서 조립순서를 정할 때의 고려사항으로 틀린 것은?

① 변형 제거가 쉽게 되도록 한다.
② 잔류응력을 증가시킬 수 있게 한다.
③ 구조물의 형상을 유지할 수 있어야 한다.
④ 작업환경의 개선 및 용접자세 등을 고려한다.

해설 용접부의 잔류응력은 부식 및 파단의 원인이 되므로 다음 방법을 사용하여 잔류응력을 최소화한다.
- 노내풀림법
- 국부풀림법
- 저온 응력완화법
- 기계적 응력완화법
- 피닝법

32 다음 용접봉 중 내압용기, 철골 등의 후판 용접에서 비드 하층 용접에 사용하는 것으로 확산성 수소량이 적고 우수한 강도와 내균열성을 갖는 것은?

① 저수소계   ② 일미나이트계
③ 고산화티탄계   ④ 라임티타니아계

해설 저수소계 용접봉(E4316)은 피복제 중에 수소를 발생시키는 성분을 타 용접봉에 비해 낮게 하고 용접 금속 중의 수소량을 감소시킨 것으로 기계적 성질이 좋고, 내균열성이 뛰어나 중요한 구조물의 용접에 사용된다.

33 다음 중 용접 구조물의 이음설계 방법으로 틀린 것은?

① 반복하중을 받는 맞대기 이음에서 용접부의 덧붙이를 필요 이상 높게 하지 않는다.
② 용접선이 교차하는 곳이나 만나는 곳의 응력집중을 방지하기 위하여 스캘럽을 만든다.
③ 용접 크레이터 부분의 결함을 방지하기 위하여 용접부 끝단에 돌출부를 주어 용접한 후 돌출부를 절단한다.
④ 굽힘응력이 작용하는 겹치기 필릿용접의 경우 굽힘응력에 대한 저항력을 크게 하기 위하여 한쪽 부분만 용접한다.

해설 굽힘응력이 작용하는 겹치기 필릿용접의 경우 굽힘응력에 대한 저항력을 최소화하기 위하여 한쪽 부분이 아닌 양쪽에 대칭 용접을 한다.

34 강판의 두께가 7mm, 용접길이가 12mm인 완전 용입된 맞대기 용접 부위에 인장하중을 3,444kgf로 작용시켰을 때 용접부에 발생하는 인장응력은 약 몇 kgf/mm²인가?

① 0.024 ② 41
③ 82 ④ 2,009

해설
$$인장응력 = \frac{인장하중}{단면적}$$
$$= \frac{인장하중}{두께 \times 용접선의 길이}$$
$$= \frac{3,444}{7 \times 12}$$
$$= 41 kgf/mm^2$$

35 모재 및 용접부의 연성을 조사하는 파괴시험 방법으로 가장 적합한 것은?

① 경도시험 ② 피로시험
③ 굽힘시험 ④ 충격시험

해설 굽힘시험은 용접부의 연성을 조사하는 경우 사용되는 파괴시험법이며 국가자격시험에서도 활용되고 있다.

36 다음 중 용접 비용 절감 요소에 해당되지 않는 것은?

① 용접 대기시간의 최대화
② 합리적이고 경제적인 설계
③ 소립 성반 및 용접지그의 활용
④ 가공불량에 의한 용접 손실 최소화

해설 용접 비용 절감을 위해 용접 대기시간은 최소화하도록 한다.

37 두께 4mm인 연강판을 I형 맞대기 이음용접을 한 결과 용착금속의 중량이 3kg이었다. 이때 용착효율이 60%라면 용접봉의 사용중량은 몇 kg인가?

① 4 ② 5
③ 6 ④ 7

해설
$$용착효율 = \frac{용착금속의 양(kg)}{용접봉의 사용 중량}$$
$$용접봉의 사용 중량(kg) = \frac{용착금속의 양(kg)}{용착효율}$$
$$= \frac{3}{0.6}$$

38 다음 중 직류 아크용접기가 아닌 것은?

① 정류기식 직류 아크용접기
② 엔진 구동식 직류 아크용접기
③ 가동 철심형 직류 아크용접기
④ 전동 발전식 직류 아크용접기

해설 **직류 아크용접기의 종류**
• 엔진 발전식(소음이 크고 고가이다.)
• 전동기 발전식
• 정류기형(인버터형)

39 다음 그림과 같은 순서로 용접하는 용착법을 무엇이라고 하는가?

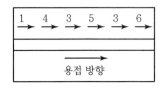

① 전진법 　　　　 ② 후퇴법
③ 스킵법 　　　　 ④ 캐스케이드법

해설 **용착법의 종류**
- 전진법 : 용접이음이 짧고 변형 및 잔류응력이 큰 문제가 되지 않는 경우 사용
- 후진법 : 후퇴하면서 전체적인 길이를 용접하는 방법
- 대칭법 : 중심에서 좌우로 또는 좌우 대칭으로 용접하여 변형과 수축응력을 경감하는 방법
- 비석법(스킵법) : 짧은 용접길이로 나누어 간격을 두면서 용접하는 방법(잔류응력 발생 최소화)

40 용접부의 부식에 대한 설명으로 틀린 것은?

① 틈새부식은 틈 사이의 부식을 말한다.
② 용접부의 잔류응력은 부식과 관계없다.
③ 용접부의 부식은 전면부식과 국부부식으로 분류한다.
④ 입계부식은 용접 열영향부의 오스테나이트 입계에 Cr 탄화물이 석출될 때 발생한다.

해설 금속재료가 특유의 환경 속에서 인장응력과 부식의 공동작용의 결과 일정 잠복기간 뒤에 균열이 생겨 파괴하는 응력부식균열이 발생한다.

41 일반적인 탄산가스 아크용접의 특징으로 틀린 것은?

① 용접속도가 빠르다.
② 전류 밀도가 높으므로 용입이 깊다.
③ 가시 아크이므로 용융지의 상태를 보면서 용접할 수 있다.

④ 후판 용접은 단락이행방식으로 가능하고, 비철금속 용접에 적합하다.

해설 탄산가스 아크용접은 철 계통의 용접에 한정된다.

42 다음 중 허용사용률을 구하는 공식은?

① 허용사용률 = $\dfrac{(정격\ 2차\ 전류)^2}{(실제\ 용접\ 전류)}$ × 정격사용률(%)

② 허용사용률 = $\dfrac{(정격\ 2차\ 전류)}{(실제\ 용접\ 전류)^2}$ × 정격사용률(%)

③ 허용사용률 = $\dfrac{(실제\ 용접\ 전류)^2}{(정격\ 2차\ 전류)^2}$ × 정격사용률(%)

④ 허용사용률 = $\dfrac{(정격\ 2차\ 전류)^2}{(실제\ 용접\ 전류)^2}$ × 정격사용률(%)

43 다음 중 모재를 녹이지 않고 접합하는 용접법으로 가장 적합한 것은?

① 납땜
② TIG 용접
③ 피복 아크용접
④ 일렉트로 슬래그 용접

해설 납땜법은 모재를 녹이지 않고 두 개의 모재 사이에 삽입금속을 용융시키는 이음법이며 연납땜과 경납땜으로 분류된다.

44 다음 중 불활성 가스 금속아크용접(MIG)의 특징으로 틀린 것은?

① 후판 용접에 적합하다.
② 용접속도가 빠르므로 변형이 적다.
③ 피복 아크용접보다 전류 밀도가 크다.
④ 용접토치가 용접부에 접근하기 곤란한 경우에도 용접하기가 쉽다.

해설 불활성 가스 금속아크용접(MIG)은 전류밀도가 높아 용입이 깊고 후판의 용접에 적합하며 불활성 가스의 보호작용으로 비철금속의 용접이 용이하다.

45 가스절단이 곤란한 주철, 스테인리스강 및 비철금속의 절단부에 철분 또는 용제를 공급하며 절단하는 방법은?

① 스카핑
② 분말 절단
③ 가스 가우징
④ 플라스마 절단

해설 분말절단법은 가스절단이 잘 되지 않는 주철과 고탄소강, 비철금속, 스테인리스 강판 등의 절단에 사용된다.

46 가스용접작업 시 역화가 생기는 원인과 가장 거리가 먼 것은?

① 팁의 과열
② 산소압력 과대
③ 팁과 모재의 접촉
④ 팁 구멍에 이물질 부착

해설 가스용접 시 역화, 인화, 역류 등의 이상현상이 발생하는데 이는 팁의 과열, 팁과 모재의 접촉, 팁 구멍에 이물질 부착 등이 원인이다.

47 용접전류 200A, 전압 40V일 때 1초 동안에 전달되는 일률을 나타내는 전력은?

① 2kW
② 4kW
③ 6kW
④ 8kW

해설 전력(P)=전류(I)×전압(V)
$=200(\text{A})×40(\text{V})=8,000\text{W}=8\text{kW}$

48 가스용접장치 중 압력 조정기의 취급상 주의사항으로 틀린 것은?

① 압력 지시계가 잘 보이도록 설치한다.
② 압력 용기의 설치구 방향에는 아무런 장애물이 없어야 한다.
③ 조정기를 취급할 때는 기름이 묻은 장갑을 착용하고 작업해야 한다.

④ 조정기를 견고하게 설치한 다음 조정 나사를 풀고 밸브를 천천히 열어야 하며 가스 누설 여부를 비눗물로 점검한다.

해설 압력 조정기 취급 시 기름이 묻은 장갑을 착용하면 가스의 종류에 따라 폭발사고나 미끄러짐 사고 발생의 위험이 있으므로 주의가 필요하다.

49 아크용접기에 핫 스타트(hot start) 장치를 사용함으로써 얻는 상섬이 아닌 것은?

① 기공을 방지한다.
② 아크 발생이 쉽다.
③ 크레이터 처리가 용이하다.
④ 아크 발생 초기의 용입을 양호하게 한다.

해설 핫 스타트 장치는 용접 초기의 전류를 높게 하여 초기 용입을 양호하게 하는 장치이며 크레이터의 처리와는 관계가 없다.

50 다음 중 전격의 위험성이 가장 적은 것은?

① 젖은 몸에 홀더 등이 닿았을 때
② 땀을 흘리면서 전기용접을 할 때
③ 무부하 전압이 낮은 용접기를 사용할 때
④ 케이블의 피복이 파괴되어 절연이 나쁠 때

해설 무부하 전압이 높은 용접기의 사용 시 전격 발생 위험이 높아진다.

51 연강의 가스 절단 시 드래그(drag) 길이는 주로 다음 어떤 인자에 의해 변화하는가?

① 후열과 절단 팁의 크기
② 토치 각도와 진행 방향
③ 절단 속도와 산소 소비량
④ 예열 불꽃 및 백심의 크기

해설 가스용접 시 생성되는 드래그란 가스 출구와 입구 사이의 수평거리로, 절단 속도와 산소의 소비량에 큰 영향을 받는다.

52 연납땜과 경납땜을 구분하는 온도는?

① 350℃　　　　　② 450℃
③ 550℃　　　　　④ 650℃

> 해설 450℃의 온도를 기준으로 연납땜과 경납땜으로 구분된다.

53 아크전류 200A, 무부하 전압 80V, 아크전압 30V인 교류용접기를 사용할 때 효율과 역률은 얼마인가?(단, 내부손실은 4kW라고 한다.)

① 효율 : 60%, 역률 : 40%
② 효율 : 60%, 역률 : 62.5%
③ 효율 : 62.5%, 역률 : 60%
④ 효율 : 62.5%, 역률 : 37.5%

> 해설
> - 효율 $= \dfrac{\text{아크 출력}}{\text{소비 전력}} \times 100$
> $= \dfrac{6,000}{10,000} \times 100 ≒ 60\%$
> - 역률 $= \dfrac{\text{소비 전력}}{\text{전원 입력}} \times 100$
> $= \dfrac{10,000}{16,000} \times 100 = 62.5\%$
> - 아크출력 = 아크전압×아크전류
> $= 30 \times 200 = 6,000\text{W}$
> - 소비전력 = 아크출력 + 내부손실
> $= 6,000 + 4,000 = 10,000\text{W}$
> - 전원입력 = 2차 무부하전압×정격 2차 전류
> $= 80 \times 200 = 16,000\text{kVA}$

54 다음 용접법 중 전기에너지를 에너지원으로 사용하지 않는 것은?

① 마찰용접
② 피복아크용접
③ 서브머지드 아크용접
④ 불활성 가스 아크용접

> 해설 마찰용접(friction welding)은 비(非)가열식 용접으로 마찰열을 에너지원으로 사용한다.

55 가스절단에서 예열불꽃이 약할 때 나타나는 현상을 가장 적절하게 설명한 것은?

① 드래그가 증가한다.
② 절단속도가 빨라진다.
③ 절단면이 거칠어진다.
④ 모서리가 용융되어 둥글게 된다.

> 해설 가스절단 시 예열불꽃이 약한 경우 드래그가 증가하게 된다.

56 가스용접에 쓰이는 토치의 취급상 주의사항으로 틀린 것은?

① 토치를 함부로 분해하지 말 것
② 팁을 모래나 먼지 위에 놓지 말 것
③ 토치에 기름, 그리스 등을 바를 것
④ 팁을 바꿀 때에는 반드시 양쪽 밸브를 잘 닫고 할 것

> 해설 가스용접에 사용되는 토치는 모래나 먼지, 기름 등의 이물질을 완전히 제거한 후 사용한다.

57 일반적인 용접의 특징으로 틀린 것은?

① 품질검사가 곤란하다.
② 변형과 수축이 발생한다.
③ 잔류응력이 발생하지 않는다.
④ 저온취성이 발생할 우려가 있다.

> 해설 용접열로 인해 재료의 변형과 잔류응력이 발생하는 것은 용접이 가진 단점 중 하나이다.

58 용접의 분류에서 압접에 속하지 않는 용접은?

① 저항용접　　　　② 마찰용접
③ 스터드 용접　　　④ 초음파 용접

> 해설 스터드 용접은 환봉, 볼트 등을 용접하는 데 사용하며 용융금속의 유출을 막기 위해 페룰이라는 장치가 사용되는 용접의 한 종류이다.

정답 　52 ②　　53 ②　　54 ①　　55 ①　　56 ③　　57 ③　　58 ③

59 일반적인 정류기형 직류 아크용접기의 특성에 관한 설명으로 틀린 것은?

① 소음이 거의 없다.

② 보수 점검이 간단하다.

③ 완전한 직류를 얻을 수 있다.

④ 정류기 파손에 주의해야 한다.

> **해설** 정류기형 직류 아크용접기는 소형이며 가격이 저렴하여 일반적으로 많이 사용되고 있으나 완전한 직류를 얻지 못한다.

60 불가시 아크용접, 잠호용접, 유니언 멜트 용접, 링컨 용접 등으로 불리는 용접법은?

① 전자 빔 용접

② 가압 테르밋 용접

③ 서브머지드 아크용접

④ 불활성 가스 아크용접

> **해설** 서브머지드 아크용접은 용접재 표면에 모래 모양의 용제(Flux)를 쌓아올리고 그 안에 용접 와이어를 넣어 연속적으로 용접을 진행한다.

01 저온균열의 발생에 관한 내용으로 옳은 것은?

① 용융금속의 응고 직후에 일어난다.

② 오스테나이트계 스테인리스강에서 자주 발생한다.

③ 용접금속이 약 300℃ 이하로 냉각되었을 때 발생한다.

④ 입계가 충분히 고상화되지 못한 상태에서 응력이 작용하여 발생한다.

해설 탄소강의 균열현상은 용접 후 충분한 시간이 경과되어야 발생되는데 이를 저온균열이라 한다. 주로 열영향부에서 용접부에 수소가 존재하거나 잔류응력이 형성된 경우 발생한다.

02 일반적인 금속의 결정격자 중 전연성이 가장 큰 것은?

① 면심입방격자

② 체심입방격자

③ 조밀육방격자

④ 체심정방격자

해설 금속결정격자의 종류

ㄱ 체심입방격자(BCC ; Body Centered Cubic lattice)
- 단위격자 내의 원자 수 : 2개
- 배위 수 : 8개(체심에 있는 원자를 둘러싼 원자의 수)
- BCC 구조의 금속 : Pt, Pb, Ni, Cu, Al, Au, Ag 등
- 성질 : 용융점이 높으며 단단하다.

ㄴ 면심입방격자(FCC ; Face-Centered Cubic lattice)
- 단위격자 내의 원자 수 : 4개
- 배위 수 : 12개
- FCC 구조의 금속 : Ni, Al, W, Mo, Na, K, Li, Cr 등
- 성질 : 전연성이 커서 가공성이 좋다.

ㄷ 조밀육방격자(HCP ; Hexagonal Close-Packed lattice)
- 단위격자 내의 원자 수 : 2개
- 배위 수 : 12개
- HCP 구조의 금속 : Mg, Zn, Be, Cd, Ti 등
- 성질 : 취약하며 전연성이 작다.

03 탄소와 질소를 동시에 강의 표면에 침투, 확산시켜 강의 표면을 경화시키는 방법은?

① 침투법

② 질화법

③ 침탄질화법

④ 고주파 담금질

해설 침탄질화법은 액체침탄법 또는 시안화법이라고 하며 탄소와 질소를 동시에 강의 표면에 침투시켜 표면을 경화시키는 방법이다.

04 킬드강(killed steel)을 제조할 때 탈산작용을 하는 가장 적합한 원소는?

① P

② S

③ Ar

④ Si

해설 강의 종류
- 림드강 : 불완전 탈산작업으로 기공하며 편석 잔류
- 킬드강 : 완전 탈산작업으로 기공하며 편석이 없으나 헤어크랙과 수축관 형성
- 세미킬드강 : 림드강과 킬드강의 중간 품질로 만든 강

05 연강을 0℃ 이하에서 용접할 경우 예열하는 요령으로 옳은 것은?

① 연강은 예열이 필요 없다.

② 용접 이음부를 약 500~600℃로 예열한다.

③ 용접 이음부의 홈 안을 700℃ 전후로 예열한다.

④ 용접 이음의 양쪽 폭 100mm 정도를 40~75℃로 예열한다.

해설 연강을 0℃ 이하에서 용접할 경우 용접 이음의 양쪽 폭 100mm 정도를 40~75℃로 가열한다.

06 스테인리스강 중 내식성, 내열성, 용접성이 우수하며 대표적인 조성이 18Cr – 8Ni인 계통은?

① 페라이트계 ② 소르바이트계
③ 마텐자이트계 ④ 오스테나이트계

해설 **스테인리스강의 종류**
- 오스테나이트계 스테인리스강(18% Cr – 8% Ni강) → 예열 시 결정입계 크롬탄화물 석출, 낮은 전류로 입열량을 줄여가며 용접한다.
- 페라이트계 스테인리스강
- 마텐자이트계 스테인리스강
- 석출경화형 스테인리스강

07 다음 중 용착금속의 샤르피 흡수 에너지를 가장 높게 할 수 있는 용접봉은?

① E4303 ② E4311
③ E4316 ④ E4327

해설 E4316(저수소계) 용접봉은 염기도가 높아 내균열성이 가장 큰 용접봉이며 용착금속의 샤르피 흡수 에너지를 가장 높게 할 수 있다.

08 Fe – C 합금에서 6.67%C를 함유하는 탄화철의 조직은?

① 페라이트 ② 시멘타이트
③ 오스테나이트 ④ 트루스타이트

해설 주철(Cast iron)은 최대 6.67%의 탄소를 함유하고 있으며 탄소가 대부분 Fe_3C(시멘타이트)의 상태로 구성되어 있다.

09 일반적인 피복아크용접봉의 편심률은 몇 % 이내인가?

① 3% ② 5%
③ 10% ④ 20%

해설 피복아크용접봉은 편심률이 3% 이내인 것을 사용한다.

10 슬래그를 구성하는 산화물 중 산성 산화물에 속하는 것은?

① FeO ② SiO_2
③ TiO_2 ④ Fe_2O_3

해설 슬래그를 구성하는 산화물 중 산성 산화물은 SiO_2이다.

11 다음 용접자세 중 수직자세를 나타내는 것은?

① F ② O
③ V ④ H

해설 용접의 기본자세 : 아래보기자세(F), 수평자세(H), 수직자세(V), 위보기자세(O)

12 다음 중 도면의 크기에 대한 설명으로 틀린 것은?

① A0의 넓이는 약 $1m^2$이다.
② A4의 크기는 $210mm \times 297mm$이다.
③ 제도용지의 세로와 가로 비는 $1 : \sqrt{2}$ 이다.
④ 복사한 도면이나 큰 도면을 접을 때는 A3의 크기로 접는 것을 원칙으로 한다.

해설 도면을 접어서 보관하는 경우 A4의 크기로 접으며 표제란이 보이도록 한다.

13 다음 중 얇은 부분의 단면도를 도시할 때 사용하는 선은?

① 가는 실선 ② 가는 파선
③ 가는 1점 쇄선 ④ 아주 굵은 실선

해설 도형의 단면은 해칭이나 스머징을 하지만 아주 얇은 부분의 단면을 나타내는 경우 아주 굵은 실선을 사용한다.

정답 06 ④ 07 ③ 08 ② 09 ① 10 ② 11 ③ 12 ④ 13 ④

14 다음 중 치수 보조기호의 의미가 틀린 것은?

① C : 45° 모떼기
② SR : 구의 반지름
③ t : 판의 두께
④ ( ) : 이론적으로 정확한 치수

> 해설 ( ) : 참고치수

15 일반적인 판금전개도를 그릴 때 전개방법이 아닌 것은?

① 사각형 전개법　　② 평행선 전개법
③ 방사선 전개법　　④ 삼각형 전개법

> 해설 **전개도법의 종류**
> • 평행선 전개법(원기둥, 각기둥)
> • 방사선 전개법(원뿔, 각뿔)
> • 삼각형 전개법(꼭짓점이 먼 각뿔이나 원뿔)

16 상하 또는 좌우 대칭인 물체의 중심선을 기준으로 내부와 외부 모양을 동시에 표시하는 단면도법은?

① 온 단면도　　② 한쪽 단면도
③ 계단 단면도　　④ 부분 단면도

> 해설 한쪽 단면도 : 기본 중심선에 대칭인 물체의 1/4만 잘라내어 절반은 단면도로, 다른 절반은 외형도로 나타내는 단면도법

17 다음은 KS 기계제도의 모양에 따른 선의 종류를 설명한 것이다. 틀린 것은?

① 실선 : 연속적으로 이어진 선
② 파선 : 짧은 선을 불규칙한 간격으로 나열한 선
③ 일점쇄선 : 길고 짧은 두 종류의 선을 번갈아 나열한 선
④ 이점쇄선 : 긴 선과 두 개의 짧은 선을 번갈아 나열한 선

> 해설 파선은 짧은 선을 규칙적으로 나열한 선이며 숨은선을 나타내는 데 사용한다.

18 제도에서 사용되는 선의 종류 중 가는 2점 쇄선의 용도를 바르게 나타낸 것은?

① 대상물의 실제 보이는 부분을 나타낸다.
② 도형의 중심선을 간략하게 나타내는 데 쓰인다.
③ 가공 전 또는 가공 후의 모양을 표시하는 데 쓰인다.
④ 특수한 가공을 하는 부분 등 특별한 요구사항을 적용할 수 있는 범위를 표시하는 데 쓰인다.

> 해설 **선의 종류와 용도**
>
> | 선의 종류 | 용도 |
> | --- | --- |
> | 굵은 실선 | 외형선 |
> | 가는 실선 | 치수선, 치수보조선, 지시선, 해칭선, 중심선 |
> | 가는 1점 쇄선 | 중심선, 기준선, 피치선 |
> | 가는 2점 쇄선 | 가상선, 무게중심선, 가공 전후의 모양 표시 |
> | 굵은 1점 쇄선 | 특수 지정선 |

19 도면에서 2종류 이상의 선이 같은 장소에서 중복될 경우 도면에 우선적으로 그어야 하는 선은?

① 외형선　　② 중심선
③ 숨은선　　④ 무게 중심선

> 해설 **선의 우선 순위**
> 외형선 → 숨은선 → 절단선 → 중심선 → 무게 중심선

20 다음 중 가는 실선을 사용하지 않는 선은?

① 치수선　　② 지시선
③ 숨은선　　④ 치수 보조선

> 해설 숨은선은 파선으로 도시한다.

21 각 변형의 방지대책에 관한 설명 중 틀린 것은?

① 구속지그를 활용한다.

② 용접속도가 빠른 용접법을 이용한다.

③ 개선 각도는 작업에 지장이 없는 한도 내에서 작게 하는 것이 좋다.

④ 판 두께와 개선 형상이 일정할 때 용접봉 지름이 작은 것을 이용하여 패스의 수를 늘린다.

해설 용접부의 변형 원인은 용접과정에서 발생하는 용융 금속의 수축에 의한 인장응력 때문으로, 용접열에 따른 변형을 방지하기 위해서는 용접 패스의 수를 가급적 줄여야 한다.

22 용접 시점이나 종점 부분의 결함을 줄이는 설계방법으로 가장 거리가 먼 것은?

① 주 부재와 2차 부재를 전둘레 용접하는 경우 틈새를 10mm 정도로 둔다.

② 용접부의 끝단에 돌출부를 주어 용접한 후에 엔드 탭(end tab)은 제거한다.

③ 양면에서 용접 후 다리길이 끝에 응력이 집중되지 않게 라운딩을 준다.

④ 엔드 탭(end tab)을 붙이지 않고 한 면에 V형 홈으로 만들어 용접 후 라운딩한다.

해설 주 부재와 2차 부재를 전둘레 용접하는 경우 기밀을 유지하기 위해 모재의 두께를 고려하여 틈새를 둔다.

23 용접부 윗면이나 아랫면이 모재의 표면보다 낮게 되는 것으로 용접사가 충분히 용착금속을 채우지 못하였을 때 생기는 결함은?

① 오버랩 ② 언더필

③ 스패터 ④ 아크 스트라이크

해설 용착부의 높이가 모재의 표면보다 낮게 형성되는 결함을 언더필(under fill)이라고 한다.

24 용접구조물에서 파괴 및 손상의 원인으로 가장 거리가 먼 것은?

① 재료 불량 ② 포장 불량

③ 설계 불량 ④ 시공 불량

해설 용접 구조물은 재료, 설계, 시공 등의 불량으로 인해 파괴 및 손상이 일어나게 된다.

25 T 이음 등에서 강의 내부에 강판 표면과 평행하게 층상으로 발생되는 균열로 주요 원인이 모재의 비금속 개재물인 것은?

① 토 균열 ② 재열 균열

③ 루트 균열 ④ 라멜라 티어

해설 라멜라 티어(Lamella Tear) 균열이란 압연 강재를 판 두께 방향으로 큰 구속을 주었을 때에 생기는 것으로 강의 내부에 모재 표면과 평행하게 층상으로 발생하는 균열이다. 주로 T이음과 모서리 이음에서 나타난다.

26 아래 그림과 같은 필릿 용접부의 종류는?

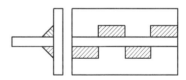

① 연속 필릿용접

② 단속 병렬 필릿용접

③ 연속 병렬 필릿용접

④ 단속 지그재그 필릿용접

27 응력 제거 풀림의 효과에 대한 설명으로 틀린 것은?

① 치수틀림의 방지

② 충격저항의 감소

③ 크리프 강도의 향상

④ 열영향부의 템퍼링 연화

해설 응력 제거 풀림처리로 충격저항력은 증가하게 된다.

28 다음 중 용접용 공구가 아닌 것은?

① 앞치마
② 치핑 해머
③ 용접 집게
④ 와이어 브러시

해설 앞치마는 용접용 개인안전용품에 속한다.

29 판두께 8mm를 아래보기자세로 15m, 판두께 15mm를 수직자세로 8m 맞대기 용접하였다. 이때 환산용접길이는 얼마인가?(단, 아래보기 맞대기 용접의 환산계수는 1.32이고, 수직 맞대기 용접의 환산계수는 4.32이다.)

① 44.28m
② 48.56m
③ 54.36m
④ 61.24m

해설 환산용접길이
= 용접선의 길이 × 용접 환산계수
$(15\text{m} \times 1.32) + (8\text{m} \times 4.32) = 19.8 + 34.56$
$= 54.36\text{m}$

30 용접변형의 일반적 특성에서 홈 용접 시 용접진행에 따라 홈 간격이 넓어지거나 좁아지는 변형은?

① 종변형
② 횡변형
③ 각변형
④ 회전변형

해설 회전변형 : 맞대기 이음매에서 용접의 진행에 따라 간격이 벌어지거나(용접전류가 높고 용접속도가 빠른 경우), 좁아지는(피복아크용접과 같이 전류가 낮고 용접속도가 늦은 경우) 변형

31 다음 중 용착금속 내부에 발생된 기공을 적출하는 데 가장 적합한 검사법은?

① 누설검사
② 육안검사
③ 침투탐상검사
④ 방사선 투과검사

해설 방사선 투과검사(RT)는 금속 내부에 발생된 기공을 적출 시 사용되며 이때 기공은 필름 판독 시 검은색 점의 형태로 나타난다.

32 모세관 현상을 이용하여 표면결함을 검사하는 방법은?

① 육안검사
② 침투검사
③ 자분검사
④ 전자기적검사

해설 침투성이 강한 착색된 액체 또는 형광을 발하는 액체를 시험체 표면에 도포하여 결함 유무를 조사하는 비파괴검사법이며 모세관 현상을 이용하여 표면의 결함을 검출하는 시험법이다.

33 맞대기 용접 시에 사용되는 엔드 탭(end tab)에 대한 설명으로 틀린 것은?

① 모재와 다른 재질을 사용해야 한다.
② 용접 시작부와 끝부분의 결함을 방지한다.
③ 모재와 같은 두께와 홈을 만들어 사용한다.
④ 용접 시작부와 끝부분에 가접한 후 용접한다.

해설 용접 시 용착 금속의 양쪽 끝에 충분한 용입을 얻기 위하여 모재의 양쪽에 덧대는 강판을 엔드 탭(end tab)이라고 한다.

34 어떤 용접구조물을 시공할 때 용접봉 0.2톤이 소모되었는데, 170kgf의 용착금속 중량이 산출되었다면 용착효율은 몇 %인가?

① 7.6
② 8.5
③ 76
④ 85

해설 용착효율(%)
$$= \frac{\text{용착금속의 무게}}{\text{사용된 용접와이어(봉)의 무게}} \times 100(\%)$$
$$= \frac{170}{200} \times 100 = 85\%$$

35 본용접의 용착법에서 용접방향에 따른 비드의 배치법이 아닌 것은?

① 전진법　　　② 펄스법
③ 대칭법　　　④ 스킵법

해설 **용착법의 종류**
- 전진법 : 용접이음이 짧고 변형 및 잔류응력이 큰 문제가 되지 않는 경우 사용
- 후진법 : 후퇴하면서 전체적인 길이를 용접하는 방법
- 내칭법 : 중심에서 좌우로 또는 좌우 대칭으로 용접하여 변형과 수축응력을 경감하는 방법
- 비석법(스킵법) : 짧은 용접길로 나누어 간격을 두면서 용접하는 방법(잔류응력 발생 최소화)

36 인장시험기로 인장·파단하여 측정할 수 없는 것은?

① 연신율　　　② 인장강도
③ 굽힘응력　　　④ 단면 수축률

해설 용접부의 굽힘응력을 측정하기 위해 굽힘시험을 실시한다.

37 용착금속의 인장강도가 40kgf/mm²이고 안전율이 5라면 용접이음의 허용응력은 몇 kgf/mm² 인가?

① 8　　　② 20
③ 40　　　④ 200

해설 안전율 $= \dfrac{인장강도}{허용응력}$ 이므로

허용응력 $= \dfrac{인장강도}{안전율} = \dfrac{40}{5} = 8 \mathrm{kgf/mm^2}$

38 용접 구조 설계 시 주의사항으로 틀린 것은?

① 용접 이음의 집중, 접근 및 교차를 피한다.
② 리벳과 용접의 혼용 시에는 충분히 주의를 한다.

③ 용착 금속은 가능한 한 다듬질 부분에 포함되게 한다.
④ 후판 용접의 경우 용입이 깊은 용접법을 이용하여 층수를 줄인다.

39 똑같은 두께의 재료를 용접할 때 냉각속도가 가장 빠른 이음은?

① 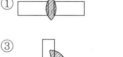　　②

③ 　　④

해설 전열면적이 넓은 재료의 냉각속도가 가장 빠르다.

40 용접 이음부의 형태를 설계할 때 고려하여야 할 사항으로 틀린 것은?

① 최대한 깊은 홈을 설계한다.
② 적당한 루트간격과 홈각도를 선택한다.
③ 용착 금속량이 적게 되는 이음모양을 선택한다.
④ 용접봉이 쉽게 접근되도록 하여 용접하기 쉽게 한다.

해설 용접 이음부의 설계 시 재료의 변형을 방지하기 위해 가급적 홈의 각도와 깊이를 크지 않도록 하여야 한다.

41 불활성 가스 텅스텐 아크용접에서 일반 교류 전원을 사용하지 않고, 고주파 교류 전원을 사용할 때의 장점으로 틀린 것은?

① 텅스텐 전극의 수명이 길어진다.
② 텅스텐 전극봉이 많은 열을 받는다.
③ 전극봉을 모재에 접촉시키지 않아도 아크가 발생한다.
④ 아크가 안정되어 작업 중 아크가 약간 길어져도 끊어지지 않는다.

해설 불활성 가스 텅스텐 아크용접 시 고주파 교류 전원을 사용하게 되면 전극봉에 큰 열이 전해지지 않게 되어 전극의 수명이 길어지게 된다.

42 공업용 아세틸렌가스 용기의 색상은?

① 황색   ② 녹색

③ 백색   ④ 주황색

해설 **가스 용기의 도색**
아세틸렌(황색), 산소(녹색), 의료용 산소(백색), 수소(주황색), 탄산가스(청색), 염소(갈색), 암모니아(백색), 프로판(회색), 아르곤(회색)

43 피복아크용접 작업에서 아크 쏠림의 방지대책으로 틀린 것은?

① 짧은 아크를 사용할 것

② 직류용접 대신 교류용접을 사용할 것

③ 용접봉 끝을 아크 쏠림 반대방향으로 기울일 것

④ 접지점을 될 수 있는 대로 용접부에 가까이할 것

해설 **아크쏠림(자기불림) 방지법**
- 교류 아크용접기를 사용한다.
- 접지점을 용접부에서 멀게 한다.
- 아크길이를 짧게 유지한다.
- 후퇴법을 사용한다.
- 아크쏠림 반대방향으로 용접봉을 기울인다.

44 아크용접과 가스용접을 비교할 때, 일반적인 가스용접의 특징으로 옳은 것은?

① 아크용접에 비해 불꽃의 온도가 높다.

② 열 집중성이 좋아 효율적인 용접이 된다.

③ 금속이 탄화 및 산화될 가능성이 많다.

④ 아크용접에 비해서 유해광선의 발생이 많다.

해설 아크용접의 경우 보호가스와 피복제 등 금속의 산화를 방지할 수 있는 재료를 활용할 수 있으나 가스용접의 경우 이를 방지할 수 있는 성분이 전혀 없다.

45 가스아크용접에 대한 설명으로 틀린 것은?

① 전류밀도가 높아 용입이 깊고, 용접속도를 빠르게 할 수 있다.

② 용접장치, 용접전원 등 장치로서는 MIG 용접과 같은 점이 많다.

③ CO_2가스 아크용접에서는 탈산제로 Mn 및 Si를 포함한 용접와이어를 사용한다.

④ CO_2가스 아크용접에서는 보호가스로 CO_2에 다량의 수소를 혼합한 것을 사용한다.

해설 **이산화탄소 가스 아크용접의 혼합가스법**
- $CO_2 + O_2$법
- $CO_2 + Ar$법
- $CO_2 + Ar + O_2$법

46 용접작업에서 전격의 방지대책으로 틀린 것은?

① 무부하 전압이 높은 용접기를 사용한다.

② 작업을 중단하거나 완료 시 전원을 차단한다.

③ 안전 홀더 및 완전 절연된 보호구를 착용한다.

④ 습기 찬 작업복 및 장갑 등을 착용하지 않는다.

해설 전격의 방지를 위해 무부하 전압을 낮추는 전격방지기가 사용된다.

47 가스 용접봉에 관한 내용으로 틀린 것은?

① 용접봉을 용가재라고도 한다.

② 인이나 황의 성분이 많아야 한다.

③ 용융온도가 모재와 동일하여야 한다.

④ 가능한 한 모재와 같은 재질이어야 한다.

해설 용접봉에는 탄소(C), 규소(Si), 망간(Mn), 인(P), 황(S), 구리(Cu)등의 성분이 포함되어 있으며 일정 성분 이상의 인(P)은 상온 취성의 원인이 되며 황(S)의 경우 고온 취성의 원인이 된다.

정답   42 ①   43 ④   44 ③   45 ④   46 ①   47 ②

48 돌기용접(projection welding)의 특징으로 틀린 것은?

① 점용접에 비해 작업속도가 매우 느리다.

② 작은 용접점이라도 높은 신뢰도를 얻을 수 있다.

③ 점용접에 비해 전극의 소모가 적어 수명이 길다.

④ 용접된 양쪽의 열용량이 크게 다를 경우라도 양호한 열평형을 얻는다.

해설 돌기(프로젝션)용접은 저항용접의 일종으로 접속하는 물품이 면에 돌기(프로젝션)를 접촉시키면서 국부적으로 전류를 통하여 가열하고 접합하는 용접이다.

49 정격전류가 500A인 용접기를 실제는 400A로 사용하는 경우의 허용사용률은 몇 %인가?(단, 이 용접기의 정격사용률은 40%이다.)

① 60.5

② 62.5

③ 64.5

④ 66.5

해설 $허용사용률 = \dfrac{정격\ 2차\ 전류^2}{실제\ 사용\ 전류^2} \times 정격사용률$

$= \dfrac{500^2}{400^2} \times 40 = 62.5\%$

50 저수소계 용접봉의 피복제에 30~50% 정도의 철분을 첨가한 것으로 용착속도가 크고 작업능률이 좋은 용접봉은?

① E4326

② E4313

③ E4324

④ E4327

해설 **피복아크용접봉의 종류**

KS규격	피복제계통
E4301	일미나이트계
E4303	라임티타니아계
E4311	고셀룰로오스계
E4313	고산화티탄계
E4316	저수소계
E4324	철분산화티탄계
E4326	철분저수소계
E4327	철분산화철계

51 아크 에어 가우징에 대한 설명으로 틀린 것은?

① 가우징 봉은 탄소 전극봉을 사용한다.

② 가스 가우징보다 작업능률이 2~3배 높다.

③ 용접 결함부 제거 및 홈의 가공 등에 이용된다.

④ 사용하는 압축공기의 압력은 $20kgf/cm^2$ 정도가 좋다.

해설 **아크 에어 가우징에 사용되는 압축공기의 압력**

$5\sim7kgf/cm^2$

52 불활성 가스 금속아크용접의 특징으로 틀린 것은?

① 가시 아크이므로 시공이 편리하다.

② 전류 밀도가 낮기 때문에 용입이 얕고, 용접 재료의 손실이 크다.

③ 바람이 부는 옥외에서는 별도의 방풍장치를 설치하여야 한다.

④ 용접토치가 용접부에 접근하기 곤란한 조건에서는 용접이 불가능한 경우가 있다.

해설 불활성 가스 금속아크용접(MIG)은 전류 밀도가 높고 용입이 깊어 후판의 용접에 적합하며 불활성 가스의 보호작용으로 비철금속의 용접에 용이하다.

53 표피효과(skin effect)와 근접효과(proximity effect)를 이용하여 용접부를 가열 용접하는 방법은?

① 폭발 압접(explosive welding)

② 초음파 용접(ultrasonic welding)

③ 마찰 용접(friction pressure welding)

④ 고주파 용접(hight −frequency welding)

54 다음 용착법 중 각 층마다 전체의 길이를 용접하면서 쌓아 올리는 다층 용착법은?

① 스킵법

② 대칭법

③ 빌드업법

④ 캐스케이드법

정답 48 ① 49 ② 50 ① 51 ④ 52 ② 53 ④ 54 ③

해설 **다층쌓기 용착법의 종류**
- 덧살 올림법(빌드업법)
- 캐스케이드법
- 전진 블록법

55 가스용접에서 압력조정기(pressure regulator)의 구비조건으로 틀린 것은?

① 동작이 예민해야 한다.
② 빙결하지 않아야 한다.
③ 조정압력과 방출압력의 차이가 커야 한다.
④ 조정압력은 용기 내의 가스양이 변화하여도 항상 일정해야 한다.

해설 압력 조정기는 감압 조정기라고도 하며 구조와 작동원리는 아세틸렌용과 산소용이 같으며 조정압력과 방출압력의 차이가 크지 않아야 한다.

56 용접법의 분류에서 경납땜의 종류가 아닌 것은?

① 가스 납땜
② 마찰 납땜
③ 노내 납땜
④ 저항 납땜

해설 경납땜의 종류 : 노내 경납땜, 가스 경납땜, 유도가열 경납땜, 전기저항 경납땜, 침지 경납땜 등

57 다음 중 용접작업자가 착용하는 보호구가 아닌 것은?

① 용접 장갑
② 용접 헬멧
③ 용접 차광막
④ 가죽 앞치마

해설 용접 차광막은 용접으로 인해 발생하는 인체에 유해한 광선이 작업장 밖으로 새어나가는 것을 방지하기 위해 설치하는 일종의 가림막이다.

58 용접기의 아크 발생시간을 6분, 휴식시간을 4분이라 할 때 용접기의 사용률은 몇 %인가?

① 20
② 40
③ 60
④ 80

해설 용접기 사용률
$$= \frac{\text{아크발생시간}}{\text{아크발생시간} + \text{휴식시간}} \times 100$$
$$= \frac{6}{6+4} \times 100 = 60\%$$

59 TIG 용접 시 직류 정극성을 사용하여 용접하면 비드 모양은 어떻게 되는가?

① 비극성 비드와는 관계없다.
② 비드 폭이 역극성과 같아진다.
③ 비드 폭이 역극성보다 좁아진다.
④ 비드 폭이 역극성보다 넓어진다.

해설 **직류 정극성(DCSP)과 직류 역극성(DCRP)의 특징**

직류 정극성(DCSP)	직류 역극성(DCRP)
• 용접봉(전극)에 음극(−)을, 모재에 양극(+)을 연결한다.	• 용접봉(전극)에 양극(+)을, 모재에 음극(−)을 연결한다.
• 용입이 깊고 비드의 폭이 좁다.	• 용입이 얕고 비드의 폭이 넓다.
• 후판 용접에 적합하다.	• 박판 용접에 적합하다.
	• 용접봉이 빨리 녹는다.

60 실드 가스로서 주로 탄산가스를 사용하여 용융부를 보호하고 탄산가스 분위기 속에서 아크를 발생시켜 그 아크열로 모재를 용융시켜 용접하는 방법은?

① 실드 용접
② 테르밋 용접
③ 전자 빔 용접
④ 일렉트로 가스 아크용접

해설 일렉트로 가스 아크용접에 대한 설명이다.

01 풀림의 방법에 속하지 않는 것은?

① 질화 　　　　　 ② 항온
③ 완전 　　　　　 ④ 구상화

> **풀림 열처리의 종류**
> 완전 풀림, 확산 풀림, 구상화 풀림, 응력제거 풀림, 중간 풀림, 연화 풀림, 등온 풀림 등

02 Fe−C 평형상태도에 없는 반응은?

① 편정반응 　　　　 ② 공정반응
③ 공석반응 　　　　 ④ 포정반응

> Fe−C 평형상태도에는 3개의 불변반응(포정, 공정, 공석)이 일어난다.

03 강에 함유된 원소 중 강의 담금질 효과를 증대시키며, 고온에서 결정립 성장을 억제시키는 것은?

① 황 　　　　　 ② 크롬
③ 탄소 　　　　 ④ 망간

> 망간(Mn)은 S(황)에 따른 취성화 방지 및 내마모성을 증대시키는 원소이다.

04 γ(감마) 고용체와 α(알파) 고용체에서 나타나는 조직은?

① γ 고용체=페라이트 조직
　α 고용체=오스테나이트 조직
② γ 고용체=페라이트 조직
　α 고용체=시멘타이트 조직
③ γ 고용체=시멘타이트 조직
　α 고용체=페라이트 조직
④ γ 고용체=오스테나이트 조직
　α 고용체=페라이트 조직

05 마텐자이트계 스테인리스강은 자연균열 감수성이 높다. 이를 방지하기 위한 적정한 예열온도 범위는?

① 100~200℃ 　　 ② 200~400℃
③ 400~500℃ 　　 ④ 500~650℃

> **스테인리스강의 종류**
> • 오스테나이트계 스테인리스강(18% Cr−8% Ni강) → 예열 시 결정입계 크롬탄화물 석출, 낮은 전류로 입열량을 줄여가며 용접한다.
> • 페라이트계 스테인리스강
> • 마텐자이트계 스테인리스강 : 자연균열에 대한 감수성이 높아 이를 방지하기 위해 200~400℃로 예열한다.
> • 석출경화형 스테인리스강

06 일반적으로 탄소의 함유량이 0.025~0.8% 사이인 강을 무슨 강이라 하는가?

① 공석강 　　　　 ② 공정강
③ 아공석강 　　　 ④ 과공석강

> • 아공석강 : 0.025~0.8% C
> • 공석강 : 0.8% C
> • 과공석강 : 0.8~2.0% C

07 다음 중 강의 5대 원소에 포함되지 않는 것은?

① P 　　　　　 ② S
③ Cr 　　　　 ④ Mn

> **강의 5대 원소**
> C(탄소), Si(규소), Mn(망간), P(인), S(황)

08 비드 밑 균열에 대한 설명으로 틀린 것은?

① 주로 200도 이하 저온에서 발생한다.
② 용착 금속 속의 확산성 수소에 의해 발생된다.
③ 오스테나이트에서 마텐자이트 변태 시 발생한다.

정답 　01 ① 　02 ① 　03 ④ 　04 ④ 　05 ② 　06 ③ 　07 ③ 　08 ④

④ 담금질 경화성이 약한 재료를 용접했을 때 발생하기 쉽다.

> **해설** 비드 밑 균열은 수소가 원인이 되는 균열이며 주로 비드의 아래쪽에 발생한다.

09 주철용접에서 예열을 실시할 때 얻는 효과 중 틀린 것은?

① 변형의 저감
② 열영향부 경도의 증가
③ 이종재료 용접 시 온도기울기 감소
④ 사용 중인 주조의 탄수화물 오염 저감

> **해설** 예열은 재료를 연화하여 경도를 감소시키기 위해 실시한다.

10 다음 중 탈황을 촉진하기 위한 조건으로 틀린 것은?

① 비교적 고온이어야 한다.
② 슬래그의 염기도가 낮아야 한다.
③ 슬래그의 유동성이 좋아야 한다.
④ 슬래그 중의 산화철분 함유량이 낮아야 한다.

> **해설** 탈황이란 용융 슬래그 속의 염기성 화합물에 의해 황(S)을 슬래그 속으로부터 떠오르게 하여 제거하는 작업이며 일반적으로 염기도가 높을수록 진행이 잘 된다.

11 도면에서 해칭을 하는 경우는?

① 단면도의 절단된 부분을 나타낼 때
② 움직이는 부분을 나타내고자 할 때
③ 회전하는 물체를 나타내고자 할 때
④ 대상물의 보이는 부분을 표시할 때

> **해설** 단면도의 절단된 부분을 나타내고자 하는 경우 해칭 또는 스머징을 한다.

12 도면의 양식 및 도면 접기에 대한 설명 중 틀린 것은?

① 척도는 도면의 표제란에 기입한다.
② 복사한 도면을 접을 때, 그 크기는 원칙적으로 210mm×297mm(A4)로 한다.
③ 도면의 중심마크는 사용하기 편리한 크기의 양식으로 임의의 위치에 설치한다.
④ 도면의 크기 치수에 따라 굵기 0.5mm 이상의 실선으로 윤곽선을 그린다.

> **해설** **중심마크**
> 중심마크는 윤곽선으로부터 도면의 가장자리에 이르는 지점을 직선으로 표시하는 것으로 도면을 마이크로필름에 촬영, 복사할 때의 편의를 위하여 마련되었다. 사용하기 편리한 크기의 양식이 아닌 도면의 네 변 각 중앙에 0.5mm의 선으로 표시한다.

13 다음 용접 기본기호의 명칭으로 맞는 것은?

① 필릿 용접
② 가장자리 용접
③ 일면 개선형 맞대기 용접
④ 개선 각이 급격한 V형 맞대기 용접

14 도형 내의 특정한 부분이 평면이라는 것을 표시할 경우 맞는 기입방법은?

① 은선으로 대각선을 기입
② 가는 실선으로 대각선을 기입
③ 가는 1점 쇄선으로 사각형을 기입
④ 가는 2점 쇄선으로 대각선을 기입

> **해설** 도형 내의 특정한 부분이 평면이라는 것을 표시할 경우 가는 실선으로 대각선을 기입한다.(도시 예 : ⊠)

정답 09 ② 10 ② 11 ① 12 ③ 13 ③ 14 ②

15 도면에 치수를 기입할 때 유의사항으로 틀린 것은?

① 치수는 가급적 주투상도에 집중해서 기입한다.

② 치수는 가급적 계산할 필요가 없도록 기입한다.

③ 치수는 가급적 공정마다 배열을 분리하여 기입한다.

④ 참고치수를 기입할 때는 원을 먼저 그린 후 원 안에 치수를 넣는다.

[해설] 참고치수를 기입하는 경우 괄호 안에 치수를 넣는다. [예 : (30)]

16 다음 도면에서 ①이 가리키는 선의 명칭은?

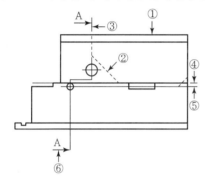

① 해칭선   ② 절단선

③ 외형선   ④ 치수보조선

17 용접부 표면 및 용접부 형상 보조기호 중 영구적인 이면 판재 사용을 나타내는 기호는?

① ——

② M̄

③ MR̄

④ ⌣⌣

[해설] • MR : 제거 가능한 덮개판 사용
• M : 영구적인 덮개판 사용

18 KS의 재료기호 중 SPLT 390은 어떤 재료를 의미하는가?

① 내열강판

② 저온 배관용 탄소 강관

③ 일반 구조용 탄소 강관

④ 보일러, 열 교환기용 합금강 강관

[해설] STR(내열강판), SPLT(저온배관용 탄소강관), SPS(일반구조용 탄소강관), STHA(보일러 및 열교환기용 합금강관)

19 그림과 같은 용접 도시기호에 의하여 용접할 경우에 관한 설명으로 틀린 것은?

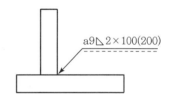

a9△ 2×100(200)

① 목두께는 9mm이다.

② 용접부의 개수는 2개이다.

③ 화살표 쪽에 필릿용접한다.

④ 용접부 길이는 200mm이다.

[해설] '(200)'은 용접부 중심과 중심 간의 거리(피치)이다.

20 도면관리에 필요한 사항과 도면 내용에 관한 중요한 사항을 정리하여 도면에 기입하는 것은?

① 표제란   ② 윤곽선

③ 중심마크   ④ 비교눈금

[해설] 표제란에는 도명, 척도, 도면작성일, 도명작성자, 투상법 등을 기입한다.

21 다음 중 용접부에서 방사선 투과검사법으로 검출하기 가장 곤란한 결함은?

① 기공

② 용입불량

③ 슬래그 섞임

④ 라미네이션 균열

해설 라미네이션(lamination) 균열이란 압연강재에 있는 내부 결함, 비금속 개재물, 기포 또는 불순물 등이 압연방향을 따라 평행하게 늘어나 층상조직이 된 것이며 초음파 탐상법으로 검출이 가능하다.

22 다음 금속 중 열전도율이 가장 낮은 금속은?

① 연강
② 구리
③ 알루미늄
④ 18-8스테인리스강

해설 18-8스테인리스강은 탄소강에 Cr, Ni 등을 첨가한 함금강으로 금속은 함금 시 열전도율이 떨어지게 된다.

23 아크용접 시 용접이음의 용융부 밖에서 아크를 발생시킬 때 아크열에 의해 모재 표면에 생기는 결함은?

① 은점(Fish eye)
② 언더 필(under fill)
③ 스캐터링(Scattering)
④ 아크 스트라이크(Arc strike)

해설 아크 스트라이크란 아크용접 시 용융부 밖에서 아크를 발생시키는 경우 발생되는 결함이다.

24 다음 용접기호가 뜻하는 용접은?

① 심 용접
② 점 용접
③ 현장 용접
④ 일주 용접

25 그라인더를 사용하여 용접부의 표면 비드를 모재의 표면 높이와 동일하게 잘 다듬질하는 가장 큰 이유는?

① 용접부의 인성을 낮추기 위해
② 용접부의 잔류응력을 증가시키기 위해
③ 용접부의 응력집중을 감소시키기 위해
④ 용접부의 내부결함 크기를 증대시키기 위해

해설 용접부의 덧살은 보강 덧붙임으로서의 가치가 거의 없고 오히려 피로강도를 감소시키며 응력이 집중될 우려가 있어 그라인더를 사용하여 다듬질한다.

26 잔류응력이 남아 있는 용접 제품에 소성변형을 주어 용접 잔류응력을 제거(완화)하는 방법을 무엇이라고 하는가?

① 노내풀림법
② 국부풀림법
③ 저온 응력완화법
④ 기계적 응력완화법

해설 **대표적인 잔류응력 완화법**
• 노내풀림법
• 국부풀림법
• 저온 응력완화법
• 기계적 응력완화법
• 피닝법

27 용접 모재의 뒤편을 강하게 받쳐주어 구속에 의하여 변형을 억제하는 것은?

① 포지셔너
② 회전지그
③ 스트롱 백
④ 머니퓰레이터

해설 용접 시 발생하는 변형방지법으로는 클램프, 스트롱 백, 가접과 같이 구속재를 사용하는 방법이 있으며 스트롱 백은 모재의 뒤편을 강하게 받쳐주는 방식으로 구속에 의한 변형을 억제하는 방법이다.

28 다음 중 용접부를 검사하는 데 이용하는 비파괴 검사법이 아닌 것은?

① 누설시험
② 충격시험
③ 침투탐상법
④ 초음파 탐상법

정답 22 ④ 23 ④ 24 ③ 25 ③ 26 ④ 27 ③ 28 ②

해설 충격시험 : 재료의 인성과 취성을 시험하는 방법으로 파괴검사법에 해당된다.(종류 : 샤르피식, 아이조드식)

29 잔류응력 측정법에는 정성적 방법과 정량적 방법이 있다. 다음 중 정성적 방법에 속하는 것은?

① X－선법
② 자기적 방법
③ 응력 이완법
④ 광탄성에 의한 방법

해설 잔류응력의 측정방법에는 크게 정성적인 방법(부식법, 자기적 방법, 경도에 의한 방법, 바니시법 등)과 정량적인 방법(응력이완법, X－선 회절법 등)이 있다.

30 20kg의 피복아크용접봉을 가지고 두께 9mm 연강판 구조물을 용접하여 용착되고 남은 피복중량, 스패터, 잔봉, 연소에 의한 손실 등의 무게가 4kg이었다면 이때 피복아크용접봉의 용착효율은?

① 60%
② 70%
③ 80%
④ 90%

해설 용착효율

$$= \frac{\text{용착금속의 무게}}{\text{사용된 용접와이어(봉)의 무게}} \times 100\%$$

$$= \frac{16}{20} \times 100 = 80\%$$

31 본용접에서 그림과 같은 순서로 용접하는 용착법은?

$$\xrightarrow{1} \xrightarrow{4} \xrightarrow{2} \xrightarrow{5} \xrightarrow{3}$$

① 대칭법
② 스킵법
③ 후퇴법
④ 살수법

해설 **용착법의 종류**
- 전진법 : 용접이음이 짧고 변형 및 잔류응력이 큰 문제가 되지 않는 경우 사용
- 후진법 : 용접봉을 기울인 방향으로 후퇴하면서 전체적인 길이를 용접하는 방법

- 대칭법 : 중심에서 좌우로 또는 좌우 대칭으로 용접하여 변형과 수축응력을 경감하는 방법
- 비석법(스킵법) : 짧은 용접길이로 나누어 간격을 두면서 용접하는 방법(잔류응력 발생 최소화)

32 다음 용접봉 중 제품의 인장강도가 요구될 때 사용하는 것으로 내균열성이 가장 우수한 용접봉은?

① 저수소계
② 라임타니아계
③ 고셀룸로오스계
④ 고산화티탄계

해설 저수소계 용접봉(E4316)은 피복제 중에 수소를 발생시키는 성분을 타 용접봉에 비해 낮게 하고 용접 금속 중의 수소량을 감소시킨 것으로, 기계적 성질이 좋고 내균열성이 뛰어나 중요한 구조물의 용접에 사용된다.

33 그림과 같이 완전용입 T형 맞대기 용접 이음에 굽힘모멘트 $M = 9,000$kgf/cm가 작용할 때 최대 굽힘응력(kgf/cm²)은?[단, $L = 400$mm, $l = 300$mm, $t = 20$mm, P(kgf)는 하중이다.]

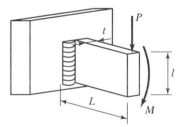

① 30
② 45
③ 300
④ 450

해설 굽힘응력 $= \dfrac{\text{굽힘모멘트}}{\text{단면계수}}$

$$= \frac{\text{굽힘모멘트}}{\dfrac{\text{용접선의 길이} \times \text{두께}^2}{6}}$$

$$= \frac{6 \times 9,000}{30 \times 2^2} = 450$$

34 서브머지드 아크용접 이음설계에서 용접부의 시작점과 끝점에 모재와 같은 재질의 판 두께를 사용하여 충분한 용입을 얻기 위하여 사용하는 것은?

① 엔드 탭
② 실링 비드
③ 플레이트 정반
④ 알루미늄 판 받침

> 해설 용접 시 용착 금속의 양쪽 끝에 충분한 용입을 얻기 위하여 모재의 양쪽에 덧대는 강판을 엔드 탭(end tab)이라고 한다.

35 끝이 구면인 특수한 해머로 용접부를 연속적으로 때려 용착금속부의 인장응력을 완화하는 데 큰 효과가 있는 잔류응력 제거법은?

① 피닝법
② 국부 풀림법
③ 케이블 커넥터법
④ 저온 응력완화법

> 해설 **대표적인 잔류응력 완화법**
> • 노내풀림법
> • 국부풀림법
> • 저온 응력완화법
> • 기계적 응력완화법
> • 피닝법

36 용접구조물의 재료절약 설계요령으로 틀린 것은?

① 가능한 한 표준규격의 재료를 이용한다.
② 용접할 조각의 수를 가능한 한 많게 한다.
③ 재료는 쉽게 구입할 수 있는 것으로 한다.
④ 고장이 발생했을 경우 수리할 때의 편의도 고려한다.

> 해설 용접작업으로 인한 재료의 변형과 각종 결함의 발생 우려 때문에 용접구조물의 설계 시 용접할 조각의 수는 가능한 한 적게 하도록 한다.

37 그림과 같은 겹치기 이음의 필릿용접을 하려고 한다. 허용응력이 50MPa, 인장하중이 50kN, 판 두께가 12mm일 때 용접 유효길이(l)는 약 몇 mm인가?

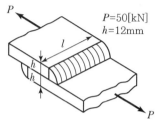

$P=50[kN]$
$h=12mm$

① 59
③ 69
② 73
④ 83

> 해설
> $$\sigma = \frac{\sqrt{2}\,W}{2fl}, \quad 2\sigma fl = \sqrt{2}\,W$$
> $$l = \frac{\sqrt{2}\,W}{2\sigma f} = \frac{\sqrt{2} \times 50,000}{2 \times 50 \times 12} \fallingdotseq 59\mathrm{mm}$$

38 구조물 용접작업 시 용접순서에 관한 설명으로 틀린 것은?

① 용접물의 중심에서 대칭으로 용접을 해나간다.
② 용접작업이 불가능한 곳이나 곤란한 곳이 생기지 않도록 한다.
③ 수축이 작은 이음을 먼저 용접하고 수축이 큰 이음을 나중에 용접한다.
④ 용접 구조물의 중심축을 기준으로 용접 수축력의 모멘트 합이 0이 되게 하면 용접선 방향에 대한 굽힘을 줄일 수 있다.

> 해설 잔류응력의 발생을 최소화하기 위해 수축이 큰 이음을 먼저 용접하고 수축이 작은 이음을 용접한다.

39 다음 중 용접이음 성능에 영향을 주는 요소로 가장 거리가 먼 곳은?

① 용접 결함
② 용접 홀더
③ 용접 이음의 위치
④ 용접 변형 및 잔류응력

> **해설** 용접 홀더(holder)는 용접 이음의 성능에 큰 영향을 주는 요소와는 거리가 멀다.

40 용접 제품을 제작하기 위한 조립 및 가용접에 대한 일반적인 설명으로 틀린 것은?

① 조립순서는 용접순서 및 용접작업의 특성을 고려하여 계획한다.
② 불필요한 잔류응력이 남지 않도록 미리 검토하여 조립순서를 정한다.
③ 강도상 중요한 곳과 용접의 시점과 종점이 되는 끝부분에 주로 가용접한다.
④ 가용접 시에는 본용접보다도 지름이 약간 가는 용접봉을 사용하는 것이 좋다.

> **해설** 가용접(Tack welding) 시 용입 불량과 슬래그 혼입 등의 결함이 발생할 우려가 있기 때문에 강도상 중요한 곳과 시점 및 종점이 되는 부분에는 가용접을 실시하지 않아야 한다.

41 금속 원자 사이에 작용하는 인력으로 원자를 서로 결합하기 위해서는 원자 간의 거리가 어느 정도 되어야 하는가?

① 10^{-4}cm
② 10^{-6}cm
③ 10^{-7}cm
④ 10^{-8}cm

> **해설** 금속 원자 간의 인력에 의해 접합이 되는 거리는 1Å 인 10^{-8}cm이다.

42 다음 재료 중 용제 없이 가스 용접할 수 있는 것은?

① 주철
② 황동
③ 연강
④ 알루미늄

> **해설** 연강은 가스 용접 시 용제(Flux) 없이 사용이 가능하다.

43 다음 보기 중 용접의 자동화에서 자동제어의 장점을 모두 고른 것은?

[보기]
ㄱ. 제품의 품질이 균일화되어 불량품이 감소한다.
ㄴ. 원자재, 원가 등이 증가한다.
ㄷ. 인간에게는 불가능한 고속작업이 가능하다.
ㄹ. 위험한 사고의 방지가 불가능하다.
ㅁ. 연속작업이 가능하다.

① (ㄱ), (ㄴ), (ㄹ)
② (ㄱ), (ㄷ), (ㅁ)
③ (ㄱ), (ㄴ), (ㄷ), (ㅁ)
④ (ㄱ), (ㄴ), (ㄷ), (ㄹ), (ㅁ)

> **해설** **용접 자동화의 장점**
> • 제품의 품질이 균일화되어 불량품이 감소한다.
> • 인간에게는 불가능한 고속작업이 가능하다.
> • 위험한 사고의 방지가 가능하다.
> • 연속작업이 가능하다.
> • 원료를 절약할 수 있다.

44 가스절단에서 판 두께가 12.7mm일 때, 표준 드래그의 길이로 가장 적당한 것은?

① 2.4mm
② 5.2mm
③ 5.6mm
④ 6.4mm

> **해설** 표준 드래그 길이는 모재 두께의 1/5(20%) 정도이다.

45 용접법의 종류 중 압접법이 아닌 것은?

① 마찰 용접
② 초음파 용접
③ 스터드 용접
④ 업셋 맞대기 용접

정답   40 ③   41 ④   42 ③   43 ②   44 ①   45 ③

해설 스터드 용접은 볼트, 환봉 등을 접합하는 데 사용되는 용접의 한 종류이다.

46 두 개의 모재에 압력을 가해 접촉시킨 후 회전시켜 발생하는 열과 가압력을 이용하여 접합하는 용접법은?

① 단조 용접
② 마찰 용접
③ 확산 용접
④ 스터드 용접

해설 마찰 용접은 환봉 등을 고속 회전시키고, 반대 측의 모재에 밀어붙여서 발생하는 마찰열에 의해 가열하여 용접하는 방법으로 마찰압접이라고도 한다.

47 유전 습지대에서 분출되는 메탄이 주성분인 가스는?

① 수소가스
② 천연가스
③ 아르곤 가스
④ 프로판 가스

해설 (액화)천연가스(LNG)는 주성분이 메탄으로 액화시켜 사용하며 주로 가정용과 공업용 연료로 널리 사용되고 있다.

48 피복 아크 용접에서 정극성과 역극성의 설명으로 옳은 것은?

① 박판의 용접은 주로 정극성을 이용한다.
② 용접봉에 (−)극을, 모재에 (+)극을 연결하는 것을 정극성이라 한다.
③ 정극성일 때 용접봉의 용융속도는 빠르고 모재의 용입은 얕아진다.
④ 역극성일 때 용접봉의 용융속도는 빠르고 모재의 용입은 깊어진다.

해설 **직류 정극성(DCSP)과 직류 역극성(DCRP)의 특징**

직류 정극성(DCSP)	직류 역극성(DCRP)
• 용접봉(전극)에 음극(−)을 모재에 양극(+)을 연결한다.	• 용접봉(전극)에 양극(+)을 모재에 음극(−)을 연결한다.
• 용입이 깊고 비드의 폭이 좁다.	• 용입이 얕고 비드의 폭이 넓다.
• 후판 용접에 적합하다.	• 박판 용접에 적합하다.
	• 용접봉이 빨리 녹는다.

49 다음 중 용접기의 설치 및 정비 시 주의해야 할 사항으로 틀린 것은?

① 습도가 높은 곳에 설치해야 한다.
② 먼지가 많은 장소에는 가급적 용접기 설치를 피한다.
③ 용접 케이블 등이 파손된 부분은 절연 테이프로 감아야 한다.
④ 2차 측 단자의 한쪽과 용접기 케이스는 접지를 확실히 해 둔다.

해설 용접기의 설치 및 정비 시 습도가 높은 곳에 설치하는 경우 전격과 장비 소손의 위험이 있으므로 피하도록 한다.

50 가스 용접 토치의 종류가 아닌 것은?

① 저압식 토치
② 중압식 토치
③ 고압식 토치
④ 등압식 토치

해설 가스 용접 토치의 종류 : 저압식, 중압식, 고압식

51 아크용접 시 차광유리를 선택하는 경우 용접전류가 400A 이상일 때 가장 적합한 차광도 번호는?

① 5
② 8
③ 10
④ 14

해설 필터렌즈의 선택 시 적절한 차광도 번호는 용접전류가 100~200A인 경우 10~11번, 200~400A인 경우 12~13번, 400A 이상인 경우 14번을 사용한다.

52 진공상태에서 용접을 행하게 되므로 텅스텐, 몰리브덴과 같이 대기에서 반응하기 쉬운 금속도 용이하게 접합할 수 있는 용접은?

① 스터드 용접   ② 테르밋 용접

③ 전자 빔 용접   ④ 원자수소 용접

해설 전자 빔 용접은 진공상태에서 대전류를 흘려 용접이 진행되므로 고용점 재료의 용접이 가능하다.

53 인성이 풍부하고 기계적 성질, 내균열성이 가장 좋은 피복아크 용접봉은?

① 저수소계

② 고산화티탄계

③ 철분산화티탄계

④ 고셀룰로오스계

해설 저수소계 용접봉(E4316)은 피복제 중에 수소를 발생시키는 성분을 타 용접봉에 비해 낮게 하고 용접 금속 중의 수소량을 감소시킨 것으로, 기계적 성질이 좋고 내균열성이 뛰어나 중요한 구조물의 용접에 사용된다.

54 다음 용접법 중 가장 두꺼운 판을 용접할 수 있는 것은?

① 전자 빔 용접

② 일렉트로 슬래그 용접

③ 서브머지드 아크용접

④ 불활성 가스 아크용접

해설 일렉트로 슬래그 용접은 100t 이상의 강재를 경제적으로 용접할 수 있는 용접법에 속한다.

55 부하전압 80V, 아크전압 30V, 아크전류 300A, 내부손실이 4kW인 경우 아크용접기의 효율은 약 몇 %인가?

① 59   ② 69

③ 75   ④ 80

해설
- 효율 $= \dfrac{\text{아크출력}}{\text{소비전력}} \times 100$

  $= \dfrac{9{,}000}{13{,}000} \times 100 ≒ 69\%$
- 아크출력 $=$ 아크전압 $\times$ 아크전류

  $= 30 \times 300 = 9{,}000W$
- 소비전력 $=$ 아크출력 $+$ 내부손실

  $= 9{,}000 + 4{,}000 = 13{,}000W$

56 서브머지드 아크용접법의 설명 중 틀린 것은?

① 비소모식이므로 비드의 외관이 거칠다.

② 용접선이 수직인 경우 적용이 곤란하다.

③ 모재 두께가 두꺼운 용접에서 효율적이다.

④ 용융속도와 용착속도가 빠르며, 용입이 깊다.

해설 용접 시 전극이 소모되는 용접 방식을 소모식 또는 용극식 용접이라고 한다.(예 : 피복아크용접, 탄산가스 아크용접, 서브머지드 아크용접 등)
※ 비소모식(비용극식) 용접 : 불활성 가스텅스텐 아크용접(TIG)

57 리벳이음과 비교하여 용접의 장점을 설명한 것으로 틀린 것은?

① 작업공정이 단축된다.

② 기밀, 수밀이 우수하다.

③ 복잡한 구조물 제작에 용이하다.

④ 열 영향으로 이음부의 재질이 변하지 않는다.

해설 열로 인한 영향으로 이음부의 재질이 변하는 것은 용접이 가진 단점에 해당한다.

58 다음 분말소화기의 종류 중 A, B, C급 화재에 모두 사용할 수 있는 것은?

① 제1종 분말소화기

② 제2종 분말소화기

③ 제3종 분말소화기

④ 제4종 분말소화기

정답   52 ③   53 ①   54 ②   55 ②   56 ①   57 ④   58 ③

해설 분말소화기의 종류

종류	주성분	적응화재
제1종 분말	중탄산나트륨	B, C
제2종 분말	중탄산칼륨	B, C
제3종 분말	제1인산암모늄	A, B, C
제4종 분말	중탄산칼륨+요소	B, C

※ A급(일반화재), B급(유류화재), C급(전기화재), D급(금속화재)

59 냉간압접의 일반적인 특징으로 틀린 것은?

① 용접부가 가공 경화된다.
② 압접에 필요한 공구가 간단하다.
③ 접합부의 열 영향으로 숙련이 필요하다.
④ 접합부의 전기저항은 모재와 거의 동일하다.

해설 냉간압접은 부재를 가열하지 않고 상온에서 압력을 가하여 2개의 금속면을 접합하는 용접법이다.

60 다음 중 연소의 3요소에 해당하지 않는 것은?

① 가연물
② 점화원
③ 충진재
④ 산소공급원

해설 연소의 3요소 : 가연물, 산소공급원, 점화원

정답 59 ③ 60 ③

01 다음 중 탈황을 촉진하기 위한 조건으로 틀린 것은?

① 비교적 고온이어야 한다.
② 슬래그의 염기도가 낮아야 한다.
③ 슬래그의 유동성이 좋아야 한다.
④ 슬래그 중의 산화철분이 낮아야 한다.

해설 탈황이란 용융 슬래그 속의 염기성 화합물에 의해 황(S)을 슬래그 속으로부터 떠오르게 하여 제거하는 작업이며 일반적으로 염기도가 높을수록 진행이 잘 된다.

02 탄소강의 표준조직이 아닌 것은?

① 페라이트　② 마텐자이트
③ 펄라이트　④ 시멘타이트

해설 **탄소강의 표준조직**
페라이트, 시멘타이트, 펄라이트

03 용접하기 전 예열하는 목적이 아닌 것은?

① 수축 변형을 감소한다.
② 열영향부의 경도를 증가시킨다.
③ 용접금속 및 열영향부에 균열을 방지한다.
④ 용접금속 및 열영향부의 연성 또는 노치 인성을 개선한다.

해설 예열을 실시함으로써 열 영향부의 경도를 감소시킬 수 있다.(재료의 연화 목적)

04 다음 균열 중 모재의 열팽창 및 수축에 의한 비틀림이 주원인이며, 필릿 용접이음부의 루트 부분에 생기는 균열은?

① 힐 균열　② 설퍼 균열
③ 크레이터 균열　④ 라미네이션 균열

해설 힐 균열(heel crack)이란 T형 필릿의 가용접 등에서 루트부에 일어나는 균열을 말한다.

05 강자성체인 Fe, Ni, Co의 자기변태온도가 낮은 것에서 높은 순으로 바르게 배열된 것은?

① Fe → Ni → Co
② Fe → Co → Ni
③ Ni → Fe → Co
④ Ni → Co → Fe

해설 강자성체란 철, 니켈, 코발트나 이들의 합금처럼 자석에 강력하게 이끌리고, 자석에서 떨어진 후에도 강한 자성을 띠고 있는 물질을 말한다.

06 강을 연하게 하여 기계가공성을 향상시키거나 내부응력을 제거하기 위해 실시하는 열처리는?

① 불림(normalizing)
② 뜨임(tempering)
③ 담금질(quenching)
④ 풀림(annealing)

해설 **금속 열처리법의 종류**
- 담금질(퀜칭) : 재료의 경화가 목적
- 뜨임(템퍼링) : 재료에 인성 부여, 담금질 후 실시
- 풀림(어닐링) : 재료의 연화, 내부응력 제거
- 불림(노멀라이징) : 조직의 균일화, 표준조직화

07 일반적인 탄소강에 함유된 5대 원소에 속하지 않는 것은?

① Mn　② Si
③ P　④ Cr

해설 **탄소강의 5대 원소**
C(탄소), Si(규소), Mn(망간), P(인), S(황)

08 습기 제거를 위한 용접봉의 건조 시 건조온도가 가장 높은 것은?

① 저수소계   ② 라임티타니아계
③ 셀룰로오스계   ④ 고산화티탄계

해설 용접봉의 건조

용접봉의 종류	건조온도	건조시간
일반 용접봉	70~100℃	30분~1시간
저수소계 용접봉	300~350℃	1~2시간

09 알루미늄 계열의 분류에서 번호대와 첨가 원소가 바르게 짝지어진 것은?

① 1000계 : 순금속 알루미늄(순도 > 99.0%)
② 3000계 : 알루미늄−Si계 합금
③ 4000계 : 알루미늄−Mg계 합금
④ 5000계 : 알루미늄−Mn계 합금

해설 1000번대 알루미늄은 공업용 순알루미늄으로 열전도성, 전기전도성이 우수해 송배전용, 방열재로 이용되고 있다.

10 다음 원소 중 황(S)의 해를 방지할 수 있는 것으로 가장 적합한 것은?

① Mn   ② Si
③ Al   ④ Mo

해설 탄소강에서 발생하는 취성의 종류

종류	발생온도	현상	원인
적열취성 (고온취성)	800~900℃	탄소강의 경우 일반적으로 온도가 상승할 때 인장강도 및 경도는 감소하며, 연신율은 증가한다. 하지만 탄소강 중의 황(S)은 인장강도, 연신율 및 인성을 저하시키고 강을 취약하게 하는데, 이를 적열취성이라 한다.	S(황)
청열취성	200~300℃	탄소강이 200~300℃에서 인장강도가 극대가 되고 연신율, 단면수축률이 줄어들게 되는데, 이를 청열취성이라고 한다.	P(인)
상온취성		온도가 상온 이하로 내려가면 충격치가 감소하여 쉽게 파손되는 성질을 말하며 일명 냉간취성이라고도 한다.	P(인)

11 다음 중 판의 맞대기 용접에서 위보기 자세를 나타내는 것은?

① H   ② V
③ O   ④ AP

해설 용접의 4가지 기본자세
- F : Flat position(아래보기 자세)
- H : Horizontal position(수평자세)
- V : Vertical position(수직자세)
- O(또는 OH) : Overhead position(위보기 자세)

12 다음 KS 용접기호에서 'C'가 의미하는 것은?

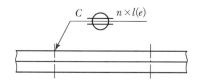

① 용접 강도   ② 용접 길이
③ 루트 간격   ④ 용접부의 너비

해설 위 도면은 전기저항용접의 한 종류인 심(seam) 용접의 도시기호이며 용접기호 C가 의미하는 것은 용접부의 너비이다.

13 기계제도에 사용하는 문자의 종류가 아닌 것은?

① 한글   ② 알파벳
③ 상형문자   ④ 아라비아 숫자

해설 기계제도에서 상형문자와 로마숫자는 사용하지 않는다.

정답 08 ①   09 ①   10 ①   11 ③   12 ④   13 ③

14 X, Y, Z방향의 축을 기준으로 공간상에 하나의 점을 표시할 때 각 축에 대한 X, Y, Z에 대응하는 좌푯값으로 표시하는 CAD 시스템의 좌표계의 명칭은?

① 극좌표계 ② 직교좌표계
③ 원통좌표계 ④ 구면좌표계

해설 직교좌표계 : X, Y, Z방향의 축을 기준으로 공간상에 하나의 점을 표시할 때 각 축에 대한 X, Y, Z에 대응하는 좌푯값으로 표시하는 CAD 시스템의 좌표계

15 그림의 화살표 쪽 인접부분을 참고로 표시하는 데 사용하는 선의 명칭은?

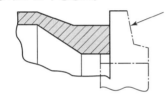

① 가상선 ② 숨은선
③ 외형선 ④ 파단선

해설 **선의 종류와 용도**

선의 종류	용도
굵은 실선	외형선
가는 실선	치수선, 치수보조선, 지시선, 해칭선, 중심선
가는 1점 쇄선	중심선, 기준선, 피치선
가는 2점 쇄선	가상선, 무게중심선, 인접부분을 참고로 표시하는 경우 사용
굵은 1점 쇄선	특수 지정선

16 다음 중 가는 실선으로 표시되는 것은?

① 외형선 ② 숨은선
③ 절단선 ④ 회전 단면선

해설 가는 실선으로 도시되는 선의 종류로는 치수선, 치수보조선, 지시선, 회전 단면선, 중심선, 수준면선 등이 있다.

17 다음 중 심(Seam) 용접이음 기호로 맞는 것은?

① ○ ② ⌣

③ 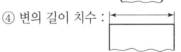 ④ ⌒

해설 ① 점용접
② 이면비드용접
③ 심용접
④ 표면육성용접

18 다음 치수 기입 방법의 일반형식 중 잘못 표시된 것은?

① 각도 치수 :

② 호의 길이 치수 :

③ 현의 길이 치수 :

④ 변의 길이 치수 :

해설 ①은 현의 치수이다.

19 도면에 치수를 기입할 때의 유의사항으로 틀린 것은?

① 치수는 계산할 필요가 없도록 기입하여야 한다.
② 치수는 중복 기입하여 도면을 이해하기 쉽게 한다.
③ 관련되는 치수는 가능한 한 한곳에 모아서 기입한다.
④ 치수는 될 수 있는 대로 주투상도에 기입해야 한다.

해설 치수 기입의 원칙에서 치수는 중복 기입을 피하고 한곳에 집중하여 기입할 것을 명시하고 있다.

20 핸들이나 바퀴의 암 및 리브, 훅, 축 구조물 부재 등의 절단면을 90° 회전하여 그린 단면도는?

① 회전 단면도
② 부분 단면도
③ 한쪽 단면도
④ 온 단면도

해설 회전 도시 단면도는 핸들이나 바퀴의 암 및 리브 등 구조물 부재 등의 절단면을 90° 회전하여 그린 단면도이다.

21 일반적인 자분탐상검사를 나타내는 기호는?

① UT
② PT
③ MT
④ RT

해설 자분탐상검사(MT)는 자성을 가진 재료에 한해 검사를 실시할 수 있으며 오스테나이트계 스테인리스와 같은 비자성체 금속에는 적용이 불가하다.

22 가늘고 긴 망치로 용접 부위를 계속적으로 두들겨 줌으로써 비드 표면층에 성질 변화를 주어 용접부의 인장 잔류 응력을 완화시키는 방법은?

① 피닝법
② 역변형법
③ 취성 경감법
④ 저온 응력완화법

해설 피닝법이란 끝이 둥근 해머를 이용하여 용접부위를 계속적으로 두들겨 줌으로써 재료에 남아 있는 잔류 응력을 완화시키는 방법이다.

23 맞대기 용접 시 부등형 용접 홈을 사용하는 이유로 가장 거리가 먼 것은?

① 수축 변형을 적게 하기 위해서
② 홈의 용적을 가능한 한 크게 하기 위해서
③ 루트 주위를 가우징해야 할 경우 가우징을 쉽게 하기 위해서
④ 위보기 용접을 할 경우 용착량을 적게 하여 용접 시공을 쉽게 하기 위해서

해설 부등형 용접은 한쪽 모재의 끝을 빗면으로 잘라내고 다른 쪽 편평한 단면에 맞대어 용접하는 것으로 수축 변형을 최소화해야 하는 경우 사용한다.

24 피복아크용접에서 언더컷(under cut)의 발생 원인으로 가장 거리가 먼 것은?

① 용착부가 급랭될 때
② 아크길이가 너무 길 때
③ 용접전류가 너무 높을 때
④ 용접봉의 운봉속도가 부적당할 때

해설 언더컷은 주로 용접전류가 과대하거나 아크 길이가 긴 경우 또는 용접봉의 운봉속도가 부적당한 경우 발생한다.

25 본용접을 시행하기 전에 좌우의 이음 부분을 일시적으로 고정하기 위한 짧은 용접은?

① 후용접
② 점용접
③ 가용접
④ 선용접

해설 흔히 가접이라고도 하는 가용접법은 본용접을 시행하기 전에 용접부의 좌우 이음 부분을 일시적으로 고정하기 위한 짧은 용접법을 말한다.

26 다음 중 예열에 관한 설명으로 틀린 것은?

① 용접부와 인접한 모재의 수축응력을 감소시키기 위하여 예열을 한다.
② 냉각속도를 지연시켜 열영향부와 용착금속의 경화를 방지하기 위하여 예열을 한다.
③ 냉각속도를 지연시켜 용접금속 내에 수소 성분을 배출함으로써 비드 밑 균열을 방지한다.
④ 탄소 성분이 높을수록 임계점에서의 냉각속도가 느리므로 예열을 할 필요가 없다.

정답 20 ①   21 ③   22 ①   23 ②   24 ①   25 ③   26 ④

해설 탄소(C)는 철(Fe)의 성질을 좌우하는 중요한 요소이며 금속에 포함된 탄소의 함유량이 높을수록 강도와 경도는 커지게 되어 취성이 발생하게 되므로 반드시 예열을 실시하여 재료를 연화하여야 한다.

27 용접구조물을 설계할 때 주의해야 할 사항으로 틀린 것은?

① 용접구조물은 가능한 한 균형을 고려한다.
② 용접성, 노치인성이 우수한 재료를 선택하여 시공하기 쉽게 설계한다.
③ 중요한 부분에서 용접이음의 집중, 접근, 교차가 되도록 설계한다.
④ 후판을 용접할 경우는 용입이 깊은 용접법을 이용하여 층수를 줄이도록 한다.

해설 **용접이음의 설계 시 주의사항**
• 수축이 큰 이음을 먼저 용접하고 수축이 작은 이음을 나중에 용접한다.
• 용접물의 중립축에 대하여 용접으로 인한 수축력 모멘트의 합이 0이 되도록 한다.
• 중심에 대하여 항상 대칭으로 용접을 진행한다.
• 용접이음 부분이 집중, 교차되지 않도록 설계한다.

28 인장강도 P, 사용응력 σ, 허용응력 σ_a라 할 때, 안전율을 구하는 공식으로 옳은 것은?

① 안전율 $= \dfrac{P}{(\sigma \times \sigma_a)}$

② 안전율 $= \dfrac{P}{\sigma_a}$

③ 안전율 $= \dfrac{P}{(2 \times \sigma)}$

④ 안전율 $= \dfrac{P}{\sigma}$

해설 안전율 $= \dfrac{\text{인장강도}}{\text{허용응력}} = \dfrac{P}{\sigma_a}$

29 일반적인 침투탐상검사의 특징으로 틀린 것은?

① 제품의 크기, 형상 등에 크게 구애를 받지 않는다.
② 주변 환경의 오염도, 습도, 온도와 무관하게 항상 검사가 가능하다.
③ 철, 비철, 플라스틱, 세라믹 등 거의 모든 제품에 적용이 용이하다.
④ 시험 표면이 침투제 등과 반응하여 손상을 입는 제품은 검사할 수 없다.

해설 침투탐상법(PT)은 비파괴검사방법의 한 종류이며 검사하고자 하는 대상물의 표면에 침투력이 강한 적색 또는 형광성 침투액을 분무하여 표면의 흠집 속에 침투액이 스며들게 하고 세정액으로 표면에 남아 있는 여분의 침투액을 닦아낸 후 백색 분말의 현상액을 바르거나 뿌려서 결함 내부에 스며든 침투액을 표면으로 빨아낸 후 직접 또는 자외선 등으로 비추어 관찰함으로써 결함이 있는 장소와 크기를 알아내는 검사법이다.

30 다음 중 용접사의 기량과 무관한 결함은?

① 용입 불량
② 슬래그 섞임
③ 크레이터 균열
④ 라미네이션 균열

해설 라미네이션 균열이란 강재에 남아 있던 기공이 압연공정을 거치면서 가늘고 긴 형태로 남아 있는 일종의 강재 하자이며 초음파탐상검사를 통해 검출할 수 있다.

31 잔류응력 측정법의 분류에서 정량적 방법에 속하는 것은?

① 부식법
② 자기적 방법
③ 응력 이완법
④ 경도에 의한 방법

해설 잔류응력의 측정방법에는 크게 정성적 방법(부식법, 자기적 방법, 경도에 의한 방법, 바니시법 등)과 정량적 방법(응력 이완법, X−선 회절법 등)이 있다.

32 다음 그림과 같은 형상의 용접이음 종류는?

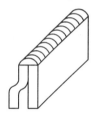

① 십자 이음　　　② 모서리 이음
③ 겹치기 이음　　④ 변두리 이음

해설 용접 이음법의 종류 : 맞대기 이음, 변두리 이음, 겹치기 이음, T자 이음, 십자 이음, 전면 필릿 이음, 측면 필릿 이음, 양면 덮개판 이음 등

33 그림의 용착방법 종류로 옳은 것은?

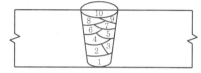

① 전진법　　　　② 후진법
③ 비석법　　　　④ 덧살 올림법

해설 **다층쌓기법의 종류**
- 덧살 올림법(빌드업법)
- 캐스케이드법
- 전진 블록법

34 그림과 같은 용접부에 발생하는 인장응력(σ_t)은 약 몇 MPa인가?(단, 용접길이, 두께의 단위는 mm이다.)

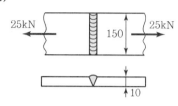

① 14.6　　　　　② 16.7
③ 21.6　　　　　④ 26.6

해설 $$인장응력 = \frac{인장하중}{단면적}$$
$$= \frac{인장하중}{두께 \times 용접선의 길이}$$
$$= \frac{25,000}{10 \times 150} \fallingdotseq 16.7$$

35 금속에 열을 가했을 경우 변화에 대한 설명으로 틀린 것은?

① 팽창과 수축의 정도는 가열된 면적의 크기에 반비례한다.
② 구속된 상태의 팽창과 수축은 금속의 변형과 잔류응력을 생기게 한다.
③ 구속된 상태의 수축은 금속이 그 장력에 견딜만한 연성이 없으면 파단한다.
④ 금속은 고온에서 압축응력을 받으면 잘 파단되지 않으며, 인장력에 대해서는 파단되기 쉽다.

해설 금속에 열을 가하는 경우 가열된 면적의 크기에 비례하여 팽창과 수축이 일어나게 된다.

36 용접을 실시하면 일부 변형과 내부에 응력이 남는 경우가 있는데, 이것을 무엇이라고 하는가?

① 인장응력　　　② 공칭응력
③ 잔류응력　　　④ 전단응력

해설 잔류응력이란 물체가 외부로부터 힘을 받아 그 외력을 제거할 때 물체 내에 잔존하는 반발력을 말한다.

37 처음 길이가 340mm인 용접재료를 길이방향으로 인장시험한 결과 390mm가 되었다. 이 재료의 연신율은 약 몇 %인가?

① 12.8　　　　　② 14.7
③ 17.2　　　　　④ 87.2

정답　32 ④　33 ④　34 ②　35 ①　36 ③　37 ②

해설 $연신율 = \dfrac{변형된\ 길이}{처음\ 길이} \times 100$

$= \dfrac{나중\ 길이 - 처음\ 길이}{처음\ 길이} \times 100$

$= \dfrac{390 - 340}{340} \times 100 = 14.7$

38 저온균열의 발생에 가장 큰 영향을 주는 것은?

① 피닝

② 후열처리

③ 예열처리

④ 용착금속의 확산성 수소

해설 저온균열은 용접부에 확산성 수소가 존재하거나 잔류응력이 형성되고, 열영향부가 경화된 경우 발생하는 균열로 용접이 행해진 이후 약 48시간 이후 검사가 가능하다.

39 용접구조물의 피로강도를 향상시키기 위한 주의사항으로 틀린 것은?

① 가능한 한 응력 집중부에 용접부가 집중되도록 할 것

② 냉간가공 또는 야금적 변태 등에 의하여 기계적인 강도를 높일 것

③ 열처리 또는 기계적인 방법으로 용접부 잔류응력을 완화시킬 것

④ 표면가공 또는 다듬질 등을 이용하여 단면이 급변하는 부분을 최소화할 것

해설 **용접이음의 설계 시 주의사항**
- 수축이 큰 이음을 먼저 용접하고 수축이 작은 이음을 나중에 용접한다.
- 용접물의 중립축에 대하여 용접으로 인한 수축력 모멘트의 합이 0이 되도록 한다.
- 중심에 대하여 항상 대칭으로 용접을 진행한다.
- 용접이음 부분이 집중, 교차되지 않도록 설계한다.

40 판 두께가 25mm 이상인 연강에서는 주위의 기온이 0℃ 이하로 내려가면 저온균열이 발생할 우려가 있다. 이것을 방지하기 위한 예열온도는 얼마 정도로 하는 것이 좋은가?

① 50~75℃　　② 100~150℃

③ 200~250℃　　④ 300~350℃

해설 연강을 0℃ 이하에서 용접할 경우 예열 시 용접 이음의 양쪽 폭 100mm 정도를 50~75℃로 가열한다.

41 다음 중 아크 에어 가우징의 관한 설명으로 가장 적합한 것은?

① 비철금속에는 적용되지 않는다.

② 압축공기의 압력은 1~2kgf/cm² 정도가 가장 좋다.

③ 용접 균열부분이나 용접 결함부를 제거하는 데 사용한다.

④ 그라인딩이나 가스 가우징보다 작업능률이 낮다.

해설 아크 에어 가우징은 아크열로 녹인 금속에 압축공기를 연속적으로 불어 금속 표면에 홈을 파거나 절단하는 방법으로 직류 역극성 전류를 사용하며 압축공기의 압력은 5~7kgf/cm² 정도로 사용한다.

42 아크용접작업 중 전격에 관련된 설명으로 옳지 않은 것은?

① 용접 홀더를 맨손으로 취급하지 않는다.

② 습기 찬 작업복, 장갑 등을 착용하지 않는다.

③ 전격받은 사람을 발견하였을 때에는 즉시 맨손으로 잡아당긴다.

④ 오랜 시간 작업을 중단할 때에는 용접기의 스위치를 끄도록 한다.

해설 전격을 받은 사람을 발견하였을 때에는 제일 먼저 메인 스위치를 차단하도록 한다.

43 다음 중 T형 필릿 용접을 나타낸 것은?

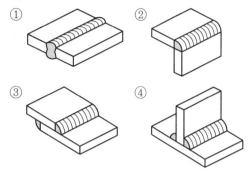

① ② ③ ④

44 가스 용접 시 전진법에 비교한 후진법의 장점으로 가장 거리가 먼 것은?

① 열 이용률이 좋다.
② 용접변형이 작다.
③ 용접속도가 빠르다.
④ 판두께가 얇은 것(3~4mm)에 적당하다.

해설 후진법은 열의 이용률이 좋고, 용접열로 인한 변형이 작으며 용접속도가 빠르고 후판 용접에 효과적인 반면 비드의 모양이 미려하지 못한 단점을 가지고 있다.

45 피복아크용접기의 구비조건으로 틀린 것은?

① 역률 및 효율이 좋아야 한다.
② 구조 및 취급이 간단해야 한다.
③ 사용 중에 온도 상승이 커야 한다.
④ 용접전류 조정이 용이하여야 한다.

해설 피복아크용접기는 사용 중 온도 상승이 작아야 한다.

46 피복아크용접에서 감전으로부터 용접사를 보호하는 장치는?

① 원격 제어장치 　② 핫 스타트 장치
③ 전격 방지장치 　④ 고주파 발생장치

해설 아크용접기의 무부하 전압이 높은 경우 전격의 위험이 높기 때문에 이를 낮추기 위해 전격방지장치를 사용한다.

47 피복아크용접봉에서 피복 배합제의 성분 중 슬래그 생성제의 역할이 아닌 것은?

① 급랭 방지
② 균일한 전류 유지
③ 산화와 질화 방지
④ 기공, 내부결함 방지

해설 피복아크용접봉의 슬래그 생성제 성분으로는 회석, 형석, 탄산나트륨, 일미나이트 등이 사용되며 이는 용착부의 급랭방지 및 산화질화 등 내부 결함을 방지하는 역할을 한다.

48 납땜에 쓰이는 용제(flux)가 갖추어야 할 조건으로 가장 적합한 것은?

① 납땜 후 슬래그 제거가 어려울 것
② 청정한 금속면의 산화를 촉진시킬 것
③ 침지땜에 사용되는 것은 수분을 함유할 것
④ 모재와 친화력을 높일 수 있으며 유동성이 좋을 것

해설 납땜에 사용되는 용제는 모재와 친화력이 높고 유동성이 좋은 것을 사용한다.

49 가스용접용 용제(flux)에 관한 설명 중 틀린 것은?

① 용제는 건조한 분말, 페이스트 또는 용접봉 표면에 피복한 것도 있다.
② 용제의 융점은 모재의 융점보다 낮은 것이 좋다.
③ 연강재료를 가스용접할 때에는 용제를 사용하지 않는다.
④ 용제는 용접 중에 발생하는 금속의 산화물을 용해하지 않는다.

정답 43 ④ 44 ④ 45 ③ 46 ③ 47 ② 48 ④ 49 ④

해설 가스용접에 사용되는 용제(Flux)는 용접 중에 발생하는 금속의 산화물을 용해하여 용접이 원활하도록 돕는 역할을 한다.

50 일반적인 서브머지드 아크용접에 대한 설명으로 틀린 것은?

① 용접 전류를 증가시키면 용입이 증가한다.
② 용접 전압이 증가하면 비드 폭이 넓어진다.
③ 용접 속도가 증가하면 비드 폭과 용입이 감소한다.
④ 용접 와이어 지름이 증가하면 용입이 깊어진다.

해설 동일 전류에 용접 와이어의 지름이 증가하게 되면 입열량이 감소하게 되어 용입이 얕아지게 된다.

51 다음 교류 아크용접기 중 가변저항의 변화로 용접전류를 조정하며, 조작이 간단하고 원격제어가 가능한 것은?

① 탭 전환형   ② 가동 코일형
③ 가동 철심형   ④ 가포화 리액터형

해설 가포화 리액터형 교류용접기는 가변저항의 변화로 용접의 전류를 원격으로 제어한다.

52 다음 중 폭발위험이 가장 큰 산소 : 아세틸렌가스의 혼합비율은?

① 85 : 15   ② 75 : 25
③ 25 : 75   ④ 15 : 85

해설 산소－아세틸렌가스는 85 : 15의 혼합비에서 폭발의 위험성이 최대가 된다.

53 MIG 용접에 관한 설명으로 틀린 것은?

① CO_2가스 아크용접에 비해 스패터의 발생이 많아 깨끗한 비드를 얻기 힘들다.
② 수동 피복아크용접에 비해 용접속도가 빠르다.

③ 정전압 특성 또는 상승 특성이 있는 직류용접기가 사용된다.
④ 전류밀도가 높아 3mm 이상의 두꺼운 판의 용접에 능률적이다.

해설 MIG 용접은 불활성 가스를 이용해 용착부를 보호하므로 CO_2가스 아크용접보다 비드가 깨끗하며 보호효과가 크다.

54 판 두께가 12.7mm인 강판을 가스 절단하려 할 때 표준 드래그의 길이는 2.4mm이다. 이때 드래그는 약 몇 %인가?

① 18.9   ② 32.1
③ 42.9   ④ 52.4

해설 표준 드래그 길이는 모재 두께의 약 1/5(20%)로 한다.
$$\frac{2.4}{12.7} \times 100 = 18.89\%$$

55 다음 중 압접에 속하는 용법은?

① 단접
② 가스용접
③ 전자빔 용접
④ 피복아크용접

해설 **단접**
두 금속의 이음부를 가열한 후 망치로 두들기거나 눌러서 접합하는 방법이다.

56 다전극 서브머지드 아크용접 중 두 개의 전극 와이어를 독립된 전원에 접속하여 용접선에 따라 전극의 간격을 10~30mm 정도로 하여 2개의 전극 와이어를 동시에 녹게 함으로써 한꺼번에 많은 양의 용착금속을 얻을 수 있는 것은?

① 다전식   ② 탠덤식
③ 횡직렬식   ④ 횡병렬식

정답 50 ④   51 ④   52 ①   53 ①   54 ①   55 ①   56 ②

해설 **서브머지드 아크용접의 다전극 방식에 의한 분류**
- 탠덤식 : 두 개의 전극 와이어를 각각 독립된 전원에 연결
- 횡병렬식 : 같은 종류의 전원에 두 개의 전극을 연결
- 횡직렬식 : 두 개의 와이어에 전류를 직렬로 연결

57 구리(순동)를 불활성 가스 텅스텐 아크용접으로 용접하려 할 때의 설명으로 틀린 것은?

① 보호가스는 아르곤 가스를 사용한다.
② 전류는 직류 정극성을 사용한다.
③ 전극봉은 순수 텅스텐 봉을 사용하는 것이 가장 효과적이다.
④ 박판을 용접할 때에는 아크열로 시작점에서 가열한 후 용융지가 형성될 때 용접한다.

해설 불활성 가스 텅스텐 아크용접 시 토륨이 약 2% 첨가된 텅스텐 전극봉(적색)을 많이 사용하는데, 이는 전자방출능력이 뛰어나고 녹는점이 높은 장점을 가지고 있기 때문이다.

58 Ø3.2mm인 용접봉으로 연강 판을 가스용접하려 할 때 선택하여야 할 가장 적합한 판재의 두께는 몇 mm인가?

① 4.4 　　　　② 6.6
③ 7.5 　　　　④ 8.8

해설 가스용접봉의 지름(D)
$$= \frac{모재의 두께(T)}{2} + 1$$
$$3.2\text{mm} = \frac{모재의 두께(T)}{2} + 1$$
$$T = 4.4\text{mm}$$

59 상온에서 강하게 압축함으로써 경계면을 국부적으로 소성 변형시켜 압접하는 방법은?

① 냉간 압접 　　② 가스 압접
③ 테르밋 용접 　④ 초음파 용접

해설 냉간 압접은 부재를 가열하지 않고 상온에서 압력을 가하여 2개의 금속면을 접합시키는 용접법이다.

60 절단산소의 순도가 낮은 경우 발생하는 현상이 아닌 것은?

① 절단속도가 늦어진다.
② 절단홈의 폭이 좁아진다.
③ 산소의 소비량이 증가된다.
④ 절단 개시시간이 길어진다.

해설 절단산소 중의 불순물 함유량이 많아 산소의 순도가 낮아지게 되는 경우 절단속도가 늦어지며 산소의 소비량이 증가되고 절단 개시시간이 길어진다.

정답 　**57** ③ 　**58** ① 　**59** ① 　**60** ②

용접산업기사 **필기**

발행일 | 2019. 4. 10   초판발행

저 자 | 유기섭 · 정치환
발행인 | 정용수
발행처 | 예문사
주 소 | 경기도 파주시 직지길 460(출판도시) 도서출판 예문사
T E L | 031) 955–0550
F A X | 031) 955–0660
등록번호 | 11–76호

정가 : 20,000원

ISBN 978–89–274–3057–5 13580

이 도서의 국립중앙도서관 출판예정도서목록(CIP)은 서지정보유통지원시스템
홈페이지(http://seoji.nl.go.kr)와 국가자료공동목록시스템(http://www.nl.go.kr
/kolisnet)에서 이용하실 수 있습니다. (CIP제어번호 : CIP2019011172)